子流形理论与应用丛书

子流形第二基本型模长泛函的变分法研究

A Variational Research on Functionals Concerning Norm of Second Fundamental Form

刘 进　朱燕麒　于连飞　著

U0299107

国防科技大学出版社
湖南长沙

内容简介

子流形的第二基本型的模长一方面刻画了当前子流形与全测地子流形的差异，另一方面是某些泛函临界点子流形的间隙现象刻画的主要几何量。本书系统地用变分理论对一类与子流形曲率模长有关的泛函进行了研究。全书分为三部分。第一部分为第1章，介绍体积泛函、Willmore泛函的研究现状，以此为启发研究曲率模长的泛函。第二部分为第2、3、4、5、6章，介绍和推导了本书的理论基础。第三部分为第7、8、9、10、11、12章，具体且精细地研究了各种类型的曲率模长泛函，构造了多种例子，讨论了曲率模长泛函的稳定性，特别研究了曲率模长泛函临界点的间隙现象，是本书的核心部分。全书论述严密精炼，适合数学与图形处理专业的研究生及科研工作者参考。

图书在版编目（CIP）数据

子流形第二基本型模长泛函的变分法研究/刘进，朱燕麒，于连飞著.—长沙：国防科技大学出版社，2013.11
ISBN 978-7-5673-0194-8

Ⅰ.①子…　Ⅱ.①刘…②朱…③于…　Ⅲ.①子流形—变分法—研究　Ⅳ.① O189.3

中国版本图书馆CIP数据核字(2013)第250926号

国防科技大学出版社出版
电话：(0731)84572640　邮政编码：410073
http://www.gfkdcbs.com
责任编辑：石少平　LaTeX排版：谷建湘
国防科技大学印刷厂印刷
开本：890×1240　1/32　印张：8.75　字数：269千
2013年11月第1版第1次印刷　印数：1～1000册
定价：28.00元

前言

体积泛函的临界点称为极小子流形。极小子流形中最重要的理论成果是在微分几何发展史上具有里程碑意义的间隙定理，曾经五位大数学家对此作出了重要贡献，因此间隙定理可以另称为Simons-Lawson-Chern-do Carmo-Kobayashi定理。间隙定理描述的是极小子流形的第二基本型的模长具有的量子化现象，并对量子化现象的端点定出了特殊的子流形。

一个自然的问题是，间隙现象除了对体积泛函成立之外，是否严格依赖泛函的表达形式？答案是否定的，大量的研究表明，间隙现象较为普遍，在各种具体的泛函之中都有表现，比如Willmore泛函也具有类似于极小子流形的量子化现象。另一个自然的问题是，除了所涉及的具体泛函，抽象形式的泛函在多大范围之内可以推导出间隙现象？这两个问题就是本书所要部分回答的问题。

本书的主要目的在于系统地研究和介绍曲率模长泛函的变分理论。全书共分十二章，可以归纳为三部分。第一部分为第1章，主要介绍体积泛函、Willmore泛函的国内外研究现状，并以此为启发，提出可否类似研究曲率模长泛函。第二部分是基础理论篇，包括第2、3、4、5、6章。各章的目的和作用不一。第2章精炼介绍微分几何的基本方程和定理，为后面各章提供预备知识；第3章推导子流形几何的基本方程和变分法基本公式，是本书的理论基础；变分法的计算中通常非常复杂，为了简化公式和计算过程，第4章研究子流形第二基本型的组合构造方法——牛顿变换法，并推导了新构造的张量的基本性质，是对第3章内容的扩充和精细化；自伴算子是子流间隙现象研究的有效工具，第5章利用牛顿张量设计了多种几何意义明确的自伴算子，并对几种典型函数作了精细的计算；体积泛函和Willmore泛函是我们进行曲率模长泛函研究的启发点，在第6章，作者给出了极小子流形和Willmore子流形的简约的一些结果。第三部分是本书的核心篇章，包括第7、8、9、10、11、12章。各章的主题不一。第7章定义了最一般的曲率模长泛函。第8章计算了曲率模长泛函的第一变分公式，这是整个研究的基础。在第一变分公式的基础上，在第9章作者综合运用代数、方程的手段构造了典型的临界子流形。在第10章，作者计算了曲率模长泛函的第二变分公式，适用范围广泛。第11章推导了子流形几何中非常奇异的Simons类型积分不等式。第12章详细讨论个各类型曲率模长泛函的间隙现象，定出了间隙端点对应的特殊子流形，是全书的精华部分。

全书由三位作者合写而成。其中第1、3、4、6、8、9、10、11、12章由刘进执笔，第2、7章由朱燕麒执笔，第5章由于连飞执笔。全书由朱燕麒统稿用LaTeX输入，为了验证书中复杂公式的正确性，朱燕麒利用Mathemtics符号计算进行了推导。

本书是作者对曲率模长泛函变分问题的一个粗浅阐述，由于作者水平有限，请各位专家不吝赐教。

刘进　朱燕麒　于连飞

2013年8月

目 录

第1章 泛函的变分与间隙现象

间隙现象是微分几何之中的一种很奇异的现象，指的是满足某种泛函的子流形在某些几何量上出现的量子化现象：假设某些几何量取值于一个闭区间，通过仔细的分析和研究推得几何量实际的取值只能在端点得到。

1.1 体积泛函及其间隙现象

子流形的研究对于中国学者而言一般遵循两篇基本的文献，一篇为Simons的文献[1]，一篇为陈省身先生的Kansas讲义[2]，讲义[2]用活动标架法对文献[1] 之中的内容进行了简化和深化，特别是文章[3]的内容引领了一种学术主题的发展，是子流形变分法理论、间隙现象、锥子流形研究方面的“圣经”级参考资料。在讲义之中，陈先生推导了子流形的基本结构方程；计算了体积泛函的第一变分；对欧氏空间的极小子流形进行了微分刻画，推导了著名的函数图极小方程，介绍了Bernstein定理的演化进程；用复变函数（等温坐标，黎曼曲面）对欧氏空间的可定向2维极小曲面进行了刻画；对单位球面之中的极小子流形的结构方程进行了推导，给出了几个典型例子，特别是Clifford 超曲面与Veronese曲面；计算了第二基本型的Laplacian；利用此计算结合精巧的不等式分析导出了Simons积分不等式，利用结构方程和Frobenius定理定出了间隙端点对应的特殊子流形；在第一变分公式的基础上计算了第二变分公式；最后讨论了锥子流形的稳定性的特征值刻画问题。

必须指出，Simons的论文[1]和陈先生的讲义[2]之中的体积泛函的变分计算过于技巧化，不容易推广到其它复杂泛函，国内郑州大学胡泽军教授与清华大学李海中教授在一篇综述性论文[4]之中大胆假设、小心求证，利用拉回运算以及流形上微分算子的关系导出了余标架场和第二基本型分量的变分公式，这组公式在复杂泛函的变分计算之中具有基础性的作用，能够大大简化计算过程，值得好好研究。关于抽象泛函的变分计算，Reilly有突出的贡献，在文章[5]中，其设计了关于超曲面第二基本型的经典的Newton变换，即是张量的构造，并计算了空间形式之中超曲面的极度抽象泛函的第一变分。

1.2 Willmore泛函及其间隙现象

微分几何之中有著名的关于Willmore泛函的系统性猜想，现在学术界冠以美国数学家Willmore[6～9]猜想的名称，实际往历史上追溯与Gauss有关，Chen，B.Y.在文中章 [10] 指出其是共形不变泛函，北京大学（福建师范大学）王长平教授在文章[11]之中从Moebius几何的的角度出发，定义了其完全的不变量谱系，同样指出Willmore泛函是共形不变泛函，并且与团队的李同柱、马翔、王鹏，聂圣智等成员按照Moebius几何的纲领对Willmore子流形特别是Willmore曲面进行了全方位的研究，可见系列论文[11～23]。Pinkall在文章[24]中对Willmore类型的子流形定推导了一些不等式，对讨论间隙现象有一定用处。清华大学李海中教授在系列文章[25, 26, 27]之中按照欧氏不变量体系分别计算了Willmore泛函的第一变分公式，推导了Simons类积分不等式，定出了间隙端点对应的特殊子流形，提出了Clifford环面 对偶的Willmore环面 的概念，郭正教授利用郑绍远-丘成桐在文[28]中发明的一种自伴算子研究Willmore泛函得到相似的间隙现象的结论。

在曲面情形，李海中教授和德国的Udo Simon教授在文章[29]中讨论了多种曲面的量子化现象。在Willmore子流形的构造方面，李海中教授、胡泽军教授，Luc，Vranken三人合作在文章[30, 31]之中，分别利用复欧氏空间Lagrange球面和两条曲线的张量乘法实现了不平凡例子，唐梓洲教授与严文娇等在系列文章[32, 33]中利用等参函数、Clifford 代数与代数拓扑构造了Willmore超曲面的例子，非常深刻，值得花费时间去学习。华南师范大学魏国新教授利用常微分方程关于旋转超曲面的研究[34, 35]可用于Willmore 类型子流形的构造。

为了研究经典Willmore子流形的稳定性，Palmer在文章[36, 37]对Willmore曲面的共形Gauss映射和稳定性之间的关系进行了研究，并计算了第二变分公式，李海中教授、王长平教授以及云南师范大学的郭正教授在文[38]中对于高维情形计算了 的第二变分公式，非常复杂，在此基础上证明了经典Willmore环面 的稳定性。Willmore泛函的重要性，使得对其有很多的推广。Cai,M.在文[39]中对曲面情形研究了所谓的-Willmore泛函，在一定条件下证明了一些重要的关于积分下界的估计。郭正教授、李海中教授、浙江大学许洪伟教授在文中[40]分别对extreme-Willmore泛函进行了研究，郭正、李海中计算了第一变分公式，建立了积分不等式，讨论了间隙现象（点点），刻画了Clifford环面和Veronese曲面，许洪伟从整体间隙现象出发讨论了类似的结论。中国人民大学吴兰教授在文[41]中对幂函数形式的Willmore泛函 做了同样的研究流程。受上面的启发，本书作者在文[?]中提出了F-Willmore泛函的概念，得到了抽象的第一变分公式，抽象的Simons类积分不等式，抽象讨论了间隙现象，定出了间隙端点的特殊子流形，以上结果在某种意义上统一了前面的结果。通过子流形共形变换，我们知道 是高阶的共形不变积分，郭正教授对此展开了系统的研究，参见[43]，一方面计算了变分公式，另一方面利用曲线张量乘法和旋转超曲面实现了某些临界子流形例子的构造，是值得注意的工作。

其他方面，周家足教授发表系列论文[44～47]基于凸几何理论，对凸的闭的超曲面Willmore泛函的下界进行了估计，特别是等式成立的特殊超曲面的决定。浙江大学许洪伟教授利用特殊的Schoerdinger算子的特征值刻画了Willmore子流形。李海中教授与吴兰教授在文[48]中建立了Willmore泛函与子流形的Weyl泛函的关系，决定了等号成立的特殊子流形，这是一项很具有创造性的工作。李海中教授与魏国新教授在文章[49]中实现了对6维带有近kaehler结构（Caley数定义）的单位曲面之中的Lagrange-Willmore子流形进行了分类，罗勇在文章[50]中对5维单位球面之中的Legendrian稳定曲面和Legendrian-Willmore曲面建立了Simons类积分不等式，讨论了间隙现象。此外还有其他学者的工作，在此不一一列举。文章[51, 52, 53, 54, 55, 56, 57, 58, 59, 60, 61]对具体的空间如，四维欧氏空间，三维、四维单位球面，Whitney球面，复射影空间，乘积空间，Lagrangian 环面之中的Willmore 泛函或者Willmore子流形进行了具体的研究。文章[62～68]是对Willmore子流形的几何性质特别是对称性或者不变量的研究，如Peter-Li 和丘成桐定义的共形不变量对Willmore 猜想下界的估计有重要作用，Willmore曲面的对偶性、可比较性，共形不变Gauss映射，Bernstain性质都是子流形的典型特征描述。文章[69～75] 回归到对泛函本身的几何测度论或者变分法的研究，特别是文章[75]宣称用Min-Max方法解决了2 维的Willmore猜想。

1.3 曲率模长泛函及其间隙现象

Willmore不变量ρ刻画了流形与全脐流形的差异，曲率模长S刻画了流形与全测地流形的差异，所以一个自然的问题是，能否按照体积泛函和Willmore泛函的研究流程与思路来研究曲率模长的抽象泛函：

$$\int_M F(S)\mathrm{d}v.$$

本书的目的在于运用变分法采用与Willmore泛函类似的思路系统研究各类曲率模长泛函，特别是本书作者提出的$\int_M F(S)\mathrm{d}v$泛函，研究其第一变分公式，根据第一变分公式综合运用代数、方程等手段构造临界子流形的例子，计算其第二变分公式，讨论临界子流形的稳定性，最重要的，利用推导出来的Simons类积分不等式，研究临界子流形的间隙现象。

第 2 章　黎曼几何基本理论

本章列出需要的预备知识。包括：微分流形的定义、黎曼度量的存在性、黎曼几何的基本方程、共形变换公式。

2.1　微分流形的定义

本节回顾微分流形与黎曼几何基本方程。相关内容可以参见陈省身的讲义[2]或者教材[84]。

流形的概念是欧氏空间的推广。粗略地说，流形在其上每一点的附近与欧氏空间的一个开集是同胚的，因此在每一点的附近可以引进局部坐标系。流形可以说是一块一块的“欧式空间”粘起来的结果。流形之内的坐标是局部的，本身没有多大的意义；流形研究的主要目的是经过坐标卡的变换而保持流形不变的性质。这是与一般的数学对象不同的地方。

为了描述清楚流形的定义，我们需要拓扑空间和欧氏空间的概念。

定义 2.1　假设X是任意一个集合，我们用符号$2^X = \mathcal{P}(X)$表示集合X的所有子集组成的集合，$\mathcal{A}$是空间2^X的一个子集，也就是X其上的一个子集族。

$$\mathcal{A} \subset 2^X.$$

如果子集族$\mathcal{A}$满足如下性质，我们称$\mathcal{A}$为X上的拓扑结构：

(1) $\varnothing, X \in \mathcal{A}$;

(2) $\forall O_i \in \mathcal{A},\ i \in I,\ \bigcup_{i\in I} O_i \in \mathcal{A}$;

(3) $\forall O_i \in \mathcal{A},\ i = 1, 2, \cdots, n,\ \bigcap_{i=1}^n O_i \in \mathcal{A}$.

集合族$\mathcal{A}$之中的元素称为开集。对于一个点$x \in X$和一个开集O，如果$x \in O$，我们称开集O为点x的领域。

定义 2.2　假设$(X, \mathcal{A})$是任意一个拓扑空间，任取集合X之中的两个元素x, y，如果存在开集O_1, O_2，满足如下条件，我们称空间$(X, \mathcal{A})$是

Hausdorff 的。

$$x \in O_1,\ y \in O_2,\ O_1 \bigcap O_2 = \varnothing.$$

我们用$\mathbb{R}$表示实数域。用$\mathbb{R}^m$表示m维的实数空间。

$$\mathbb{R}^m = \{\, x = (x_1, \cdots, x_m) | x_i \in \mathbb{R}, 1 \leqslant i \leqslant m \,\},$$

即$\mathbb{R}^m$是全体有序的m个实数所形成的数组的集合，实数x_i表示点$x \in \mathbb{R}^m$的第i个坐标。对于任意的$x, y \in \mathbb{R}^m$, $a \in \mathbb{R}$，我们定义

$$(x + y)_i = x_i + y_i;$$

$$(ax)_i = ax_i.$$

于是在$\mathbb{R}^m$上，我们定义了线性结构，从而$\mathbb{R}^m$成为m维向量空间。

$\mathbb{R}^m$上除了有线性结构以外，还有距离结构或者说拓扑结构。对于$\mathbb{R}^m$之中的两个点$x, y \in \mathbb{R}^m$，我们定义

$$|x| = \sqrt{\sum_{i=1}^{n} (x_i)^2},\ \ |x - y| = \sqrt{\sum_{i=1}^{n} (x_i - y_i)^2};$$

$$d(x, y) = |x - y| = \sqrt{\sum_{i=1}^{n} (x_i - y_i)^2}.$$

可以验证，函数$d(x, y)$满足距离定义的三个公理:

$$d(x, y) \geqslant 0,\ d(x, y) = 0 \text{当且仅当} x = y;$$

$$d(x, y) = d(y, x);$$

$$d(x, y) + d(y, z) \geqslant d(x, z),\ \ \forall x, y, z \in \mathbb{R}^m.$$

所以，函数$d(x, y)$是$\mathbb{R}^m$之中的距离函数。我们可以定义距离空间$\mathbb{R}^m$的拓扑基

$$B(x, r) = \{\, y : d(y, x) < r \,\},\ \ \forall x \in \mathbb{R}^m,\ \ r > 0.$$

空间$\mathbb{R}^m$之中的开集为任意多个开球的并集。

于是，以上定义线性结构与距离结构的空间$\mathbb{R}^m$被称为欧氏空间。

定义 2.3 假设M是Hausdorff空间。若对任意一点$x \in M$，都有x在M之

中的一个领域U同胚于m维欧氏空间$\mathcal{R}^m$的一个开集，则称M是一个m维拓扑流形。

我们假设上面定义中提到的同胚映射是

$$\phi_U : U \to \phi_U(U),$$

这里

$$\phi_U(U)$$

是欧氏空间之中的开集，则称$(U, \phi_U(U))$是拓扑流形M的一个坐标卡。因为ϕ_U是同胚，所以对任意一点$y \in U$，可以把$\phi_U(y) \in \mathbb{R}^m$的坐标定义为$y$的坐标，即命

$$u_i = (\phi_U(y))_i,\ \ y \in U,\ \ i = 1, \cdots, m,$$

我们称u_i，$i = 1, \cdots, m$为点$y \in U$的局部坐标。

设(U_α, ϕ_α)和(U_β, ϕ_β)是流形之中的两个坐标卡，设$V_\alpha = \phi_\alpha(U_\alpha)$, $V_\beta = \phi_\beta(U_\beta)$为欧氏空间之中对应的开集。那么两个坐标卡之间的关系可能出现两种情况：

（1）$U_\alpha \bigcap U_\beta = \varnothing$，此时我们称坐标卡$(U_\alpha, \phi_\alpha)$和$(U_\beta, \phi_\beta)$是任意相容的。

（2）$U_\alpha \bigcap U_\beta \neq \varnothing$，此时$V_{\alpha;\beta} \stackrel{\text{def}}{=} \phi_\alpha(U_\alpha \bigcap U_\beta)$和$V_{\beta;\alpha} \stackrel{\text{def}}{=} \phi_\beta(U_\beta \bigcap U_\alpha)$是欧氏空间之中的非空开集；显然下面两个映射是同胚：

$$\phi_\beta . \phi_\alpha^{-1} : \phi_\alpha(U_\alpha \bigcap U_\beta) \to \phi_\beta(U_\beta \bigcap U_\alpha);$$

$$\phi_\alpha . \phi_\beta^{-1} : \phi_\beta(U_\alpha \bigcap U_\beta) \to \phi_\alpha(U_\beta \bigcap U_\alpha).$$

如果上面的映射都是C^r（r次连续可微）或者C^∞（光滑）或者C^ω（解析）的，我们称坐标卡(U_α, ϕ_α)和(U_β, ϕ_β) 是C^r 或者C^∞ 或者C^ω相容的。

定义 2.4 假设M是一个m维的拓扑流形。如果在M上给定了一个坐标卡集合$C = \{(U_\alpha, \phi_\alpha)\}_{\alpha \in \mathcal{A}}$，满足如下条件，则称$C$为$M$上的一个$C^r(C^\infty, C^\omega)$微分机构：

（1）$\{U_\alpha\}_{\alpha \in \mathcal{A}}$是流形$M$的一个开覆盖；

（2）C之中的任意两个坐标卡都是$C^r(C^\infty, C^\omega)$相容的；

（3）C是极大的，即：M的任意一个坐标卡(U, ϕ_U)，如果与C之中的任意一个坐标卡都是$C^r(C^\infty, C^\omega)$相容的，那么此坐标卡$(U, \phi_U) \in C$.

在光滑流形之上，光滑函数的定义是有意义的。设函数f是定义在m维光滑流形M之上的实函数。若点$x \in M$，(U_α, ϕ_α)是包含点x的容许坐标卡，那么函数

$$f \cdot \phi_\alpha^{-1} : \phi_\alpha(U_\alpha) \to \mathbb{R}$$

是定义在欧氏空间$\mathbb{R}^m$的开集$\phi_\alpha(U_\alpha)$之上的实函数。如果函数$f \cdot \phi_\alpha^{-1}$是光滑的，则称函数f在点x是光滑的，如果函数在流形M上的每一点都是光滑的，则称函数f在整个流形M之上都是光滑的。

函数f在一点x的光滑性实际上与点x的容许坐标卡的选择无关。假设点x有两个容许坐标卡

$$(U_\alpha, \phi_\alpha),\ (U_\beta, \phi_\beta)$$

则有

$$U_\alpha \bigcap U_\beta \neq \varnothing,\ \phi_\alpha \cdot \phi_\beta^{-1} : \phi_\beta(U_\alpha \bigcap U_\beta) \to \phi_\alpha(U_\alpha \bigcap U_\beta) \in C^\infty.$$

于是

$$f \cdot \phi_\beta^{-1} = f \cdot \phi_\alpha^{-1} \cdot \phi_\alpha \cdot \phi_\beta^{-1}$$

在点x也是光滑的，因此光滑性的定义与局部容许坐标卡的选择无关。

对于光滑流形M上的每一点x，都有很多通过它的光滑曲线，通过容许坐标卡，我们可以知道，通过点x的光滑曲线在局部上就是空间$\mathbb{R}^m$的曲线，于是可以微分计算曲线的切线，并且满足坐标卡的变化规律。此类切线集合起来，可以认为是点x的切空间，记为T_xM。所有的切空间集合起来，可以认为是切丛，记为TM。

在每一点x的切空间T_xM，我们定义其上的正定对称二次型，记为G，在局部标架之下，可以表示为

$$\mathrm{d}s^2(x) = G_x = g_{ij}(x)\mathrm{d}u^i \otimes \mathrm{d}u^j.$$

如果可以整体光滑地定义于整个流形之上，那么我们说G是流形M的黎

曼度量。

通过单位分解函数，我们可以构造出整个流形之上的黎曼度量。实际上，我们有下面的著名的命题。

命题 2.1 任意的m维光滑流形之上必有黎曼度量。

2.2 黎曼几何结构方程

有了流形之上的黎曼度量，我们就可以开始研究黎曼几何的基本方程。

设(N, ds^2)是黎曼流形，$S = (s_1, \cdots, s_N)^t$和$\sigma = (\sigma^1, \cdots, \sigma^N)$分别是$TN$, T^*N的局部正交标架，显然有

$$S \cdot S^t = I, \ \sigma^t \cdot \sigma = I.$$

设D是联络，ω, τ, Ω分别是联络形式，挠率形式和曲率形式，那么有以下方程。

- 运动方程

$$DS = \omega \otimes S, \quad DS_A = \omega_A^B \otimes S_B = \Gamma_{AC}^B \sigma^C \otimes S_B, \tag{2.1}$$

$$D\sigma = -\sigma \otimes \omega, \quad D\sigma^A = -\sigma^B \otimes \omega_B^A. \tag{2.2}$$

- 挠率方程

$$D(\sigma \otimes S) = d\sigma \otimes S - \sigma \wedge \omega \otimes S = (d\sigma - \sigma \wedge \omega) \otimes S = \tau \otimes S, \tag{2.3}$$

$$\tau = d\sigma - \sigma \wedge \omega, \quad \tau^A = d\sigma^A - \sigma^B \wedge \omega_B^A. \tag{2.4}$$

- 曲率方程

$$D^2 S = D(\omega \otimes S) = (d\omega - \omega \wedge \omega) \otimes S = \Omega \otimes S, \tag{2.5}$$

$$D^2 S_A = \frac{1}{2} R_{ACD}^B \sigma^C \wedge \sigma^D \otimes S_B, \tag{2.6}$$

$$D^2 \sigma = D(-\sigma \otimes \omega) = -\sigma \otimes (d\omega - \omega \otimes \omega) = -\sigma \otimes \Omega. \tag{2.7}$$

- 第一 Bianchi 方程

$$D^2(\sigma \otimes S) = \sigma \wedge D^2 S = (\sigma \wedge \Omega) \otimes S, \tag{2.8}$$

$$D^2(\sigma \otimes S) = D(D(\sigma \otimes S)) = D(\tau \otimes S) = (\mathrm{d}\tau + \tau \wedge \omega) \otimes S, \tag{2.9}$$

$$\mathrm{d}\tau + \tau \wedge \omega = \sigma \wedge \Omega. \tag{2.10}$$

- 第二 Bianchi 方程

$$D^3 S = D(D^2(S)) = D(\Omega \otimes S) = (\mathrm{d}\Omega + \Omega \wedge \omega) \otimes S, \tag{2.11}$$

$$D^3 S = D^2(\omega \otimes S) = \omega \wedge \Omega \otimes S, \tag{2.12}$$

$$\mathrm{d}\Omega = \omega \wedge \Omega - \Omega \wedge \omega. \tag{2.13}$$

- 相容方程

$$DI = D(S \cdot S^t) = \omega \otimes S \cdot S^t + S \cdot S^t \otimes \omega^t = \omega + \omega^t = 0, \tag{2.14}$$

$$D^2 I = D^2(S \cdot S^t) = \Omega \otimes S \cdot S^t + S \cdot S^t \otimes \Omega^t = \Omega + \Omega^t = 0. \tag{2.15}$$

注释 2.1 在本文中，作者采用活动标架法，故约定：$S_A = S^A$，$\sigma^A = \sigma_A$，$\tau^A = \tau_A$，$\omega_A^B = \omega_{AB}$，$\Gamma_{AC}^B = \Gamma_{ABC}$，$\Omega_A^B = \Omega_{AB}$，$R_{ACD}^B = R_{ABCD}$.

黎曼联络由相容方程和挠率为零唯一决定，这就是著名的黎曼联络存在唯一定理。

定理 2.1 设$(N, \mathrm{d}s^2)$是黎曼流形，σ是局部正交余标架，那么黎曼联络ω由以下方程唯一决定.

$$\omega + \omega^t = 0, \ \mathrm{d}\sigma - \sigma \wedge \omega = 0.$$

◇

对于黎曼流形上的任意张量T：

$$T = T_{j_1 \cdots j_s}^{i_1 \cdots i_r} \sigma^{j_1} \otimes \cdots \otimes \sigma^{j_s} \otimes S_{i_1} \otimes \cdots \otimes S_{i_r}.$$

定义其协变导数如下：

$$DT_{j_1 \cdots j_s}^{i_1 \cdots i_r} = \sum_k T_{j_1 \cdots j_s, k}^{i_1 \cdots i_r} \sigma^k$$

$$= \mathrm{d}T^{i_1\cdots i_r}_{j_1\cdots j_s} - \sum_{1\leqslant a\leqslant s} T^{i_1\cdots i_r}_{j_1\cdots p\cdots j_s}\omega^p_{j_a} + \sum_{1\leqslant b\leqslant r} T^{i_1\cdots p\cdots i_r}_{j_1\cdots j_s}\omega^{i_b}_p,$$

$$DT^{i_1\cdots i_r}_{j_1\cdots j_s,k} = \sum_l T^{i_1\cdots i_r}_{j_1\cdots j_s,kl}\sigma^l$$

$$= \mathrm{d}T^{i_1\cdots i_r}_{j_1\cdots j_s,k} - \sum_{1\leqslant a\leqslant s} T^{i_1\cdots i_r}_{j_1\cdots p\cdots j_s,k}\omega^p_{j_a} - T^{i_1\cdots i_r}_{j_1\cdots j_s,p}\omega^p_k + \sum_{1\leqslant b\leqslant r} T^{i_1\cdots p\cdots i_r}_{j_1\cdots j_s,k}\omega^{i_b}_p.$$

有Ricci恒等式

$$T^{i_1\cdots i_r}_{j_1\cdots j_s,kl} - T^{i_1\cdots i_r}_{j_1\cdots j_s,lk} = \sum_a T^{i_1\cdots i_r}_{j_1\cdots p\cdots j_s}R^p_{j_akl} - \sum_b T^{i_1\cdots p\cdots i_r}_{j_1\cdots j_s,k}R^{i_b}_{pkl}.$$

特别地，从曲率张量出发，可以定义新的张量和函数

$$Ric = R_{ij}\sigma^i\otimes\sigma^j = (\sum_p R^p_{ipj})\sigma^i\otimes\sigma^j, \tag{2.16}$$

$$R = \sum_i R_{ii} = \sum_{ij} R_{ijji}. \tag{2.17}$$

从Bianchi方程、相容方程出发可以得到下面的定理。

定理 2.2 设$(N, \mathrm{d}s^2)$是黎曼流形，其上的曲率张量、Ricci张量、数量曲率满足

$$R_{ijkl} = -R_{jikl} = -R_{ijlk} = R_{klij}, \tag{2.18}$$

$$R_{ijkl} + R_{iklj} + R_{iljk} = 0, \tag{2.19}$$

$$R_{ijkl,h} + R_{ijlh,k} + R_{ijhk,l} = 0, \tag{2.20}$$

$$\sum_j R_{ij,j} = \frac{1}{2}R_{,i}. \tag{2.21}$$

◇

特别地，完备、单连通、常截面曲率c的空间记为$R^n(c)$，满足以下简单关系：

$$R_{ABCD} = -c(\delta_{AC}\delta_{BD} - \delta_{AD}\delta_{BC}), \tag{2.22}$$

$$R_{AB} = (n-1)c\delta_{AB}, \quad R = n(n-1)c. \tag{2.23}$$

第 3 章　子流形基本理论

本章主要研究子流形的基本方程，包括：结构方程、变分公式。同时也列出了很多子流形的例子。大部分内容都是新的。本章的指标采用如下两个约定。(1) 爱因斯坦约定：重复指标表示求和；(2) 指标范围：

$$1 \leqslant A, B, C, D \cdots \leqslant n+p,$$

$$1 \leqslant i, j, k, l \cdots \leqslant n,$$

$$n+1 \leqslant \alpha, \beta, \gamma, \delta \cdots \leqslant n+p.$$

3.1　子流形结构方程

本节主要研究子流形的结构方程。读者可以参见文献[2, 4]。

设$x:(M^n, \mathrm{d}s^2) \to (N^{n+p}, \mathrm{d}\bar{s}^2)$是子流形，$x$是等距浸入，即$x^*\mathrm{d}\bar{s}^2 = \mathrm{d}s^2$。设 $S = (S_{\mathcal{I}}, S_{\mathcal{A}})^{\mathrm{T}}$ 是 TN的局部正交标架，对偶地，设 $\sigma = (\sigma^{\mathcal{I}}, \sigma^{\mathcal{A}})$ 是 T^*N 的局部正交标架。那么 $e = x^*S = x^*(S_{\mathcal{I}}, S_{\mathcal{A}}) = (e_{\mathcal{I}}, e_{\mathcal{A}})$ 是 M 上的拉回向量丛 $x^*TN = TM \oplus T^{\perp}M$ 的局部正交标架，对偶地，$\theta^{\mathcal{I}} = x^*\sigma^{\mathcal{I}}$ 是 T^*M 的局部正交标架。在子流形几何中一个基本的重要事实是

$$\theta^{\mathcal{A}} = x^*\sigma^{\mathcal{A}} = 0.$$

有等式

$$\mathrm{d}s^2 = \sum_i (\theta^i)^2, \ \ \mathrm{d}\bar{s}^2 = \sum_A (\sigma^A)^2.$$

设ω, Ω是TN上的联络和曲率形式，在不致混淆的情况下，设D是联

络，那么

$$x^*\omega = \phi,\ \ x^*\Omega = \Phi,$$

$$DS = \omega S = D\begin{pmatrix} S_{\mathcal{I}} \\ S_{\mathcal{A}} \end{pmatrix} = \begin{pmatrix} \omega^{\mathcal{I}}_{\mathcal{I}} & \omega^{\mathcal{A}}_{\mathcal{I}} \\ \omega^{\mathcal{I}}_{\mathcal{A}} & \omega^{\mathcal{A}}_{\mathcal{A}} \end{pmatrix}\begin{pmatrix} S_{\mathcal{I}} \\ S_{\mathcal{A}} \end{pmatrix},$$

$$D^2S = \Omega S = D^2\begin{pmatrix} S_{\mathcal{I}} \\ S_{\mathcal{A}} \end{pmatrix} = \begin{pmatrix} \Omega^{\mathcal{I}}_{\mathcal{I}} & \Omega^{\mathcal{A}}_{\mathcal{I}} \\ \Omega^{\mathcal{I}}_{\mathcal{A}} & \Omega^{\mathcal{A}}_{\mathcal{A}} \end{pmatrix}\begin{pmatrix} S_{\mathcal{I}} \\ S_{\mathcal{A}} \end{pmatrix},$$

$$De = x^*(\omega)e = \phi e = D\begin{pmatrix} e_{\mathcal{I}} \\ e_{\mathcal{A}} \end{pmatrix} = \begin{pmatrix} \phi^{\mathcal{I}}_{\mathcal{I}} & \phi^{\mathcal{A}}_{\mathcal{I}} \\ \phi^{\mathcal{I}}_{\mathcal{A}} & \phi^{\mathcal{A}}_{\mathcal{A}} \end{pmatrix}\begin{pmatrix} e_{\mathcal{I}} \\ e_{\mathcal{A}} \end{pmatrix},$$

$$D^2e = x^*(\Omega)e = \Phi e = D^2\begin{pmatrix} e_{\mathcal{I}} \\ e_{\mathcal{A}} \end{pmatrix} = \begin{pmatrix} \Phi^{\mathcal{I}}_{\mathcal{I}} & \Phi^{\mathcal{A}}_{\mathcal{I}} \\ \Phi^{\mathcal{I}}_{\mathcal{A}} & \Phi^{\mathcal{A}}_{\mathcal{A}} \end{pmatrix}\begin{pmatrix} e_{\mathcal{I}} \\ e_{\mathcal{A}} \end{pmatrix}.$$

从而($D, e_{\mathcal{I}}, \phi^{\mathcal{I}}_{\mathcal{I}}$) 是TM的联络，($D, e_{\mathcal{A}}, \phi^{\mathcal{A}}_{\mathcal{A}}$) 是 $T^{\perp}M$的联络，$\phi^{\mathcal{A}}_{\mathcal{I}}$, $\phi^{\alpha}_i = h^{\alpha}_{ij}\theta^j$ 是M的第二基本型，记为

$$B = \sum_{ij\alpha} h^{\alpha}_{ij}\theta^i \otimes \theta^j \otimes e_{\alpha},\quad B_{ij} = \sum_{\alpha} h^{\alpha}_{ij} e_{\alpha}.$$

从第二基本型出发，可以定义出很多的基本符号，这些符号在后面会反复用到。

当余维数为1时，$p = 1$，记

$$B = h_{ij}\theta^i \otimes \theta^j,\ \ A = (h_{ij})_{n\times n}, \tag{3.1}$$

$$H = \frac{1}{n}\sum_i h_{ii},\ \ S = \sum_{ij}(h_{ij})^2, \tag{3.2}$$

$$\hat{h}_{ij} = h_{ij} - H\delta_{ij}, \tag{3.3}$$

$$\hat{B} = \hat{h}_{ij}\theta^i \otimes \theta^j = B - H\mathrm{d}s^2, \tag{3.4}$$

$$\hat{A} = (\hat{h}_{ij})_{n\times n} = A - HI, \tag{3.5}$$

$$\hat{S} = \sum_{ij}(\hat{h}_{ij})^2 = S - nH^2, \tag{3.6}$$

$$P_k = \mathrm{tr}(A^k),\ \ P_1 = \sum_i h_{ii}, \tag{3.7}$$

$$P_2 = \sum_{ij}(h_{ij})^2 = S,\ \ P_3 = \sum_{ijk} h_{ij}h_{jk}h_{ki}, \tag{3.8}$$

$$\hat{P}_k = \mathrm{tr}(\hat{A}^k),\ \ \hat{P}_1 = 0,$$

$$\hat{P}_2 = \sum_{ij}(\hat{h}_{ij})^2 = P_2 - \frac{1}{n}(P_1)^2 = \hat{S},$$

$$\hat{P}_3 = \sum_{ijk} \hat{h}_{ij}\hat{h}_{jk}\hat{h}_{ki}, \tag{3.9}$$

$$\rho = S - nH^2 = \hat{S}. \tag{3.10}$$

当余维数大于1时，$p \geqslant 2$，记

$$B = h^{\alpha}_{ij}\theta^i \otimes \theta^j \otimes e_\alpha,\ \ B_{ij} = \sum_\alpha h^{\alpha}_{ij} e_\alpha, \tag{3.11}$$

$$A_\alpha = A^\alpha = (h^\alpha_{ij})_{n\times n},\ \ H^\alpha = \frac{1}{n}\sum_i h^\alpha_{ii}, \tag{3.12}$$

$$\vec{H} = \sum_\alpha H^\alpha e_\alpha,\ \ H = \sqrt{\sum_\alpha (H^\alpha)^2}, \tag{3.13}$$

$$S = \sum_{ij\alpha}(h^\alpha_{ij})^2,\ \ \hat{h}^\alpha_{ij} = h^\alpha_{ij} - H^\alpha \delta_{ij}, \tag{3.14}$$

$$\hat{B} = \hat{h}^\alpha_{ij}\theta^i \otimes \theta^j \otimes e_\alpha = B - \vec{H} \otimes \mathrm{d}s^2, \tag{3.15}$$

$$\begin{aligned}\hat{B}_{ij} &= \hat{h}^\alpha_{ij} \otimes e_\alpha = \sum_\alpha (h^\alpha_{ij} - H^\alpha \delta_{ij}) e_\alpha \\ &= B_{ij} - \vec{H}\delta_{ij},\end{aligned} \tag{3.16}$$

$$\begin{aligned}\hat{A}_\alpha &= \hat{A}^\alpha = (\hat{h}^\alpha_{ij})_{n\times n} = (h^\alpha_{ij} - H^\alpha \delta_{ij}) \\ &= A_\alpha - H^\alpha I = A^\alpha - H^\alpha I,\end{aligned} \tag{3.17}$$

$$S_{\alpha\beta} = \mathrm{tr}(A_\alpha A_\beta) = \sum_{ij} h^\alpha_{ij} h^\beta_{ij},\ \ S = \sum_\alpha S_{\alpha\alpha}, \tag{3.18}$$

$$S_{\alpha\beta\gamma} = \mathrm{tr}(A_\alpha A_\beta A_\gamma) = \sum_{ijk} h^\alpha_{ij} h^\beta_{jk} h^\gamma_{ki}, \tag{3.19}$$

$$S_{\alpha\beta\gamma\delta} = \mathrm{tr}(A_\alpha A_\beta A_\gamma A_\delta) = \sum_{ijkl} h^\alpha_{ij} h^\beta_{jk} h^\gamma_{kl} h^\delta_{li}, \tag{3.20}$$

$$N(A_\alpha) = \mathrm{tr}(A_\alpha A_\alpha^{\mathrm{T}}) = \sum_{ij} (h^\alpha_{ij})^2 = S_{\alpha\alpha}, \tag{3.21}$$

$$\begin{aligned} N(A_\alpha A_\beta - A_\beta A_\alpha) &= \mathrm{tr}[(A_\alpha A_\beta - A_\beta A_\alpha)(A_\alpha A_\beta - A_\beta A_\alpha)^{\mathrm{T}}] \\ &= 2(S_{\alpha\alpha\beta\beta} - S_{\alpha\beta\alpha\beta}), \end{aligned} \tag{3.22}$$

$$\hat{S} = \sum_{ij\alpha} (\hat{h}^\alpha_{ij})^2 = \sum_{ij\alpha} (h^\alpha_{ij} - H^\alpha \delta_{ij})^2 = S - nH^2, \tag{3.23}$$

$$\hat{S}_{\alpha\beta} = \mathrm{tr}(\hat{A}_\alpha \hat{A}_\beta) = \mathrm{tr}[(A_\alpha - H^\alpha)(A_\beta - H^\beta)] = S_{\alpha\beta} - nH^\alpha H^\beta, \tag{3.24}$$

$$\begin{aligned} \hat{S}_{\alpha\beta\gamma} &= \mathrm{tr}(\hat{A}_\alpha \hat{A}_\beta \hat{A}_\gamma) = \mathrm{tr}[(A_\alpha - H^\alpha I)(A_\beta - H^\beta I)(A_\gamma - H^\gamma I)] \\ &= S_{\alpha\beta\gamma} + 2nH^\alpha H^\beta H^\gamma - S_{\alpha\beta} H^\gamma - S_{\alpha\gamma} H^\beta - S_{\beta\gamma} H^\alpha, \end{aligned} \tag{3.25}$$

$$\begin{aligned} \hat{S}_{\alpha\beta\gamma\delta} &= \mathrm{tr}(\hat{A}_\alpha \hat{A}_\beta \hat{A}_\gamma \hat{A}_\delta) \\ &= \mathrm{tr}[(A_\alpha - H^\alpha I)(A_\beta - H^\beta I)(A_\gamma - H^\gamma I)(A_\delta - H^\delta I)] \\ &= S_{\alpha\beta\gamma\delta} - 3nH^\alpha H^\beta H^\gamma H^\delta \\ &\quad - H^\alpha S_{\beta\gamma\delta} - H^\beta S_{\alpha\gamma\delta} - H^\gamma S_{\alpha\beta\delta} - H^\delta S_{\alpha\beta\gamma} \\ &\quad + S_{\alpha\beta} H^\gamma H^\delta + S_{\alpha\gamma} H^\beta H^\delta + S_{\alpha\delta} H^\beta H^\gamma \\ &\quad + S_{\beta\gamma} H^\alpha H^\delta + S_{\beta\delta} H^\alpha H^\gamma + S_{\gamma\delta} H^\alpha H^\beta \end{aligned} \tag{3.26}$$

$$N(\hat{A}_\alpha) = \mathrm{tr}(\hat{A}_\alpha \hat{A}_\alpha^{\mathrm{T}}) = \sum_{ij} (\hat{h}^\alpha_{ij})^2 = \hat{S}_{\alpha\alpha}, \tag{3.27}$$

$$\begin{aligned} N(\hat{A}_\alpha \hat{A}_\beta - \hat{A}_\beta \hat{A}_\alpha) &= \mathrm{tr}[(\hat{A}_\alpha \hat{A}_\beta - \hat{A}_\beta \hat{A}_\alpha)(\hat{A}_\alpha \hat{A}_\beta - \hat{A}_\beta \hat{A}_\alpha)^{\mathrm{T}}] \\ &= 2(\hat{S}_{\alpha\alpha\beta\beta} - \hat{S}_{\alpha\beta\alpha\beta}), \end{aligned} \tag{3.28}$$

$$\rho = S - nH^2 = \sum_\alpha S_{\alpha\alpha} - n(H^\alpha)^2 = \sum_\alpha \hat{S}_{\alpha\alpha} = \hat{S}. \tag{3.29}$$

显然，有

$$S_{\alpha\alpha} \geqslant 0,\ S \geqslant 0,\ \hat{S}_{\alpha\alpha} \geqslant 0,\ \hat{S} \geqslant 0,\ \rho \geqslant 0.$$

记$TN, TM, T^{\perp}M$上的微分算子、Christoffel和黎曼曲率符号分别为

$$\mathrm{d},\ \mathrm{d}_M;\ \ \bar{\Gamma}^B_{AC},\ \omega,\ \bar{R}_{ABCD},\ \Omega;\ \ \Gamma^j_{ik},\ \phi^j_i,\ R_{ijkl},\ \Omega^{\top};\ \ \Gamma^{\beta}_{\alpha i},\ \phi^{\beta}_{\alpha},\ {R^{\perp}}_{\alpha\beta ij},\ \Omega^{\perp}.$$

于是

$$\omega + \omega^{\mathrm{T}} = 0,\ \ \mathrm{d}\sigma - \sigma \wedge \omega = 0, \tag{3.30}$$

$$\Omega + \Omega^{\mathrm{T}} = 0,\ \ \mathrm{d}\omega - \omega \wedge \omega = \Omega, \tag{3.31}$$

$$\sigma \wedge \Omega = 0,\ \sigma \wedge \Omega^{\mathrm{T}} = 0,\ \mathrm{d}\Omega = \omega \wedge \Omega - \Omega \wedge \omega. \tag{3.32}$$

对(3.30)式进行拉回运算，有

$$\phi + \phi^{\mathrm{T}} = 0,\ \ \phi^B_A = \Gamma^B_{Ai}\theta^i,\ \ x^*\bar{\Gamma}^B_{Ai} = \Gamma^B_{Ai},$$

$$\Gamma^j_{ik} = -\Gamma^i_{jk},\ \ \Gamma^{\alpha}_{ij} = -\Gamma^i_{\alpha j} \overset{\mathrm{def}}{=} h^{\alpha}_{ij}, \Gamma^{\beta}_{\alpha i} = -\Gamma^{\alpha}_{\beta i},$$

$$\mathrm{d}_M\theta - \theta \wedge \phi = 0,$$

$$\mathrm{d}_M\theta^{\mathcal{I}} - \theta^{\mathcal{I}} \wedge \phi^{\mathcal{I}}_{\mathcal{I}} - \theta^{\mathcal{A}} \wedge \phi^{\mathcal{I}}_{\mathcal{A}} = \mathrm{d}_M\theta^{\mathcal{I}} - \theta^{\mathcal{I}} \wedge \phi^{\mathcal{I}}_{\mathcal{I}} = 0,$$

$$\mathrm{d}_M\theta^{\mathcal{A}} - \theta^{\mathcal{I}} \wedge \phi^{\mathcal{A}}_{\mathcal{I}} - \theta^{\mathcal{A}} \wedge \phi^{\mathcal{A}}_{\mathcal{A}} = -\theta^{\mathcal{I}} \wedge \phi^{\mathcal{A}}_{\mathcal{I}} = 0,$$

$$h^{\alpha}_{ij} = h^{\alpha}_{ji}.$$

对(3.31)式进行拉回运算，有

$$\Phi + \Phi^{\mathrm{T}} = 0,$$

$$\Phi_{AB} = \frac{1}{2}x^*(\bar{R}_{ABij})\theta^i \wedge \theta^j,$$

$$R_{ijkl} = x^*\bar{R}_{ijkl} = -R_{jikl} = -R_{ijlk},$$

$${R^{\perp}}_{\alpha\beta ij} = x^*\bar{R}_{\alpha\beta ij} = -{R^{\perp}}_{\beta\alpha ij} = -{R^{\perp}}_{\alpha\beta ji}.$$

对矩阵的第一部分

$$\Phi = \mathrm{d}_M\phi - \phi \wedge \phi,$$

$$\Phi_{\mathcal{I}\mathcal{I}} = \Omega^{\top} - \phi^{\mathcal{A}}_{\mathcal{I}} \wedge \phi^{\mathcal{I}}_{\mathcal{A}},$$

$$\frac{1}{2}\bar{R}_{ijkl}\theta^k \wedge \theta^l = \frac{1}{2}R_{ijkl}\theta^k \wedge \theta^l + \sum_\alpha h^\alpha_{ik}h^\alpha_{jl}\theta^k \wedge \theta^l$$

$$= \frac{1}{2}(R_{ijkl} + \sum_\alpha h^\alpha_{ik}h^\alpha_{jl} - h^\alpha_{jk}h^\alpha_{il})\theta^k \wedge \theta^l,$$

$$\bar{R}_{ijkl} = R_{ijkl} + \sum_\alpha h^\alpha_{ik}h^\alpha_{jl} - h^\alpha_{jk}h^\alpha_{il}.$$

对矩阵的第二部分

$$\Phi^{\mathcal{A}}_{\mathcal{I}} = \mathrm{d}_M\phi^{\mathcal{A}}_{\mathcal{I}} - \phi^{\mathcal{I}}_{\mathcal{I}} \wedge \phi^{\mathcal{I}}_{\mathcal{I}} - \phi^{\mathcal{A}}_{\mathcal{I}} \wedge \phi^{\mathcal{I}}_{\mathcal{A}},$$

$$\frac{1}{2}\bar{R}^\alpha_{ijk}\theta^j \wedge \theta^k = \Phi^\alpha_i$$

$$= \mathrm{d}_M h^\alpha_{ik} \wedge \theta^k - h_{ip}\phi^p_k \wedge \theta^k - h^\alpha_{pk}\phi^p_i \wedge \theta^k + h^\beta_{ik}\phi^\alpha_\beta\theta^k$$

$$= \frac{1}{2}(h^\alpha_{ik,j} - h^\alpha_{ij,k})\theta^j \wedge \theta^k,$$

$$\bar{R}^\alpha_{ijk} = h^\alpha_{ik,j} - h^\alpha_{ij,k}.$$

对矩阵的第四部分

$$\Phi_{\mathcal{A}\mathcal{A}} = \mathrm{d}_M\phi^{\mathcal{A}}_{\mathcal{A}} - \phi^{\mathcal{A}}_{\mathcal{A}} \wedge \phi^{\mathcal{A}}_{\mathcal{A}} - \phi^{\mathcal{I}}_{\mathcal{A}} \wedge \phi^{\mathcal{A}}_{\mathcal{I}} = \Omega^\perp - \phi^{\mathcal{I}}_{\mathcal{A}} \wedge \phi^{\mathcal{A}}_{\mathcal{I}},$$

$$\frac{1}{2}\bar{R}_{\alpha\beta ij}\theta^i \wedge \theta^j = \frac{1}{2}R^\perp{}_{\alpha\beta ij}\theta^i \wedge \theta^j + \sum_p h^\alpha_{ip}h^\beta_{pj}\theta^i \wedge \theta^j$$

$$= \frac{1}{2}(R^\perp{}_{\alpha\beta ij} + \sum_p h^\alpha_{ip}h^\beta_{pj} - h^\beta_{ip}h^\alpha_{pj})$$

$$\bar{R}_{\alpha\beta ij} = R^\perp{}_{\alpha\beta ij} + \sum_p h^\alpha_{ip}h^\beta_{pj} - h^\beta_{ip}h^\alpha_{pj}.$$

对(3.32)式进行拉回运算，有

$$\theta \wedge \Omega = 0,\ \ \theta \wedge \Omega^{\mathrm{T}} = 0,$$

$$\theta^{\mathcal{I}} \wedge (\Omega^{\mathcal{I}}_{\mathcal{I}})^{\mathrm{T}} = 0,\ \ \theta^{\mathcal{I}} \wedge (\Omega^{\mathcal{A}}_{\mathcal{I}}) = 0,$$

$$\frac{1}{2}\bar{R}_{ijkl}\theta^j \wedge \theta^k \wedge \theta^l = 0,$$

$$\bar{R}_{ijkl} + \bar{R}_{iklj} + \bar{R}_{iljk} = 0,$$

$$\frac{1}{2}\bar{R}^{\alpha}_{ijk}\theta^i \wedge \theta^j \wedge \theta^k = 0,$$

$$\bar{R}^{\alpha}_{ijk} + \bar{R}^{\alpha}_{jki} + \bar{R}^{\alpha}_{kij} = 0.$$

对于矩阵的第一部分

$$\mathrm{d}_M\Phi = \phi \wedge \Phi - \Phi \wedge \phi,$$

$$\mathrm{d}_M\Phi_{II} = \phi^I_I \wedge \Phi^I_I + \phi^{\mathcal{A}}_I \wedge \Phi^I_{\mathcal{A}} - \Phi^I_I \wedge \phi^I_I - \Phi^{\mathcal{A}}_I \wedge \phi^I_{\mathcal{A}},$$

$$\frac{1}{2}\mathrm{d}_M\bar{R}_{ijkl}\theta^k \wedge \theta^l - \frac{1}{2}\bar{R}_{ijpl}\phi^p_k\theta^k \wedge \theta^l - \frac{1}{2}\bar{R}_{ijkp}\phi^p_l\theta^k \wedge \theta^l$$

$$- \frac{1}{2}\bar{R}_{pjkl}\phi^p_i\theta^k \wedge \theta^l - \frac{1}{2}\bar{R}_{ipkl}\phi^p_j\theta^k \wedge \theta^l$$

$$+ \frac{1}{2}\sum_{\alpha}(h^{\alpha}_{im}\bar{R}^{\alpha}_{jkl} - h^{\alpha}_{jm}\bar{R}^{\alpha}_{ikl})\theta^k \wedge \theta^l \wedge \theta^m = 0,$$

$$\frac{1}{2}[\bar{R}_{ijkl,m} - \sum_{\alpha}(\bar{R}^{\alpha}_{ikl}h^{\alpha}_{jm} - \bar{R}^{\alpha}_{jkl}h^{\alpha}_{im})]\theta^k \wedge \theta^l \wedge \theta^m = 0,$$

$$\bar{R}_{ijkl,m} + \bar{R}_{ijlm,k} + \bar{R}_{ijmk,l} - \sum_{\alpha}(\bar{R}^{\alpha}_{ikl}h^{\alpha}_{jm} - \bar{R}^{\alpha}_{jkl}h^{\alpha}_{im})$$

$$- \sum_{\alpha}(\bar{R}^{\alpha}_{ilm}h^{\alpha}_{jk} - \bar{R}^{\alpha}_{jlm}h^{\alpha}_{ik}) - \sum_{\alpha}(\bar{R}^{\alpha}_{imk}h^{\alpha}_{jl} - \bar{R}^{\alpha}_{jmk}h^{\alpha}_{il}) = 0.$$

对于矩阵的第二部分

$$\mathrm{d}_M\Phi^{\mathcal{A}}_I = \phi^I_I \wedge \Phi^{\mathcal{A}}_I + \phi^{\mathcal{A}}_I \wedge \Phi^{\mathcal{A}}_{\mathcal{A}} - \Phi^I_I \wedge \phi^{\mathcal{A}}_I - \Phi^{\mathcal{A}}_I \wedge \phi^{\mathcal{A}}_{\mathcal{A}},$$

$$\frac{1}{2}[\bar{R}^{\alpha}_{ijk,l} + (\sum_p \bar{R}_{ipjk}h^{\alpha}_{pl} - \sum_{\beta}\bar{R}^{\alpha}_{\beta jk}h^{\beta}_{il})]\theta^j \wedge \theta^k \wedge \theta^l = 0,$$

$$\bar{R}^{\alpha}_{ijk,l} + \bar{R}^{\alpha}_{ikl,j} + \bar{R}^{\alpha}_{ilj,k} + (\sum_p \bar{R}_{ipjk}h^{\alpha}_{pl} - \sum_{\beta}\bar{R}^{\alpha}_{\beta jk}h^{\beta}_{il})$$

$$+ (\sum_p \bar{R}_{ipkl}h^{\alpha}_{pj} - \sum_{\beta}\bar{R}^{\alpha}_{\beta kl}h^{\beta}_{ij}) + (\sum_p \bar{R}_{iplj}h^{\alpha}_{pk} - \sum_{\beta}\bar{R}^{\alpha}_{\beta lj}h^{\beta}_{ik}) = 0.$$

对于矩阵的第四部分

$$\mathrm{d}_M\Phi^{\mathcal{A}}_{\mathcal{A}} = \phi^I_{\mathcal{A}} \wedge \Phi^{\mathcal{A}}_I + \phi^{\mathcal{A}}_{\mathcal{A}} \wedge \Phi^{\mathcal{A}}_{\mathcal{A}} - \Phi^I_{\mathcal{A}} \wedge \phi^{\mathcal{A}}_I - \Phi^{\mathcal{A}}_{\mathcal{A}} \wedge \phi^{\mathcal{A}}_{\mathcal{A}},$$

$$\frac{1}{2}(\bar{R}_{\alpha\beta ij,k} - \sum_p(\bar{R}^{\alpha}_{pij}h^{\beta}_{pk} - \bar{R}^{\beta}_{pij}h^{\alpha}_{pk}))\theta^i \wedge \theta^j \wedge \theta^k = 0,$$

$$\bar{R}_{\alpha\beta ij,k}+\bar{R}_{\alpha\beta jk,i}+\bar{R}_{\alpha\beta ki,j}-\sum_p(\bar{R}^\alpha_{pij}h^\beta_{pk}-\bar{R}^\beta_{pij}h^\alpha_{pk})$$
$$-\sum_p(\bar{R}^\alpha_{pjk}h^\beta_{pi}-\bar{R}^\beta_{pjk}h^\alpha_{pi})-\sum_p(\bar{R}^\alpha_{pki}h^\beta_{pj}-\bar{R}^\beta_{pki}h^\alpha_{pj})=0.$$

对于第二基本型，下面的Ricci恒等式是重要的：

$$\begin{aligned}
h^\alpha_{ij,kl}-h^\alpha_{ij,lk}&=\sum_p h^\alpha_{pj}R_{ipkl}+\sum_p h^\alpha_{ip}R_{jpkl}+\sum_\beta h^\beta_{ij}R^\perp_{\alpha\beta kl}\\
&=\sum_p h^\alpha_{pj}[\bar{R}_{ipkl}-\sum_\beta(h^\beta_{ik}h^\beta_{pl}-h^\beta_{il}h^\beta_{pk})]\\
&\quad+\sum_p h^\alpha_{ip}[\bar{R}_{jpkl}-\sum_\beta(h^\beta_{jk}h^\beta_{pl}-h^\beta_{jl}h^\beta_{pk})]\\
&\quad+\sum_\beta h^\beta_{ij}[\bar{R}_{\alpha\beta kl}-\sum_p(h^\alpha_{kp}h^\beta_{pl}-h^\alpha_{lp}h^\beta_{pk})]\\
&=\sum_p h^\alpha_{pj}\bar{R}_{ipkl}+\sum_p h^\alpha_{ip}\bar{R}_{jpkl}+\sum_\beta h^\beta_{ij}\bar{R}_{\alpha\beta kl}\\
&\quad+\sum_{p\beta}(h^\beta_{il}h^\alpha_{jp}h^\beta_{pk}-h^\beta_{ik}h^\alpha_{jp}h^\beta_{pl})+\sum_{p\beta}(h^\alpha_{ip}h^\beta_{pk}h^\beta_{jl}-h^\alpha_{ip}h^\beta_{pl}h^\beta_{jk})\\
&\quad+\sum_{p\beta}(h^\beta_{ij}h^\beta_{kp}h^\alpha_{pl}-h^\beta_{ij}h^\alpha_{kp}h^\beta_{pl}).
\end{aligned}$$

综上所述，得到子流形的结构方程定理：

定理 3.1 [2] 设$x:M\to N$是子流形，则张量的变化规律为

$$h^\alpha_{ij}=h^\alpha_{ji},\ \ \bar{R}_{ijkl}=R_{ijkl}+\sum_\alpha h^\alpha_{ik}h^\alpha_{jl}-h^\alpha_{jk}h^\alpha_{il},\tag{3.33}$$

$$\bar{R}^\alpha_{ijk}=h^\alpha_{ik,j}-h^\alpha_{ij,k},\ \ \bar{R}_{\alpha\beta ij}=R^\perp{}_{\alpha\beta ij}+\sum_p h^\alpha_{ip}h^\beta_{pj}-h^\beta_{ip}h^\alpha_{pj},\tag{3.34}$$

$$R_{ij}=\sum_p\bar{R}_{ippj}-\sum_{p\alpha}h^\alpha_{ip}h^\alpha_{pj}+\sum_\alpha nH^\alpha h^\alpha_{ij},\tag{3.35}$$

$$R=\sum_{ij}\bar{R}_{ijji}-S+n^2H^2,\tag{3.36}$$

$$\bar{R}_{ijkl,m}+\bar{R}_{ijlm,k}+\bar{R}_{ijmk,l}-\sum_\alpha(\bar{R}^\alpha_{ikl}h^\alpha_{jm}-\bar{R}^\alpha_{jkl}h^\alpha_{im})$$
$$-\sum_\alpha(\bar{R}^\alpha_{ilm}h^\alpha_{jk}-\bar{R}^\alpha_{jlm}h^\alpha_{ik})-\sum_\alpha(\bar{R}^\alpha_{imk}h^\alpha_{jl}-\bar{R}^\alpha_{jmk}h^\alpha_{il})=0,\tag{3.37}$$

$$\bar{R}^{\alpha}_{ijk,l} + \bar{R}^{\alpha}_{ikl,j} + \bar{R}^{\alpha}_{ilj,k} + (\sum_p \bar{R}_{ipjk} h^{\alpha}_{pl} - \sum_{\beta} \bar{R}^{\alpha}_{\beta jk} h^{\beta}_{il})$$

$$+ (\sum_p \bar{R}_{ipkl} h^{\alpha}_{pj} - \sum_{\beta} \bar{R}^{\alpha}_{\beta kl} h^{\beta}_{ij}) + (\sum_p \bar{R}_{iplj} h^{\alpha}_{pk} - \sum_{\beta} \bar{R}^{\alpha}_{\beta lj} h^{\beta}_{ik}) = 0, \tag{3.38}$$

$$\bar{R}_{\alpha\beta ij,k} + \bar{R}_{\alpha\beta jk,i} + \bar{R}_{\alpha\beta ki,j} - \sum_p (\bar{R}^{\alpha}_{pij} h^{\beta}_{pk} - \bar{R}^{\beta}_{pij} h^{\alpha}_{pk})$$

$$- \sum_p (\bar{R}^{\alpha}_{pjk} h^{\beta}_{pi} - \bar{R}^{\beta}_{pjk} h^{\alpha}_{pi}) - \sum_p (\bar{R}^{\alpha}_{pki} h^{\beta}_{pj} - \bar{R}^{\beta}_{pki} h^{\alpha}_{pj}) = 0. \tag{3.39}$$

◇

注释 3.1 在定理3.1中，前三行等式是经典结果，后面的Bianchi等式是新推导的，当然也可以由Gauss、Codazzi、Ricci等式的协变导数得到。

设N是空间形式$R^{n+p}(c)$，众所周知地有如下关系：

$$\bar{R}_{ABCD} = -c(\delta_{AC}\delta_{BD} - \delta_{AD}\delta_{BC}).$$

代入定理3.1，可得如下推论：

推论 3.1 [2] 设N是空间形式$R^{n+p}(c)$，则子流形$x : M \to R^{n+p}(c)$有以下结构方程：

$$\mathrm{d}x = \theta^i e_i,\ \ \mathrm{d}e_i = \phi^j_i e_j + \phi^{\alpha}_i e_{\alpha} - c\theta^i x, \tag{3.40}$$

$$\mathrm{d}e_{\alpha} = \phi^i_{\alpha} e_i + \phi^{\beta}_{\alpha} e_{\beta},\ \ h^{\alpha}_{ij} = h^{\alpha}_{ji}, \tag{3.41}$$

$$R_{ijkl} = -c(\delta_{ik}\delta_{jl} - \delta_{il}\delta_{jk}) - \sum_{\alpha} (h^{\alpha}_{ik} h^{\alpha}_{jl} - h^{\alpha}_{jk} h^{\alpha}_{il}), \tag{3.42}$$

$$R_{ij} = c(n-1)\delta_{ij} - \sum_{p\alpha} h^{\alpha}_{ip} h^{\alpha}_{pj} + \sum_{\alpha} nH^{\alpha} h^{\alpha}_{ij}, \tag{3.43}$$

$$R = cn(n-1) - S + n^2H^2, \tag{3.44}$$

$$h^{\alpha}_{ik,j} = h^{\alpha}_{ij,k},\ \ R^{\perp}{}_{\alpha\beta ij} = -\sum_p (h^{\alpha}_{ip} h^{\beta}_{pj} - h^{\beta}_{ip} h^{\alpha}_{pj}), \tag{3.45}$$

$$\bar{R}_{ijkl,m} + \bar{R}_{ijlm,k} + \bar{R}_{ijmk,l} = 0, \tag{3.46}$$

$$\bar{R}^{\alpha}_{ijk,l} + \bar{R}^{\alpha}_{ikl,j} + \bar{R}^{\alpha}_{ilj,k} = 0, \tag{3.47}$$

$$\bar{R}_{\alpha\beta ij,k} + \bar{R}_{\alpha\beta jk,i} + \bar{R}_{\alpha\beta ki,j} = 0. \tag{3.48}$$

注释 3.2 在定理3.1和推论3.1之中，对$\bar{R}_{ABCD}$的协变导数都是在拉回丛上进行的。

命题 3.1 设$x: M \to N$是子流形，有如下Ricci恒等式：

- 当$p \geqslant 2$时，一般子流形有

$$\begin{aligned} h^{\alpha}_{ij,kl} - h^{\alpha}_{ij,lk} &= \sum_p h^{\alpha}_{pj}\bar{R}_{ipkl} + \sum_p h^{\alpha}_{ip}\bar{R}_{jpkl} + \sum_\beta h^{\beta}_{ij}\bar{R}_{\alpha\beta kl} \\ &+ \sum_{p\beta}(h^{\beta}_{il}h^{\alpha}_{jp}h^{\beta}_{pk} - h^{\beta}_{ik}h^{\alpha}_{jp}h^{\beta}_{pl}) + \sum_{p\beta}(h^{\alpha}_{ip}h^{\beta}_{pk}h^{\beta}_{jl} - h^{\alpha}_{ip}h^{\beta}_{pl}h^{\beta}_{jk}) \\ &+ \sum_{p\beta}(h^{\beta}_{ij}h^{\beta}_{kp}h^{\alpha}_{pl} - h^{\beta}_{ij}h^{\alpha}_{kp}h^{\beta}_{pl}). \end{aligned} \tag{3.49}$$

- 当$p \geqslant 2$时，空间形式中子流形有

$$\begin{aligned} h^{\alpha}_{ij,kl} - h^{\alpha}_{ij,lk} &= c(\delta_{il}h^{\alpha}_{jk} - \delta_{ik}h^{\alpha}_{jl} + \delta_{jl}h^{\alpha}_{ik} - \delta_{jk}h^{\alpha}_{il}) \\ &+ \sum_{p\beta}(h^{\beta}_{il}h^{\alpha}_{jp}h^{\beta}_{pk} - h^{\beta}_{ik}h^{\alpha}_{jp}h^{\beta}_{pl}) + \sum_{p\beta}(h^{\alpha}_{ip}h^{\beta}_{pk}h^{\beta}_{jl} - h^{\alpha}_{ip}h^{\beta}_{pl}h^{\beta}_{jk}) \\ &+ \sum_{p\beta}(h^{\beta}_{ij}h^{\beta}_{kp}h^{\alpha}_{pl} - h^{\beta}_{ij}h^{\alpha}_{kp}h^{\beta}_{pl}). \end{aligned} \tag{3.50}$$

- 当$p = 1$时，一般超曲面有

$$\begin{aligned} h_{ij,kl} - h_{ij,lk} &= \sum_p h_{pj}\bar{R}_{ipkl} + \sum_p h_{ip}\bar{R}_{jpkl} \\ &+ \sum_p(h_{il}h_{jp}h_{pk} - h_{ik}h_{jp}h_{pl} + h_{ip}h_{pk}h_{jl} - h_{ip}h_{pl}h_{jk}). \end{aligned} \tag{3.51}$$

- 当$p = 1$时，空间形式中超曲面有

$$\begin{aligned} h_{ij,kl} - h_{ij,lk} &= c(\delta_{il}h_{jk} - \delta_{ik}h_{jl} + \delta_{jl}h_{ik} - \delta_{jk}h_{il}) \\ &+ \sum_p(h_{il}h_{jp}h_{pk} - h_{ik}h_{jp}h_{pl} + h_{ip}h_{pk}h_{jl} - h_{ip}h_{pl}h_{jk}). \end{aligned} \tag{3.52}$$

3.2 子流形共形变换

本节主要讨论子流形的共形变换，沿用第2章和第3.1节的符号。设$\bar{u}: N \to R$是光滑函数，则$\widetilde{\mathrm{d}\bar{s}^2} = \mathrm{e}^{2\bar{u}}\mathrm{d}\bar{s}^2$是$\mathrm{d}\bar{s}^2$的共形变换，

$(N, \widetilde{ds^2})$的局部正交标架分别为

$$\widetilde{S} = \frac{1}{e^{\bar{u}}}S = \frac{1}{e^{\bar{u}}}(S_{\mathcal{I}}, S_{\mathcal{A}})^{\mathrm{T}},$$

$$\widetilde{\sigma} = e^{\bar{u}}\sigma = e^{\bar{u}}(\sigma^{\mathcal{I}}, \sigma^{\mathcal{A}}).$$

记

$$\mathrm{d}\bar{u} = \bar{u}_{,A}\sigma^A, \ \mathrm{d}\bar{u}_{,A} - \bar{u}_{,B}\omega_A^B = \bar{u}_{,AB}\sigma^B,$$

$$\mathrm{d}\bar{u}_{,AB} - \bar{u}_{,CB}\omega_A^C - \bar{u}_{,AC}\omega_B^C = \bar{u}_{,ABC}\sigma^C,$$

$$D\bar{u} = (\bar{u}_{,A})_{1\times(n+p)}, \ D^2\bar{u} = (\bar{u}_{,AB})_{(n+p)\times(n+p)},$$

$$D^3(\bar{u}) = (\bar{u}_{,ABC}),$$

$$x^*\bar{u} = u, \ x^*\bar{u}_{,\alpha} = u_{,\alpha}, \ x^*\bar{u}_{,i} = u_{,i},$$

$$\mathrm{d}_M u = \sum_i u_{,i}\theta^i, \ \mathrm{d}_M u_{,i} - \sum_p u_{,p}\phi_i^p = u_{,ij}\theta^j,$$

$$\mathrm{d}_M u_{,\alpha} - u_{,\beta}\phi_\alpha^\beta = u_{,\alpha i}\theta^i,$$

$$Du = (u_{,i})_{1\times n}, \ D^2u = (u_{,ij})_{n\times n}, \ DD^\perp u = (u_{,\alpha i})_{p\times n},$$

$$x^*\bar{u}_{,ij} = u_{,ij} - \sum_\alpha u_{,\alpha}h_{ij}^\alpha, \ x^*\bar{u}_{\alpha i} = u_{,\alpha i} + \sum_j h_{ij}^\alpha u_{,j}.$$

显然，$\widetilde{ds^2} = e^{2u}ds^2$是$ds^2$的共形变换，因此子流形

$$x : (M, \mathrm{d}s^2) \to (N, \mathrm{d}\bar{s}^2), \ x : (M, \widetilde{\mathrm{d}s^2}) \to (N, \widetilde{\mathrm{d}\bar{s}^2})$$

的局部正交标架是

$$\widetilde{e} = x^*\widetilde{S} = \frac{1}{e^u}e = \frac{1}{e^u}(e_{\mathcal{I}}, e_{\mathcal{A}})^{\mathrm{T}},$$

$$\widetilde{\theta} = x^*\widetilde{\sigma} = e^u\theta = e^u(\theta^{\mathcal{I}}, \theta^{\mathcal{A}}).$$

由定理2.3，可得到以下的定理：

定理 3.2 在$(M, \widetilde{ds^2})$和(M, ds^2)各自的标架$\widetilde{e}$, e下，第二基本型的变换规

律为

$$\widetilde{h_{ij}^{\alpha}} = \frac{h_{ij}^{\alpha} - u_{,\alpha}\delta_{ij}}{\mathrm{e}^u},$$

$$\widetilde{B} = \widetilde{h_{ij}^{\alpha}}\widetilde{\theta^i} \otimes \widetilde{\theta^j} \otimes \widetilde{e_\alpha} = B - \sum_{\alpha} u_{,\alpha} e_\alpha \mathrm{d}s^2. \tag{3.53}$$

◇

3.3 子流形的例子

例 3.1 全测地子流形$B = 0$. 欧氏空间中的超平面，球面中的赤道。

例 3.2 欧氏空间e^{n+1}中的单位球面$S^n(1)$，显然有$k_1 = k_2 = \cdots = k_n = 1$.

例 3.3 [2] 设$0 < r < 1$，$M : S^m(r) \times S^{n-m}(\sqrt{1-r^2}) \to S^{n+1}(1)$。计算如下：

$$S^m(r) = \{rx_1 : |x_1| = 1\} \hookrightarrow \mathrm{e}^{m+1},$$

$$S^{n-m}(\sqrt{1-r^2}) = \{\sqrt{1-r^2}x_2 : |x_2| = 1\} \hookrightarrow \mathrm{e}^{n-m+1},$$

$$M \overset{\text{def}}{=} \{x = (rx_1, \sqrt{1-r^2}x_2)\} \hookrightarrow S^{n+1}(1) \hookrightarrow \mathrm{e}^{n+2},$$

$$\mathrm{d}s^2 = (r\mathrm{d}x_1)^2 + (\sqrt{1-r^2}\mathrm{d}x_2)^2,\ e_{n+1} = (-\sqrt{1-r^2}x_1, rx_2),$$

$$h_{ij}^{n+1}\theta^i \otimes \theta^j \overset{\text{def}}{=} h_{ij}\theta^i \otimes \theta^j = -\langle \mathrm{d}x, \mathrm{d}e_{n+1}\rangle$$

$$= \frac{\sqrt{1-r^2}}{r}(r\mathrm{d}x_1)^2 - \frac{r}{\sqrt{1-r^2}}(\sqrt{1-r^2}\mathrm{d}x_2)^2,$$

$$k_1 = \cdots = k_m = \frac{\sqrt{1-r^2}}{r},\ k_{m+1} = \cdots = k_n = -\frac{r}{\sqrt{1-r^2}}.$$

例 3.4 [38] 设$0 < a_1, \cdots, a_{p+1} < 1$满足$\sum_1^{p+1}(a_i)^2 = 1$，设正整数$n_1, \cdots, n_{p+1}$满足$\sum_1^{p+1} n_i = n$. $M \overset{\text{def}}{=} S^{n_1}(a_1) \times \cdots S^{n_{p+1}}(a_{p+1}) \to S^{n+p}(1)$，计算如下：

$$S^{n_1}(a_1) = \{a_1x_1 : |x_1| = 1\} \hookrightarrow \mathrm{E}^{n_1+1}, \cdots,$$

$$S^{n_{p+1}(a_{p+1})} = \{a_{p+1}x_{p+1} : |x_{p+1}| = 1\} \hookrightarrow \mathrm{E}^{n_{p+1}+1},$$

$$M = \{x : x = (a_1x_1, \cdots, a_{p+1}x_{p+1})\} \to S^{n+p}(1) \hookrightarrow \mathrm{E}^{n+p+1},$$

$$ds^2 = \sum_{1}^{p+1}(a_i dx_i)^2,$$

$$e_\alpha = (a_{\alpha 1}x_1, \cdots, a_{\alpha(p+1)}x_{p+1}),\ (n+1) \leqslant \alpha \leqslant (n+p),$$

$$h^\alpha_{ij}\theta^i \otimes \theta^j = -\langle dx, de_\alpha\rangle = -\sum_{1}^{p+1}\frac{a_{\alpha i}}{a_i}(a_i dx_i)^2,$$

$$(h^\alpha_{ij}) = \begin{pmatrix} -\frac{a_{\alpha 1}}{a_1}E_{n_1} & 0 & 0 \\ 0 & \ddots & 0 \\ 0 & 0 & -\frac{a_{\alpha(p+1)}}{a_{p+1}}E_{n_{p+1}} \end{pmatrix},\ A = \begin{pmatrix} a_1 & \cdots & a_{p+1} \\ a_{(n+1)1} & \cdots & a_{(n+1)(p+1)} \\ \vdots & \vdots & \vdots \\ a_{(n+p)1} & \cdots & a_{(n+p)(p+1)} \end{pmatrix},$$

$$A^{\mathrm{T}}A = I,\ \sum_\alpha a_{\alpha i}a_{\alpha j} = \delta_{ij} - a_i a_j,\ \sum_i a_{\alpha i}a_i = 0,\ \sum_i a_{\alpha i}a_{\beta i} = \delta_{\alpha\beta}.$$

例 3.5 设M是$S^{n+1}(1)$中的闭的等参超曲面，设$k_1 > \cdots > k_g$是常主曲率，重数分别为$m_1, \cdots, m_g, n = m_1 + \cdots + m_g$. 有：

（1） g只能取1, 2, 3, 4, 6;

（2） 当$g = 1$时，M是全脐；

（3） 当$g = 2$时，$M = S^m(r) \times S^{n-m}(\sqrt{1-r^2})$;

（4） 当$g = 3$时，$m_1 = m_2 = m_3 = 2^k,\ k = 0, 1, 2, 3$;

（5） 当$g = 4$时，$m_1 = m_3,\ m_2 = m_4$. $(m_1, m_2) = (2, 2)$或$(4, 5)$或$m_1 + m_2 + 1 \equiv 0 (\mathrm{mod}\ 2^{\phi(m_1-1)})$， 函数$\phi(m) = \#\{s : 1 \leqslant s \leqslant m, s \equiv 0, 1, 2, 4 (\mathrm{mod}\ 8)\}$;

（6） 当$g = 6$时，$m_1 = m_2 = \cdots = m_6 = 1$或者$= 2$;

（7） 存在一个角度$\theta,\ 0 < \theta < \frac{\pi}{g}$，使得$k_\alpha = \cot\left(\theta + \frac{\alpha - 1}{g}\pi\right),\ \alpha = 1, \cdots, g$.

例 3.6 Nomizu等参超曲面。令$S^{n+1}(1) = \{(x_1, \cdots, x_{2r+1}, x_{2r+2}) \in R^{n+2} = R^{2r+2} : |x| = 1\}$，其中$n = 2r \geqslant 4$。定义函数：

$$F(x) = \Big[\sum_{i=1}^{r+1}(x^2_{2i-1} - x^2_{2i})\Big]^2 + 4\Big(\sum_{i=1}^{r+1}x_{2i-1}x_{2i}\Big)^2.$$

考虑由函数$F(x)$定义的超曲面：

$$M_t^n = \{x \in S^{n+1} : F(x) = \cos^2(2t)\},\ 0 < t < \frac{\pi}{4}.$$

M_t^n对固定参数t的主曲率为

$$k_1 = \cdots = k_{r-1} = \cot(-t),\ \ k_r = \cot\left(\frac{\pi}{4} - t\right),$$

$$k_{r+1} = \cdots = k_{n-1} = \cot\left(\frac{\pi}{2} - t\right),\ \ k_n = \cot\left(\frac{3\pi}{4} - t\right).$$

例 3.7 [2] Veronese曲面。设R^3和R^5的自然标架分别为

$$(x, y, z),\ \ (u_1, u_2, u_3, u_4, u_5).$$

定义映射如下：

$$u_1 = \frac{1}{\sqrt{3}}yz,\ \ u_2 = \frac{1}{\sqrt{3}}xz,\ \ u_3 = \frac{1}{\sqrt{3}}xy,$$

$$u_4 = \frac{1}{2\sqrt{3}}(x^2 - y^2),\ \ u_5 = \frac{1}{6}(x^2 + y^2 - 2z^2),$$

$$x^2 + y^2 + z^2 = 3.$$

该映射给出了一个嵌入 $i : RP^2 = S^2(\sqrt{3})/Z_2 \to S^4(1)$，称之为Veronese曲面，它是极小的。

3.4 子流形变分公式

本节主要讨论子流形的变分公式。沿用前面的符号。主要思想来自于文章[24]。

设$x : (M, \mathrm{d}s^2) \to (N, \mathrm{d}\bar{s}^2)$是子流形，$X : (M, \mathrm{d}s^2)\times(-\epsilon, \epsilon) \to (N, \mathrm{d}\bar{s}^2)$是其变分。 定义：

$$x_t \overset{\text{def}}{=} X(.,t) : M \times \{t\} \to N,\ \ t \in (-\epsilon, \epsilon).$$

那么每个 x_t 都是等距浸入，而且 $x_0 = x$.

设d, d_M, $\mathrm{d}_{M\times(-\epsilon,\epsilon)} = \mathrm{d}_M + \mathrm{d}t \wedge \frac{\partial}{\partial t}$ 是 $N, M, M \times (-\epsilon, \epsilon)$上的微分算子。

设变分向量场为$V=\sum_A V^A e_A$，即$\dfrac{\partial X}{\partial t}=V$。通过拉回映射，有

$$
\begin{aligned}
&X^*\sigma=\theta+\mathrm{d}tV,\ \ X^*\sigma^A=\theta^A+\mathrm{d}tV^A,\\
&X^*\sigma^i=\theta^i+\mathrm{d}tV^i,\ \ X^*\sigma^\alpha=\mathrm{d}tV^\alpha,\\
&X^*\omega=\phi+\mathrm{d}tL,\ \ X^*\omega_A^B=\phi_A^B+\mathrm{d}tL_A^B,\\
&X^*\omega_i^j=\phi_i^j+\mathrm{d}tL_i^j,\ \ X^*\omega_i^\alpha=\phi_i^\alpha+\mathrm{d}tL_i^\alpha,\\
&X^*\omega_\alpha^\beta=\phi_\alpha^\beta+\mathrm{d}tL_\alpha^\beta,\\
&X^*\Omega=\Phi+\mathrm{d}t\wedge P,\ \ X^*\Omega_A^B=\Phi_A^B+\mathrm{d}t\wedge P_A^B,\\
&X^*\Omega_i^j=\Phi_i^j+\mathrm{d}t\wedge P_i^j,\ \ X^*\Omega_i^\alpha=\Phi_i^\alpha+\mathrm{d}t\wedge P_i^\alpha,\\
&X^*\Omega_\alpha^\beta=\Phi_\alpha^\beta+\mathrm{d}t\wedge P_\alpha^\beta.
\end{aligned}
$$

其中

$$
\begin{aligned}
X^*\omega_A^B&=\phi_A^B+\mathrm{d}tL_A^B=\bar{\Gamma}_{Ai}^B\theta^i+\mathrm{d}t\sum_C\bar{\Gamma}_{AC}^BV^C,\\
\phi_A^B&=\bar{\Gamma}_{Ai}^B\theta^i,\ \ L_A^B=\sum_C\bar{\Gamma}_{AC}^BV^C,\\
X^*\Omega_A^B&=\frac{1}{2}\bar{R}_{ABCD}(\theta^C+\mathrm{d}tV^C)\wedge(\theta^D+\mathrm{d}tV^D),\\
&=\frac{1}{2}\bar{R}_{ABCD}(\theta^C\wedge\theta^D+\mathrm{d}t\wedge(V^C\theta^D-\theta^CV^D)),\\
&=\frac{1}{2}\bar{R}_{ABij}\theta^i\wedge\theta^j+\mathrm{d}t\wedge(\bar{R}_{ABCi}V^C\theta^i),\\
\Phi_A^B&=\frac{1}{2}\bar{R}_{ABij}\theta^i\wedge\theta^j,\ \ P_A^B=\bar{R}_{ABCi}V^C\theta^i.
\end{aligned}
$$

定义 3.1 定义张量

$$\bar{Z}_{ABi}=\bar{R}_{ABCi}V^C,\ \ P_{AB}=\bar{Z}_{ABi}\theta^i.$$

对于以下三个方程，通过拉回运算，可以得到变分公式：

$$\omega+\omega^{\mathrm{T}}=0,\ \ \mathrm{d}\sigma-\sigma\wedge\omega=0,\tag{3.54}$$

$$\Omega + \Omega^{\mathrm{T}} = 0,\ \ \mathrm{d}\omega - \omega \wedge \omega = \Omega, \tag{3.55}$$

$$\sigma \wedge \Omega = 0,\ \ \sigma \wedge \Omega^{\mathrm{T}} = 0,\ \ \mathrm{d}\Omega = \omega \wedge \Omega - \Omega \wedge \omega. \tag{3.56}$$

拉回(3.54)式：

$$\begin{aligned}
&\phi + \phi^{\mathrm{T}} + \mathrm{d}t(L + L^{\mathrm{T}}) = 0,\\
&\Big(\mathrm{d}_M + \mathrm{d}t \wedge \frac{\partial}{\partial t}\Big)(\theta + \mathrm{d}tV) - (\theta + \mathrm{d}tV) \wedge (\phi + \mathrm{d}tL) = 0,\\
&\phi + \phi^{\mathrm{T}} = 0,\ \ L + L^{\mathrm{T}} = 0,\\
&\mathrm{d}_M\theta - \theta \wedge \phi + \mathrm{d}t \wedge \Big(\frac{\partial\theta}{\partial t} - \mathrm{d}_M V - V\phi + \theta L\Big) = 0,\\
&\mathrm{d}_M\theta - \theta \wedge \phi = 0,\ \ \frac{\partial\theta}{\partial t} = \mathrm{d}_M V + V\phi - \theta L,\\
&\frac{\partial\theta^I}{\partial t} = \mathrm{d}_M V^I + V^I\phi_I^I + V^{\mathcal{A}}\phi_{\mathcal{A}}^I - \theta^I L_I^I - \theta^A L_{\mathcal{A}}^I\\
&\qquad = DV^I + V^{\mathcal{A}}\phi_{\mathcal{A}}^I - \theta^I L_I^I,\\
&\frac{\partial\theta^i}{\partial t} = \sum_j (V_{,j}^i - \sum_\alpha h_{ij}^\alpha V^\alpha - L_j^i)\theta^j,\\
&\frac{\partial\theta^{\mathcal{A}}}{\partial t} = \mathrm{d}_M V^{\mathcal{A}} + V^{\mathcal{A}}\phi_{\mathcal{A}}^{\mathcal{A}} + V^I\phi_I^{\mathcal{A}} - \theta^I L_I^{\mathcal{A}} - \theta^A L_{\mathcal{A}}^{\mathcal{A}}\\
&\qquad = DV^{\mathcal{A}} + V^I\phi_I^{\mathcal{A}} - \theta^I L_I^{\mathcal{A}},\\
&L_i^\alpha = V_{,i}^\alpha + \sum_j h_{ij}^\alpha V^j,\\
&L_{i,j}^\alpha = V_{,ij}^\alpha + \sum_p h_{ip}^\alpha V_{,j}^p + \sum_p h_{ij,p}^\alpha V^p + \sum_p \bar{R}_{ijp}^\alpha V^p.
\end{aligned}$$

拉回(3.55)式：

$$\begin{aligned}
&\Phi + \Phi^{\mathrm{T}} + \mathrm{d}t(P + P^{\mathrm{T}}) = 0,\\
&\Phi + \Phi^{\mathrm{T}} = 0,\ \ P + P^{\mathrm{T}} = 0,\\
&\Phi + \mathrm{d}t \wedge P = \Big(\mathrm{d}_M + \mathrm{d}t \wedge \frac{\partial}{\partial t}\Big)(\phi + \mathrm{d}tL)
\end{aligned}$$

$$-(\phi+\mathrm{d}tL)\wedge(\phi+\mathrm{d}tL),$$

$$\Phi=\mathrm{d}_M\phi-\phi\wedge\phi,$$

$$\frac{\partial\phi}{\partial t}=\mathrm{d}_ML+L\phi-\phi L+P.$$

对于矩阵的第一部分，L_i^j不是张量，但是可以形式地记为

$$\begin{aligned}\frac{\partial\theta_I^I}{\partial t}=&\mathrm{d}_ML_I^I+L_I^I\phi_I^I+L_I^{\mathcal{A}}\phi_{\mathcal{A}}^I-\phi_I^IL_I^I-\phi_I^{\mathcal{A}}L_{\mathcal{A}}^I+P_I^I\\=&DL_I^I+L_I^{\mathcal{A}}\phi_{\mathcal{A}}^I-\phi_I^{\mathcal{A}}L_{\mathcal{A}}^I+P_I^I,\\\frac{\partial\Gamma_{ik}^j}{\partial t}=&L_{i,k}^j+\sum_\alpha h_{ik}^\alpha L_j^\alpha-\sum_\alpha L_i^\alpha h_{jk}^\alpha+\bar{Z}_{ijk}\\&-\sum_p\Gamma_{ip}^jV_{,k}^p+\sum_{p\alpha}\Gamma_{ip}^jh_{pk}^\alpha V^\alpha+\sum_p\Gamma_{ip}^jL_k^p.\end{aligned}$$

对于矩阵的第二部分，L_i^α是张量，记为

$$\begin{aligned}\frac{\partial\theta_I^{\mathcal{A}}}{\partial t}=&\mathrm{d}_ML_I^{\mathcal{A}}+L_I^I\phi_I^{\mathcal{A}}+L_I^{\mathcal{A}}\phi_{\mathcal{A}}^{\mathcal{A}}-\phi_I^IL_I^{\mathcal{A}}-\phi_I^{\mathcal{A}}L_{\mathcal{A}}^{\mathcal{A}}+P_I^{\mathcal{A}}\\=&DL_I^{\mathcal{A}}+L_I^I\phi_I^{\mathcal{A}}-\phi_I^{\mathcal{A}}L_{\mathcal{A}}^{\mathcal{A}}+P_I^{\mathcal{A}},\\\frac{\partial h_{ij}^\alpha}{\partial t}=&L_{i,j}^\alpha+\sum_pL_i^ph_{pj}^\alpha-\sum_\beta h_{ij}^\beta L_\beta^\alpha+\bar{Z}_{ij}^\alpha\\&-\sum_ph_{ip}^\alpha V_{,j}^p+\sum_{p\beta}h_{ip}^\alpha h_{pj}^\beta V^\beta+\sum_ph_{ip}^\alpha L_j^p\\=&V_{,ij}^\alpha+\sum_ph_{ij,p}^\alpha V^p+\sum_ph_{pj}^\alpha L_i^p+\sum_ph_{ip}^\alpha L_j^p-\sum_\beta h_{ij}^\beta L_\beta^\alpha\\&+\sum_{p\beta}h_{ip}^\alpha h_{pj}^\beta V^\beta-\sum_\beta\bar{R}_{ij\beta}^\alpha V^\beta.\end{aligned}$$

对于矩阵的第四部分，L_α^β不是张量，但是可以形式地记为

$$\begin{aligned}\frac{\partial\theta_{\mathcal{A}}^{\mathcal{A}}}{\partial t}=&\mathrm{d}_ML_{\mathcal{A}}^{\mathcal{A}}+L_{\mathcal{A}}^{\mathcal{A}}\phi_{\mathcal{A}}^{\mathcal{A}}+L_{\mathcal{A}}^I\phi_I^{\mathcal{A}}-\phi_{\mathcal{A}}^{\mathcal{A}}L_{\mathcal{A}}^{\mathcal{A}}-\phi_{\mathcal{A}}^IL_I^{\mathcal{A}}+P_{\mathcal{A}}^{\mathcal{A}}\\=&DL_{\mathcal{A}}^{\mathcal{A}}+L_{\mathcal{A}}^I\phi_I^{\mathcal{A}}-\phi_{\mathcal{A}}^IL_I^{\mathcal{A}}+P_{\mathcal{A}}^{\mathcal{A}},\end{aligned}$$

$$\frac{\partial\Gamma^{\beta}_{\alpha i}}{\partial t}=L^{\beta}_{\alpha,i}+\sum_p L^{\beta}_p h^{\alpha}_{pi}-\sum_p L^{\alpha}_p h^{\beta}_{pi}+\bar{Z}_{\alpha\beta i}$$

$$-\sum_p \Gamma^{\beta}_{\alpha p}V^p_{,i}+\sum_p \Gamma^{\beta}_{\alpha p}h^{\gamma}_{pi}V^{\gamma}+\sum_p \Gamma^{\beta}_{\alpha p}L^p_i.$$

拉回(3.56)式：

$$(\theta+\mathrm{d}tV)\wedge(\Phi+\mathrm{d}t\wedge P)=0,$$

$$\theta\wedge\Phi=0,\ \ V\Phi-\theta\wedge P=0.$$

上式是Bianchi恒等式，对于(3.56)式的后半部分，有

$$LHS=\left(\mathrm{d}_M+\mathrm{d}t\wedge\frac{\partial}{\partial t}\right)(\Phi+\mathrm{d}tP)=\mathrm{d}_M\Phi+\mathrm{d}t\wedge\left(\frac{\partial\Phi}{\partial t}-\mathrm{d}_MP\right),$$

$$RHS=(\phi+\mathrm{d}tL)\wedge(\Phi+\mathrm{d}tP)-(\Phi+\mathrm{d}tP)\wedge(\phi+\mathrm{d}tL)$$

$$=\phi\wedge\Phi-\Phi\wedge\phi+\mathrm{d}t(L\Phi-\phi P-P\phi-\Phi L),$$

$$\mathrm{d}_M\Phi=\phi\wedge\Phi-\Phi\wedge\phi,$$

$$\frac{\partial\Phi}{\partial t}=\mathrm{d}_MP+L\Phi-\phi P-P\phi-\Phi L.$$

对于矩阵的第一部分

$$\frac{\partial\Phi^{\mathcal{I}}_{\mathcal{I}}}{\partial t}=\mathrm{d}_MP^{\mathcal{I}}_{\mathcal{I}}-\phi^{\mathcal{I}}_{\mathcal{I}}P^{\mathcal{I}}_{\mathcal{I}}-P^{\mathcal{I}}_{\mathcal{I}}\phi^{\mathcal{I}}_{\mathcal{I}}-\phi^{\mathcal{A}}_{\mathcal{I}}P^{\mathcal{I}}_{\mathcal{A}}-P^{\mathcal{A}}_{\mathcal{I}}\phi^{\mathcal{I}}_{\mathcal{A}}$$

$$+L^{\mathcal{I}}_{\mathcal{I}}\Phi^{\mathcal{I}}_{\mathcal{I}}+L^{\mathcal{A}}_{\mathcal{I}}\Phi^{\mathcal{I}}_{\mathcal{A}}-\Phi^{\mathcal{I}}_{\mathcal{I}}L^{\mathcal{I}}_{\mathcal{I}}-\Phi^{\mathcal{A}}_{\mathcal{I}}L^{\mathcal{I}}_{\mathcal{A}},$$

$$\frac{\partial\Phi_{ij}}{\partial t}=\bar{Z}_{ijl,k}\theta^k\wedge\theta^l+\sum_\alpha h^{\alpha}_{ik}\bar{Z}^{\alpha}_{jl}\theta^k\wedge\theta^l$$

$$+\sum_\alpha \bar{Z}^{\alpha}_{ik}h^{\alpha}_{jl}\theta^k\wedge\theta^l+\sum_p L_{ip}\Phi_{pj}-\sum_p\Phi_{ip}L_{pj}$$

$$+\sum_\alpha\Phi^{\alpha}_iL^{\alpha}_j-\sum_\alpha L^{\alpha}_i\Phi^{\alpha}_j,$$

$$\frac{\partial\bar{R}_{ijkl}}{\partial t}=(\bar{Z}_{ijl,k}-\bar{Z}_{ijk,l})+\sum_\alpha(h^{\alpha}_{ik}\bar{Z}^{\alpha}_{jl}-h^{\alpha}_{il}\bar{Z}^{\alpha}_{jk}+\bar{Z}^{\alpha}_{ik}h^{\alpha}_{jl}-\bar{Z}^{\alpha}_{il}h^{\alpha}_{jk})$$

$$+\sum_{A}(\bar{R}^{A}_{ikl}L^{A}_{j}-L^{A}_{i}\bar{R}^{A}_{jkl})-\sum_{p}(\bar{R}_{ijpl}V^{p}_{,k}+\bar{R}_{ijkp}V^{p}_{,l})$$

$$+\sum_{p\alpha}(\bar{R}_{ijpl}h^{\alpha}_{pk}V^{\alpha}+\bar{R}_{ijkp}h^{\alpha}_{pl}V^{\alpha})+\sum_{p}(\bar{R}_{ijpl}L^{p}_{k}+\bar{R}_{ijkp}L^{p}_{l}).$$

对于矩阵的第二部分

$$\begin{aligned}\frac{\partial\Phi^{\mathcal{A}}_{\mathcal{I}}}{\partial t}=&\mathrm{d}_M P^{\mathcal{A}}_{\mathcal{I}}-\phi^{\mathcal{I}}_{\mathcal{I}}P^{\mathcal{A}}_{\mathcal{I}}-P^{\mathcal{A}}_{\mathcal{I}}\phi^{\mathcal{A}}_{\mathcal{A}}-P^{\mathcal{I}}_{\mathcal{I}}\phi^{\mathcal{A}}_{\mathcal{I}}-\phi^{\mathcal{A}}_{\mathcal{I}}P^{\mathcal{A}}_{\mathcal{A}}\\&+L^{\mathcal{I}}_{\mathcal{I}}\Phi^{\mathcal{A}}_{\mathcal{I}}+L^{\mathcal{A}}_{\mathcal{I}}\Phi^{\mathcal{A}}_{\mathcal{A}}-\Phi^{\mathcal{I}}_{\mathcal{I}}L^{\mathcal{A}}_{\mathcal{I}}-\Phi^{\mathcal{A}}_{\mathcal{I}}L^{\mathcal{A}}_{\mathcal{A}},\end{aligned}$$

$$\frac{\partial\Phi^{\alpha}_{i}}{\partial t}=DP^{\alpha}_{i}-\sum_{p}P_{ip}\phi^{\alpha}_{p}-\sum_{\beta}\phi^{\beta}_{i}P^{\alpha}_{\beta}+\sum_{A}(L^{A}_{i}\Phi^{\alpha}_{A}-\Phi^{A}_{i}L^{\alpha}_{A}),$$

$$\begin{aligned}\frac{\partial\bar{R}^{\alpha}_{ijk}}{\partial t}=&(\bar{Z}^{\alpha}_{ik,j}-\bar{Z}^{\alpha}_{ij,k})+\sum_{p}(\bar{Z}_{ipk}h^{\alpha}_{pj}-\bar{Z}_{ipj}h^{\alpha}_{pk})\\&+\sum_{\beta}(h^{\beta}_{ik}\bar{Z}^{\alpha}_{\beta j}-h^{\beta}_{ij}\bar{Z}^{\alpha}_{\beta k})+\sum_{A}(L^{A}_{i}\bar{R}^{\alpha}_{Ajk}-\bar{R}^{A}_{ijk}L^{\alpha}_{A})\\&-\sum_{p}(\bar{R}^{\alpha}_{ipk}V^{p}_{,j}+\bar{R}^{\alpha}_{ijp}V^{p}_{,k})+\sum_{p\beta}(\bar{R}^{\alpha}_{ipk}h^{\beta}_{pj}V^{\beta}+\bar{R}^{\alpha}_{ijp}h^{\beta}_{pk}V^{\beta})\\&+\sum_{p}(\bar{R}^{\alpha}_{ipk}L^{p}_{j}+\bar{R}^{\alpha}_{ijp}L^{p}_{k}).\end{aligned}$$

对于矩阵的第四部分

$$\begin{aligned}\frac{\partial\Phi^{\mathcal{A}}_{\mathcal{A}}}{\partial t}=&\mathrm{d}_M P^{\mathcal{A}}_{\mathcal{A}}-\phi^{\mathcal{A}}_{\mathcal{A}}P^{\mathcal{A}}_{\mathcal{A}}-P^{\mathcal{A}}_{\mathcal{A}}\phi^{\mathcal{A}}_{\mathcal{A}}-P^{\mathcal{I}}_{\mathcal{A}}\phi^{\mathcal{A}}_{\mathcal{I}}-\phi^{\mathcal{I}}_{\mathcal{A}}P^{\mathcal{A}}_{\mathcal{I}}\\&+L^{\mathcal{A}}_{\mathcal{A}}\Phi^{\mathcal{A}}_{\mathcal{A}}+L^{\mathcal{I}}_{\mathcal{A}}\Phi^{\mathcal{A}}_{\mathcal{I}}-\Phi^{\mathcal{I}}_{\mathcal{A}}L^{\mathcal{A}}_{\mathcal{I}}-\Phi^{\mathcal{A}}_{\mathcal{A}}L^{\mathcal{A}}_{\mathcal{A}},\end{aligned}$$

$$\frac{\partial\Phi^{\beta}_{\alpha}}{\partial t}=DP^{\beta}_{\alpha}+\sum_{p}P^{\alpha}_{p}\phi^{\beta}_{p}+\sum_{p}\phi^{\alpha}_{p}P^{\beta}_{p}+\sum_{A}(L^{A}_{\alpha}\Phi^{\beta}_{A}-\Phi^{A}_{\alpha}L^{\beta}_{A}),$$

$$\begin{aligned}\frac{\partial\bar{R}_{\alpha\beta ij}}{\partial t}=&(\bar{Z}_{\alpha\beta j,i}-\bar{Z}_{\alpha\beta i,j})+\sum_{p}(\bar{Z}^{\alpha}_{pi}h^{\beta}_{pj}-\bar{Z}^{\alpha}_{pj}h^{\beta}_{pi}+h^{\alpha}_{ip}\bar{Z}^{\beta}_{pj}-h^{\alpha}_{jp}\bar{Z}^{\beta}_{pi})\\&+\sum_{A}(\bar{R}^{\alpha}_{Aij}L^{\beta}_{A}-L^{\alpha}_{A}\bar{R}^{\beta}_{Aij})-\sum_{p}(\bar{R}_{\alpha\beta pj}V^{p}_{,i}+\bar{R}_{\alpha\beta ip}V^{p}_{,j})\\&+\sum_{p\gamma}(\bar{R}_{\alpha\beta pj}h^{\gamma}_{ip}V^{\gamma}+\bar{R}_{\alpha\beta ip}h^{\gamma}_{jp}V^{\gamma})+\sum_{p}(\bar{R}_{\alpha\beta pj}L^{p}_{i}+\bar{R}_{\alpha\beta ip}L^{p}_{j}).\end{aligned}$$

综上所述，证明了以下变分基本公式：

定理 3.3 设$x: M \to N$是子流形，$V = V^i e_i + V^\alpha e_\alpha$是变分向量场，令$\bar{Z}_{ABi} \stackrel{\mathrm{def}}{=} \sum_C \bar{R}_{ABCi} V^C$，则张量的变分公式为

$$\frac{\partial \theta^i}{\partial t} = \sum_j (V^i_{,j} - \sum_\alpha h^\alpha_{ij} V^\alpha - L^i_j)\theta^j, \tag{3.57}$$

$$\frac{\partial \mathrm{d}v}{\partial t} = ((\mathrm{div})V^\top - n\sum_\alpha H^\alpha V^\alpha)\mathrm{d}v, \tag{3.58}$$

$$\begin{aligned}\frac{\partial \Gamma^j_{ik}}{\partial t} =& L^j_{i,k} + \sum_\alpha h^\alpha_{ik} L^\alpha_j - \sum_\alpha L^\alpha_i h^\alpha_{jk} + \bar{Z}_{ijk} \\ & - \sum_p \Gamma^j_{ip} V^p_{,k} + \sum_{p\alpha} \Gamma^j_{ip} h^\alpha_{pk} V^\alpha + \sum_p \Gamma^j_{ip} L^p_k,\end{aligned} \tag{3.59}$$

$$\begin{aligned}\frac{\partial h^\alpha_{ij}}{\partial t} =& V^\alpha_{,ij} + \sum_p h^\alpha_{ij,p} V^p + \sum_p h^\alpha_{pj} L^p_i + \sum_p h^\alpha_{ip} L^p_j - \sum_\beta h^\beta_{ij} L^\alpha_\beta \\ & + \sum_{p\beta} h^\alpha_{ip} h^\beta_{pj} V^\beta - \sum_\beta \bar{R}^\alpha_{ij\beta} V^\beta,\end{aligned} \tag{3.60}$$

$$\begin{aligned}\frac{\partial \Gamma^\beta_{\alpha i}}{\partial t} =& L^\beta_{\alpha,i} + \sum_p L^\beta_p h^\alpha_{pi} - \sum_p L^\alpha_p h^\beta_{pi} + \bar{Z}_{\alpha\beta i} \\ & - \sum_p \Gamma^\beta_{\alpha p} V^p_{,i} + \sum_p \Gamma^\beta_{\alpha p} h^\gamma_{pi} V^\gamma + \sum_p \Gamma^\beta_{\alpha p} L^p_i,\end{aligned} \tag{3.61}$$

$$\begin{aligned}\frac{\partial \bar{R}_{ijkl}}{\partial t} =& (\bar{Z}_{ijl,k} - \bar{Z}_{ijk,l}) + \sum_\alpha (h^\alpha_{ik} \bar{Z}^\alpha_{jl} - h^\alpha_{il} \bar{Z}^\alpha_{jk} + \bar{Z}^\alpha_{ik} h^\alpha_{jl} - \bar{Z}^\alpha_{il} h^\alpha_{jk}) \\ & + \sum_A (\bar{R}^A_{ikl} L^A_j - L^A_i \bar{R}^A_{jkl}) - \sum_p (\bar{R}_{ijpl} V^p_{,k} + \bar{R}_{ijkp} V^p_{,l}) \\ & + \sum_{p\alpha} (\bar{R}_{ijpl} h^\alpha_{pk} V^\alpha + \bar{R}_{ijkp} h^\alpha_{pl} V^\alpha) + \sum_p (\bar{R}_{ijpl} L^p_k + \bar{R}_{ijkp} L^p_l),\end{aligned} \tag{3.62}$$

$$\begin{aligned}\frac{\partial \bar{R}^\alpha_{ijk}}{\partial t} =& (\bar{Z}^\alpha_{ik,j} - \bar{Z}^\alpha_{ij,k}) + \sum_p (\bar{Z}_{ipk} h^\alpha_{pj} - \bar{Z}_{ipj} h^\alpha_{pk}) + \sum_\beta (h^\beta_{ik} \bar{Z}^\alpha_{\beta j} - h^\beta_{ij} \bar{Z}^\alpha_{\beta k}) \\ & + \sum_A (L^A_i \bar{R}^\alpha_{Ajk} - \bar{R}^A_{ijk} L^\alpha_A) - \sum_p (\bar{R}^\alpha_{ipk} V^p_{,j} + \bar{R}^\alpha_{ijp} V^p_{,k}) \\ & + \sum_{p\beta} (\bar{R}^\alpha_{ipk} h^\beta_{pj} V^\beta + \bar{R}^\alpha_{ijp} h^\beta_{pk} V^\beta) + \sum_p (\bar{R}^\alpha_{ipk} L^p_j + \bar{R}^\alpha_{ijp} L^p_k),\end{aligned} \tag{3.63}$$

$$\frac{\partial \bar{R}_{\alpha\beta ij}}{\partial t} =(\bar{Z}_{\alpha\beta j,i} - \bar{Z}_{\alpha\beta i,j}) + \sum_p (\bar{Z}^\alpha_{pi} h^\beta_{pj} - \bar{Z}^\alpha_{pj} h^\beta_{pi} + h^\alpha_{ip}\bar{Z}^\beta_{pj} - h^\alpha_{jp}\bar{Z}^\beta_{pi})$$
$$+ \sum_A (\bar{R}^\alpha_{Aij} L^\beta_A - L^\alpha_A \bar{R}^\beta_{Aij}) - \sum_p (\bar{R}_{\alpha\beta pj} V^p_{,i} + \bar{R}_{\alpha\beta ip} V^p_{,j})$$
$$+ \sum_{p\gamma} (\bar{R}_{\alpha\beta pj} h^\gamma_{ip} V^\gamma + \bar{R}_{\alpha\beta ip} h^\gamma_{jp} V^\gamma) + \sum_p (\bar{R}_{\alpha\beta pj} L^p_i + \bar{R}_{\alpha\beta ip} L^p_j). \quad (3.64)$$

◇

注释 3.3 关于余标架、体积与第二基本型的变分公式可参见文献[24]，其余的公式都是新推导的。

特别地，作如下记号，

$$\bar{R}_{AB} = \sum_C \bar{R}_{ACCB},\ \bar{R}^\top_{AB} = \sum_i \bar{R}_{AiiB},\ \bar{R}^\perp_{AB} = \sum_\alpha \bar{R}_{A\alpha\alpha B}.$$

分别称为流形N的Riici曲率，切Ricci曲率，法Ricci曲率。

观察上面的定理可以发现，黎曼张量$\bar{R}_{i\alpha jk}$，$\bar{R}_{\alpha ijk}$，$\bar{R}_{\alpha\beta ij}$的变分公式我们已经获得，但是其它类型的黎曼张量，比如$\bar{R}_{ijk\alpha}$的变分公式并没有获得，实际上可以通过更加一般的方式获得。首先定义流形N上的黎曼张量$\bar{R}_{ABCD}$的协变导数为

$$\bar{R}_{ABCD;E}\sigma^E = \mathrm{d}\bar{R}_{ABCD} - \bar{R}_{FBCD}\omega^F_A - \bar{R}_{AFCD}\omega^F_B$$
$$- \bar{R}_{ABFD}\omega^F_C - \bar{R}_{ABCF}\omega^F_D.$$

通过拉回映射，可知

$$x^*(\bar{R}_{ABCD;E}\sigma^E) =(K1)x^*(\mathrm{d}\bar{R}_{ABCD}) - (K2)x^*(\bar{R}_{FBCD}\omega^F_A)$$
$$- (K3)x^*(\bar{R}_{AFCD}\omega^F_B) - (K4)x^*(\bar{R}_{ABFD}\omega^F_C)$$
$$- (K5)x^*(\bar{R}_{ABCF}\omega^F_D),$$
$$RHS = x^*(\bar{R}_{ABCD;E}\sigma^E)$$
$$= \sum_i \bar{R}_{ABCD;i}\theta^i + \mathrm{d}t \wedge (\sum_E \bar{R}_{ABCD;E} V^E),$$
$$K1 = x^*(\mathrm{d}\bar{R}_{ABCD}) = \mathrm{d}_M \bar{R}_{ABCD} + \mathrm{d}t \wedge \frac{\partial}{\partial t}\bar{R}_{ABCD},$$

$$K2 = x^*(\bar{R}_{FBCD}\omega_A^F) = \sum_F \bar{R}_{FBCD}(\phi_A^F + \mathrm{d}tL_A^F),$$

$$K3 = x^*(\bar{R}_{AFCD}\omega_B^F) = \sum_F \bar{R}_{AFCD}(\phi_B^F + \mathrm{d}tL_B^F),$$

$$K4 = x^*(\bar{R}_{ABFD}\omega_C^F) = \sum_F \bar{R}_{ABFD}(\phi_C^F + \mathrm{d}tL_C^F),$$

$$K5 = x^*(\bar{R}_{ABCF}\omega_D^F) = \sum_F \bar{R}_{ABCF}(\phi_D^F + \mathrm{d}tL_D^F),$$

$$\begin{aligned} LHS =& \mathrm{d}_M\bar{R}_{ABCD} - \sum_F \bar{R}_{FBCD}\phi_A^F - \sum_F \bar{R}_{AFCD}\phi_B^F, \\ & - \sum_F \bar{R}_{ABFD}\phi_C^F - \sum_F \bar{R}_{ABCF}\phi_D^F, \\ & + \mathrm{d}t \wedge \Big(\frac{\partial}{\partial t}\bar{R}_{ABCD} - \sum_F \bar{R}_{FBCD}L_A^F - \sum_F \bar{R}_{AFCD}L_B^F \\ & - \sum_F \bar{R}_{ABFD}L_C^F - \sum_F \bar{R}_{ABCF}L_D^F\Big), \\ RHS =& LHS, \end{aligned}$$

$$\begin{aligned} \sum_i \bar{R}_{ABCD;i}\theta^i =& \mathrm{d}_M\bar{R}_{ABCD} - \sum_F \bar{R}_{FBCD}\phi_A^F - \sum_F \bar{R}_{AFCD}\phi_B^F \\ & - \sum_F \bar{R}_{ABFD}\phi_C^F - \sum_F \bar{R}_{ABCF}\phi_D^F, \\ \frac{\partial}{\partial t}\bar{R}_{ABCD} =& \sum_E \bar{R}_{ABCD;E}V^E + \sum_F \bar{R}_{FBCD}L_A^F + \sum_F \bar{R}_{AFCD}L_B^F \\ & + \sum_F \bar{R}_{ABFD}L_C^F + \sum_F \bar{R}_{ABCF}L_D^F. \end{aligned}$$

因此，可以总结以上的变分公式为下面的结论：

定理 3.4 设$x : M \to N$是子流形，$V = V^i e_i + V^\alpha e_\alpha$是变分向量场，则有

$$\begin{aligned} \sum_i \bar{R}_{ABCD;i}\theta^i =& \mathrm{d}_M\bar{R}_{ABCD} - \sum_F \bar{R}_{FBCD}\phi_A^F - \sum_F \bar{R}_{AFCD}\phi_B^F \\ & - \sum_F \bar{R}_{ABFD}\phi_C^F - \sum_F \bar{R}_{ABCF}\phi_D^F, \end{aligned} \tag{3.65}$$

$$\frac{\partial}{\partial t}\bar{R}_{ABCD} = \sum_E \bar{R}_{ABCD;E}V^E + \sum_F \bar{R}_{FBCD}L_A^F + \sum_F \bar{R}_{AFCD}L_B^F$$

$$+\sum_F \bar{R}_{ABFD}L_C^F+\sum_F \bar{R}_{ABCF}L_D^F. \tag{3.66}$$

◇

从定理3.4的第一个公式出发，可以得到张量$\bar{R}_{ABCD}$在流形N上的协变导数$\bar{R}_{ABCD;i}$与其在流形M的拉回从x^*TN上的协变导数$\bar{R}_{ABCD,i}$之间的差异，对于不同的指标集合$ABCD$，差异公式也不相同，我们作如下推导：

$$\begin{aligned}
\bar{R}_{ijkl;p}\theta^p =&\mathrm{d}_M\bar{R}_{ijkl}-\sum_A \bar{R}_{Ajkl}\phi_i^A-\sum_A \bar{R}_{iAkl}\phi_j^A\\
&-\sum_A \bar{R}_{ijAl}\phi_k^A-\sum_A \bar{R}_{ijkA}\phi_l^A\\
=&\mathrm{d}_M\bar{R}_{ijkl}-\sum_q \bar{R}_{qjkl}\phi_i^q-\sum_q \bar{R}_{iqkl}\phi_j^q\\
&-\sum_q \bar{R}_{ijql}\phi_k^q-\sum_q \bar{R}_{ijkq}\phi_l^q-\sum_\alpha \bar{R}_{\alpha jkl}\phi_i^\alpha\\
&-\sum_\alpha \bar{R}_{i\alpha kl}\phi_j^\alpha-\sum_\alpha \bar{R}_{ij\alpha l}\phi_k^\alpha-\sum_\alpha \bar{R}_{ijk\alpha}\phi_l^\alpha\\
=&\bar{R}_{ijkl,p}\theta^p-\sum_\alpha \bar{R}_{\alpha jkl}h_{ip}^\alpha\theta^p-\sum_\alpha \bar{R}_{i\alpha kl}h_{jp}^\alpha\theta^p\\
&-\sum_\alpha \bar{R}_{ij\alpha l}h_{kp}^\alpha\theta^p-\sum_\alpha \bar{R}_{ijk\alpha}h_{lp}^\alpha\theta^p,\\
\bar{R}_{ijk\alpha;p}\theta^p =&\mathrm{d}_M\bar{R}_{ijk\alpha}-\sum_A \bar{R}_{Ajk\alpha}\phi_i^A-\sum_A \bar{R}_{iAk\alpha}\phi_j^A\\
&-\sum_A \bar{R}_{ijA\alpha}\phi_k^A-\sum_A \bar{R}_{ijkA}\phi_\alpha^A\\
=&\mathrm{d}_M\bar{R}_{ijk\alpha}-\sum_q \bar{R}_{qjk\alpha}\phi_i^q-\sum_q \bar{R}_{iqk\alpha}\phi_j^q\\
&-\sum_q \bar{R}_{ijq\alpha}\phi_k^q-\sum_\beta \bar{R}_{ijk\beta}\phi_\alpha^\beta-\sum_\beta \bar{R}_{\beta jk\alpha}\phi_i^\beta\\
&-\sum_\beta \bar{R}_{i\beta k\alpha}\phi_j^\beta-\sum_\beta \bar{R}_{ij\beta\alpha}\phi_k^\beta-\sum_q \bar{R}_{ijkq}\phi_\alpha^q\\
=&\bar{R}_{ijk\alpha,p}\theta^p-\sum_\beta \bar{R}_{\beta jk\alpha}h_{ip}^\beta\theta^p-\sum_\beta \bar{R}_{i\beta k\alpha}h_{jp}^\beta\theta^p
\end{aligned}$$

$$
\begin{aligned}
&-\sum_{\beta}\bar{R}_{ij\beta\alpha}h_{kp}^{\beta}\theta^{p}+\sum_{q}\bar{R}_{ijkq}h_{qp}^{\alpha}\theta^{p},\\
\bar{R}_{ij\alpha\beta;p}\theta^{p}=&\mathrm{d}_{M}\bar{R}_{ij\alpha\beta}-\sum_{A}\bar{R}_{Aj\alpha\beta}\phi_{i}^{A}-\sum_{A}\bar{R}_{iA\alpha\beta}\phi_{j}^{A}\\
&-\sum_{A}\bar{R}_{ijA\beta}\phi_{\alpha}^{A}-\sum_{A}\bar{R}_{ij\alpha A}\phi_{\beta}^{A}\\
=&\mathrm{d}_{M}\bar{R}_{ij\alpha\beta}-\sum_{q}\bar{R}_{qj\alpha\beta}\phi_{i}^{q}-\sum_{q}\bar{R}_{iq\alpha\beta}\phi_{j}^{q}\\
&-\sum_{\gamma}\bar{R}_{ij\gamma\beta}\phi_{\alpha}^{\gamma}-\sum_{\gamma}\bar{R}_{ij\alpha\gamma}\phi_{\beta}^{\gamma}-\sum_{\gamma}\bar{R}_{\gamma j\alpha\beta}\phi_{i}^{\gamma}\\
&-\sum_{\gamma}\bar{R}_{i\gamma\alpha\beta}\phi_{j}^{\gamma}+\sum_{q}\bar{R}_{ijq\beta}\phi_{q}^{\alpha}-\sum_{q}\bar{R}_{ij\alpha q}\phi_{q}^{\beta}\\
=&\bar{R}_{ij\alpha\beta,p}\theta^{p}-\sum_{\gamma}\bar{R}_{\gamma j\alpha\beta}h_{ip}^{\gamma}\theta^{p}-\sum_{\gamma}\bar{R}_{i\gamma\alpha\beta}h_{jp}^{\gamma}\theta^{p}\\
&+\sum_{q}\bar{R}_{ijq\beta}h_{qp}^{\alpha}\theta^{p}+\sum_{q}\bar{R}_{ij\alpha q}h_{qp}^{\beta}\theta^{p},\\
\bar{R}_{i\alpha j\beta;p}\theta^{p}=&\mathrm{d}_{M}\bar{R}_{i\alpha j\beta}-\sum_{A}\bar{R}_{A\alpha j\beta}\phi_{i}^{A}-\sum_{A}\bar{R}_{iAj\beta}\phi_{\alpha}^{A}\\
&-\sum_{A}\bar{R}_{i\alpha A\beta}\phi_{j}^{A}-\sum_{A}\bar{R}_{i\alpha jA}\phi_{\beta}^{A}\\
=&\mathrm{d}_{M}\bar{R}_{i\alpha j\beta}-\sum_{q}\bar{R}_{q\alpha j\beta}\phi_{i}^{q}-\sum_{\gamma}\bar{R}_{i\gamma j\beta}\phi_{\alpha}^{\gamma}\\
&-\sum_{q}\bar{R}_{i\alpha q\beta}\phi_{j}^{q}-\sum_{\gamma}\bar{R}_{i\alpha j\gamma}\phi_{\beta}^{\gamma}-\sum_{\gamma}\bar{R}_{\gamma\alpha j\beta}\phi_{i}^{\gamma}\\
&+\sum_{q}\bar{R}_{iqj\beta}\phi_{q}^{\alpha}-\sum_{\gamma}\bar{R}_{i\alpha\gamma\beta}\phi_{j}^{\gamma}+\sum_{q}\bar{R}_{i\alpha jq}\phi_{q}^{\beta}\\
=&\bar{R}_{i\alpha j\beta,p}\theta^{p}-\sum_{\gamma}\bar{R}_{\gamma\alpha j\beta}h_{ip}^{\gamma}\theta^{p}+\sum_{q}\bar{R}_{iqj\beta}h_{qp}^{\alpha}\theta^{p}\\
&-\sum_{\gamma}\bar{R}_{i\alpha\gamma\beta}h_{jp}^{\gamma}\theta^{p}+\sum_{q}\bar{R}_{i\alpha jq}h_{qp}^{\beta}\theta^{p},\\
\bar{R}_{i\alpha\beta\gamma;p}\theta^{p}=&\mathrm{d}_{M}\bar{R}_{i\alpha\beta\gamma}-\sum_{A}\bar{R}_{A\alpha\beta\gamma}\phi_{i}^{A}-\sum_{A}\bar{R}_{iA\beta\gamma}\phi_{\alpha}^{A}\\
&-\sum_{A}\bar{R}_{i\alpha A\gamma}\phi_{\beta}^{A}-\sum_{A}\bar{R}_{i\alpha\beta A}\phi_{\gamma}^{A}
\end{aligned}
$$

$$
\begin{aligned}
&= \mathrm{d}_M \bar{R}_{i\alpha\beta\gamma} - \sum_q \bar{R}_{q\alpha\beta\gamma}\phi_i^q - \sum_\delta \bar{R}_{i\delta\beta\gamma}\phi_\alpha^\delta \\
&\quad - \sum_\delta \bar{R}_{i\alpha\delta\gamma}\phi_\beta^\delta - \sum_\delta \bar{R}_{i\alpha\beta\delta}\phi_\gamma^\delta - \sum_\delta \bar{R}_{\delta\alpha\beta\gamma}\phi_i^\delta \\
&\quad - \sum_q \bar{R}_{iq\beta\gamma}\phi_\alpha^q - \sum_q \bar{R}_{i\alpha q\gamma}\phi_\beta^q - \sum_q \bar{R}_{i\alpha\beta q}\phi_\gamma^q \\
&= \bar{R}_{i\alpha\beta\gamma,p}\theta^p - \sum_\delta \bar{R}_{\delta\alpha\beta\gamma}h_{ip}^\delta\theta^p + \sum_q \bar{R}_{iq\beta\gamma}h_{qp}^\alpha\theta^p \\
&\quad + \sum_q \bar{R}_{i\alpha q\gamma}h_{qp}^\beta\theta^p + \sum_q \bar{R}_{i\alpha\beta q}h_{qp}^\gamma\theta^p,
\end{aligned}
$$

$$
\begin{aligned}
\bar{R}_{\alpha\beta\gamma\delta;p}\theta^p &= \mathrm{d}_M \bar{R}_{\alpha\beta\gamma\delta} - \sum_A \bar{R}_{A\beta\gamma\delta}\phi_\alpha^A - \sum_A \bar{R}_{\alpha A\gamma\delta}\phi_\beta^A \\
&\quad - \sum_A \bar{R}_{\alpha\beta A\delta}\phi_\gamma^A - \sum_A \bar{R}_{\alpha\beta\gamma A}\phi_\delta^A \\
&= \mathrm{d}_M \bar{R}_{\alpha\beta\gamma\delta} - \sum_\eta \bar{R}_{\eta\beta\gamma\delta}\phi_\alpha^\eta - \sum_\eta \bar{R}_{\alpha\eta\gamma\delta}\phi_\beta^\eta \\
&\quad - \sum_\eta \bar{R}_{\alpha\beta\eta\delta}\phi_\gamma^\eta - \sum_\eta \bar{R}_{\alpha\beta\gamma\eta}\phi_\delta^\eta - \sum_q \bar{R}_{q\beta\gamma\delta}\phi_\alpha^q \\
&\quad - \sum_q \bar{R}_{\alpha q\gamma\delta}\phi_\beta^q - \sum_q \bar{R}_{\alpha\beta q\delta}\phi_\gamma^q - \sum_q \bar{R}_{\alpha\beta\gamma q}\phi_\delta^q \\
&= \bar{R}_{\alpha\beta\gamma\delta,p}\theta^p + \sum_q \bar{R}_{q\beta\gamma\delta}h_{qp}^\alpha\theta^p + \sum_q \bar{R}_{\alpha q\gamma\delta}h_{qp}^\beta\theta^p \\
&\quad + \sum_q \bar{R}_{\alpha\beta q\delta}h_{qp}^\gamma\theta^p + \sum_q \bar{R}_{\alpha\beta\gamma q}h_{qp}^\delta\theta^p.
\end{aligned}
$$

综上所述，得到协变导数的差异公式：

定理 3.5 设$x: M \to N$是子流形，则协变导数的差异公式如下：

$$
\begin{aligned}
\bar{R}_{ijkl;p} &= \bar{R}_{ijkl,p} - \sum_\alpha \bar{R}_{\alpha jkl}h_{ip}^\alpha - \sum_\alpha \bar{R}_{i\alpha kl}h_{jp}^\alpha \\
&\quad - \sum_\alpha \bar{R}_{ij\alpha l}h_{kp}^\alpha - \sum_\alpha \bar{R}_{ijk\alpha}h_{lp}^\alpha,
\end{aligned} \tag{3.67}
$$

$$
\begin{aligned}
\bar{R}_{ijk\alpha;p} &= \bar{R}_{ijk\alpha,p} - \sum_\beta \bar{R}_{\beta jk\alpha}h_{ip}^\beta - \sum_\beta \bar{R}_{i\beta k\alpha}h_{jp}^\beta \\
&\quad - \sum_\beta \bar{R}_{ij\beta\alpha}h_{kp}^\beta + \sum_q \bar{R}_{ijkq}h_{qp}^\alpha,
\end{aligned} \tag{3.68}
$$

$$\bar{R}_{ij\alpha\beta;p} =\bar{R}_{ij\alpha\beta,p} - \sum_{\gamma} \bar{R}_{\gamma j\alpha\beta} h^{\gamma}_{ip} - \sum_{\gamma} \bar{R}_{i\gamma\alpha\beta} h^{\gamma}_{jp} + \sum_{q} \bar{R}_{ijq\beta} h^{\alpha}_{qp} + \sum_{q} \bar{R}_{ij\alpha q} h^{\beta}_{qp}, \tag{3.69}$$

$$\bar{R}_{i\alpha j\beta;p} =\bar{R}_{i\alpha j\beta,p} - \sum_{\gamma} \bar{R}_{\gamma\alpha j\beta} h^{\gamma}_{ip} + \sum_{q} \bar{R}_{iqj\beta} h^{\alpha}_{qp} - \sum_{\gamma} \bar{R}_{i\alpha\gamma\beta} h^{\gamma}_{jp} + \sum_{q} \bar{R}_{i\alpha jq} h^{\beta}_{qp}, \tag{3.70}$$

$$\bar{R}_{i\alpha\beta\gamma;p} =\bar{R}_{i\alpha\beta\gamma,p} - \sum_{\delta} \bar{R}_{\delta\alpha\beta\gamma} h^{\delta}_{ip} + \sum_{q} \bar{R}_{iq\beta\gamma} h^{\alpha}_{qp} + \sum_{q} \bar{R}_{i\alpha q\gamma} h^{\beta}_{qp} + \sum_{q} \bar{R}_{i\alpha\beta q} h^{\gamma}_{qp}, \tag{3.71}$$

$$\bar{R}_{\alpha\beta\gamma\delta;p} =\bar{R}_{\alpha\beta\gamma\delta,p} + \sum_{q} \bar{R}_{q\beta\gamma\delta} h^{\alpha}_{qp} + \sum_{q} \bar{R}_{\alpha q\gamma\delta} h^{\beta}_{qp} + \sum_{q} \bar{R}_{\alpha\beta q\delta} h^{\gamma}_{qp} + \sum_{q} \bar{R}_{\alpha\beta\gamma q} h^{\delta}_{qp}. \tag{3.72}$$

◇

注释 3.4 特别注意，符号$\bar{R}_{ABCD;E}$表示张量$\bar{R}_{ABCD}$在流形N上的协变导数，而$\bar{R}_{ABCD,i}$表示张量$\bar{R}_{ABCD}$在流形M的拉回丛x^*TN上的协变导数，其意义是不一样的。

设N是空间形式$R^{n+p}(c)$，则黎曼曲率满足如下的等式：

$$\bar{R}_{ABCD} = -c(\delta_{AC}\delta_{BD} - \delta_{AD}\delta_{BC}).$$

将上面的关系式代入定理3.3，有如下的推论：

推论 3.2 设$x : M \to R^{n+p}(c)$是子流形，$V = V^i e_i + V^\alpha e_\alpha$是变分向量场，则

$$\frac{\partial\theta^i}{\partial t} =\sum_{j}(V^i_{,j} - \sum_{\alpha} h^{\alpha}_{ij}V^{\alpha} - L^i_j)\theta^j,$$

$$\frac{\partial \mathrm{d}v}{\partial t} =((\mathrm{div})V^{\top} - n\sum_{\alpha} H^{\alpha}V^{\alpha})\mathrm{d}v,$$

$$\frac{\partial}{\partial t}h^{\alpha}_{ij} =V^{\alpha}_{,ij} + \sum_{p} h^{\alpha}_{ij,p}V^p + \sum_{p} h^{\alpha}_{pj}L^p_i + \sum_{p} h^{\alpha}_{ip}L^p_j$$

$$-\sum_\beta h^\beta_{ij}L^\alpha_\beta+\sum_{p\beta}h^\alpha_{ip}h^\beta_{pj}V^\beta+c\delta_{ij}V^\alpha.$$

推论 3.3 设$x:M\to R^{n+1}(c)$是超曲面，$V=V^ie_i+fN$是变分向量场，则

$$\frac{\partial\theta^i}{\partial t}=\sum_j(V^i_{,j}-h_{ij}f-L^i_j)\theta^j,$$

$$\frac{\partial \mathrm{d}v}{\partial t}=((\mathrm{div})V^\top-nHf)\mathrm{d}v,$$

$$\frac{\partial h_{ij}}{\partial t}=f_{,ij}+\sum_p h_{ij,p}V^p+\sum_p h_{pj}L^p_i$$
$$+\sum_p h_{ip}L^p_j+\sum_p h_{ip}h_{pj}f+c\delta_{ij}f.$$

上面给出了第二基本型和余标架的变分公式，对于由第二基本型组合而成的其它典型张量，也可以给出变分公式，这些公式在后面大有用处。

推论 3.4 设$x:M\to N^{n+p}$是子流形，$V=V^ie_i+V^\alpha e_\alpha$是变分向量场，则

$$\frac{\partial S}{\partial t}=\sum 2h^\alpha_{ij}V^\alpha_{,ij}+\sum_i S_{,i}V^i$$
$$+\sum 2S_{\alpha\alpha\beta}V^\beta-\sum 2h^\alpha_{ij}\bar{R}^\alpha_{ij\beta}V^\beta,\tag{3.73}$$

$$\frac{\partial}{\partial t}H^\alpha=\frac{1}{n}\Delta V^\alpha+\sum_i H^\alpha_{,i}V^i-H^\beta L^\alpha_\beta$$
$$+\frac{1}{n}S_{\alpha\beta}V^\beta+\frac{1}{n}\bar{R}^\top_{\alpha\beta}V^\beta,\tag{3.74}$$

$$\frac{\partial\rho}{\partial t}=\sum_{ij\alpha}2h^\alpha_{ij}V^\alpha_{,ij}-\sum_\alpha 2H^\alpha\Delta V^\alpha+\sum_i\rho_{,i}V^i$$
$$+\sum_{\alpha\beta}2(S_{\alpha\alpha\beta}-S_{\alpha\beta}H^\alpha)V^\beta$$
$$-\sum_{ij\alpha\beta}2h^\alpha_{ij}\bar{R}^\alpha_{ij\beta}V^\beta-\sum_{\alpha\beta}2H^\alpha\bar{R}^\top_{\alpha\beta}V^\beta,\tag{3.75}$$

$$\frac{\partial S_{\alpha\beta}}{\partial t}=V^\alpha_{,ij}h^\beta_{ij}+h^\alpha_{ij}V^\beta_{,ij}+S_{\alpha\beta,i}V^i$$
$$+S_{\alpha\gamma}L^\gamma_\beta+S_{\beta\gamma}L^\gamma_\alpha$$

$$+ 2S_{\alpha\beta\gamma}V^{\gamma} - (\bar{R}^{\alpha}_{ij\gamma}h^{\beta}_{ij} + h^{\alpha}_{ij}\bar{R}^{\beta}_{ij\gamma})V^{\gamma}, \tag{3.76}$$

$$\begin{aligned}\frac{\partial S_{\alpha\beta\beta}}{\partial t} =& V^{\alpha}_{,ij}h^{\beta}_{jk}h^{\beta}_{ki} + h^{\alpha}_{ij}V^{\beta}_{,jk}h^{\beta}_{ki} + h^{\alpha}_{ij}h^{\beta}_{jk}V^{\beta}_{,ki}\\ &+ S_{\alpha\beta\beta,i}V^{i} + S_{\gamma\beta\beta}L^{\gamma}_{\alpha} + S_{\alpha\gamma\beta\beta}V^{\gamma}\\ &+ S_{\alpha\beta\gamma\beta}V^{\gamma} + S_{\alpha\beta\beta\gamma}V^{\gamma}\\ &- (\bar{R}^{\alpha}_{ij\gamma}h^{\beta}_{jk}h^{\beta}_{ki} + h^{\alpha}_{ij}\bar{R}^{\beta}_{jk\gamma}h^{\beta}_{ki} + h^{\alpha}_{ij}h^{\beta}_{jk}\bar{R}^{\beta}_{ki\gamma})V^{\gamma},\end{aligned} \tag{3.77}$$

$$\begin{aligned}\frac{\partial \bar{R}_{i\beta j\alpha}}{\partial t} =& \sum_{\gamma}\bar{R}_{i\beta j\alpha;\gamma}V^{\gamma} + \sum_{p}\bar{R}_{i\beta j\alpha;p}V^{p}\\ &+ \sum_{q}\bar{R}_{q\beta j\alpha}L^{q}_{i} + \sum_{\gamma}\bar{R}_{\gamma\beta j\alpha}(V^{\gamma}_{,i} + h^{\gamma}_{ip}V^{p})\\ &- \sum_{q}\bar{R}_{iqj\alpha}(V^{\beta}_{,q} + h^{\beta}_{qp}V^{p}) + \sum_{\gamma}\bar{R}_{i\gamma j\alpha}L^{\gamma}_{\beta}\\ &+ \sum_{q}\bar{R}_{i\beta q\alpha}L^{q}_{j} + \sum_{\gamma}\bar{R}_{i\beta\gamma\alpha}(V^{\gamma}_{,j} + h^{\gamma}_{jp}V^{p})\\ &- \sum_{q}\bar{R}_{i\beta jq}(V^{\alpha}_{,q} + h^{\alpha}_{qp}V^{p}) + \sum_{\gamma}\bar{R}_{i\beta j\gamma}L^{\gamma}_{\alpha}\\ =& \sum_{\gamma}\bar{R}_{i\beta j\alpha;\gamma}V^{\gamma} + \sum_{p}(\bar{R}_{i\beta j\alpha,p} - \sum_{\gamma}\bar{R}_{\gamma\beta j\alpha}h^{\gamma}_{ip}\\ &+ \sum_{q}\bar{R}_{iqj\alpha}h^{\beta}_{qp} - \sum_{\gamma}\bar{R}_{i\beta\gamma\alpha}h^{\gamma}_{jp} + \sum_{q}\bar{R}_{i\beta jq}h^{\alpha}_{qp})V^{p}\\ &+ \sum_{q}\bar{R}_{q\beta j\alpha}L^{q}_{i} + \sum_{\gamma}\bar{R}_{\gamma\beta j\alpha}(V^{\gamma}_{,i} + h^{\gamma}_{ip}V^{p})\\ &- \sum_{q}\bar{R}_{iqj\alpha}(V^{\beta}_{,q} + h^{\beta}_{qp}V^{p}) + \sum_{\gamma}\bar{R}_{i\gamma j\alpha}L^{\gamma}_{\beta}\\ &+ \sum_{q}\bar{R}_{i\beta q\alpha}L^{q}_{j} + \sum_{\gamma}\bar{R}_{i\beta\gamma\alpha}(V^{\gamma}_{,j} + h^{\gamma}_{jp}V^{p})\\ &\sum_{q}\bar{R}_{i\beta jq}(V^{\alpha}_{,q} + h^{\alpha}_{qp}V^{p}) + \sum_{\gamma}\bar{R}_{i\beta j\gamma}L^{\gamma}_{\alpha},\end{aligned} \tag{3.78}$$

$$\frac{\partial \bar{R}^{\top}_{\alpha\beta}}{\partial t} = \sum_{i\gamma}\bar{R}_{\alpha ii\beta;\gamma}V^{\gamma} + \sum_{ip}\bar{R}_{\alpha ii\beta;p}V^{p}$$

$$
\begin{aligned}
&-\sum_{iq}\bar{R}_{qii\beta}(V^{\alpha}_{,q}+h^{\alpha}_{qp}V^p)+\sum_{i\gamma}\bar{R}_{\gamma ii\beta}L^{\gamma}_{\alpha}\\
&+\sum_{i\gamma}(\bar{R}_{\alpha\gamma i\beta}+\bar{R}_{\alpha i\gamma\beta})(V^{\gamma}_{,i}+h^{\gamma}_{ip}V^p)\\
&-\sum_{iq}\bar{R}_{\alpha iiq}(V^{\beta}_{,q}+h^{\beta}_{qp}V^p)+\sum_{i\gamma}\bar{R}_{\alpha ii\gamma}L^{\gamma}_{\beta}
\end{aligned}
\tag{3.79}
$$

$$
\begin{aligned}
=&\sum_{i\gamma}\bar{R}_{\alpha ii\beta;\gamma}V^{\gamma}+\sum_{ip}(\bar{R}_{\alpha ii\beta,p}+\sum_{q}\bar{R}_{qii\beta}h^{\alpha}_{qp}\\
&-\sum_{\gamma}\bar{R}_{\alpha\gamma i\beta}h^{\gamma}_{ip}-\sum_{\gamma}\bar{R}_{\alpha i\gamma\beta}h^{\gamma}_{ip}+\sum_{q}\bar{R}_{\alpha iiq}h^{\beta}_{qp})V^p\\
&-\sum_{iq}\bar{R}_{qii\beta}(V^{\alpha}_{,q}+h^{\alpha}_{qp}V^p)+\sum_{i\gamma}\bar{R}_{\gamma ii\beta}L^{\gamma}_{\alpha}\\
&+\sum_{i\gamma}(\bar{R}_{\alpha\gamma i\beta}+\bar{R}_{\alpha i\gamma\beta})(V^{\gamma}_{,i}+h^{\gamma}_{ip}V^p)\\
&-\sum_{iq}\bar{R}_{\alpha iiq}(V^{\beta}_{,q}+h^{\beta}_{qp}V^p)+\sum_{i\gamma}\bar{R}_{\alpha ii\gamma}L^{\gamma}_{\beta}.
\end{aligned}
\tag{3.80}
$$

推论 3.5 设$x:M\to N^{n+1}$是超曲面，$V=V^ie_i+fN$是变分向量场，则

$$
\frac{\partial S}{\partial t}=\sum 2h_{ij}f_{,ij}+\sum S_{,i}V^i+2P_3f+\sum 2h_{ij}\bar{R}_{i(n+1)(n+1)j}f,\tag{3.81}
$$

$$
\frac{\partial H}{\partial t}=\frac{1}{n}(\Delta f+\sum_i nH_{,i}V^i+Sf+\bar{R}_{(n+1)(n+1)}f),\tag{3.82}
$$

$$
\begin{aligned}
\frac{\partial\rho}{\partial t}=&\sum_{ij}2h_{ij}f_{,ij}-2H\Delta f+\sum_i\rho_{,i}V^i+2(P_3-HS)f\\
&+\sum_{ij}2h_{ij}\bar{R}_{i(n+1)(n+1)j}f-2H\bar{R}_{(n+1)(n+1)}f.
\end{aligned}
\tag{3.83}
$$

推论 3.6 设$x:M\to R^{n+p}(c)$是子流形，$V=V^ie_i+V^{\alpha}e_{\alpha}$是变分向量场，则

$$
\frac{\partial S}{\partial t}=\sum 2h^{\alpha}_{ij}V^{\alpha}_{,ij}+\sum S_{,i}V^i+\sum_{\alpha\beta}2S_{\alpha\alpha\beta}V^{\beta}+\sum_{\alpha}2ncH^{\alpha}V^{\alpha},\tag{3.84}
$$

$$
\frac{\partial H^{\alpha}}{\partial t}=\frac{1}{n}(\Delta V^{\alpha}+\sum_i nH^{\alpha}_{,i}V^i-H^{\beta}L^{\alpha}_{\beta}+\sum_{\beta}S_{\alpha\beta}V^{\beta}+ncV^{\alpha}),\tag{3.85}
$$

$$\frac{\partial\rho}{\partial t}=\sum_{ij\alpha}2h^{\alpha}_{ij}V^{\alpha}_{,ij}-\sum_{\alpha}2H^{\alpha}\Delta V^{\alpha}+\sum_{i}\rho_{,i}V^{i}$$

$$+\sum_{\alpha\beta}2(S_{\alpha\alpha\beta}-S_{\alpha\beta}H^{\alpha})V^{\beta}. \tag{3.86}$$

推论 3.7 设$x:M\to R^{n+1}(c)$是超曲面，$V=V^ie_i+fN$是变分向量场，则

$$\frac{\partial S}{\partial t}=\sum 2h_{ij}f_{,ij}+\sum S_{,i}V^i+\sum 2h_{ij}h_{ip}h_{pj}f+2ncHf, \tag{3.87}$$

$$\frac{\partial H}{\partial t}=\frac{1}{n}(\Delta f+\sum_i nH_{,i}V^i+Sf+cnf), \tag{3.88}$$

$$\frac{\partial\rho}{\partial t}=\sum_{ij}2h_{ij}f_{,ij}-2H\Delta f+\sum_i\rho_{,i}V^i+(2P_3-2HS)f. \tag{3.89}$$

我们知道，空间形式$R^{n+p}(c)$中的结构方程为

$$\mathrm{d}X=\sum_A\sigma^A s_A,\mathrm{d}s_i=\omega^A_i s_A-c\sigma^i X,$$

$$\mathrm{d}s_\alpha=\omega^j_\alpha s_j+\omega^\beta_\alpha s_\beta.$$

通过拉回运算，有

$$\left(\mathrm{d}_M+\mathrm{d}t\wedge\frac{\partial}{\partial t}\right)x=(\theta^A+\mathrm{d}tV^A)e_A=\theta^ie_i+\mathrm{d}tV^Ae_A,$$

$$\mathrm{d}_Mx=\theta^ie_i,\quad \frac{\mathrm{d}}{\mathrm{d}t}x=V^Ae_A,$$

$$\left(\mathrm{d}_M+\mathrm{d}t\wedge\frac{\partial}{\partial t}\right)e_i=(\phi^A_i+\mathrm{d}tL^A_i)e_A-c(\theta^i+\mathrm{d}tV^i)x,$$

$$\mathrm{d}_Me_i=\phi^A_ie_A-c\theta^ix,\quad \frac{\mathrm{d}}{\mathrm{d}t}e_i=L^A_ie_A-cV^ix,$$

$$\left(\mathrm{d}_M+\mathrm{d}t\wedge\frac{\partial}{\partial t}\right)e_\alpha=(\phi^A_\alpha+\mathrm{d}tL^A_\alpha)e_A,$$

$$\mathrm{d}_Me_\alpha=\phi^A_\alpha e_A,\quad \frac{\mathrm{d}}{\mathrm{d}t}e_\alpha=L^A_\alpha e_A.$$

命题 3.2 设$x:M\to R^{n+p}(c)$是空间形式中的子流形，设$V=V^ie_i+V^\alpha e_\alpha$是变分向量场，则

$$\frac{\mathrm{d}}{\mathrm{d}t}x=V^Ae_A,$$

$$\frac{\mathrm{d}}{\mathrm{d}t}e_i = L_i^A e_A - cV^i x,$$

$$\frac{\mathrm{d}}{\mathrm{d}t}e_\alpha = L_\alpha^A e_A.$$

推论 3.8 设$x : M \to R^{n+1}(c)$是空间形式中的超曲面，设$V = V^i e_i + fN$是变分向量场，则

$$\frac{\mathrm{d}}{\mathrm{d}t}x = V^i e_i + fN,$$

$$\frac{\mathrm{d}}{\mathrm{d}t}e_i = L_i^j e_j + L_i^{n+1} N - cV^i x,$$

$$\frac{\mathrm{d}}{\mathrm{d}t}N = L_{n+1}^i e_i.$$

第4章　张量的组合构造

本章主要研究广义Newton变换的定义和性质。

4.1　牛顿变换的定义

设$x: M^n \to N^{n+p}$是子流形，B是其第二基本型。记

$$B = B_{ij}\theta^i\theta^j = (h_{ij}^{\alpha}e_{\alpha})\theta^i\theta^j,\ \hat{h}_{ij}^{\alpha} = h_{ij}^{\alpha} - H^{\alpha}\delta_{ij},$$

$$\hat{B} = \hat{h}_{ij}^{\alpha}\theta^i \otimes \theta^j \otimes e_{\alpha} = B - \vec{H} \otimes (\mathrm{d}s^2),$$

$$\hat{B}_{ij} = (h_{ij}^{\alpha} - H^{\alpha}\delta_{ij}) \otimes e_{\alpha} = B_{ij} - \delta_{ij}\vec{H}.$$

针对不同的余维数p分别讨论之。

- 当$p = 1$时，即x是超曲面时，固定法向量e_{n+1}

$$B = h_{ij}\theta^i\theta^j,\ \hat{h}_{ij} = h_{ij} - H\delta_{ij}.$$

- 当$p = 1, 0 \leqslant r \leqslant n$时，第$r$个曲率函数为

$$S_0 = 1,\ S_r = \frac{1}{r!}\delta_{j_1\cdots j_r}^{i_1\cdots i_r}h_{i_1j_1}\cdots h_{i_rj_r},$$

$$H_0 = 1,\ H_r = S_r(\mathrm{C}_n^r)^{-1},\ H_1 = H,$$

$$\hat{S}_0 = 1,\ \hat{S}_r = \frac{1}{r!}\delta_{j_1\cdots j_r}^{i_1\cdots i_r}\hat{h}_{i_1j_1}\cdots\hat{h}_{i_rj_r} = \sum_{a=0}^{r}(-1)^a\mathrm{C}_{n+a-r}^a(H)^aS_{r-a},$$

$$\hat{H}_0 = 1,\ \hat{H}_r = \sum_{a=0}^{r}(-1)^a\mathrm{C}_r^a(H)^aH_{r-a},\ \hat{H}_1 = \hat{H} = 0.$$

- 当$p = 1, 0 \leqslant r \leqslant n$时，第$r$个经典Newton变换为

$$T_{(0)}{}_j^i = \delta_j^i,\ T_{(r)}{}_j^i = \frac{1}{r!}\delta_{j_1\cdots j_rj}^{i_1\cdots i_ri}h_{i_1j_1}\cdots h_{i_rj_r},$$

$$\widehat{T_{(0)}}{}_j^i = \delta_j^i,\ \widehat{T_{(r)}}{}_j^i = \frac{1}{r!}\delta_{j_1\cdots j_rj}^{i_1\cdots i_ri}\hat{h}_{i_1j_1}\cdots\hat{h}_{i_rj_r},$$

$$\widehat{T_{(0)}}^{i}_{j}=\delta^i_j,\ \ \widehat{T_{(r)}}^{i}_{j}=\sum_{a=0}^{r}(-1)^a(H)^a\mathrm{C}^a_{n+a-r-1}T_{(r-a)}{}^{i}_{j}.$$

- 当$p=1, 0\leqslant r, s\leqslant n$时，第 r 个广义Newton变换为

$$\begin{aligned}
T_{(r)}{}^{k_1\cdots k_s}_{l_1\cdots l_s} &= \frac{1}{r!}\delta^{i_1\cdots i_r k_1\cdots k_s}_{j_1\cdots j_r l_1\cdots l_s}h_{i_1j_1}\cdots h_{i_rj_r},\\
\widehat{T_{(r)}}{}^{k_1\cdots k_s}_{l_1\cdots l_s} &= \frac{1}{r!}\delta^{i_1\cdots i_r k_1\cdots k_s}_{j_1\cdots j_r l_1\cdots l_s}\hat{h}_{i_1j_1}\cdots \hat{h}_{i_rj_r},\\
\widehat{T_{(r)}}{}^{k_1\cdots k_s}_{l_1\cdots l_s} &= \sum_{a=0}^{r}(-1)^a(H)^a\mathrm{C}^a_{n+a-r-s}T_{(r-a)}{}^{k_1\cdots k_s}_{l_1\cdots l_s}.
\end{aligned}$$

对于超曲面的广义Newton变换，有：

- 当$s=0$时，第r个广义Newton变换$T_{(r)}$为曲率函数 S_r.
- 当 $s=1$时，第r个广义Newton变换$T_{(r)}$为经典Newton变换$T_{(r)}{}^{i}_{j}$.
- 当$p\geqslant 2$时，即 x 是高余维子流形时，有

$$\begin{aligned}
B &= B_{ij}\theta^i\theta^j=(h^\alpha_{ij}e_\alpha)\theta^i\theta^j,\ \ \hat{h}^\alpha_{ij}=h^\alpha_{ij}-H^\alpha\delta_{ij},\\
\hat{B} &= \hat{h}^\alpha_{ij}\theta^i\otimes\theta^j\otimes e_\alpha=B-\vec{H}\otimes\mathrm{d}s^2,\\
\hat{B}_{ij} &= \hat{h}^\alpha_{ij}\otimes e_\alpha=\sum_\alpha(h^\alpha_{ij}-H^\alpha\delta_{ij})e_\alpha=B_{ij}-\vec{H}\delta_{ij},
\end{aligned}$$

$$\begin{aligned}
\langle\hat{B}_{ij},\hat{B}_{kl}\rangle =&\langle B_{ij},B_{kl}\rangle-\delta_{ij}\langle\vec{H},B_{kl}\rangle\\
&-\delta_{kl}\langle\vec{H},B_{ij}\rangle+\delta_{ij}\delta_{kl}H^2.
\end{aligned}$$

- 当$p\geqslant 2$，r 为偶数时，第 r 个经典Newton变换为

$$\begin{aligned}
&T_{(0)}{}^{i}_{j}=\delta_{ij},\\
&T_{(r)}{}^{i}_{j}=\frac{1}{r!}\delta^{i_1\cdots i_r i}_{j_1\cdots j_r j}\langle B_{i_1j_1},B_{i_2j_2}\rangle\cdots\langle B_{i_{r-1}j_{r-1}},B_{i_rj_r}\rangle,\\
&\hat{T_{(0)}}{}^{i}_{j}=\delta^i_j,\\
&\widehat{T_{(r)}}{}^{i}_{j}=\frac{1}{r!}\delta^{i_1\cdots i_r i}_{j_1\cdots j_r j}\langle\hat{B}_{i_1j_1},\hat{B}_{i_2j_2}\rangle\cdots\langle\hat{B}_{i_{r-1}j_{r-1}},\hat{B}_{i_rj_r}\rangle.
\end{aligned}$$

- 当$p \geqslant 2$，r 为奇数时，第 r 个经典Newton变换为

$$T_{(r)}{}_{ij}^{\alpha} = \frac{1}{(r)!}\delta^{i_1\cdots i_r i}_{j_1\cdots j_r j}\langle B_{i_1 j_1}, B_{i_2 j_2}\rangle \cdots \times \langle B_{i_{r-2} j_{r-2}}, B_{i_{r-1} j_{r-1}}\rangle h^{\alpha}_{i_r j_r},$$

$$\widehat{T_{(r)}}{}_{ij}^{\alpha} = \frac{1}{(r)!}\delta^{i_1\cdots i_r i}_{j_1\cdots j_r j}\langle \hat{B}_{i_1 j_1}, \hat{B}_{i_2 j_2}\rangle \cdots \times \langle \hat{B}_{i_{r-2} j_{r-2}}, \hat{B}_{i_{r-1} j_{r-1}}\rangle \hat{h}^{\alpha}_{i_r j_r}.$$

- 当$p \geqslant 2$，r 为偶数时，第 r 个曲率函数为

$$S_r = \frac{1}{r!}\delta^{i_1\cdots i_r}_{j_1\cdots j_r}\langle B_{i_1 j_1}, B_{i_2 j_2}\rangle \cdots \langle B_{i_{r-1} j_{r-1}}, B_{i_r j_r}\rangle = \sum_{ij\alpha}\frac{1}{r}T_{(r-1)}{}_{ij}^{\alpha} h^{\alpha}_{ij},$$

$$S_0 = 1,\ H_r = S_r (\mathrm{C}_n^r)^{-1},$$

$$\hat{S}_r = \frac{1}{r!}\delta^{i_1\cdots i_r}_{j_1\cdots j_r}\langle \hat{B}_{i_1 j_1}, \hat{B}_{i_2 j_2}\rangle \cdots \langle \hat{B}_{i_{r-1} j_{r-1}}, \hat{B}_{i_r j_r}\rangle = \sum_{ij\alpha}\frac{1}{r}\widehat{T_{(r-1)}}{}_{ij}^{\alpha} \hat{h}^{\alpha}_{ij},$$

$$\hat{S}_0 = 1,\ \hat{H}_r = \hat{S}_r (\mathrm{C}_n^r)^{-1}.$$

- 当$p \geqslant 2$，r为奇数时，第 r个曲率向量为

$$\vec{S}_r = \frac{1}{r!}\delta^{i_1\cdots i_r}_{j_1\cdots j_r}\langle B_{i_1 j_1}, B_{i_2 j_2}\rangle \cdots \langle B_{i_{r-2} j_{r-2}}, B_{i_{r-1} j_{r-1}}\rangle B_{i_r j_r} = \sum_{ij\alpha}\frac{1}{r}T_{(r-1)}{}_{j}^{i} h^{\alpha}_{ij} e_{\alpha} \stackrel{\mathrm{def}}{=} S_r^{\alpha} e_{\alpha},$$

$$\vec{H}_r = \vec{S}_r (\mathrm{C}_n^r)^{-1} \stackrel{\mathrm{def}}{=} H_r^{\alpha} e_{\alpha},$$

$$\hat{\vec{S}}_r = \frac{1}{r!}\delta^{i_1\cdots i_r}_{j_1\cdots j_r}\langle \hat{B}_{i_1 j_1}, \hat{B}_{i_2 j_2}\rangle \cdots \langle \hat{B}_{i_{r-2} j_{r-2}}, \hat{B}_{i_{r-1} j_{r-1}}\rangle \hat{B}_{i_r j_r} = \sum_{ij\alpha}\frac{1}{r}\widehat{T_{(r-1)}}{}_{j}^{i} \hat{h}^{\alpha}_{ij} e_{\alpha} \stackrel{\mathrm{def}}{=} \hat{S}_r^{\alpha} e_{\alpha},$$

$$\hat{\vec{H}}_r = \hat{\vec{S}}_r (\mathrm{C}_n^r)^{-1} \stackrel{\mathrm{def}}{=} \hat{H}_r^{\alpha} e_{\alpha}.$$

- 当$p \geqslant 2$，r为偶数时，$t, s \in N$，广义Newton变换为

$$T_{(r,t)}{}^{\alpha_1\cdots\alpha_t}_{k_1\cdots k_s;l_1\cdots l_s} = \frac{1}{(r+t)!}\delta^{i_1\cdots i_r p_1\cdots p_t k_1\cdots k_s}_{j_1\cdots j_r q_1\cdots q_t l_1\cdots l_s}\langle B_{i_1j_1}, B_{i_2j_2}\rangle\cdots$$

$$\times\langle B_{i_{r-1}j_{r-1}}, B_{i_rj_r}\rangle h^{\alpha_1}_{p_1q_1}\cdots h^{\alpha_t}_{p_tq_t},$$

$$\widehat{T_{(r,t)}}{}^{\alpha_1\cdots\alpha_t}_{k_1\cdots k_s;l_1\cdots l_s} = \frac{1}{(r+t)!}\delta^{i_1\cdots i_r p_1\cdots p_t k_1\cdots k_s}_{j_1\cdots j_r q_1\cdots q_t l_1\cdots l_s}\langle \hat{B}_{i_1j_1}, \hat{B}_{i_2j_2}\rangle\cdots$$

$$\times\langle \hat{B}_{i_{r-1}j_{r-1}}, \hat{B}_{i_rj_r}\rangle \hat{h}^{\alpha_1}_{p_1q_1}\cdots \hat{h}^{\alpha_t}_{p_tq_t}.$$

对于余维数大于等于2的子流形的广义Newton变换，有

- 当$p \geqslant 2$，$s=0$时，有

$$T_{(r,t)}{}^{\alpha_1\cdots\alpha_t}_{k_1\cdots k_s;l_1\cdots l_s} \overset{\text{def}}{=} T_{(r)}{}^{\alpha_1\cdots\alpha_t}_{\varnothing},$$

$$\widehat{T_{(r,t)}}{}^{\alpha_1\cdots\alpha_t}_{k_1\cdots k_s;l_1\cdots l_s} \overset{\text{def}}{=} \widehat{T_{(r)}}{}^{\alpha_1\cdots\alpha_t}_{\varnothing}.$$

- 当$p \geqslant 2$，$t=0$时，有

$$T_{(r,0)}{}_{k_1\cdots k_s;l_1\cdots l_s} \overset{\text{def}}{=} T_{(r)}{}^{k_1\cdots k_s}_{l_1\cdots l_s},$$

$$\widehat{T_{(r,0)}}{}_{k_1\cdots k_s;l_1\cdots l_s} \overset{\text{def}}{=} \widehat{T_{(r)}}{}^{k_1\cdots k_s}_{l_1\cdots l_s}.$$

- 当$p \geqslant 2$，$r=0$, $t=0$时，有

$$T_{(0,0)}{}_{k_1\cdots k_s;l_1\cdots l_s} = \delta^{k_1\cdots k_s}_{l_1\cdots l_s},$$

$$\widehat{T_{(0,0)}}{}_{k_1\cdots k_s;l_1\cdots l_s} = \delta^{k_1\cdots k_s}_{l_1\cdots l_s}.$$

- 当$p \geqslant 2$，$t=1$, $s=1$时，有

$$T_{(r,1)}{}^{\alpha}_{k;l} = \frac{1}{(r+1)!}\delta^{i_1\cdots i_r i_{r+1} k}_{j_1\cdots j_r j_{r+1} l}\langle B_{i_1j_1}, B_{i_2j_2}\rangle\cdots$$

$$\times\langle B_{i_{r-1}j_{r-1}}, B_{i_rj_r}\rangle h^{\alpha}_{i_{r+1}j_{r+1}} = T_{(r+1)}{}^{\alpha}_{kl},$$

$$\widehat{T_{(r,1)}}{}^{\alpha}_{k;l} = \frac{1}{(r+1)!}\delta^{i_1\cdots i_r i_{r+1} k}_{j_1\cdots j_r j_{r+1} l}\langle \hat{B}_{i_1j_1}, \hat{B}_{i_2j_2}\rangle\cdots$$

$$\times\langle \hat{B}_{i_{r-1}j_{r-1}}, \hat{B}_{i_rj_r}\rangle \hat{h}^{\alpha}_{i_{r+1}j_{r+1}} = \widehat{T_{(r+1)}}{}^{\alpha}_{kl}.$$

- 当$p \geqslant 2$，$t = 0$，$s = 0$时，有

$$T_{(r,0)} = \frac{1}{r!}\delta^{i_1\cdots i_r}_{j_1\cdots j_r}\langle B_{i_1j_1}, B_{i_2j_2}\rangle\cdots\langle B_{i_{r-1}j_{r-1}}, B_{i_rj_r}\rangle = S_r,$$

$$\widehat{T_{(r,0)}} = \frac{1}{r!}\delta^{i_1\cdots i_r}_{j_1\cdots j_r}\langle \hat{B}_{i_1j_1}, \hat{B}_{i_2j_2}\rangle\cdots\langle \hat{B}_{i_{r-1}j_{r-1}}, \hat{B}_{i_rj_r}\rangle = \hat{S}_r.$$

- 当$p \geqslant 2$，$t = 0$，$s = 1$时，有

$$T_{(r,0)k;l} = \frac{1}{r!}\delta^{i_1\cdots i_rk}_{j_1\cdots j_rl}\langle B_{i_1j_1}, B_{i_2j_2}\rangle\cdots\langle B_{i_{r-1}j_{r-1}}, B_{i_rj_r}\rangle = T_{(r)}{}^k_l,$$

$$\widehat{T_{(r,0)}}_{k;l} = \frac{1}{r!}\delta^{i_1\cdots i_rk}_{j_1\cdots j_rl}\langle \hat{B}_{i_1j_1}, \hat{B}_{i_2j_2}\rangle\cdots\langle \hat{B}_{i_{r-1}j_{r-1}}, \hat{B}_{i_rj_r}\rangle = \widehat{T_{(r)}}{}^k_l = \widehat{T_{(r)}}_{kl}.$$

- 当$p \geqslant 2$，$r + t + s > n$时，有

$$T_{(r,t)}{}^{\alpha_1\cdots\alpha_t}_{k_1\cdots k_s;l_1\cdots l_s} = \frac{1}{(r+t)!}\delta^{i_1\cdots i_rp_1\cdots p_tk_1\cdots k_s}_{j_1\cdots j_rq_1\cdots q_tl_1\cdots l_s}\cdots = 0,$$

$$\widehat{T_{(r,t)}}{}^{\alpha_1\cdots\alpha_t}_{k_1\cdots k_s;l_1\cdots l_s} = \frac{1}{(r+t)!}\delta^{i_1\cdots i_rp_1\cdots p_tk_1\cdots k_s}_{j_1\cdots j_rq_1\cdots q_tl_1\cdots l_s}\cdots = 0.$$

4.2 牛顿变换的性质

本节主要研究Newton变换的性质。

对于广义的Kronecker符号，有下面的重要性质——行列式刻画：

$$\delta^{i_1\cdots i_r}_{j_1\cdots j_r} = \begin{pmatrix} \delta^{i_1}_{j_1} & \cdots & \delta^{i_r}_{j_1} \\ \vdots & \vdots & \vdots \\ \delta^{i_1}_{j_r} & \cdots & \delta^{i_r}_{j_r} \end{pmatrix}$$

引理 4.1 (δ性质) 如下等式成立：

$$\delta^{\cdots\cdots\cdots}_{\cdots ij\cdots} = -\delta^{\cdots\cdots\cdots}_{\cdots ji\cdots}, \tag{4.1}$$

$$\delta^{\cdots ij\cdots}_{\cdots\cdots\cdots} = -\delta^{\cdots ji\cdots}_{\cdots\cdots\cdots}, \tag{4.2}$$

$$\delta^{i_1\cdots i_r}_{j_1\cdots j_r} = \delta^{j_1\cdots j_r}_{i_1\cdots i_r}, \tag{4.3}$$

$$\sum_p \delta^{i_1\cdots i_rp}_{j_1\cdots j_rp} = (n-r)\delta^{i_1\cdots i_r}_{j_1\cdots j_r}, \tag{4.4}$$

$$\delta^{\cdots i_a\cdots i_b\cdots}_{\cdots j_a\cdots j_b\cdots} = \delta^{\cdots i_b\cdots i_a\cdots}_{\cdots j_b\cdots j_a\cdots}, \tag{4.5}$$

$$\delta^{i_1\cdots i_r i}_{j_1\cdots j_r j} = \delta^{i_1\cdots i_r}_{j_1\cdots j_r}\delta^i_j - \sum_{a=1}^{r}\delta^{i_1\cdots i_{a-1}i_{a+1}\cdots i_r i}_{j_1\cdots j_{a-1}j_{a+1}\cdots j_r j_a}\delta^{i_a}_j, \tag{4.6}$$

$$= \delta^{i_1\cdots i_r}_{j_1\cdots j_r}\delta^i_j - \sum_{a=1}^{r}\delta^{i_1\cdots i_{a-1}i_{a+1}\cdots i_r i_a}_{j_1\cdots j_{a-1}j_{a+1}\cdots j_r j}\delta^i_{j_a}. \tag{4.7}$$

证明 ：由广义Kronecker符号的行列式刻画，有

$$\delta^{i_1\cdots i_r i}_{j_1\cdots j_r j} = \delta^{i i_1\cdots i_r}_{j j_1\cdots j_r} = \det\begin{pmatrix} \delta^i_j & \delta^i_{j_1} & \cdots & \delta^i_{j_r} \\ \delta^{i_1}_j & \delta^{i_1}_{j_1} & \cdots & \delta^{i_1}_{j_r} \\ \cdots & \cdots & \cdots & \cdots \\ \delta^{i_r}_j & \delta^{i_r}_{j_1} & \cdots & \delta^{i_r}_{j_r} \end{pmatrix} \tag{4.8}$$

$$= \delta^i_j\delta^{i_1\cdots i_r}_{j_1\cdots j_r} - \delta^{i_1}_j\delta^{i i_1\cdots i_r}_{j_1 j_2\cdots j_r} + \cdots + (-1)^r\delta^{i_r}_j\delta^{i i_1\cdots i_{r-1}}_{j_1 j_2\cdots j_r} \tag{4.9}$$

$$= \delta^{i_1\cdots i_r}_{j_1\cdots j_r}\delta^i_j - \sum_{a=1}^{r}\delta^{i_1\cdots i_{a-1}i_{a+1}\cdots i_r i}_{j_1\cdots j_{a-1}j_{a+1}\cdots j_r j_a}\delta^{i_a}_j \tag{4.10}$$

$$= \delta^{i_1\cdots i_r}_{j_1\cdots j_r}\delta^i_j - \sum_{a=1}^{r}\delta^{i_1\cdots i_{a-1}i_{a+1}\cdots i_r i_a}_{j_1\cdots j_{a-1}j_{a+1}\cdots j_r j}\delta^i_{j_a}. \tag{4.11}$$

□

命题 4.1 (对称性) 设 $x: M^n \to N^{n+p}$ 是子流形，则有

$$T_{(r,t)}{}^{\alpha_1\cdots\alpha_t}_{k_1\cdots k_s;l_1\cdots l_s} = T_{(r,t)}{}^{\alpha_1\cdots\alpha_t}_{l_1\cdots l_s;k_1\cdots k_s}, \tag{4.12}$$

$$T_{(r,t)}{}^{\cdots\alpha_i\cdots\alpha_j\cdots}_{k_1\cdots k_s;l_1\cdots l_s} = T_{(r,t)}{}^{\cdots\alpha_j\cdots\alpha_i\cdots}_{k_1\cdots k_s;l_1\cdots l_s}, \tag{4.13}$$

$$\widetilde{T_{(r,t)}}{}^{\alpha_1\cdots\alpha_t}_{k_1\cdots k_s;l_1\cdots l_s} = \widetilde{T_{(r,t)}}{}^{\alpha_1\cdots\alpha_t}_{l_1\cdots l_s;k_1\cdots k_s}, \tag{4.14}$$

$$\widetilde{T_{(r,t)}}{}^{\cdots\alpha_i\cdots\alpha_j\cdots}_{k_1\cdots k_s;l_1\cdots l_s} = \widetilde{T_{(r,t)}}{}^{\cdots\alpha_j\cdots\alpha_i\cdots}_{k_1\cdots k_s;l_1\cdots l_s}. \tag{4.15}$$

证明 对于第一式，由引理4.1和第二基本型的对称性，我们有

$$T_{(r,t)}{}^{\alpha_1\cdots\alpha_t}_{k_1\cdots k_s;l_1\cdots l_s} = \frac{1}{(r+t)!}\delta^{i_1\cdots i_r p_1\cdots p_t k_1\cdots k_s}_{j_1\cdots j_r q_1\cdots q_t l_1\cdots l_s}\langle B_{i_1j_1}, B_{i_2j_2}\rangle\cdots\langle B_{i_{r-1}j_{r-1}}, B_{i_rj_r}\rangle$$

$$\times(h^{\alpha_1}_{p_1q_1}\cdots h^{\alpha_t}_{p_tq_t})$$

$$= \frac{1}{(r+t)!}\delta^{j_1\cdots j_r q_1\cdots q_t l_1\cdots l_s}_{i_1\cdots i_r p_1\cdots p_t k_1\cdots k_s}\langle B_{i_1j_1}, B_{i_2j_2}\rangle\cdots\langle B_{i_{r-1}j_{r-1}}, B_{i_rj_r}\rangle$$

$$\times(h^{\alpha_1}_{p_1q_1}\cdots h^{\alpha_t}_{p_tq_t})$$

$$=\frac{1}{(r+t)!}\delta^{j_1\cdots j_r q_1\cdots q_t l_1\cdots l_s}_{i_1\cdots i_r p_1\cdots p_t k_1\cdots k_s}\langle B_{j_1 i_1}, B_{j_2 i_2}\rangle\cdots\langle B_{j_{r-1} i_{r-1}}, B_{j_r i_r}\rangle$$

$$\times(h^{\alpha_1}_{q_1 p_1}\cdots h^{\alpha_t}_{q_t p_t})$$

$$=\frac{1}{(r+t)!}\delta^{i_1\cdots i_r p_1\cdots p_t l_1\cdots l_s}_{j_1\cdots j_r q_1\cdots q_t k_1\cdots k_s}\langle B_{i_1 j_1}, B_{i_2 j_2}\rangle\cdots\langle B_{i_{r-1} j_{r-1}}, B_{i_r j_r}\rangle$$

$$\times(h^{\alpha_1}_{p_1 q_1}\cdots h^{\alpha_t}_{p_t q_t})$$

$$=T_{(r,t)}{}^{\alpha_1\cdots\alpha_t}_{l_1\cdots l_s;k_1\cdots k_s}.$$

对于第二式，同样地

$$T_{(r,t)}{}^{\cdots\alpha_i\cdots\alpha_j\cdots}_{k_1\cdots k_s;l_1\cdots l_s}=\frac{1}{(r+t)!}\delta^{i_1\cdots i_r\cdots p_i\cdots p_j\cdots k_1\cdots k_s}_{j_1\cdots j_r\cdots q_i\cdots q_j\cdots l_1\cdots l_s}\langle B_{i_1 j_1}, B_{i_2 j_2}\rangle\cdots\langle B_{i_{r-1} j_{r-1}}, B_{i_r j_r}\rangle$$

$$\times\cdots h^{\alpha_i}_{p_i q_i}\cdots h^{\alpha_j}_{p_j q_j}\cdots$$

$$=\frac{1}{(r+t)!}\delta^{i_1\cdots i_r\cdots p_j\cdots p_i\cdots k_1\cdots k_s}_{j_1\cdots j_r\cdots q_j\cdots q_i\cdots l_1\cdots l_s}\langle B_{i_1 j_1}, B_{i_2 j_2}\rangle\cdots\langle B_{i_{r-1} j_{r-1}}, B_{i_r j_r}\rangle$$

$$\times\cdots h^{\alpha_i}_{p_i q_i}\cdots h^{\alpha_j}_{p_j q_j}\cdots$$

$$=\frac{1}{(r+t)!}\delta^{i_1\cdots i_r\cdots p_i\cdots p_j\cdots k_1\cdots k_s}_{j_1\cdots j_r\cdots q_i\cdots q_j\cdots l_1\cdots l_s}\langle B_{i_1 j_1}, B_{i_2 j_2}\rangle\cdots\langle B_{i_{r-1} j_{r-1}}, B_{i_r j_r}\rangle$$

$$\cdots h^{\alpha_i}_{p_j q_j}\cdots h^{\alpha_j}_{p_i q_i}\cdots$$

$$=\frac{1}{(r+t)!}\delta^{i_1\cdots i_r\cdots p_i\cdots p_j\cdots k_1\cdots k_s}_{j_1\cdots j_r\cdots q_i\cdots q_j\cdots l_1\cdots l_s}\langle B_{i_1 j_1}, B_{i_2 j_2}\rangle\cdots\langle B_{i_{r-1} j_{r-1}}, B_{i_r j_r}\rangle$$

$$\cdots h^{\alpha_j}_{p_i q_i}\cdots h^{\alpha_i}_{p_j q_j}\cdots$$

$$=T_{(r,t)}{}^{\cdots\alpha_j\cdots\alpha_i\cdots}_{k_1\cdots k_s;l_1\cdots l_s}.$$

□

命题 4.2 (反对称性) 设$x: M^n\to N^{n+p}$是子流形，那么我们有

$$T_{(r,t)}{}^{\alpha_1\cdots\alpha_t}_{k_1\cdots k_i\cdots k_j\cdots k_s;l_1\cdots l_s}=-T_{(r,t)}{}^{\alpha_1\cdots\alpha_t}_{k_1\cdots k_j\cdots k_i\cdots k_s;l_1\cdots l_s}, \tag{4.16}$$

$$T_{(r,t)}{}^{\alpha_1\cdots\alpha_t}_{k_1\cdots k_s;l_1\cdots l_i\cdots l_j\cdots l_s}=-T_{(r,t)}{}^{\alpha_1\cdots\alpha_t}_{k_1\cdots k_s;l_1\cdots l_j\cdots l_i\cdots l_s}, \tag{4.17}$$

$$\widehat{T_{(r,t)}}{}^{\alpha_1\cdots\alpha_t}_{k_1\cdots k_i\cdots k_j\cdots k_s;l_1\cdots l_s}=-\widehat{T_{(r,t)}}{}^{\alpha_1\cdots\alpha_t}_{k_1\cdots k_j\cdots k_i\cdots k_s;l_1\cdots l_s}, \tag{4.18}$$

$$\widehat{T_{(r,t)}}{}^{\alpha_1\cdots\alpha_t}_{k_1\cdots k_s;l_1\cdots l_i\cdots l_j\cdots l_s} = -\widehat{T_{(r,t)}}{}^{\alpha_1\cdots\alpha_t}_{k_1\cdots k_s;l_1\cdots l_j\cdots l_i\cdots l_s}. \tag{4.19}$$

证明 由引理4.1，我们有

$$\begin{aligned}T_{(r,t)}{}^{\alpha_1\cdots\alpha_t}_{k_1\cdots k_s;\cdots l_i\cdots l_j\cdots} =& \frac{1}{(r+t)!}\delta^{i_1\cdots i_r p_1\cdots p_t k_1\cdots k_s}_{j_1\cdots j_r q_1\cdots q_t\cdots l_i\cdots l_j\cdots}\langle B_{i_1j_1}, B_{i_2j_2}\rangle\cdots\langle B_{i_{r-1}j_{r-1}}, B_{i_rj_r}\rangle \\ &\times\cdots h^{\alpha_i}_{p_iq_i}\cdots h^{\alpha_j}_{p_jq_j}\cdots \\ =& -\frac{1}{(r+t)!}\delta^{i_1\cdots i_r p_1\cdots p_t k_1\cdots k_s}_{j_1\cdots j_r q_1\cdots q_t\cdots l_j\cdots l_i\cdots}\langle B_{i_1j_1}, B_{i_2j_2}\rangle\cdots\langle B_{i_{r-1}j_{r-1}}, B_{i_rj_r}\rangle \\ &\times\cdots h^{\alpha_i}_{p_iq_i}\cdots h^{\alpha_j}_{p_jq_j}\cdots \\ =& -T_{(r,t)}{}^{\alpha_1\cdots\alpha_t}_{k_1\cdots k_s;\cdots l_j\cdots l_i\cdots}.\end{aligned}$$

□

命题 4.3 (迹性质) 设$x: M^n \to N^{n+p}$是子流形，那么我们有

$$\sum_{k_s} T_{(r,t)}{}^{\alpha_1\cdots\alpha_t}_{k_1\cdots k_{s-1}k_s;l_1\cdots l_{s-1}k_s} = (n+1-r-t-s)T_{(r,t)}{}^{\alpha_1\cdots\alpha_t}_{k_1\cdots k_{s-1};l_1\cdots l_{s-1}}, \tag{4.20}$$

$$\sum_{\beta} T_{(r,t)}{}^{\alpha_1\cdots\alpha_{t-2}\beta\beta}_{k_1\cdots k_s;l_1\cdots l_s} = T_{(r+2,t-2)}{}^{\alpha_1\cdots\alpha_{t-2}}_{k_1\cdots k_s;l_1\cdots l_s}, \tag{4.21}$$

$$\sum_{k_s} \widehat{T_{(r,t)}}{}^{\alpha_1\cdots\alpha_t}_{k_1\cdots k_{s-1}k_s;l_1\cdots l_{s-1}k_s} = (n+1-r-t-s)\widehat{T_{(r,t)}}{}^{\alpha_1\cdots\alpha_t}_{k_1\cdots k_{s-1};l_1\cdots l_{s-1}}, \tag{4.22}$$

$$\sum_{\beta} \widehat{T_{(r,t)}}{}^{\alpha_1\cdots\alpha_{t-2}\beta\beta}_{k_1\cdots k_s;l_1\cdots l_s} = \widehat{T_{(r+2,t-2)}}{}^{\alpha_1\cdots\alpha_{t-2}}_{k_1\cdots k_s;l_1\cdots l_s}. \tag{4.23}$$

证明 对于第一式，由引理4.1，有

$$\begin{aligned}&\sum_{k_s} T_{(r,t)}{}^{\alpha_1\cdots\alpha_t}_{k_1\cdots k_{s-1}k_s;l_1\cdots l_{s-1}k_s} \\ =& \sum_{k_s}\frac{1}{(r+t)!}\delta^{i_1\cdots i_r p_1\cdots p_t k_1\cdots k_{s-1}k_s}_{j_1\cdots j_r q_1\cdots q_t l_1\cdots l_{s_1}k_s}\langle B_{i_1j_1}, B_{i_2j_2}\rangle\cdots\langle B_{i_{r-1}j_{r-1}}, B_{i_rj_r}\rangle \\ &\times(h^{\alpha_1}_{p_1q_1}\cdots h^{\alpha_t}_{p_tq_t}) \\ =& \sum_{p}\frac{1}{(r+t)!}\delta^{i_1\cdots i_r p_1\cdots p_t k_1\cdots k_{s-1}p}_{j_1\cdots j_r q_1\cdots q_t l_1\cdots l_{s_1}p}\langle B_{i_1j_1}, B_{i_2j_2}\rangle\cdots\langle B_{i_{r-1}j_{r-1}}, B_{i_rj_r}\rangle \\ &\times(h^{\alpha_1}_{p_1q_1}\cdots h^{\alpha_t}_{p_tq_t})\end{aligned}$$

$$=(n+1-r-t-s)T_{(r,t)}{}_{k_1\cdots k_{s-1};l_1\cdots l_{s-1}}^{\alpha_1\cdots\alpha_t}.$$

对于第二式，由定义

$$\sum_\beta T_{(r,t)}{}_{k_1\cdots k_{s-1}k_s;l_1\cdots l_{s-1}k_s}^{\alpha_1\cdots\alpha_{t-2}\beta\beta}$$

$$=\sum_\beta \frac{1}{(r+t)!}\delta^{i_1\cdots i_r p_1\cdots p_t k_1\cdots k_{s-1}k_s}_{j_1\cdots j_r q_1\cdots q_t l_1\cdots l_{s_1}k_s}\langle B_{i_1j_1},B_{i_2j_2}\rangle\cdots\langle B_{i_{r-1}j_{r-1}},B_{i_rj_r}\rangle$$

$$\times(h^{\alpha_1}_{p_1q_1}\cdots h^{\alpha_{t-2}}_{p_{t-2}q_{t-2}}h^\beta_{p_{t-1}q_{t-1}}h^\beta_{p_tq_t})$$

$$=\sum_\beta \frac{1}{(r+t)!}\delta^{i_1\cdots i_r p_{t-1}p_t p_1\cdots p_{t-2}k_1\cdots k_{s-1}k_s}_{j_1\cdots j_r q_{t-1}q_t q_1\cdots q_{t-2}l_1\cdots l_{s_1}k_s}\langle B_{i_1j_1},B_{i_2j_2}\rangle\cdots\langle B_{i_{r-1}j_{r-1}},B_{i_rj_r}\rangle$$

$$\times(h^{\alpha_1}_{p_1q_1}\cdots h^{\alpha_{t-2}}_{p_{t-2}q_{t-2}})\langle B_{p_{t-1}q_{t-1}},B_{p_tq_t}\rangle$$

$$=T_{(r+2,t-2)}{}_{k_1\cdots k_s;l_1\cdots l_s}^{\alpha_1\cdots\alpha_{t-2}}.$$

□

命题 4.4 (协变导数) 设$x:M^n\to N^{n+p}$是子流形，对于Newton变换的协变导数有

$$T_{(r,t)}{}_{k_1\cdots k_s;l_1\cdots l_s,p}^{\alpha_1\cdots\alpha_t}=\sum_{ij}\sum_\beta\frac{r}{r+t}T_{(r-2,t+1)}{}_{k_1\cdots k_si;l_1\cdots\cdots l_sj}^{\alpha_1\cdots\alpha_t\beta}h^\beta_{ij,p}$$

$$+\sum_{b=1}^t\sum_{ij}\frac{1}{r+t}T_{(r,t-1)}{}_{k_1\cdots k_si;l_1\cdots l_sj}^{\alpha_1\cdots\hat\alpha_b\cdots\alpha_t}h^{\alpha_b}_{ij,p},\tag{4.24}$$

$$\widehat{T_{(r,t)}}{}_{k_1\cdots k_s;l_1\cdots l_s,p}^{\alpha_1\cdots\alpha_t}=\sum_{ij}\sum_\beta\frac{r}{r+t}\widehat{T_{(r-2,t+1)}}{}_{k_1\cdots k_si;l_1\cdots\cdots l_sj}^{\alpha_1\cdots\alpha_t\beta}\hat h^\beta_{ij,p}$$

$$+\sum_{b=1}^t\sum_{ij}\frac{1}{r+t}\widehat{T_{(r,t-1)}}{}_{k_1\cdots k_si;l_1\cdots l_sj}^{\alpha_1\cdots\hat\alpha_b\cdots\alpha_t}\hat h^{\alpha_b}_{ij,p}.\tag{4.25}$$

证明 由引理4.1和定义，有

$$T_{(r,t)}{}_{k_1\cdots k_s;l_1\cdots l_s,p}^{\alpha_1\cdots\alpha_t}=\frac{1}{(r+t)!}\delta^{i_1\cdots i_r p_1\cdots p_t k_1\cdots k_s}_{j_1\cdots j_r q_1\cdots q_t l_1\cdots l_s}$$

$$\times[\langle B_{i_1j_1,p},B_{i_2j_2}\rangle\cdots\langle B_{i_{r-1}j_{r-1}},B_{i_rj_r}\rangle$$

$$+\langle B_{i_1j_1},B_{i_2j_2,p}\rangle\cdots\langle B_{i_{r-1}j_{r-1}},B_{i_rj_r}\rangle$$

$$+\cdots+\langle B_{i_1j_1},B_{i_2j_2}\rangle\cdots\langle B_{i_{r-1}j_{r-1},p},B_{i_rj_r}\rangle$$

$$+\langle B_{i_1j_1},B_{i_2j_2}\rangle\cdots\langle B_{i_{r-1}j_{r-1}},B_{i_rj_r,p}\rangle]h^{\alpha_1}_{p_1q_1}\cdots h^{\alpha_t}_{p_tq_t}$$

$$+\frac{1}{(r+t)!}\delta^{i_1\cdots i_rp_1\cdots p_tk_1\cdots k_s}_{j_1\cdots j_rq_1\cdots q_tl_1\cdots l_s}\langle B_{i_1j_1},B_{i_2j_2}\rangle\cdots\langle B_{i_{r-1}j_{r-1}},B_{i_rj_r}\rangle$$

$$\times\sum_{b=1}^{t}h^{\alpha_1}_{p_1q_1}\cdots h^{\alpha_b}_{p_bq_b,p}\cdots h^{\alpha_t}_{p_tq_t}$$

$$=\frac{r}{(r+t)!}\delta^{i_1\cdots i_{r-2}p_1\cdots p_ti_{r-1}k_1\cdots k_si_r}_{j_1\cdots j_{r-2}q_1\cdots q_tj_{r-1}l_1\cdots l_sj_r}$$

$$\times\langle B_{i_1j_1},B_{i_2j_2}\rangle\cdots\langle B_{i_{r-3}j_{r-3}},B_{i_{r-2}j_{r-2}}\rangle\Big(\sum_{\alpha_{t+1}}h^{\alpha_{t+1}}_{i_{r-1}j_{r-1}}h^{\alpha_{t+1}}_{i_rj_r,p}\Big)$$

$$\times(h^{\alpha_1}_{p_1q_1}\cdots h^{\alpha_t}_{p_tq_t})$$

$$+\frac{1}{(r+t)!}\delta^{i_1\cdots i_rp_1\cdots\hat{p}_b\cdots p_tk_1\cdots k_sp_b}_{j_1\cdots j_rq_1\cdots\hat{q}_b\cdots q_tl_1\cdots l_sq_b}\langle B_{i_1j_1},B_{i_2j_2}\rangle\cdots\langle B_{i_{r-1}j_{r-1}},B_{i_rj_r}\rangle$$

$$\times\sum_{b=1}^{t}h^{\alpha_1}_{p_1q_1}\cdots h^{\alpha_b}_{p_bq_b,p}\cdots h^{\alpha_t}_{p_tq_t}$$

$$=\sum_{ij}\sum_{\alpha_{t+1}}\frac{r}{r+t}T_{(r-2,t+1)}{}^{\alpha_1\cdots\alpha_t\alpha_{t+1}}_{k_1\cdots k_si;l_1\cdots\,..l_sj}h^{\alpha_{t+1}}_{ij,p}$$

$$+\sum_{b=1}^{t}\sum_{ij}\frac{1}{r+t}T_{(r,t-1)}{}^{\alpha_1\cdots\hat{\alpha}_b\cdots\alpha_t}_{k_1\cdots k_si;l_1\cdots l_sj}h^{\alpha_b}_{ij,p}.$$

□

特别地，在命题4.4中令r是偶数和$t=s=0$，那么有

推论 4.1 设$x:M^n\to N^{n+p}$是子流形，那么

- 当r为偶数时，有

$$S_{r,p}=\sum_{ij\alpha}T_{(r-2,1)}{}^{\alpha}_{i;j}h^{\alpha}_{ij,p}=\sum_{ij\alpha}T_{(r-1)}{}^{\alpha}_{ij}h^{\alpha}_{ij,p},\tag{4.26}$$

$$\hat{S}_{r,p}=\sum_{ij\alpha}\widehat{T_{(r-2,1)}}{}^{\alpha}_{i;j}\hat{h}^{\alpha}_{ij,p}=\sum_{ij\alpha}\widehat{T_{(r-1)}}{}^{\alpha}_{ij}\hat{h}^{\alpha}_{ij,p},\tag{4.27}$$

$$T_{(r)}{}^{k_1\cdots k_s}_{l_1\cdots l_s,p}=\sum_{ij}\sum_{\alpha}T_{(r-2,1)}{}^{\alpha}_{k_1\cdots k_si;l_1\cdots\,..l_sj}h^{\alpha}_{ij,p},\tag{4.28}$$

$$\widehat{T_{(r)}}{}^{k_1\cdots k_s}_{l_1\cdots l_s,p}=\sum_{ij}\sum_{\alpha}\widehat{T_{(r-2,1)}}{}^{\alpha}_{k_1\cdots k_si;l_1\cdots\,..l_sj}h^{\alpha}_{ij,p}.\tag{4.29}$$

- 当r为奇数时，有

$$S^{\alpha}_{r,p}=\sum_{ij}\sum_{\beta}\frac{r-1}{r}T_{(r-3,2)}{}^{\alpha\beta}_{i;j}h^{\beta}_{ij,p}+\sum_{ij}\frac{1}{r}T_{(r-1)ij}h^{\alpha}_{ij,p},\tag{4.30}$$

$$\hat{S}^{\alpha}_{r,p}=\sum_{ij}\sum_{\beta}\frac{r-1}{r}\widehat{T_{(r-3,2)}}{}^{\alpha\beta}_{i;j}\hat{h}^{\beta}_{ij,p}+\sum_{ij}\frac{1}{r}\widehat{T_{(r-1)}}_{ij}\hat{h}^{\alpha}_{ij,p}.\tag{4.31}$$

推论 4.2 设$x:M^n\to N^{n+1}$是超曲面，则有

$$S_{r,p}=\sum_{ij}T_{(r-2,1)}{}^{n+1}_{i;j}h^{n+1}_{ij,p}=\sum_{ij}T_{(r-1)}{}^{i}_{j}h_{ij,p},\tag{4.32}$$

$$T_{(r)}{}^{k_1\cdots k_s}_{l_1\cdots l_s,p}=\sum_{ij}\sum_{\alpha}T_{(r-1)}{}^{k_1\cdots k_s i}_{l_1\cdots\,..l_s j}h_{ij,p}\tag{4.33}$$

$$\hat{S}_{r,p}=\sum_{ij}\widehat{T_{(r-2,1)}}{}^{n+1}_{i;j}\hat{h}^{n+1}_{ij,p}=\sum_{ij}\widehat{T_{(r-1)}}{}^{i}_{j}\hat{h}_{ij,p}\tag{4.34}$$

$$\widehat{T_{(r)}}{}^{k_1\cdots k_s}_{l_1\cdots l_s,p}=\sum_{ij}\widehat{T_{(r-1)}}{}^{k_1\cdots k_s i}_{l_1\cdots\,..l_s j}\hat{h}_{ij,p}.\tag{4.35}$$

命题 4.5 (散度性质) 设$x:M^n\to N^{n+p}$是子流形，则有

$$\begin{aligned}\sum_{k_s}T_{(r,t)}{}^{\alpha_1\cdots\alpha_t}_{k_1\cdots k_s;l_1\cdots l_s,k_s}=&\frac{1}{2}\Big(\sum_{k_s}\sum_{ij}\sum_{\alpha_{t+1}}\frac{r}{r+t}T_{(r-2,t+1)}{}^{\alpha_1\cdots\alpha_t\alpha_{t+1}}_{k_1\cdots k_s i;l_1\cdots\,..l_s j}\bar{R}^{\alpha_{t+1}}_{jk_s i}\\&+\sum_{k_s}\sum_{b=1}^{t}\sum_{ij}\frac{1}{r+t}T_{(r,t-1)}{}^{\alpha_1\cdots\hat{\alpha}_b\cdots\alpha_t}_{k_1\cdots k_s i;l_1\cdots l_s j}\bar{R}^{\alpha_b}_{jk_s i}\Big),\end{aligned}\tag{4.36}$$

$$\begin{aligned}\sum_{l_s}T_{(r,t)}{}^{\alpha_1\cdots\alpha_t}_{k_1\cdots k_s;l_1\cdots l_s,l_s}=&\frac{1}{2}\Big(\sum_{l_s}\sum_{ij}\sum_{\alpha_{t+1}}\frac{r}{r+t}T_{(r-2,t+1)}{}^{\alpha_1\cdots\alpha_t\alpha_{t+1}}_{k_1\cdots k_s i;l_1\cdots\,..l_s j}\bar{R}^{\alpha_{t+1}}_{il_s j}\\&+\sum_{l_s}\sum_{b=1}^{t}\sum_{ij}\frac{1}{r+t}T_{(r,t-1)}{}^{\alpha_1\cdots\hat{\alpha}_b\cdots\alpha_t}_{k_1\cdots k_s i;l_1\cdots l_s j}\bar{R}^{\alpha_b}_{il_s j}\Big),\end{aligned}\tag{4.37}$$

$$\begin{aligned}\sum_{k_s}\widehat{T_{(r,t)}}{}^{\alpha_1\cdots\alpha_t}_{k_1\cdots k_s;l_1\cdots l_s,k_s}=&\frac{1}{2}\Big(\sum_{k_s}\sum_{ij}\sum_{\alpha_{t+1}}\frac{r}{r+t}\widehat{T_{(r-2,t+1)}}{}^{\alpha_1\cdots\alpha_t\alpha_{t+1}}_{k_1\cdots k_s i;l_1\cdots\,..l_s j}\bar{R}^{\alpha_{t+1}}_{jk_s i}\\&+\sum_{k_s}\sum_{b=1}^{t}\sum_{ij}\frac{1}{r+t}\widehat{T_{(r,t-1)}}{}^{\alpha_1\cdots\hat{\alpha}_b\cdots\alpha_t}_{k_1\cdots k_s i;l_1\cdots l_s j}\bar{R}^{\alpha_b}_{jk_s i}\Big)\\&-\sum_{k_s\alpha_{t+1}}\frac{r(n+1-r-t-s)}{r+t}\widehat{T_{(r-2,t+1)}}{}^{\alpha_1\cdots\alpha_t\alpha_{t+1}}_{k_1\cdots k_s;l_1\cdots\,..l_s}H^{\alpha_{t+1}}_{,k_s}\\&-\sum_{k_s}\sum_{b=1}^{t}\frac{(n+1-r-t-s)}{r+t}\widehat{T_{(r,t-1)}}{}^{\alpha_1\cdots\hat{\alpha}_b\cdots\alpha_t}_{k_1\cdots k_s;l_1\cdots l_s}H^{\alpha_b}_{,k_s},\end{aligned}\tag{4.38}$$

$$\sum_{l_s}\widehat{T_{(r,t)}}{}_{k_1\cdots k_s;l_1\cdots l_s,l_s}^{\alpha_1\cdots\alpha_t}=\frac{1}{2}\Big(\sum_{l_s}\sum_{ij}\sum_{\alpha_{t+1}}\frac{r}{r+t}\widehat{T_{(r-2,t+1)}}{}_{k_1\cdots k_s i;l_1\cdots\cdots l_s j}^{\alpha_1\cdots\alpha_t\alpha_{t+1}}\bar{R}_{il_s j}^{\alpha_{t+1}}$$
$$+\sum_{l_s}\sum_{b=1}^{t}\sum_{ij}\frac{1}{r+t}\widehat{T_{(r,t-1)}}{}_{k_1\cdots k_s i;l_1\cdots l_s j}^{\alpha_1\cdots\hat{\alpha}_b\cdots\alpha_t}\bar{R}_{il_s j}^{\alpha_b}\Big)$$
$$-\sum_{l_s\alpha_{t+1}}\frac{r(n+1-r-t-s)}{r+t}\widehat{T_{(r-2,t+1)}}{}_{k_1\cdots k_s;l_1\cdots\cdots l_s}^{\alpha_1\cdots\alpha_t\alpha_{t+1}}H_{,l_s}^{\alpha_{t+1}}$$
$$-\sum_{l_s}\sum_{b=1}^{t}\frac{(n+1-r-t-s)}{r+t}\widehat{T_{(r,t-1)}}{}_{k_1\cdots k_s;l_1\cdots l_s}^{\alpha_1\cdots\hat{\alpha}_b\cdots\alpha_t}H_{,l_s}^{\alpha_b}. \quad (4.39)$$

证明 对于一般Newton变换，由定理3.1和命题4.4，有

$$\sum_{k_s}T_{(r,t)}{}_{k_1\cdots k_s;l_1\cdots l_s,k_s}^{\alpha_1\cdots\alpha_t}$$
$$=\sum_{k_s}\sum_{ij}\sum_{\alpha_{t+1}}\frac{r}{r+t}T_{(r-2,t+1)}{}_{k_1\cdots k_s i;l_1\cdots\cdots l_s j}^{\alpha_1\cdots\alpha_t\alpha_{t+1}}h_{ij,k_s}^{\alpha_{t+1}}$$
$$+\sum_{k_s}\sum_{b=1}^{t}\sum_{ij}\frac{1}{r+t}T_{(r,t-1)}{}_{k_1\cdots k_s i;l_1\cdots l_s j}^{\alpha_1\cdots\hat{\alpha}_b\cdots\alpha_t}h_{ij,k_s}^{\alpha_b}$$
$$=-\sum_{k_s}\sum_{ij}\sum_{\alpha_{t+1}}\frac{r}{r+t}T_{(r-2,t+1)}{}_{k_1\cdots ik_s;l_1\cdots\cdots l_s j}^{\alpha_1\cdots\alpha_t\alpha_{t+1}}h_{ij,k_s}^{\alpha_{t+1}}$$
$$-\sum_{k_s}\sum_{b=1}^{t}\sum_{ij}\frac{1}{r+t}T_{(r,t-1)}{}_{k_1\cdots ik_s;l_1\cdots l_s j}^{\alpha_1\cdots\hat{\alpha}_b\cdots\alpha_t}h_{ij,k_s}^{\alpha_b}$$
$$=-\sum_{k_s}\sum_{ij}\sum_{\alpha_{t+1}}\frac{r}{r+t}T_{(r-2,t+1)}{}_{k_1\cdots ik_s;l_1\cdots\cdots l_s j}^{\alpha_1\cdots\alpha_t\alpha_{t+1}}(h_{k_s j,i}^{\alpha_{t+1}}+h_{ij,k_s}^{\alpha_{t+1}}-h_{k_s j,i}^{\alpha_{t+1}})$$
$$-\sum_{k_s}\sum_{b=1}^{t}\sum_{ij}\frac{1}{r+t}T_{(r,t-1)}{}_{k_1\cdots ik_s;l_1\cdots l_s j}^{\alpha_1\cdots\hat{\alpha}_b\cdots\alpha_t}(h_{k_s j,i}^{\alpha_b}+h_{ij,k_s}^{\alpha_b}-h_{k_s j,i}^{\alpha_b})$$
$$=-\sum_{k_s}\sum_{ij}\sum_{\alpha_{t+1}}\frac{r}{r+t}T_{(r-2,t+1)}{}_{k_1\cdots ik_s;l_1\cdots\cdots l_s j}^{\alpha_1\cdots\alpha_t\alpha_{t+1}}(h_{k_s j,i}^{\alpha_{t+1}}+\bar{R}_{jk_s i}^{\alpha_{t+1}})$$
$$-\sum_{k_s}\sum_{b=1}^{t}\sum_{ij}\frac{1}{r+t}T_{(r,t-1)}{}_{k_1\cdots ik_s;l_1\cdots l_s j}^{\alpha_1\cdots\hat{\alpha}_b\cdots\alpha_t}(h_{k_s j,i}^{\alpha_b}+\bar{R}_{jk_s i}^{\alpha_b})$$
$$=-(\sum_{k_s}\sum_{ij}\sum_{\alpha_{t+1}}\frac{r}{r+t}T_{(r-2,t+1)}{}_{k_1\cdots k_s i;l_1\cdots\cdots l_s j}^{\alpha_1\cdots\alpha_t\alpha_{t+1}}h_{ij,k_s}^{\alpha_{t+1}}$$
$$+\sum_{k_s}\sum_{b=1}^{t}\sum_{ij}\frac{1}{r+t}T_{(r,t-1)}{}_{k_1\cdots k_s i;l_1\cdots l_s j}^{\alpha_1\cdots\hat{\alpha}_b\cdots\alpha_t}h_{ij,k_s}^{\alpha_b})$$

$$+\sum_{k_s}\sum_{ij}\sum_{\alpha_{t+1}}\frac{r}{r+t}T_{(r-2,t+1)}{}_{k_1\cdots k_s i;l_1\cdots\cdots l_s j}^{\alpha_1\cdots\alpha_t\alpha_{t+1}}\bar{R}^{\alpha_{t+1}}_{jk_s i}$$

$$+\sum_{k_s}\sum_{b=1}^{t}\sum_{ij}\frac{1}{r+t}T_{(r,t-1)}{}_{k_1\cdots k_s i;l_1\cdots l_s j}^{\alpha_1\cdots\hat{\alpha}_b\cdots\alpha_t}\bar{R}^{\alpha_b}_{jk_s i}$$

$$=-\sum_{k_s}T_{(r,t)}{}_{k_1\cdots k_s;l_1\cdots l_s,k_s}^{\alpha_1\cdots\alpha_t}$$

$$+\sum_{k_s}\sum_{ij}\sum_{\alpha_{t+1}}\frac{r}{r+t}T_{(r-2,t+1)}{}_{k_1\cdots k_s i;l_1\cdots\cdots l_s j}^{\alpha_1\cdots\alpha_t\alpha_{t+1}}\bar{R}^{\alpha_{t+1}}_{jk_s i}$$

$$+\sum_{k_s}\sum_{b=1}^{t}\sum_{ij}\frac{1}{r+t}T_{(r,t-1)}{}_{k_1\cdots k_s i;l_1\cdots l_s j}^{\alpha_1\cdots\hat{\alpha}_b\cdots\alpha_t}\bar{R}^{\alpha_b}_{jk_s i}$$

$$\sum_{k_s}T_{(r,t)}{}_{k_1\cdots k_s;l_1\cdots l_s,k_s}^{\alpha_1\cdots\alpha_t}=\frac{1}{2}\Big(\sum_{k_s}\sum_{ij}\sum_{\alpha_{t+1}}\frac{r}{r+t}T_{(r-2,t+1)}{}_{k_1\cdots k_s i;l_1\cdots\cdots l_s j}^{\alpha_1\cdots\alpha_t\alpha_{t+1}}\bar{R}^{\alpha_{t+1}}_{jk_s i}$$

$$+\sum_{k_s}\sum_{b=1}^{t}\sum_{ij}\frac{1}{r+t}T_{(r,t-1)}{}_{k_1\cdots k_s i;l_1\cdots l_s j}^{\alpha_1\cdots\hat{\alpha}_b\cdots\alpha_t}\bar{R}^{\alpha_b}_{jk_s i}\Big).$$

对于迹零的Newton变换，由定理3.1和命题4.4，有

$$\sum_{k_s}\widehat{T_{(r,t)}}{}_{k_1\cdots k_s;l_1\cdots l_s,k_s}^{\alpha_1\cdots\alpha_t}$$

$$=\sum_{k_s}\sum_{ij}\sum_{\alpha_{t+1}}\frac{r}{r+t}\widehat{T_{(r-2,t+1)}}{}_{k_1\cdots k_s i;l_1\cdots\cdots l_s j}^{\alpha_1\cdots\alpha_t\alpha_{t+1}}\hat{h}^{\alpha_{t+1}}_{ij,k_s}$$

$$+\sum_{k_s}\sum_{b=1}^{t}\sum_{ij}\frac{1}{r+t}\widehat{T_{(r,t-1)}}{}_{k_1\cdots k_s i;l_1\cdots l_s j}^{\alpha_1\cdots\hat{\alpha}_b\cdots\alpha_t}\hat{h}^{\alpha_b}_{ij,k_s}$$

$$=-\sum_{k_s}\sum_{ij}\sum_{\alpha_{t+1}}\frac{r}{r+t}\widehat{T_{(r-2,t+1)}}{}_{k_1\cdots ik_s;l_1\cdots\cdots l_s j}^{\alpha_1\cdots\alpha_t\alpha_{t+1}}\hat{h}^{\alpha_{t+1}}_{ij,k_s}$$

$$-\sum_{k_s}\sum_{b=1}^{t}\sum_{ij}\frac{1}{r+t}\widehat{T_{(r,t-1)}}{}_{k_1\cdots ik_s;l_1\cdots l_s j}^{\alpha_1\cdots\hat{\alpha}_b\cdots\alpha_t}\hat{h}^{\alpha_b}_{ij,k_s}$$

$$=-\sum_{k_s}\sum_{ij}\sum_{\alpha_{t+1}}\frac{r}{r+t}\widehat{T_{(r-2,t+1)}}{}_{k_1\cdots ik_s;l_1\cdots\cdots l_s j}^{\alpha_1\cdots\alpha_t\alpha_{t+1}}(\hat{h}^{\alpha_{t+1}}_{k_s j,i}+\hat{h}^{\alpha_{t+1}}_{ij,k_s}-\hat{h}^{\alpha_{t+1}}_{k_s j,i})$$

$$-\sum_{k_s}\sum_{b=1}^{t}\sum_{ij}\frac{1}{r+t}\widehat{T_{(r,t-1)}}{}_{k_1\cdots ik_s;l_1\cdots l_s j}^{\alpha_1\cdots\hat{\alpha}_b\cdots\alpha_t}(\hat{h}^{\alpha_b}_{k_s j,i}+\hat{h}^{\alpha_b}_{ij,k_s}-\hat{h}^{\alpha_b}_{k_s j,i})$$

$$=-\sum_{k_s}\sum_{ij}\sum_{\alpha_{t+1}}\frac{r}{r+t}\widehat{T_{(r-2,t+1)}}{}_{k_1\cdots ik_s;l_1\cdots\cdots l_s j}^{\alpha_1\cdots\alpha_t\alpha_{t+1}}(\hat{h}^{\alpha_{t+1}}_{k_s j,i}+\bar{R}^{\alpha_{t+1}}_{jk_s i}-\delta_{ij}H^{\alpha_{t+1}}_{,k_s}+\delta_{jk_s}H^{\alpha_{t+1}}_{,i})$$

$$-\sum_{k_s}\sum_{b=1}^{t}\sum_{ij}\frac{1}{r+t}\widehat{T_{(r,t-1)}}{}_{k_1\cdots ik_s;l_1\cdots l_sj}^{\alpha_1\cdots\hat{\alpha}_b\cdots\alpha_t}(\hat{h}^{\alpha_b}_{k_sj,i}+\bar{R}^{\alpha_b}_{jk_si}-\delta_{ij}H^{\alpha_b}_{,k_s}+\delta_{jk_s}H^{\alpha_b}_{,i})$$

$$=-(\sum_{k_s}\sum_{ij}\sum_{\alpha_{t+1}}\frac{r}{r+t}\widehat{T_{(r-2,t+1)}}{}_{k_1\cdots k_si;l_1\cdots..l_sj}^{\alpha_1\cdots\alpha_t\alpha_{t+1}}\hat{h}^{\alpha_{t+1}}_{ij,k_s}$$

$$+\sum_{k_s}\sum_{b=1}^{t}\sum_{ij}\frac{1}{r+t}\widehat{T_{(r,t-1)}}{}_{k_1\cdots k_si;l_1\cdots l_sj}^{\alpha_1\cdots\hat{\alpha}_b\cdots\alpha_t}\hat{h}^{\alpha_b}_{ij,k_s})$$

$$+\sum_{k_s}\sum_{ij}\sum_{\alpha_{t+1}}\frac{r}{r+t}\widehat{T_{(r-2,t+1)}}{}_{k_1\cdots k_si;l_1\cdots..l_sj}^{\alpha_1\cdots\alpha_t\alpha_{t+1}}\bar{R}^{\alpha_{t+1}}_{jk_si}$$

$$+\sum_{k_s}\sum_{b=1}^{t}\sum_{ij}\frac{1}{r+t}\widehat{T_{(r,t-1)}}{}_{k_1\cdots k_si;l_1\cdots l_sj}^{\alpha_1\cdots\hat{\alpha}_b\cdots\alpha_t}\bar{R}^{\alpha_b}_{jk_si}$$

$$-\sum_{k_s\alpha_{t+1}}\frac{2r(n+1-r-t-s)}{r+t}\widehat{T_{(r-2,t+1)}}{}_{k_1\cdots k_s;l_1\cdots..l_s}^{\alpha_1\cdots\alpha_t\alpha_{t+1}}H^{\alpha_{t+1}}_{,k_s}$$

$$-\sum_{k_s}\sum_{b=1}^{t}\frac{2(n+1-r-t-s)}{r+t}\widehat{T_{(r,t-1)}}{}_{k_1\cdots k_s;l_1\cdots l_s}^{\alpha_1\cdots\hat{\alpha}_b\cdots\alpha_t}H^{\alpha_b}_{,k_s}$$

$$=-\sum_{k_s}T_{(r,t)}{}_{k_1\cdots k_s;l_1\cdots l_s,k_s}^{\alpha_1\cdots\alpha_t}$$

$$+\sum_{k_s}\sum_{ij}\sum_{\alpha_{t+1}}\frac{r}{r+t}\widehat{T_{(r-2,t+1)}}{}_{k_1\cdots k_si;l_1\cdots..l_sj}^{\alpha_1\cdots\alpha_t\alpha_{t+1}}\bar{R}^{\alpha_{t+1}}_{jk_si}$$

$$+\sum_{k_s}\sum_{b=1}^{t}\sum_{ij}\frac{1}{r+t}\widehat{T_{(r,t-1)}}{}_{k_1\cdots k_si;l_1\cdots l_sj}^{\alpha_1\cdots\hat{\alpha}_b\cdots\alpha_t}\bar{R}^{\alpha_b}_{jk_si}$$

$$-\sum_{k_s\alpha_{t+1}}\frac{2r(n+1-r-t-s)}{r+t}\widehat{T_{(r-2,t+1)}}{}_{k_1\cdots k_s;l_1\cdots..l_s}^{\alpha_1\cdots\alpha_t\alpha_{t+1}}H^{\alpha_{t+1}}_{,k_s}$$

$$-\sum_{k_s}\sum_{b=1}^{t}\frac{2(n+1-r-t-s)}{r+t}\widehat{T_{(r,t-1)}}{}_{k_1\cdots k_s;l_1\cdots l_s}^{\alpha_1\cdots\hat{\alpha}_b\cdots\alpha_t}H^{\alpha_b}_{,k_s}$$

$$\sum_{k_s}\widehat{T_{(r,t)}}{}_{k_1\cdots k_s;l_1\cdots l_s,k_s}^{\alpha_1\cdots\alpha_t}$$

$$=\frac{1}{2}\Big(\sum_{k_s}\sum_{ij}\sum_{\alpha_{t+1}}\frac{r}{r+t}\widehat{T_{(r-2,t+1)}}{}_{k_1\cdots k_si;l_1\cdots..l_sj}^{\alpha_1\cdots\alpha_t\alpha_{t+1}}\bar{R}^{\alpha_{t+1}}_{jk_si}$$

$$+\sum_{k_s}\sum_{b=1}^{t}\sum_{ij}\frac{1}{r+t}\widehat{T_{(r,t-1)}}{}_{k_1\cdots k_si;l_1\cdots l_sj}^{\alpha_1\cdots\hat{\alpha}_b\cdots\alpha_t}\bar{R}^{\alpha_b}_{jk_si}\Big)$$

$$- \sum_{k_s \alpha_{t+1}} \frac{r(n+1-r-t-s)}{r+t} \widehat{T_{(r-2,t+1)}}{}^{\alpha_1 \cdots \alpha_t \alpha_{t+1}}_{k_1 \cdots k_s; l_1 \cdots l_s} H^{\alpha_{t+1}}_{,k_s}$$

$$- \sum_{k_s} \sum_{b=1}^{t} \frac{(n+1-r-t-s)}{r+t} \widehat{T_{(r,t-1)}}{}^{\alpha_1 \cdots \hat{\alpha}_b \cdots \alpha_t}_{k_1 \cdots k_s; l_1 \cdots l_s} H^{\alpha_b}_{,k_s}.$$

□

特别地，对于$N = R^{n+p}(c)$，有

$$\bar{R}_{ABCD} = -c(\delta_{AC}\delta_{BD} - \delta_{AD}\delta_{BC}),\ \bar{R}^{\alpha}_{ijk} = 0.$$

推论 4.3 (散度为零性质) 设$x: M^n \to R^{n+p}(c)$是空间形式中的子流形，则有

$$\sum_{k_s} T_{(r,t)}{}^{\alpha_1 \cdots \alpha_t}_{k_1 \cdots k_s; l_1 \cdots l_s, k_s} = 0, \tag{4.40}$$

$$\begin{aligned} &\sum_{k_s} \widehat{T_{(r,t)}}{}^{\alpha_1 \cdots \alpha_t}_{k_1 \cdots k_s; l_1 \cdots l_s, k_s} = \\ &- \sum_{k_s \alpha_{t+1}} \frac{r(n+1-r-t-s)}{r+t} \widehat{T_{(r-2,t+1)}}{}^{\alpha_1 \cdots \alpha_t \alpha_{t+1}}_{k_1 \cdots k_s; l_1 \cdots l_s} H^{\alpha_{t+1}}_{,k_s} \\ &- \sum_{k_s} \sum_{b=1}^{t} \frac{(n+1-r-t-s)}{r+t} \widehat{T_{(r,t-1)}}{}^{\alpha_1 \cdots \hat{\alpha}_b \cdots \alpha_t}_{k_1 \cdots k_s; l_1 \cdots l_s} H^{\alpha_b}_{,k_s}. \end{aligned} \tag{4.41}$$

推论 4.4 (散度为零性质) 设$x: M^n \to R^{n+p}(c)$是空间形式中的具有平行平均曲率的子流形($D\vec{H} = 0$)，则有

$$\sum_{k_s} T_{(r,t)}{}^{\alpha_1 \cdots \alpha_t}_{k_1 \cdots k_s; l_1 \cdots l_s, k_s} = 0,\quad \sum_{k_s} \widehat{T_{(r,t)}}{}^{\alpha_1 \cdots \alpha_t}_{k_1 \cdots k_s; l_1 \cdots l_s, k_s} = 0. \tag{4.42}$$

命题 4.6 (展开性质) 设$x: M^n \to N^{n+p}$是子流形，有

$$\begin{aligned} &T_{(r,t)}{}^{\alpha_1 \cdots \alpha_t}_{k_1 \cdots k_s i; l_1 \cdots l_s j} \\ =&\delta^i_j T_{(r,t)}{}^{\alpha_1 \cdots \alpha_t}_{k_1 \cdots k_s; l_1 \cdots l_s} - \sum_{p,\alpha_{t+1}} \frac{r}{r+t} T_{(r-2,t+1)}{}^{\alpha_1 \cdots \alpha_t \alpha_{t+1}}_{k_1 \cdots k_s i; l_1 \cdots l_s p} h^{\alpha_{t+1}}_{pj} \\ &- \sum_{b=1}^{t} \sum_{p} \frac{1}{r+t} T_{(r,t-1)}{}^{\alpha_1 \cdots \hat{\alpha}_b \cdots \alpha_t}_{k_1 \cdots k_s i; l_1 \cdots l_s p} h^{\alpha_b}_{pj} - \sum_{c=1}^{s} T_{(r,t)}{}^{\alpha_1 \cdots \alpha_t}_{k_1 \cdots \hat{k}_c \cdots k_s i; l_1 \cdots \hat{l}_c \cdots l_s l_c} \delta^{k_c}_j \\ =&\delta^i_j T_{(r,t)}{}^{\alpha_1 \cdots \alpha_t}_{k_1 \cdots k_s; l_1 \cdots l_s} - \sum_{p,\alpha_{t+1}} \frac{r}{r+t} T_{(r-2,t+1)}{}^{\alpha_1 \cdots \alpha_t \alpha_{t+1}}_{k_1 \cdots k_s p; l_1 \cdots l_s j} h^{\alpha_{t+1}}_{pi} \end{aligned}$$

$$-\sum_{b=1}^{t}\sum_{p}\frac{1}{r+t}T_{(r,t-1)}{}_{k_1\cdots k_s p;l_1\cdots l_s j}^{\alpha_1\cdots\hat{\alpha}_b\cdots\alpha_t}h_{pi}^{\alpha_b}-\sum_{c=1}^{s}T_{(r,t)}{}_{k_1\cdots\hat{k}_c\cdots k_s k_c;l_1\cdots\hat{l}_c\cdots l_s j}^{\alpha_1\cdots\alpha_t}\delta_{l_c}^{i},\qquad(4.43)$$

$$\begin{aligned}\widehat{T_{(r,t)}}{}_{k_1\cdots k_s i;l_1\cdots l_s j}^{\alpha_1\cdots\alpha_t}
&=\delta_j^i\widehat{T_{(r,t)}}{}_{k_1\cdots k_s;l_1\cdots l_s}^{\alpha_1\cdots\alpha_t}-\sum_{p,\alpha_{t+1}}\frac{r}{r+t}\widehat{T_{(r-2,t+1)}}{}_{k_1\cdots k_s i;l_1\cdots l_s p}^{\alpha_1\cdots\alpha_t\alpha_{t+1}}\hat{h}_{pj}^{\alpha_{t+1}}\\
&\quad-\sum_{b=1}^{t}\sum_{p}\frac{1}{r+t}\widehat{T_{(r,t-1)}}{}_{k_1\cdots k_s i;l_1\cdots l_s p}^{\alpha_1\cdots\hat{\alpha}_b\cdots\alpha_t}\hat{h}_{pj}^{\alpha_b}-\sum_{c=1}^{s}\widehat{T_{(r,t)}}{}_{k_1\cdots\hat{k}_c\cdots k_s i;l_1\cdots\hat{l}_c\cdots l_s l_c}^{\alpha_1\cdots\alpha_t}\delta_j^{k_c}\\
&=\delta_j^i\widehat{T_{(r,t)}}{}_{k_1\cdots k_s;l_1\cdots l_s}^{\alpha_1\cdots\alpha_t}-\sum_{p,\alpha_{t+1}}\frac{r}{r+t}\widehat{T_{(r-2,t+1)}}{}_{k_1\cdots k_s p;l_1\cdots l_s j}^{\alpha_1\cdots\alpha_t\alpha_{t+1}}\hat{h}_{pi}^{\alpha_{t+1}}\\
&\quad-\sum_{b=1}^{t}\sum_{p}\frac{1}{r+t}\widehat{T_{(r,t-1)}}{}_{k_1\cdots k_s p;l_1\cdots l_s j}^{\alpha_1\cdots\hat{\alpha}_b\cdots\alpha_t}\hat{h}_{pi}^{\alpha_b}-\sum_{c=1}^{s}\widehat{T_{(r,t)}}{}_{k_1\cdots\hat{k}_c\cdots k_s k_c;l_1\cdots\hat{l}_c\cdots l_s j}^{\alpha_1\cdots\alpha_t}\delta_{l_c}^{i}.\end{aligned}\qquad(4.44)$$

证明 我们只需要运用广义Kronecker符号的展开性质。由引理4.1有

$$\begin{aligned}\delta_{j_1\cdots j_r q_1\cdots q_t l_1\cdots l_s j}^{i_1\cdots i_r p_1\cdots p_t k_1\cdots k_s i}=&\delta_j^i\delta_{j_1\cdots j_r q_1\cdots q_t l_1\cdots l_s}^{i_1\cdots i_r p_1\cdots p_t k_1\cdots k_s}-\sum_{a=1}^{r}\delta_{\cdots\hat{j}_a\cdots q_1\cdots q_t l_1\cdots l_s j_a}^{\cdots\hat{i}_a\cdots p_1\cdots p_t k_1\cdots k_s i}\delta_j^{i_a}\\
&-\sum_{b=1}^{t}\delta_{j_1\cdots j_r\cdots\hat{q}_b\cdots l_1\cdots l_s q_b}^{i_1\cdots i_r\cdots\hat{p}_b\cdots k_1\cdots k_s i}\delta_j^{p_b}-\sum_{c=1}^{s}\delta_{j_1\cdots j_r q_1\cdots q_t\cdots\hat{l}_c\cdots l_c}^{i_1\cdots i_r p_1\cdots p_t\cdots\hat{k}_c\cdots i}\delta_j^{k_c}\end{aligned}$$

$$\begin{aligned}T_{(r,t)}{}_{k_1\cdots k_s i;l_1\cdots l_s j}^{\alpha_1\cdots\alpha_t}=&\frac{1}{(r+t)!}\delta_{j_1\cdots j_r q_1\cdots q_t l_1\cdots l_s}^{i_1\cdots i_r p_1\cdots p_t k_1\cdots k_s}\\
&\times\langle B_{i_1j_1},B_{i_2j_2}\rangle\cdots\langle B_{i_{r-1}j_{r-1}},B_{i_rj_r}\rangle(h_{p_1q_1}^{\alpha_1}\cdots h_{p_tq_t}^{\alpha_t})\\
=&\frac{1}{(r+t)!}\Big[\delta_j^i\delta_{j_1\cdots j_r q_1\cdots q_t l_1\cdots l_s}^{i_1\cdots i_r p_1\cdots p_t k_1\cdots k_s}-\sum_{a=1}^{r}\delta_{\cdots\hat{j}_a\cdots q_1\cdots q_t l_1\cdots l_s j_a}^{\cdots\hat{i}_a\cdots p_1\cdots p_t k_1\cdots k_s i}\delta_j^{i_a}\\
&-\sum_{b=1}^{t}\delta_{j_1\cdots j_r\cdots\hat{q}_b\cdots l_1\cdots l_s q_b}^{i_1\cdots i_r\cdots\hat{p}_b\cdots k_1\cdots k_s i}\delta_j^{p_b}-\sum_{c=1}^{s}\delta_{j_1\cdots j_r q_1\cdots q_t\cdots\hat{l}_c\cdots l_c}^{i_1\cdots i_r p_1\cdots p_t\cdots\hat{k}_c\cdots i}\delta_j^{k_c}\Big]\\
&\times\langle B_{i_1j_1},B_{i_2j_2}\rangle\cdots\langle B_{i_{r-1}j_{r-1}},B_{i_rj_r}\rangle(h_{p_1q_1}^{\alpha_1}\cdots h_{p_tq_t}^{\alpha_t})\\
=&\delta_j^iT_{(r,t)}{}_{k_1\cdots k_s;l_1\cdots l_s}^{\alpha_1\cdots\alpha_t}\\
&-\frac{r}{r+t}\frac{1}{(r-t-1)!}\delta_{j_1\cdots j_{r-2}j_{r-1}q_1\cdots q_t l_1\cdots l_s j_r}^{i_1\cdots i_{r-2}i_{r-1}p_1\cdots p_t k_1\cdots k_s i}\delta_j^{i_r}\langle B_{i_1j_1},B_{i_2j_2}\rangle\cdots\\
&\times\langle B_{i_{r-3}j_{r-3}},B_{i_{r-2}j_{r-2}}\rangle\sum_{\alpha_{t+1}}h_{i_{r-1}j_{r-1}}^{\alpha_{t+1}}h_{i_rj_r}^{\alpha_{t+1}}(h_{p_1q_1}^{\alpha_1}\cdots h_{p_tq_t}^{\alpha_t})\end{aligned}$$

$$
\begin{aligned}
&-\frac{1}{r+t}\frac{1}{(r-t-1)!}\sum_{b=1}^{t}\delta^{i_1\cdots i_r\cdots\hat{p}_b\cdots k_1\cdots k_s i}_{j_1\cdots j_r\cdots\hat{q}_b\cdots l_1\cdots l_s q_b}\delta^{p_b}_{j}\\
&\times\langle B_{i_1j_1},B_{i_2j_2}\rangle\cdots\langle B_{i_{r-1}j_{r-1}},B_{i_rj_r}\rangle(h^{\alpha_1}_{p_1q_1}\cdots h^{\alpha_t}_{p_tq_t})\\
&-\sum_{c=1}^{s}T_{(r,t)}{}^{\alpha_1\cdots\alpha_t}_{k_1\cdots\hat{k}_c\cdots k_si;l_1\cdots\hat{l}_c\cdots l_sl_c}\delta^{k_c}_{j}\\
=&\delta^i_jT_{(r,t)}{}^{\alpha_1\cdots\alpha_t}_{k_1\cdots k_s;l_1\cdots l_s}-\sum_{p,\alpha_{t+1}}\frac{r}{r+t}T_{(r-2,t+1)}{}^{\alpha_1\cdots\alpha_t\alpha_{t+1}}_{k_1\cdots k_si;l_1\cdots l_sp}h^{\alpha_{t+1}}_{pj}\\
&-\sum_{b=1}^{t}\sum_{p}\frac{1}{r+t}T_{(r,t-1)}{}^{\alpha_1\cdots\hat{\alpha}_b\cdots\alpha_t}_{k_1\cdots k_si;l_1\cdots l_sp}h^{\alpha_b}_{pj}\\
&-\sum_{c=1}^{s}T_{(r,t)}{}^{\alpha_1\cdots\alpha_t}_{k_1\cdots\hat{k}_c\cdots k_si;l_1\cdots\hat{l}_c\cdots l_sl_c}\delta^{k_c}_{j}.
\end{aligned}
$$

□

特别地，当r是偶数和$t=0, s=1$时有

推论 4.5 [8] 设$x: M^n\to N^{n+p}$是子流形，r是偶数时，那么

$$T_{(r)}{}^i_j=\delta^i_jS_r-\sum_{p,\alpha}T_{(r-1)}{}^{\alpha}_{ip}h^{\alpha}_{pj}, \tag{4.45}$$

$$\widehat{T_{(r)}}_{ij}=\delta_{ij}\hat{S}_r-\sum_{p,\alpha}\widehat{T_{(r-1)}}{}^{\alpha}_{ip}\hat{h}^{\alpha}_{pj}. \tag{4.46}$$

特别地，当r是偶数和$t=1, s=1$时有

推论 4.6 设$x: M^n\to N^{n+p}$是子流形，r是偶数时，那么我们有

$$T_{(r,1)}{}^{\alpha}_{ij}=\delta_{ij}S^{\alpha}_{r+1}-\frac{r}{r+1}\sum_{p,\beta}T_{(r-2,2)}{}^{\alpha\beta}_{i;p}h^{\beta}_{pj}-\frac{1}{r+1}\sum_{p}T_{(r)ip}h^{\alpha}_{pj}, \tag{4.47}$$

$$\widehat{T_{(r,1)}}{}^{\alpha}_{ij}=\delta_{ij}\hat{S}^{\alpha}_{r+1}-\frac{r}{r+1}\sum_{p,\beta}\widehat{T_{(r-2,2)}}{}^{\alpha\beta}_{i;p}\hat{h}^{\beta}_{pj}-\frac{1}{r+1}\sum_{p}\widehat{T_{(r)}}_{ip}\hat{h}^{\alpha}_{pj}. \tag{4.48}$$

命题 4.7 (变分性质) 设$x: M^n\to N^{n+p}$是子流形，设 $V=V^ie_i+V^{\alpha}e_{\alpha}$ 是变分向量场，那么

(1) 对于一般Newton变换，有

$$
\begin{aligned}
\frac{\mathrm{d}}{\mathrm{d}t}T_{(r,t)}{}^{\alpha_1\cdots\alpha_t}_{k_1\cdots k_s;l_1\cdots l_s}=&\sum_{ij}\Big[\sum_{\beta}\frac{r}{r+t}T_{(r-2,t+1)}{}^{\alpha_1\cdots\alpha_t\beta}_{k_1\cdots k_si;l_1\cdots l_sj}V^{\beta}\\
&+\sum_{b=1}^{t}\frac{1}{r+t}T_{(r,t-1)}{}^{\alpha_1\cdots\hat{\alpha}_b\cdots\alpha_t}_{k_1\cdots k_si;l_1\cdots l_sj}V^{\alpha_b}\Big]_{,ij}
\end{aligned}
$$

$$
\begin{aligned}
&-\sum_{ij}[\frac{r}{r+t}T_{(r-2,t+1)}{}_{k_1\cdots k_s i;l_1\cdots l_s j,i}^{\alpha_1\cdots\alpha_t\beta}V^{\beta}\\
&+\sum_{b=1}^{t}\frac{1}{r+t}T_{(r,t-1)}{}_{k_1\cdots k_s i;l_1\cdots l_s j,i}^{\alpha_1\cdots\hat{\alpha}_b\cdots\alpha_t}V^{\alpha_b}]_{,j}\\
&-\sum_{ij}[\frac{r}{r+t}T_{(r-2,t+1)}{}_{k_1\cdots k_s i;l_1\cdots l_s j,j}^{\alpha_1\cdots\alpha_t\beta}V^{\beta}\\
&+\sum_{b=1}^{t}\frac{1}{r+t}T_{(r,t-1)}{}_{k_1\cdots k_s i;l_1\cdots l_s j,j}^{\alpha_1\cdots\hat{\alpha}_b\cdots\alpha_t}V^{\alpha_b}]_{,i}\\
&+\sum_{ij}[\frac{r}{r+t}T_{(r-2,t+1)}{}_{k_1\cdots k_s i;l_1\cdots l_s j,ji}^{\alpha_1\cdots\alpha_t\beta}V^{\beta}\\
&+\sum_{b=1}^{t}\frac{1}{r+t}T_{(r,t-1)}{}_{k_1\cdots k_s i,l_1\cdots l_s j,ji}^{\alpha_1\cdots\hat{\alpha}_b\cdots\alpha_t}V^{\alpha_b}]\\
&+\sum_{p}T_{(r,t)}{}_{k_1\cdots k_s;l_1\cdots l_s,p}^{\alpha_1\cdots\alpha_t}V^{p}\\
&-\sum_{c=1}^{s}\sum_{i}T_{(r,t)}{}_{k_1\cdots\hat{k}_c\cdots k_s i;l_1\cdots\hat{l}_c\cdots l_s l_c}^{\alpha_1\cdots\alpha_t}L_i^{k_c}\\
&-\sum_{c=1}^{s}\sum_{j}T_{(r,t)}{}_{k_1\cdots\hat{k}_c\cdots k_s k_c;l_1\cdots\hat{l}_c\cdots l_s j}^{\alpha_1\cdots\alpha_t}L_j^{l_c}\\
&-\sum_{b=1}^{t}\sum_{\beta}T_{(r,t)}{}_{k_1\cdots k_s;l_1\cdots l_s}^{\alpha_1\cdots\hat{\alpha}_b\cdots\alpha_t\beta}L_{\beta}^{\alpha_b}\\
&+T_{(r,t)}{}_{k_1\cdots k_s;l_1\cdots l_s}^{\alpha_1\cdots\alpha_t}\langle\vec{S}_1,V\rangle\\
&-(r+t+1)\sum_{\beta}T_{(r,t+1)}{}_{k_1\cdots k_s;l_1\cdots l_s}^{\alpha_1\cdots\alpha_t\beta}V^{\beta}\\
&-\sum_{c=1}^{s}\sum_{j\beta}T_{(r,t)}{}_{k_1\cdots\hat{k}_c\cdots k_s k_c;l_1\cdots\hat{l}_c\cdots l_s j}^{\alpha_1\cdots\alpha_t}h_{jl_c}^{\beta}V^{\beta}\\
&-\sum_{ij\beta\gamma}[\frac{r}{r+t}T_{(r-2,t+1)}{}_{k_1\cdots k_s i;l_1\cdots l_s j}^{\alpha_1\cdots\alpha_t\beta}\bar{R}_{ij\gamma}^{\beta}V^{\gamma}\\
&+\sum_{b=1}^{t}\frac{1}{r+t}T_{(r,t-1)}{}_{k_1\cdots k_s i;l_1\cdots l_s j}^{\alpha_1\cdots\hat{\alpha}_b\cdots\alpha_t}\bar{R}_{ij\gamma}^{\alpha_b}V^{\gamma}].
\end{aligned}
\tag{4.49}
$$

(2) 对于迹零Newton变换，有

$$
\begin{aligned}
\frac{\mathrm{d}}{\mathrm{d}t}\widehat{T_{(r,t)}}{}_{k_1\cdots k_s;l_1\cdots l_s}^{\alpha_1\cdots\alpha_t} = & \sum_{ij}[\sum_{\beta}\frac{r}{r+t}\widehat{T_{(r-2,t+1)}}{}_{k_1\cdots k_s i;l_1\cdots l_s j}^{\alpha_1\cdots\alpha_t\beta}V^{\beta} \\
& + \sum_{b=1}^{t}\frac{1}{r+t}\widehat{T_{(r,t-1)}}{}_{k_1\cdots k_s i;l_1\cdots l_s j}^{\alpha_1\cdots\hat{\alpha}_b\cdots\alpha_t}V^{\alpha_b}]_{,ij} \\
& - \sum_{ij}[\frac{r}{r+t}\widehat{T_{(r-2,t+1)}}{}_{k_1\cdots k_s i;l_1\cdots l_s j,i}^{\alpha_1\cdots\alpha_t\beta}V^{\beta} \\
& + \sum_{b=1}^{t}\frac{1}{r+t}\widehat{T_{(r,t-1)}}{}_{k_1\cdots k_s i;l_1\cdots l_s j,i}^{\alpha_1\cdots\hat{\alpha}_b\cdots\alpha_t}V^{\alpha_b}]_{,j} \\
& - \sum_{ij}[\frac{r}{r+t}\widehat{T_{(r-2,t+1)}}{}_{k_1\cdots k_s i;l_1\cdots l_s j,j}^{\alpha_1\cdots\alpha_t\beta}V^{\beta} \\
& + \sum_{b=1}^{t}\frac{1}{r+t}\widehat{T_{(r,t-1)}}{}_{k_1\cdots k_s i;l_1\cdots l_s j,j}^{\alpha_1\cdots\hat{\alpha}_b\cdots\alpha_t}V^{\alpha_b}]_{,i} \\
& + \sum_{ij}[\frac{r}{r+t}\widehat{T_{(r-2,t+1)}}{}_{k_1\cdots k_s i;l_1\cdots l_s j,ji}^{\alpha_1\cdots\alpha_t\beta}V^{\beta} \\
& + \sum_{b=1}^{t}\frac{1}{r+t}\widehat{T_{(r,t-1)}}{}_{k_1\cdots k_s i;l_1\cdots l_s j,ji}^{\alpha_1\cdots\hat{\alpha}_b\cdots\alpha_t}V^{\alpha_b}] \\
& - \sum_{i}[\frac{r(n+1-r-t-s)}{n(r+t)}\widehat{T_{(r-2,t+1)}}{}_{k_1\cdots k_s;l_1\cdots l_s}^{\alpha_1\cdots\alpha_t\beta}V^{\beta} \\
& + \sum_{b=1}^{t}\frac{(n+1-r-t-s)}{n(r+t)}\widehat{T_{(r,t-1)}}{}_{k_1\cdots k_s;l_1\cdots l_s}^{\alpha_1\cdots\hat{\alpha}_b\cdots\alpha_t}V^{\alpha_b}]_{,ii} \\
& + \sum_{i}[\frac{2r(n+1-r-t-s)}{n(r+t)}\widehat{T_{(r-2,t+1)}}{}_{k_1\cdots k_s;l_1\cdots l_s,i}^{\alpha_1\cdots\alpha_t\beta}V^{\beta} \\
& + \frac{2(n+1-r-t-s)}{n(r+t)}\widehat{T_{(r,t-1)}}{}_{k_1\cdots k_s;l_1\cdots l_s,i}^{\alpha_1\cdots\hat{\alpha}_b\cdots\alpha_t}V^{\alpha_b}]_{,i} \\
& - \sum_{i}[\frac{r(n+1-r-t-s)}{n(r+t)}\widehat{T_{(r-2,t+1)}}{}_{k_1\cdots k_s;l_1\cdots l_s,ii}^{\alpha_1\cdots\alpha_t\beta}V^{\beta} \\
& + \frac{(n+1-r-t-s)}{n(r+t)}\widehat{T_{(r,t-1)}}{}_{k_1\cdots k_s;l_1\cdots l_s,ii}^{\alpha_1\cdots\hat{\alpha}_b\cdots\alpha_t}V^{\alpha_b}] \\
& + \sum_{p}\widehat{T_{(r,t)}}{}_{k_1\cdots k_s;l_1\cdots l_s,p}^{\alpha_1\cdots\alpha_t}V^{p} - \sum_{c=1}^{s}\sum_{i}\widehat{T_{(r,t)}}{}_{k_1\cdots\hat{k}_c\cdots k_s i;l_1\cdots\hat{l}_c\cdots l_s l_c}^{\alpha_1\cdots\alpha_t}L_i^{k_c}
\end{aligned}
$$

$$
\begin{aligned}
&-\sum_{c=1}^{s}\sum_{j}\widehat{T_{(r,t)}}{}_{k_1\cdots\hat{k}_c\cdots k_s k_c;l_1\cdots\hat{l}_c\cdots l_s j}^{\alpha_1\cdots\alpha_t}L_j^{l_c}\\
&-\sum_{b=1}^{t}\sum_{\beta}\widehat{T_{(r,t)}}{}_{k_1\cdots k_s;l_1\cdots l_s}^{\alpha_1\cdots\hat{\alpha}_b\cdots\alpha_t\beta}L_\beta^{\alpha_b}\\
&-[(r+t+1)\sum_{\beta}\widehat{T_{(r,t+1)}}{}_{k_1\cdots k_s;l_1\cdots l_s}^{\alpha_1\cdots\alpha_t\beta}V^\beta\\
&+\sum_{c=1}^{s}\sum_{j\beta}\widehat{T_{(r,t)}}{}_{k_1\cdots\hat{k}_c\cdots k_s k_c;l_1\cdots\hat{l}_c\cdots l_s j}^{\alpha_1\cdots\alpha_t}\hat{h}_{jl_c}^{\beta}V^\beta]\\
&+(r+t)\widehat{T_{(r,t)}}{}_{k_1\cdots k_s;l_1\cdots l_s}^{\alpha_1\cdots\alpha_t}\langle\vec{H},V\rangle\\
&+[\frac{r}{r+t}\widehat{T_{(r-2,t+1)}}{}_{k_1\cdots k_s p;l_1\cdots l_s j}^{\alpha_1\cdots\alpha_t\beta}H^\beta\hat{h}_{pj}^{\gamma}V^\gamma\\
&+\sum_{b=1}^{t}\sum_{b=1}^{t}\frac{1}{r+t}\widehat{T_{(r,t-1)}}{}_{k_1\cdots k_s p;l_1\cdots l_s j}^{\alpha_1\cdots\hat{\alpha}_b\cdots\alpha_t}H^{\alpha_b}\hat{h}_{pj}^{\gamma}V^\gamma]\\
&-[\frac{r(n+1-r-t-s)}{n(r+t)}\widehat{T_{(r-2,t+1)}}{}_{k_1\cdots k_s;l_1\cdots l_s}^{\alpha_1\cdots\alpha_t\beta}\hat{\sigma}_{\beta\gamma}V^\gamma\\
&+\sum_{b=1}^{t}\frac{(n+1-r-t-s)}{n(r+t)}\widehat{T_{(r,t-1)}}{}_{k_1\cdots k_s;l_1\cdots l_s}^{\alpha_1\cdots\hat{\alpha}_b\cdots\alpha_t}\hat{\sigma}_{\alpha_b\gamma}V^\gamma]\\
&-[\frac{r}{r+t}\widehat{T_{(r-2,t+1)}}{}_{k_1\cdots k_s i;l_1\cdots l_s j}^{\alpha_1\cdots\alpha_t\beta}\bar{R}_{ij\gamma}^{\beta}\\
&+\sum_{b=1}^{t}\frac{1}{r+t}\widehat{T_{(r,t-1)}}{}_{k_1\cdots k_s i;l_1\cdots l_s j}^{\alpha_1\cdots\hat{\alpha}_b\cdots\alpha_t}\bar{R}_{ij\gamma}^{\alpha_b}]V^\gamma\\
&-[\frac{r(n+1-r-t-s)}{n(r+t)}\widehat{T_{(r-2,t+1)}}{}_{k_1\cdots k_s;l_1\cdots l_s}^{\alpha_1\cdots\alpha_t\beta}\bar{R}_{\beta\gamma}^{\top})\\
&+\sum_{b=1}^{t}\frac{(n+1-r-t-s)}{n(r+t)}\widehat{T_{(r,t-1)}}{}_{k_1\cdots k_s;l_1\cdots l_s}^{\alpha_1\cdots\hat{\alpha}_b\cdots\alpha_t}\bar{R}_{\alpha_b\gamma}^{\top}]V^\gamma. \qquad (4.50)
\end{aligned}
$$

证明 对于一般的Newton变换，由定义和定理3.3以及引理4.1，有

$$
\begin{aligned}
&\frac{\partial}{\partial t}T_{(r,t)}{}_{k_1\cdots k_s;l_1\cdots l_s}^{\alpha_1\cdots\alpha_t}\\
=&\frac{r}{r+t}\frac{1}{(r-t-1)!}\delta_{j_1\cdots j_{r-2}j_{r-1}q_1\cdots q_t l_1\cdots l_s j_r}^{i_1\cdots i_{r-2}i_{r-1}p_1\cdots p_t k_1\cdots k_s i_r}\langle B_{i_1 j_1},B_{i_2 j_2}\rangle\cdots
\end{aligned}
$$

$$\times \langle B_{i_{r-3}j_{r-3}}, B_{i_{r-2}j_{r-2}}\rangle \sum_{\alpha_{t+1}} h^{\alpha_{t+1}}_{i_{r-1}j_{r-1}} \frac{\partial}{\partial t}(h^{\alpha_{t+1}}_{i_r j_r})(h^{\alpha_1}_{p_1q_1}\cdots h^{\alpha_t}_{p_tq_t})$$

$$+ \frac{1}{r+t}\frac{1}{(r-t-1)!}\sum_{b=1}^{t} \delta^{i_1\cdots i_r\cdots \hat{p}_b\cdots k_1\cdots k_s p_b}_{j_1\cdots j_r\cdots \hat{q}_b\cdots l_1\cdots l_s q_b}\langle B_{i_1j_1}, B_{i_2j_2}\rangle\cdots$$

$$\times \langle B_{i_{r-1}j_{r-1}}, B_{i_rj_r}\rangle(h^{\alpha_1}_{p_1q_1}\cdots\frac{\partial}{\partial t}(h^{\alpha_b}_{p_bq_b})\cdots h^{\alpha_t}_{p_tq_t})$$

$$= \frac{r}{r+t}T_{(r-2,t+1)}{}^{\alpha_1\cdots\alpha_t\beta}_{k_1\cdots k_s i;l_1\cdots l_s j}\frac{\partial}{\partial t}(h^{\beta}_{ij})$$

$$+ \sum_{b=1}^{t}\frac{1}{r+t}T_{(r,t-1)}{}^{\alpha_1\cdots\hat{\alpha}_b\cdots\alpha_t}_{k_1\cdots k_s i;l_1\cdots l_s j}\frac{\partial}{\partial t}(h^{\alpha_b}_{ij})$$

$$= (T1)\Big[\frac{r}{r+t}T_{(r-2,t+1)}{}^{\alpha_1\cdots\alpha_t\beta}_{k_1\cdots k_s i;l_1\cdots l_s j}V^{\beta}_{,ij}$$

$$+ \sum_{b=1}^{t}\frac{1}{r+t}T_{(r,t-1)}{}^{\alpha_1\cdots\hat{\alpha}_b\cdots\alpha_t}_{k_1\cdots k_s i;l_1\cdots l_s j}V^{\alpha_b}_{,ij}\Big]$$

$$+ (K2)\Big[\frac{r}{r+t}T_{(r-2,t+1)}{}^{\alpha_1\cdots\alpha_t\beta}_{k_1\cdots k_s i;l_1\cdots l_s j}h^{\beta}_{ij,p}V^{p}$$

$$\sum_{b=1}^{t}\frac{1}{r+t}T_{(r,t-1)}{}^{\alpha_1\cdots\hat{\alpha}_b\cdots\alpha_t}_{k_1\cdots k_s i;l_1\cdots l_s j}h^{\alpha_b}_{ij,p}V^{p}\Big]$$

$$+ (K3)\Big[\frac{r}{r+t}T_{(r-2,t+1)}{}^{\alpha_1\cdots\alpha_t\beta}_{k_1\cdots k_s i;l_1\cdots l_s p}h^{\beta}_{pj}L^{j}_{i}$$

$$+ \sum_{b=1}^{t}\frac{1}{r+t}T_{(r,t-1)}{}^{\alpha_1\cdots\hat{\alpha}_b\cdots\alpha_t}_{k_1\cdots k_s i;l_1\cdots l_s p}h^{\alpha_b}_{pj}L^{j}_{i}\Big]$$

$$+ (K4)\Big[\frac{r}{r+t}T_{(r-2,t+1)}{}^{\alpha_1\cdots\alpha_t\beta}_{k_1\cdots k_s p;l_1\cdots l_s j}h^{\beta}_{pi}L^{i}_{j}$$

$$+ \sum_{b=1}^{t}\frac{1}{r+t}T_{(r,t-1)}{}^{\alpha_1\cdots\hat{\alpha}_b\cdots\alpha_t}_{k_1\cdots k_s p;l_1\cdots l_s j}h^{\alpha_b}_{pi}L^{i}_{j}\Big]$$

$$- (K5)\Big[\frac{r}{r+t}T_{(r-2,t+1)}{}^{\alpha_1\cdots\alpha_t\beta}_{k_1\cdots k_s i;l_1\cdots l_s j}h^{\gamma}_{ij}L^{\beta}_{\gamma}$$

$$+ \sum_{b=1}^{t}\frac{1}{r+t}T_{(r,t-1)}{}^{\alpha_1\cdots\hat{\alpha}_b\cdots\alpha_t}_{k_1\cdots k_s i;l_1\cdots l_s j}h^{\gamma}_{ij}L^{\alpha_b}_{\gamma}\Big]$$

$$+ (K6)\Big[\frac{r}{r+t}T_{(r-2,t+1)}{}^{\alpha_1\cdots\alpha_t\beta}_{k_1\cdots k_s p;l_1\cdots l_s j}h^{\beta}_{ip}h^{\gamma}_{ij}V^{\gamma}$$

$$+\sum_{b=1}^{t}\frac{1}{r+t}T_{(r,t-1)}{}_{k_1\cdots k_s p;l_1\cdots l_s j}^{\alpha_1\cdots\hat{\alpha}_b\cdots\alpha_t}h_{ip}^{\alpha_b}h_{ij}^{\gamma}V^{\gamma}\Big]$$

$$-(K7)\Big[\frac{r}{r+t}T_{(r-2,t+1)}{}_{k_1\cdots k_s i;l_1\cdots l_s j}^{\alpha_1\cdots\alpha_t\beta}\bar{R}_{ij\gamma}^{\beta}V^{\gamma}$$

$$+\sum_{b=1}^{t}\frac{1}{r+t}T_{(r,t-1)}{}_{k_1\cdots k_s i;l_1\cdots l_s j}^{\alpha_1\cdots\hat{\alpha}_b\cdots\alpha_t}\bar{R}_{ij\gamma}^{\alpha_b}V^{\gamma}\Big]$$

下面逐项计算符号替代的部分公式:

对于$(K1)$，由命题4.5（散度性质），有

$$\begin{aligned}(K1)=&\Big[\frac{r}{r+t}T_{(r-2,t+1)}{}_{k_1\cdots k_s i;l_1\cdots l_s j}^{\alpha_1\cdots\alpha_t\beta}V^{\beta}_{,ij}\\&+\sum_{b=1}^{t}\frac{1}{r+t}T_{(r,t-1)}{}_{k_1\cdots k_s i;l_1\cdots l_s j}^{\alpha_1\cdots\hat{\alpha}_b\cdots\alpha_t}V^{\alpha_b}_{,ij}\Big]\\=&\sum_{ij}\Big[\sum_{\beta}\frac{r}{r+t}T_{(r-2,t+1)}{}_{k_1\cdots k_s i;l_1\cdots l_s j}^{\alpha_1\cdots\alpha_t\beta}V^{\beta}\\&+\sum_{b=1}^{t}\frac{1}{r+t}T_{(r,t-1)}{}_{k_1\cdots k_s i;l_1\cdots l_s j}^{\alpha_1\cdots\hat{\alpha}_b\cdots\alpha_t}V^{\alpha_b}\Big]_{,ij}\\&-\sum_{ij}\Big[\frac{r}{r+t}T_{(r-2,t+1)}{}_{k_1\cdots k_s i;l_1\cdots l_s j,i}^{\alpha_1\cdots\alpha_t\beta}V^{\beta}\\&+\sum_{b=1}^{t}\frac{1}{r+t}T_{(r,t-1)}{}_{k_1\cdots k_s i;l_1\cdots l_s j,i}^{\alpha_1\cdots\hat{\alpha}_b\cdots\alpha_t}V^{\alpha_b}\Big]_{,j}\\&-\sum_{ij}\Big[\frac{r}{r+t}T_{(r-2,t+1)}{}_{k_1\cdots k_s i;l_1\cdots l_s j,j}^{\alpha_1\cdots\alpha_t\beta}V^{\beta}\\&+\sum_{b=1}^{t}\frac{1}{r+t}T_{(r,t-1)}{}_{k_1\cdots k_s i;l_1\cdots l_s j,j}^{\alpha_1\cdots\hat{\alpha}_b\cdots\alpha_t}V^{\alpha_b}\Big]_{,i}\\&+\sum_{ij}\Big[\frac{r}{r+t}T_{(r-2,t+1)}{}_{k_1\cdots k_s i;l_1\cdots l_s j,ji}^{\alpha_1\cdots\alpha_t\beta}V^{\beta}\\&+\sum_{b=1}^{t}\frac{1}{r+t}T_{(r,t-1)}{}_{k_1\cdots k_s i;l_1\cdots l_s j,ji}^{\alpha_1\cdots\hat{\alpha}_b\cdots\alpha_t}V^{\alpha_b}\Big].\end{aligned}$$

对于$(K2)$，由命题4.4（协变导数性质），有

$$(K2)=\Big[\frac{r}{r+t}T_{(r-2,t+1)}{}_{k_1\cdots k_s i;l_1\cdots l_s j}^{\alpha_1\cdots\alpha_t\beta}h_{ij,p}^{\beta}V^{p}$$

$$+\sum_{b=1}^{t}\frac{1}{r+t}T_{(r,t-1)}{}_{k_1\cdots k_s i;l_1\cdots l_s j}^{\alpha_1\cdots\hat{\alpha}_b\cdots\alpha_t}h_{ij,p}^{\alpha_b}V^p\Big]$$

$$=\sum_p T_{(r,t)}{}_{k_1\cdots k_s;l_1\cdots l_s,p}^{\alpha_1\cdots\alpha_t}V^p.$$

对于$(K3)$，由命题4.6（展开性质），有

$$\begin{aligned}(K3)=&\Big[\frac{r}{r+t}T_{(r-2,t+1)}{}_{k_1\cdots k_s i;l_1\cdots l_s p}^{\alpha_1\cdots\alpha_t\beta}h_{pj}^{\beta}\\&+\sum_{b=1}^{t}\frac{1}{r+t}T_{(r,t-1)}{}_{k_1\cdots k_s i;l_1\cdots l_s p}^{\alpha_1\cdots\hat{\alpha}_b\cdots\alpha_t}h_{pj}^{\alpha_b}\Big]L_i^j\\=&\Big[\delta_j^i T_{(r,t)}{}_{k_1\cdots k_s;l_1\cdots l_s}^{\alpha_1\cdots\alpha_t}-T_{(r,t)}{}_{k_1\cdots k_s i;l_1\cdots l_s j}^{\alpha_1\cdots\alpha_t}\\&-\sum_{c=1}^{s}T_{(r,t)}{}_{k_1\cdots\hat{k}_c\cdots k_s i;l_1\cdots\hat{l}_c\cdots l_s l_c}^{\alpha_1\cdots\alpha_t}\delta_j^{k_c}\Big]L_i^j\\=&-\sum_{ij}T_{(r,t)}{}_{k_1\cdots k_s i;l_1\cdots l_s j}^{\alpha_1\cdots\alpha_t}L_i^j\\&-\sum_{c=1}^{s}\sum_{i}T_{(r,t)}{}_{k_1\cdots\hat{k}_c\cdots k_s i;l_1\cdots\hat{l}_c\cdots l_s l_c}^{\alpha_1\cdots\alpha_t}L_i^{k_c}.\end{aligned}$$

对于$(K4)$，由命题4.6（展开性质），有

$$\begin{aligned}(K4)=&\Big[\frac{r}{r+t}T_{(r-2,t+1)}{}_{k_1\cdots k_s p;l_1\cdots l_s j}^{\alpha_1\cdots\alpha_t\beta}h_{pi}^{\beta}\\&+\sum_{b=1}^{t}\frac{1}{r+t}T_{(r,t-1)}{}_{k_1\cdots k_s p;l_1\cdots l_s j}^{\alpha_1\cdots\hat{\alpha}_b\cdots\alpha_t}h_{pi}^{\alpha_b}\Big]L_j^i\\=&\Big[\delta_j^i T_{(r,t)}{}_{k_1\cdots k_s;l_1\cdots l_s}^{\alpha_1\cdots\alpha_t}-T_{(r,t)}{}_{k_1\cdots k_s i;l_1\cdots l_s j}^{\alpha_1\cdots\alpha_t}\\&-\sum_{c=1}^{s}T_{(r,t)}{}_{k_1\cdots\hat{k}_c\cdots k_s k_c;l_1\cdots\hat{l}_c\cdots l_s j}^{\alpha_1\cdots\alpha_t}\Big]L_j^i\\=&-\sum_{ij}T_{(r,t)}{}_{k_1\cdots k_s i;l_1\cdots l_s j}^{\alpha_1\cdots\alpha_t}L_j^i\\&-\sum_{c=1}^{s}\sum_{j}T_{(r,t)}{}_{k_1\cdots\hat{k}_c\cdots k_s k_c;l_1\cdots\hat{l}_c\cdots l_s j}^{\alpha_1\cdots\alpha_t}L_j^{l_c}.\end{aligned}$$

对于$(K3)+(K4)$，由L_j^i的反对称性，有

$$(K3)+(K4)=-\sum_{ij}T_{(r,t)}{}_{k_1\cdots k_s i;l_1\cdots l_s j}^{\alpha_1\cdots\alpha_t}L_i^j$$

$$-\sum_{c=1}^{s}\sum_{i}T_{(r,t)}{}^{\alpha_1\cdots\alpha_t}_{k_1\cdots\hat{k}_c\cdots k_s i;l_1\cdots\hat{l}_c\cdots l_s l_c}L^{k_c}_i$$

$$-\sum_{ij}T_{(r,t)}{}^{\alpha_1\cdots\alpha_t}_{k_1\cdots k_s i;l_1\cdots l_s j}L^i_j$$

$$-\sum_{c=1}^{s}\sum_{j}T_{(r,t)}{}^{\alpha_1\cdots\alpha_t}_{k_1\cdots\hat{k}_c\cdots k_s k_c;l_1\cdots\hat{l}_c\cdots l_s j}L^{l_c}_j$$

$$=-\sum_{c=1}^{s}\sum_{i}T_{(r,t)}{}^{\alpha_1\cdots\alpha_t}_{k_1\cdots\hat{k}_c\cdots k_s i;l_1\cdots\hat{l}_c\cdots l_s l_c}L^{k_c}_i$$

$$-\sum_{c=1}^{s}\sum_{j}T_{(r,t)}{}^{\alpha_1\cdots\alpha_t}_{k_1\cdots\hat{k}_c\cdots k_s k_e;l_1\cdots\hat{l}_c\cdots l_s j}L^{l_c}_j.$$

对于$(K5)$，由定义和对称性及反对称性，有

$$(K5)=\Big[\frac{r}{r+t}T_{(r-2,t+1)}{}^{\alpha_1\cdots\alpha_t\beta}_{k_1\cdots k_s i;l_1\cdots l_s j}h^{\gamma}_{ij}L^{\beta}_{\gamma}$$

$$+\sum_{b=1}^{t}\frac{1}{r+t}T_{(r,t-1)}{}^{\alpha_1\cdots\hat{\alpha}_b\cdots\alpha_t}_{k_1\cdots k_s i;l_1\cdots l_s j}h^{\gamma}_{ij}L^{\alpha_b}_{\gamma}\Big]$$

$$=rT_{(r-2,t+2)}{}^{\alpha_1\cdots\alpha_t\beta\gamma}_{k_1\cdots k_s;l_1\cdots l_s}L^{\beta}_{\gamma}$$

$$+\sum_{b=1}^{t}T_{(r,t)}{}^{\alpha_1\cdots\hat{\alpha}_b\cdots\alpha_t\beta}_{k_1\cdots k_s;l_1\cdots l_s}L^{\alpha_b}_{\beta}$$

$$=\sum_{b=1}^{t}\sum_{\beta}T_{(r,t)}{}^{\alpha_1\cdots\hat{\alpha}_b\cdots\alpha_t\beta}_{k_1\cdots k_s;l_1\cdots l_s}L^{\alpha_b}_{\beta}.$$

对于$(K6)$，由命题4.6（展开性质），有

$$(K6)=\Big[\frac{r}{r+t}T_{(r-2,t+1)}{}^{\alpha_1\cdots\alpha_t\beta}_{k_1\cdots k_s p;l_1\cdots l_s j}h^{\beta}_{pi}$$

$$+\sum_{b=1}^{t}\frac{1}{r+t}T_{(r,t-1)}{}^{\alpha_1\cdots\hat{\alpha}_b\cdots\alpha_t}_{k_1\cdots k_s p;l_1\cdots l_s j}h^{\alpha_b}_{pi}\Big]h^{\gamma}_{ij}V^{\gamma}$$

$$=\Big[\delta^i_j T_{(r,t)}{}^{\alpha_1\cdots\alpha_t}_{k_1\cdots k_s;l_1\cdots l_s}-T_{(r,t)}{}^{\alpha_1\cdots\alpha_t}_{k_1\cdots k_s i;l_1\cdots l_s j}$$

$$-\sum_{c=1}^{s}T_{(r,t)}{}^{\alpha_1\cdots\alpha_t}_{k_1\cdots\hat{k}_c\cdots k_s k_c;l_1\cdots\hat{l}_c\cdots l_s j}\delta^{l_c}_i\Big]h^{\gamma}_{ij}V^{\gamma}$$

$$=T_{(r,t)}{}^{\alpha_1\cdots\alpha_t}_{k_1\cdots k_s;l_1\cdots l_s}\langle\vec{S}_1,V\rangle$$

$$
\begin{aligned}
&-T_{(r,t)}{}^{\alpha_1\cdots\alpha_t}_{k_1\cdots k_s i;l_1\cdots l_s j}h^{\beta}_{ij}V^{\beta}\\
&-\sum_{c=1}^{s}\sum_{j}T_{(r,t)}{}^{\alpha_1\cdots\alpha_t}_{k_1\cdots\hat{k}_c\cdots k_s k_c;l_1\cdots\hat{l}_c\cdots l_s j}h^{\gamma}_{jl_c}V^{\gamma}\\
=&T_{(r,t)}{}^{\alpha_1\cdots\alpha_t}_{k_1\cdots k_s;l_1\cdots l_s}\langle\vec{S}_1,V\rangle\\
&-(r+t+1)\sum_{\beta}T_{(r,t+1)}{}^{\alpha_1\cdots\alpha_t\beta}_{k_1\cdots k_s;l_1\cdots l_s}V^{\beta}\\
&-\sum_{c=1}^{s}\sum_{j\beta}T_{(r,t)}{}^{\alpha_1\cdots\alpha_t}_{k_1\cdots\hat{k}_c\cdots k_s k_c;l_1\cdots\hat{l}_c\cdots l_s j}h^{\beta}_{jl_c}V^{\beta}.
\end{aligned}
$$

对于$(K7)$，保持不变。综上所述，有

$$
\begin{aligned}
\frac{\mathrm{d}}{\mathrm{d}t}T_{(r,t)}{}^{\alpha_1\cdots\alpha_t}_{k_1\cdots k_s;l_1\cdots l_s}=&\sum_{ij}\Big[\sum_{\beta}\frac{r}{r+t}T_{(r-2,t+1)}{}^{\alpha_1\cdots\alpha_t\beta}_{k_1\cdots k_s i;l_1\cdots l_s j}V^{\beta}\\
&+\sum_{b=1}^{t}\frac{1}{r+t}T_{(r,t-1)}{}^{\alpha_1\cdots\hat{\alpha}_b\cdots\alpha_t}_{k_1\cdots k_s i;l_1\cdots l_s j}V^{\alpha_b}\Big]_{,ij}\\
&-\sum_{ij}\Big[\frac{r}{r+t}T_{(r-2,t+1)}{}^{\alpha_1\cdots\alpha_t\beta}_{k_1\cdots k_s i;l_1\cdots l_s j,i}V^{\beta}\\
&+\sum_{b=1}^{t}\frac{1}{r+t}T_{(r,t-1)}{}^{\alpha_1\cdots\hat{\alpha}_b\cdots\alpha_t}_{k_1\cdots k_s i;l_1\cdots l_s j,i}V^{\alpha_b}\Big]_{,j}\\
&-\sum_{ij}\Big[\frac{r}{r+t}T_{(r-2,t+1)}{}^{\alpha_1\cdots\alpha_t\beta}_{k_1\cdots k_s i;l_1\cdots l_s j,j}V^{\beta}\\
&+\sum_{b=1}^{t}\frac{1}{r+t}T_{(r,t-1)}{}^{\alpha_1\cdots\hat{\alpha}_b\cdots\alpha_t}_{k_1\cdots k_s i;l_1\cdots l_s j,j}V^{\alpha_b}\Big]_{,i}\\
&+\sum_{ij}\Big[\frac{r}{r+t}T_{(r-2,t+1)}{}^{\alpha_1\cdots\alpha_t\beta}_{k_1\cdots k_s i;l_1\cdots l_s j,ji}V^{\beta}\\
&+\sum_{b=1}^{t}\frac{1}{r+t}T_{(r,t-1)}{}^{\alpha_1\cdots\hat{\alpha}_b\cdots\alpha_t}_{k_1\cdots k_s i;l_1\cdots l_s j,ji}V^{\alpha_b}\Big]\\
&+\sum_{p}T_{(r,t)}{}^{\alpha_1\cdots\alpha_t}_{k_1\cdots k_s;l_1\cdots l_s,p}V^{p}\\
&-\sum_{c=1}^{s}\sum_{i}T_{(r,t)}{}^{\alpha_1\cdots\alpha_t}_{k_1\cdots\hat{k}_c\cdots k_s i;l_1\cdots\hat{l}_c\cdots l_s l_c}L^{k_c}_{i}
\end{aligned}
$$

$$
\begin{aligned}
&-\sum_{c=1}^{s}\sum_{j}T_{(r,t)}{}_{k_1\cdots\hat{k}_c\cdots k_sk_c;l_1\cdots\hat{l}_c\cdots l_sj}^{\alpha_1\cdots\alpha_t}L_j^{l_c}\\
&-\sum_{b=1}^{t}\sum_{\beta}T_{(r,t)}{}_{k_1\cdots k_s;l_1\cdots l_s}^{\alpha_1\cdots\hat{\alpha}_b\cdots\alpha_t\beta}L_\beta^{\alpha_b}\\
&+T_{(r,t)}{}_{k_1\cdots k_s;l_1\cdots l_s}^{\alpha_1\cdots\alpha_t}\langle\vec{S}_1,V\rangle\\
&-(r+t+1)\sum_{\beta}T_{(r,t+1)}{}_{k_1\cdots k_s;l_1\cdots l_s}^{\alpha_1\cdots\alpha_t\beta}V^\beta\\
&-\sum_{c=1}^{s}\sum_{j\beta}T_{(r,t)}{}_{k_1\cdots\hat{k}_c\cdots k_sk_c;l_1\cdots\hat{l}_c\cdots l_sj}^{\alpha_1\cdots\alpha_t}h_{jl_c}^{\beta}V^\beta\\
&-\sum_{ij\beta\gamma}\Big[\frac{r}{r+t}T_{(r-2,t+1)}{}_{k_1\cdots k_si;l_1\cdots l_sj}^{\alpha_1\cdots\alpha_t\beta}\bar{R}_{ij\gamma}^{\beta}V^\gamma\\
&+\sum_{b=1}^{t}\frac{1}{r+t}T_{(r,t-1)}{}_{k_1\cdots k_si;l_1\cdots l_sj}^{\alpha_1\cdots\hat{\alpha}_b\cdots\alpha_t}\bar{R}_{ij\gamma}^{\alpha_b}V^\gamma\Big].
\end{aligned}
$$

对于迹零的Newton变换，由定义和定理3.3以及引理4.1，有

$$
\begin{aligned}
\frac{\partial}{\partial t}\widehat{T_{(r,t)}}{}_{k_1\cdots k_s;l_1\cdots l_s}^{\alpha_1\cdots\alpha_t}
=&\frac{r}{r+t}\frac{1}{(r-t-1)!}\delta_{j_1\cdots j_{r-2}j_{r-1}q_1\cdots q_tl_1\cdots l_sj_r}^{i_1\cdots i_{r-2}i_{r-1}p_1\cdots p_tk_1\cdots k_si_r}\langle\hat{B}_{i_1j_1},\hat{B}_{i_2j_2}\rangle\cdots\\
&\times\langle\hat{B}_{i_{r-3}j_{r-3}},\hat{B}_{i_{r-2}j_{r-2}}\rangle\sum_{\alpha_{t+1}}\hat{h}_{i_{r-1}j_{r-1}}^{\alpha_{t+1}}\frac{\partial}{\partial t}(\hat{h}_{i_rj_r}^{\alpha_{t+1}})(h_{p_1q_1}^{\alpha_1}\cdots h_{p_tq_t}^{\alpha_t})\\
&+\frac{1}{r+t}\frac{1}{(r-t-1)!}\sum_{b=1}^{t}\delta_{j_1\cdots j_r\cdots\hat{q}_b\cdots l_1\cdots l_sq_b}^{i_1\cdots i_r\cdots\hat{p}_b\cdots k_1\cdots k_sp_b}\langle\hat{B}_{i_1j_1},\hat{B}_{i_2j_2}\rangle\cdots\\
&\times\langle\hat{B}_{i_{r-1}j_{r-1}},\hat{B}_{i_rj_r}\rangle[\hat{h}_{p_1q_1}^{\alpha_1}\cdots\frac{\partial}{\partial t}(\hat{h}_{p_bq_b}^{\alpha_b})\cdots\hat{h}_{p_tq_t}^{\alpha_t}]\\
=&\frac{r}{r+t}\widehat{T_{(r-2,t+1)}}{}_{k_1\cdots k_si;l_1\cdots l_sj}^{\alpha_1\cdots\alpha_t\beta}\frac{\partial}{\partial t}(\hat{h}_{ij}^{\beta})\\
&+\sum_{b=1}^{t}\frac{1}{r+t}\widehat{T_{(r,t-1)}}{}_{k_1\cdots k_si;l_1\cdots l_sj}^{\alpha_1\cdots\hat{\alpha}_b\cdots\alpha_t}\frac{\partial}{\partial t}(\hat{h}_{ij}^{\alpha_b})\\
=&(K8)\Big[\frac{r}{r+t}\widehat{T_{(r-2,t+1)}}{}_{k_1\cdots k_si;l_1\cdots l_sj}^{\alpha_1\cdots\alpha_t\beta}(V_{,ij}^{\beta}-\frac{1}{n}\delta_{ij}\Delta V^\beta)\\
&+\sum_{b=1}^{t}\frac{1}{r+t}\widehat{T_{(r,t-1)}}{}_{k_1\cdots k_si;l_1\cdots l_sj}^{\alpha_1\cdots\hat{\alpha}_b\cdots\alpha_t}(V_{,ij}^{\alpha_b}-\frac{1}{n}\delta_{ij}\Delta V^{\alpha_b})\Big]
\end{aligned}
$$

$$+(K9)\Big[\frac{r}{r+t}\widehat{T_{(r-2,t+1)}}{}^{\alpha_1\cdots\alpha_t\beta}_{k_1\cdots k_s i;l_1\cdots l_s j}\hat{h}^{\beta}_{ij,p}V^p$$

$$+\sum_{b=1}^{t}\frac{1}{r+t}\widehat{T_{(r,t-1)}}{}^{\alpha_1\cdots\hat{\alpha}_b\cdots\alpha_t}_{k_1\cdots k_s i;l_1\cdots l_s j}\hat{h}^{\alpha_b}_{ij,p}V^p\Big]$$

$$+(K10)\Big[\frac{r}{r+t}\widehat{T_{(r-2,t+1)}}{}^{\alpha_1\cdots\alpha_t\beta}_{k_1\cdots k_s i;l_1\cdots l_s p}\hat{h}^{\beta}_{pj}L^j_i$$

$$+\sum_{b=1}^{t}\frac{1}{r+t}\widehat{T_{(r,t-1)}}{}^{\alpha_1\cdots\hat{\alpha}_b\cdots\alpha_t}_{k_1\cdots k_s i;l_1\cdots l_s p}\hat{h}^{\alpha_b}_{pj}L^j_i\Big]$$

$$+(K11)\Big[\frac{r}{r+t}\widehat{T_{(r-2,t+1)}}{}^{\alpha_1\cdots\alpha_t\beta}_{k_1\cdots k_s p;l_1\cdots l_s j}\hat{h}^{\beta}_{pi}L^i_j$$

$$+\sum_{b=1}^{t}\frac{1}{r+t}\widehat{T_{(r,t-1)}}{}^{\alpha_1\cdots\hat{\alpha}_b\cdots\alpha_t}_{k_1\cdots k_s p;l_1\cdots l_s j}\hat{h}^{\alpha_b}_{pi}L^i_j\Big]$$

$$-(K12)\Big[\frac{r}{r+t}\widehat{T_{(r-2,t+1)}}{}^{\alpha_1\cdots\alpha_t\beta}_{k_1\cdots k_s i;l_1\cdots l_s j}\hat{h}^{\gamma}_{ij}L^{\beta}_{\gamma}$$

$$+\sum_{b=1}^{t}\frac{1}{r+t}\widehat{T_{(r,t-1)}}{}^{\alpha_1\cdots\hat{\alpha}_b\cdots\alpha_t}_{k_1\cdots k_s i;l_1\cdots l_s j}\hat{h}^{\gamma}_{ij}L^{\alpha_b}_{\gamma}\Big]$$

$$+(K13)\Big[\frac{r}{r+t}\widehat{T_{(r-2,t+1)}}{}^{\alpha_1\cdots\alpha_t\beta}_{k_1\cdots k_s p;l_1\cdots l_s j}$$

$$\times(\hat{h}^{\beta}_{ip}\hat{h}^{\gamma}_{ij}+\hat{h}^{\beta}_{pj}H^{\gamma}+H^{\beta}\hat{h}^{\gamma}_{pj}-\frac{1}{n}\delta_{pj}\hat{\sigma}_{\beta\gamma})V^{\gamma}$$

$$+\sum_{b=1}^{t}\frac{1}{r+t}\widehat{T_{(r,t-1)}}{}^{\alpha_1\cdots\hat{\alpha}_b\cdots\alpha_t}_{k_1\cdots k_s p;l_1\cdots l_s j}$$

$$\times(\hat{h}^{\alpha_b}_{ip}\hat{h}^{\gamma}_{ij}+\hat{h}^{\alpha_b}_{pj}H^{\gamma}+H^{\alpha_b}\hat{h}^{\gamma}_{pj}-\frac{1}{n}\delta_{pj}\hat{\sigma}_{\alpha_b\gamma})V^{\gamma}\Big]$$

$$-(K14)\Big[\frac{r}{r+t}\widehat{T_{(r-2,t+1)}}{}^{\alpha_1\cdots\alpha_t\beta}_{k_1\cdots k_s i;l_1\cdots l_s j}(\bar{R}^{\beta}_{ij\gamma}+\frac{1}{n}\delta_{ij}\bar{R}^{\top}_{\beta\gamma})V^{\gamma}$$

$$+\sum_{b=1}^{t}\frac{1}{r+t}\widehat{T_{(r,t-1)}}{}^{\alpha_1\cdots\hat{\alpha}_b\cdots\alpha_t}_{k_1\cdots k_s i;l_1\cdots l_s j}(\bar{R}^{\alpha_b}_{ij\gamma}+\frac{1}{n}\delta_{ij}\bar{R}^{\top}_{\alpha_b\gamma})V^{\gamma}\Big].$$

下面逐项计算符号替代的公式：

对于$(K8)$，有

$$(K8)=\frac{r}{r+t}\widehat{T_{(r-2,t+1)}}{}^{\alpha_1\cdots\alpha_t\beta}_{k_1\cdots k_s i;l_1\cdots l_s j}(V^{\beta}_{,ij}-\frac{1}{n}\delta_{ij}\Delta V^{\beta})$$

$$+\sum_{b=1}^{t}\frac{1}{r+t}\widehat{T_{(r,t-1)}}{}^{\alpha_1\cdots\hat{\alpha}_b\cdots\alpha_t}_{k_1\cdots k_s i;l_1\cdots l_s j}(V^{\alpha_b}_{,ij}-\frac{1}{n}\delta_{ij}\Delta V^{\alpha_b})$$

$$=\sum_{ij}\Big[\sum_{\beta}\frac{r}{r+t}\widehat{T_{(r-2,t+1)}}{}^{\alpha_1\cdots\alpha_t\beta}_{k_1\cdots k_s i;l_1\cdots l_s j}V^{\beta}$$

$$+\sum_{b=1}^{t}\frac{1}{r+t}\widehat{T_{(r,t-1)}}{}^{\alpha_1\cdots\hat{\alpha}_b\cdots\alpha_t}_{k_1\cdots k_s i;l_1\cdots l_s j}V^{\alpha_b}\Big]_{,ij}$$

$$-\sum_{ij}\Big[\frac{r}{r+t}\widehat{T_{(r-2,t+1)}}{}^{\alpha_1\cdots\alpha_t\beta}_{k_1\cdots k_s i;l_1\cdots l_s j,i}V^{\beta}$$

$$+\sum_{b=1}^{t}\frac{1}{r+t}\widehat{T_{(r,t-1)}}{}^{\alpha_1\cdots\hat{\alpha}_b\cdots\alpha_t}_{k_1\cdots k_s i;l_1\cdots l_s j,i}V^{\alpha_b}\Big]_{,j}$$

$$-\sum_{ij}\Big[\frac{r}{r+t}\widehat{T_{(r-2,t+1)}}{}^{\alpha_1\cdots\alpha_t\beta}_{k_1\cdots k_s i;l_1\cdots l_s j,j}V^{\beta}$$

$$+\sum_{b=1}^{t}\frac{1}{r+t}\widehat{T_{(r,t-1)}}{}^{\alpha_1\cdots\hat{\alpha}_b\cdots\alpha_t}_{k_1\cdots k_s i;l_1\cdots l_s j,j}V^{\alpha_b}\Big]_{,i}$$

$$+\sum_{ij}\Big[\frac{r}{r+t}\widehat{T_{(r-2,t+1)}}{}^{\alpha_1\cdots\alpha_t\beta}_{k_1\cdots k_s i;l_1\cdots l_s j,ji}V^{\beta}$$

$$+\sum_{b=1}^{t}\frac{1}{r+t}\widehat{T_{(r,t-1)}}{}^{\alpha_1\cdots\hat{\alpha}_b\cdots\alpha_t}_{k_1\cdots k_s i;l_1\cdots l_s j,ji}V^{\alpha_b}\Big]$$

$$-\sum_{i}\Big[\frac{r(n+1-r-t-s)}{n(r+t)}\widehat{T_{(r-2,t+1)}}{}^{\alpha_1\cdots\alpha_t\beta}_{k_1\cdots k_s;l_1\cdots l_s}V^{\beta}$$

$$+\sum_{b=1}^{t}\frac{(n+1-r-t-s)}{n(r+t)}\widehat{T_{(r,t-1)}}{}^{\alpha_1\cdots\hat{\alpha}_b\cdots\alpha_t}_{k_1\cdots k_s;l_1\cdots l_s}V^{\alpha_b}\Big]_{,ii}$$

$$+\sum_{i}\Big[\frac{2r(n+1-r-t-s)}{n(r+t)}\widehat{T_{(r-2,t+1)}}{}^{\alpha_1\cdots\alpha_t\beta}_{k_1\cdots k_s;l_1\cdots l_s,i}V^{\beta}$$

$$+\frac{2(n+1-r-t-s)}{n(r+t)}\widehat{T_{(r,t-1)}}{}^{\alpha_1\cdots\hat{\alpha}_b\cdots\alpha_t}_{k_1\cdots k_s;l_1\cdots l_s,i}V^{\alpha_b}\Big]_{,i}$$

$$-\sum_{i}\Big[\frac{r(n+1-r-t-s)}{n(r+t)}\widehat{T_{(r-2,t+1)}}{}^{\alpha_1\cdots\alpha_t\beta}_{k_1\cdots k_s;l_1\cdots l_s,ii}V^{\beta}$$

$$+\frac{(n+1-r-t-s)}{n(r+t)}\widehat{T_{(r,t-1)}}{}^{\alpha_1\cdots\hat{\alpha}_b\cdots\alpha_t}_{k_1\cdots k_s;l_1\cdots l_s,ii}V^{\alpha_b}\Big],$$

对于$(K9)$，由命题4.4（协变导数性质），有

$$(K9)=\frac{r}{r+t}\widehat{T_{(r-2,t+1)}}{}^{\alpha_1\cdots\alpha_t\beta}_{k_1\cdots k_s i;l_1\cdots l_s j}\hat{h}^{\beta}_{ij,p}V^p$$

$$+\sum_{b=1}^{t}\frac{1}{r+t}\widehat{T_{(r,t-1)}}{}^{\alpha_1\cdots\hat{\alpha}_b\cdots\alpha_t}_{k_1\cdots k_s i;l_1\cdots l_s j}\hat{h}^{\alpha_b}_{ij,p}V^p$$

$$=\sum_p\widehat{T_{(r,t)}}{}^{\alpha_1\cdots\alpha_t}_{k_1\cdots k_s;l_1\cdots l_s,p}V^p,$$

对于$(K10)$，由命题4.6（展开性质），有

$$(K10)=\Big[\frac{r}{r+t}\widehat{T_{(r-2,t+1)}}{}^{\alpha_1\cdots\alpha_t\beta}_{k_1\cdots k_s i;l_1\cdots l_s p}\hat{h}^{\beta}_{pj}$$

$$+\sum_{b=1}^{t}\frac{1}{r+t}\widehat{T_{(r,t-1)}}{}^{\alpha_1\cdots\hat{\alpha}_b\cdots\alpha_t}_{k_1\cdots k_s i;l_1\cdots l_s p}\hat{h}^{\alpha_b}_{pj}\Big]L^j_i$$

$$=\Big[\delta^i_j\widehat{T_{(r,t)}}{}^{\alpha_1\cdots\alpha_t}_{k_1\cdots k_s;l_1\cdots l_s}-\widehat{T_{(r,t)}}{}^{\alpha_1\cdots\alpha_t}_{k_1\cdots k_s i;l_1\cdots l_s j}$$

$$-\sum_{c=1}^{s}\widehat{T_{(r,t)}}{}^{\alpha_1\cdots\alpha_t}_{k_1\cdots\hat{k}_c\cdots k_s i;l_1\cdots\hat{l}_c\cdots l_s l_c}\delta^{k_c}_j\Big]L^j_i$$

$$=-\sum_{ij}\widehat{T_{(r,t)}}{}^{\alpha_1\cdots\alpha_t}_{k_1\cdots k_s i;l_1\cdots l_s j}L^j_i$$

$$-\sum_{c=1}^{s}\sum_i\widehat{T_{(r,t)}}{}^{\alpha_1\cdots\alpha_t}_{k_1\cdots\hat{k}_c\cdots k_s i;l_1\cdots\hat{l}_c\cdots l_s l_c}L^{k_c}_i,$$

对于$(K11)$，由命题4.6（展开性质），有

$$(K11)=\Big[\frac{r}{r+t}\widehat{T_{(r-2,t+1)}}{}^{\alpha_1\cdots\alpha_t\beta}_{k_1\cdots k_s p;l_1\cdots l_s j}\hat{h}^{\beta}_{pi}$$

$$+\sum_{b=1}^{t}\frac{1}{r+t}\widehat{T_{(r,t-1)}}{}^{\alpha_1\cdots\hat{\alpha}_b\cdots\alpha_t}_{k_1\cdots k_s p;l_1\cdots l_s j}\hat{h}^{\alpha_b}_{pi}\Big]L^i_j$$

$$=\Big[\delta^i_j\widehat{T_{(r,t)}}{}^{\alpha_1\cdots\alpha_t}_{k_1\cdots k_s;l_1\cdots l_s}-\widehat{T_{(r,t)}}{}^{\alpha_1\cdots\alpha_t}_{k_1\cdots k_s i;l_1\cdots l_s j}$$

$$-\sum_{c=1}^{s}\widehat{T_{(r,t)}}{}^{\alpha_1\cdots\alpha_t}_{k_1\cdots\hat{k}_c\cdots k_s k_c;l_1\cdots\hat{l}_c\cdots l_s j}\Big]L^i_j$$

$$=-\sum_{ij}\widehat{T_{(r,t)}}{}^{\alpha_1\cdots\alpha_t}_{k_1\cdots k_s i;l_1\cdots l_s j}L^i_j$$

$$-\sum_{c=1}^{s}\sum_j\widehat{T_{(r,t)}}{}^{\alpha_1\cdots\alpha_t}_{k_1\cdots\hat{k}_c\cdots k_s k_c;l_1\cdots\hat{l}_c\cdots l_s j}L^{l_c}_j,$$

对于$(K10)+(K11)$，由L_j^i的反对称性，有

$$
\begin{aligned}
(K10)+(K11) = & -\sum_{ij}\widehat{T_{(r,t)}}{}^{\alpha_1\cdots\alpha_t}_{k_1\cdots k_s i;l_1\cdots l_s j}L_i^j \\
& -\sum_{c=1}^{s}\sum_{i}\widehat{T_{(r,t)}}{}^{\alpha_1\cdots\alpha_t}_{k_1\cdots\hat{k}_c\cdots k_s i;l_1\cdots\hat{l}_c\cdots l_s l_c}L_i^{k_c} \\
& -\sum_{ij}\widehat{T_{(r,t)}}{}^{\alpha_1\cdots\alpha_t}_{k_1\cdots k_s i;l_1\cdots l_s j}L_j^i \\
& -\sum_{c=1}^{s}\sum_{j}\widehat{T_{(r,t)}}{}^{\alpha_1\cdots\alpha_t}_{k_1\cdots\hat{k}_c\cdots k_s k_c;l_1\cdots\hat{l}_c\cdots l_s j}L_j^{l_c} \\
= & -\sum_{c=1}^{s}\sum_{i}\widehat{T_{(r,t)}}{}^{\alpha_1\cdots\alpha_t}_{k_1\cdots\hat{k}_c\cdots k_s i;l_1\cdots\hat{l}_c\cdots l_s l_c}L_i^{k_c} \\
& -\sum_{c=1}^{s}\sum_{j}\widehat{T_{(r,t)}}{}^{\alpha_1\cdots\alpha_t}_{k_1\cdots\hat{k}_c\cdots k_s k_c;l_1\cdots\hat{l}_c\cdots l_s j}L_j^{l_c},
\end{aligned}
$$

对于$(K12)$，由定义和对称性及反对称性，有

$$
\begin{aligned}
(K12) = & \Big[\frac{r}{r+t}\widehat{T_{(r-2,t+1)}}{}^{\alpha_1\cdots\alpha_t\beta}_{k_1\cdots k_s i;l_1\cdots l_s j}\hat{h}_{ij}^{\gamma}L_{\gamma}^{\beta} \\
& +\sum_{b=1}^{t}\frac{1}{r+t}\widehat{T_{(r,t-1)}}{}^{\alpha_1\cdots\hat{\alpha}_b\cdots\alpha_t}_{k_1\cdots k_s i;l_1\cdots l_s j}\hat{h}_{ij}^{\gamma}L_{\gamma}^{\alpha_b}\Big] \\
= & r\widehat{T_{(r-2,t+2)}}{}^{\alpha_1\cdots\alpha_t\beta\gamma}_{k_1\cdots k_s;l_1\cdots l_s}L_{\gamma}^{\beta} \\
& +\sum_{b=1}^{t}\widehat{T_{(r,t)}}{}^{\alpha_1\cdots\hat{\alpha}_b\cdots\alpha_t\beta}_{k_1\cdots k_s;l_1\cdots l_s}L_{\beta}^{\alpha_b} \\
= & \sum_{b=1}^{t}\sum_{\beta}\widehat{T_{(r,t)}}{}^{\alpha_1\cdots\hat{\alpha}_b\cdots\alpha_t\beta}_{k_1\cdots k_s;l_1\cdots l_s}L_{\beta}^{\alpha_b},
\end{aligned}
$$

对于$(K13)$，由命题4.6（展开性质），有

$$
\begin{aligned}
(K13) = & \Big[\frac{r}{r+t}\widehat{T_{(r-2,t+1)}}{}^{\alpha_1\cdots\alpha_t\beta}_{k_1\cdots k_s p;l_1\cdots l_s j} \\
& \times(\hat{h}_{ip}^{\beta}\hat{h}_{ij}^{\gamma}+\hat{h}_{pj}^{\beta}H^{\gamma}+H^{\beta}\hat{h}_{pj}^{\gamma}-\frac{1}{n}\delta_{pj}\hat{\sigma}_{\beta\gamma})V^{\gamma} \\
& +\sum_{b=1}^{t}\frac{1}{r+t}\widehat{T_{(r,t-1)}}{}^{\alpha_1\cdots\hat{\alpha}_b\cdots\alpha_t}_{k_1\cdots k_s p;l_1\cdots l_s j}
\end{aligned}
$$

$$
\begin{aligned}
&\times(\hat{h}_{ip}^{\alpha_b}\hat{h}_{ij}^{\gamma}+\hat{h}_{pj}^{\alpha_b}H^{\gamma}+H^{\alpha_b}\hat{h}_{pj}^{\gamma}-\frac{1}{n}\delta_{pj}\hat{\sigma}_{\alpha_b\gamma})V^{\gamma}\\
=&\Big[\frac{r}{r+t}\widehat{T_{(r-2,t+1)}}{}_{k_1\cdots k_sp;l_1\cdots l_sj}^{\alpha_1\cdots\alpha_t\beta}\hat{h}_{ip}^{\beta}\\
&+\sum_{b=1}^{t}\sum_{b=1}^{t}\frac{1}{r+t}\widehat{T_{(r,t-1)}}{}_{k_1\cdots k_sp;l_1\cdots l_sj}^{\alpha_1\cdots\hat{\alpha}_b\cdots\alpha_t}\hat{h}_{pi}^{\alpha_b}\Big]\hat{h}_{ij}^{\gamma}V^{\gamma}\\
&+\Big[\frac{r}{r+t}\widehat{T_{(r-2,t+1)}}{}_{k_1\cdots k_sp;l_1\cdots l_sj}^{\alpha_1\cdots\alpha_t\beta}\hat{h}_{pj}^{\beta}\\
&+\sum_{b=1}^{t}\sum_{b=1}^{t}\frac{1}{r+t}\widehat{T_{(r,t-1)}}{}_{k_1\cdots k_sp;l_1\cdots l_sj}^{\alpha_1\cdots\hat{\alpha}_b\cdots\alpha_t}\hat{h}_{pj}^{\alpha_b}\Big]H^{\gamma}V^{\gamma}\\
&+\Big[\frac{r}{r+t}\widehat{T_{(r-2,t+1)}}{}_{k_1\cdots k_sp;l_1\cdots l_sj}^{\alpha_1\cdots\alpha_t\beta}H^{\beta}\hat{h}_{pj}^{\gamma}V^{\gamma}\\
&+\sum_{b=1}^{t}\sum_{b=1}^{t}\frac{1}{r+t}\widehat{T_{(r,t-1)}}{}_{k_1\cdots k_sp;l_1\cdots l_sj}^{\alpha_1\cdots\hat{\alpha}_b\cdots\alpha_t}H^{\alpha_b}\hat{h}_{pj}^{\gamma}V^{\gamma}\Big]\\
&-\Big[\frac{r}{r+t}\widehat{T_{(r-2,t+1)}}{}_{k_1\cdots k_sp;l_1\cdots l_sj}^{\alpha_1\cdots\alpha_t\beta}\frac{1}{n}\delta_{pj}\hat{\sigma}_{\beta\gamma}V^{\gamma}\\
&+\sum_{b=1}^{t}\frac{1}{r+t}\widehat{T_{(r,t-1)}}{}_{k_1\cdots k_sp;l_1\cdots l_sj}^{\alpha_1\cdots\hat{\alpha}_b\cdots\alpha_t}\frac{1}{n}\delta_{pj}\hat{\sigma}_{\alpha_b\gamma}V^{\gamma}\Big]\\
=-&\Big[(r+t+1)\sum_{\beta}\widehat{T_{(r,t+1)}}{}_{k_1\cdots k_s;l_1\cdots l_s}^{\alpha_1\cdots\alpha_t\beta}V^{\beta}\\
&+\sum_{c=1}^{s}\sum_{j\beta}\widehat{T_{(r,t)}}{}_{k_1\cdots\hat{k}_c\cdots k_sk_c;l_1\cdots\hat{l}_c\cdots l_sj}^{\alpha_1\cdots\alpha_t}\hat{h}_{jl_c}^{\beta}V^{\beta}\Big]\\
&+(r+t)\widehat{T_{(r,t)}}{}_{k_1\cdots k_s;l_1\cdots l_s}^{\alpha_1\cdots\alpha_t}\langle\vec{H},V\rangle\\
&+\Big[\frac{r}{r+t}\widehat{T_{(r-2,t+1)}}{}_{k_1\cdots k_sp;l_1\cdots l_sj}^{\alpha_1\cdots\alpha_t\beta}H^{\beta}\hat{h}_{pj}^{\gamma}V^{\gamma}\\
&+\sum_{b=1}^{t}\sum_{b=1}^{t}\frac{1}{r+t}\widehat{T_{(r,t-1)}}{}_{k_1\cdots k_sp;l_1\cdots l_sj}^{\alpha_1\cdots\hat{\alpha}_b\cdots\alpha_t}H^{\alpha_b}\hat{h}_{pj}^{\gamma}V^{\gamma}\Big]\\
&-\Big[\frac{r(n+1-r-t-s)}{n(r+t)}\widehat{T_{(r-2,t+1)}}{}_{k_1\cdots k_s;l_1\cdots l_s}^{\alpha_1\cdots\alpha_t\beta}\hat{\sigma}_{\beta\gamma}V^{\gamma}\\
&+\sum_{b=1}^{t}\frac{(n+1-r-t-s)}{n(r+t)}\widehat{T_{(r,t-1)}}{}_{k_1\cdots k_sp;l_1\cdots l_sj}^{\alpha_1\cdots\hat{\alpha}_b\cdots\alpha_t}\hat{\sigma}_{\alpha_b\gamma}V^{\gamma}\Big],
\end{aligned}
$$

对于($K14$)，有

$$(K14)=\Big[\frac{r}{r+t}\widehat{T_{(r-2,t+1)}}{}^{\alpha_1\cdots\alpha_t\beta}_{k_1\cdots k_s i;l_1\cdots l_s j}(\bar{R}^{\beta}_{ij\gamma}+\frac{1}{n}\delta_{ij}\bar{R}^{\top}_{\beta\gamma})V^{\gamma}$$

$$+\sum_{b=1}^{t}\frac{1}{r+t}\widehat{T_{(r,t-1)}}{}^{\alpha_1\cdots\hat{\alpha}_b\cdots\alpha_t}_{k_1\cdots k_s i;l_1\cdots l_s j}(\bar{R}^{\alpha_b}_{ij\gamma}+\frac{1}{n}\delta_{ij}\bar{R}^{\top}_{\alpha_b\gamma})V^{\gamma}\Big]$$

$$=\Big[\frac{r}{r+t}\widehat{T_{(r-2,t+1)}}{}^{\alpha_1\cdots\alpha_t\beta}_{k_1\cdots k_s i;l_1\cdots l_s j}\bar{R}^{\beta}_{ij\gamma}$$

$$+\sum_{b=1}^{t}\frac{1}{r+t}\widehat{T_{(r,t-1)}}{}^{\alpha_1\cdots\hat{\alpha}_b\cdots\alpha_t}_{k_1\cdots k_s i;l_1\cdots l_s j}\bar{R}^{\alpha_b}_{ij\gamma}\Big]V^{\gamma}$$

$$+\Big[\frac{r(n+1-r-t-s)}{n(r+t)}\widehat{T_{(r-2,t+1)}}{}^{\alpha_1\cdots\alpha_t\beta}_{k_1\cdots k_s;l_1\cdots l_s}\bar{R}^{\top}_{\beta\gamma})$$

$$+\sum_{b=1}^{t}\frac{(n+1-r-t-s)}{n(r+t)}\widehat{T_{(r,t-1)}}{}^{\alpha_1\cdots\hat{\alpha}_b\cdots\alpha_t}_{k_1\cdots k_s;l_1\cdots l_s}\bar{R}^{\top}_{\alpha_b\gamma}\Big]V^{\gamma}.$$

综上所述，得到

$$\frac{\mathrm{d}}{\mathrm{d}t}\widehat{T_{(r,t)}}{}^{\alpha_1\cdots\alpha_t}_{k_1\cdots k_s;l_1\cdots l_s}$$

$$=\sum_{ij}\Big[\sum_{\beta}\frac{r}{r+t}\widehat{T_{(r-2,t+1)}}{}^{\alpha_1\cdots\alpha_t\beta}_{k_1\cdots k_s i;l_1\cdots l_s j}V^{\beta}$$

$$+\sum_{b=1}^{t}\frac{1}{r+t}\widehat{T_{(r,t-1)}}{}^{\alpha_1\cdots\hat{\alpha}_b\cdots\alpha_t}_{k_1\cdots k_s i;l_1\cdots l_s j}V^{\alpha_b}\Big]_{,ij}$$

$$-\sum_{ij}\Big[\frac{r}{r+t}\widehat{T_{(r-2,t+1)}}{}^{\alpha_1\cdots\alpha_t\beta}_{k_1\cdots k_s i;l_1\cdots l_s j,i}V^{\beta}$$

$$+\sum_{b=1}^{t}\frac{1}{r+t}\widehat{T_{(r,t-1)}}{}^{\alpha_1\cdots\hat{\alpha}_b\cdots\alpha_t}_{k_1\cdots k_s i;l_1\cdots l_s j,i}V^{\alpha_b}\Big]_{,j}$$

$$-\sum_{ij}\Big[\frac{r}{r+t}\widehat{T_{(r-2,t+1)}}{}^{\alpha_1\cdots\alpha_t\beta}_{k_1\cdots k_s i;l_1\cdots l_s j,j}V^{\beta}$$

$$+\sum_{b=1}^{t}\frac{1}{r+t}\widehat{T_{(r,t-1)}}{}^{\alpha_1\cdots\hat{\alpha}_b\cdots\alpha_t}_{k_1\cdots k_s i;l_1\cdots l_s j,j}V^{\alpha_b}\Big]_{,i}$$

$$+\sum_{ij}\Big[\frac{r}{r+t}\widehat{T_{(r-2,t+1)}}{}^{\alpha_1\cdots\alpha_t\beta}_{k_1\cdots k_s i;l_1\cdots l_s j,ji}V^{\beta}$$

$$+\sum_{b=1}^{t}\frac{1}{r+t}\widehat{T_{(r,t-1)}}{}^{\alpha_1\cdots\hat{\alpha}_b\cdots\alpha_t}_{k_1\cdots k_s i;l_1\cdots l_s j,ji}V^{\alpha_b}\Big]$$

$$
\begin{aligned}
&-\sum_i\Big[\frac{r(n+1-r-t-s)}{n(r+t)}\widehat{T_{(r-2,t+1)}}{}^{\alpha_1\cdots\alpha_t\beta}_{k_1\cdots k_s;l_1\cdots l_s}V^\beta \\
&+\sum_{b=1}^t\frac{(n+1-r-t-s)}{n(r+t)}\widehat{T_{(r,t-1)}}{}^{\alpha_1\cdots\hat\alpha_b\cdots\alpha_t}_{k_1\cdots k_s;l_1\cdots l_s}V^{\alpha_b}\Big]_{,ii} \\
&+\sum_i\Big[\frac{2r(n+1-r-t-s)}{n(r+t)}\widehat{T_{(r-2,t+1)}}{}^{\alpha_1\cdots\alpha_t\beta}_{k_1\cdots k_s;l_1\cdots l_s,i}V^\beta \\
&+\frac{2(n+1-r-t-s)}{n(r+t)}\widehat{T_{(r,t-1)}}{}^{\alpha_1\cdots\hat\alpha_b\cdots\alpha_t}_{k_1\cdots k_s;l_1\cdots l_s,i}V^{\alpha_b}\Big]_{,i} \\
&-\sum_i\Big[\frac{r(n+1-r-t-s)}{n(r+t)}\widehat{T_{(r-2,t+1)}}{}^{\alpha_1\cdots\alpha_t\beta}_{k_1\cdots k_s;l_1\cdots l_s,ii}V^\beta \\
&+\frac{(n+1-r-t-s)}{n(r+t)}\widehat{T_{(r,t-1)}}{}^{\alpha_1\cdots\hat\alpha_b\cdots\alpha_t}_{k_1\cdots k_s;l_1\cdots l_s,ii}V^{\alpha_b}\Big] \\
&+\sum_p\widehat{T_{(r,t)}}{}^{\alpha_1\cdots\alpha_t}_{k_1\cdots k_s;l_1\cdots l_s,p}V^p \\
&-\sum_{c=1}^s\sum_i\widehat{T_{(r,t)}}{}^{\alpha_1\cdots\alpha_t}_{k_1\cdots\hat k_c\cdots k_s i;l_1\cdots\hat l_c\cdots l_s l_c}L_i^{k_c} \\
&-\sum_{c=1}^s\sum_j\widehat{T_{(r,t)}}{}^{\alpha_1\cdots\alpha_t}_{k_1\cdots\hat k_c\cdots k_s k_c;l_1\cdots\hat l_c\cdots l_s j}L_j^{l_c} \\
&-\sum_{b=1}^t\sum_\beta\widehat{T_{(r,t)}}{}^{\alpha_1\cdots\hat\alpha_b\cdots\alpha_t\beta}_{k_1\cdots k_s;l_1\cdots l_s}L_\beta^{\alpha_b} \\
&-\Big[(r+t+1)\sum_\beta\widehat{T_{(r,t+1)}}{}^{\alpha_1\cdots\alpha_t\beta}_{k_1\cdots k_s;l_1\cdots l_s}V^\beta \\
&+\sum_{c=1}^s\sum_{j\beta}\widehat{T_{(r,t)}}{}^{\alpha_1\cdots\alpha_t}_{k_1\cdots\hat k_c\cdots k_s k_c;l_1\cdots\hat l_c\cdots l_s j}\hat h^\beta_{jl_c}V^\beta\Big] \\
&+(r+t)\widehat{T_{(r,t)}}{}^{\alpha_1\cdots\alpha_t}_{k_1\cdots k_s;l_1\cdots l_s}\langle\vec H,V\rangle \\
&+\Big[\frac{r}{r+t}\widehat{T_{(r-2,t+1)}}{}^{\alpha_1\cdots\alpha_t\beta}_{k_1\cdots k_s p;l_1\cdots l_s j}H^\beta\hat h^\gamma_{pj}V^\gamma \\
&+\sum_{b=1}^t\sum_{b=1}^t\frac{1}{r+t}\widehat{T_{(r,t-1)}}{}^{\alpha_1\cdots\hat\alpha_b\cdots\alpha_t}_{k_1\cdots k_s p;l_1\cdots l_s j}H^{\alpha_b}\hat h^\gamma_{pj}V^\gamma\Big] \\
&-\Big[\frac{r(n+1-r-t-s)}{n(r+t)}\widehat{T_{(r-2,t+1)}}{}^{\alpha_1\cdots\alpha_t\beta}_{k_1\cdots k_s;l_1\cdots l_s}\hat\sigma_{\beta\gamma}V^\gamma
\end{aligned}
$$

$$+\sum_{b=1}^{t}\frac{(n+1-r-t-s)}{n(r+t)}\widehat{T_{(r,t-1)}}{}_{k_1\cdots k_s;l_1\cdots l_s}^{\alpha_1\cdots\hat{\alpha}_b\cdots\alpha_t}\hat{\sigma}_{\alpha_b\gamma}V^{\gamma}\Big]$$

$$-\Big[\frac{r}{r+t}\widehat{T_{(r-2,t+1)}}{}_{k_1\cdots k_s i;l_1\cdots l_s j}^{\alpha_1\cdots\alpha_t\beta}\bar{R}_{ij\gamma}^{\beta}$$

$$+\sum_{b=1}^{t}\frac{1}{r+t}\widehat{T_{(r,t-1)}}{}_{k_1\cdots k_s i;l_1\cdots l_s j}^{\alpha_1\cdots\hat{\alpha}_b\cdots\alpha_t}\bar{R}_{ij\gamma}^{\alpha_b}\Big]V^{\gamma}$$

$$-\Big[\frac{r(n+1-r-t-s)}{n(r+t)}\widehat{T_{(r-2,t+1)}}{}_{k_1\cdots k_s;l_1\cdots l_s}^{\alpha_1\cdots\alpha_t\beta}\bar{R}_{\beta\gamma}^{\top})$$

$$+\sum_{b=1}^{t}\frac{(n+1-r-t-s)}{n(r+t)}\widehat{T_{(r,t-1)}}{}_{k_1\cdots k_s;l_1\cdots l_s}^{\alpha_1\cdots\hat{\alpha}_b\cdots\alpha_t}\bar{R}_{\alpha_b\gamma}^{\top}\Big]V^{\gamma}. \tag{4.51}$$

□

如果N^{n+p}是$R^{n+p}(c)$，那么对于$(K7)$, $(K14)$，有

$$\begin{aligned}(K7)=&\Big[\frac{r}{r+t}T_{(r-2,t+1)}{}_{k_1\cdots k_s i;l_1\cdots l_s j}^{\alpha_1\cdots\alpha_t\beta}c\delta_{ij}V^{\beta}\\&+\sum_{b=1}^{t}\frac{1}{r+t}T_{(r,t-1)}{}_{k_1\cdots k_s i;l_1\cdots l_s j}^{\alpha_1\cdots\hat{\alpha}_b\cdots\alpha_t}c\delta_{ij}V^{\alpha_b}\Big]\\=&c\Big[\sum_{i}\frac{r}{r+t}T_{(r-2,t+1)}{}_{k_1\cdots k_s i;l_1\cdots l_s i}^{\alpha_1\cdots\alpha_t\beta}V^{\beta}\\&+\sum_{b=1}^{t}\frac{1}{r+t}T_{(r,t-1)}{}_{k_1\cdots k_s i;l_1\cdots l_s i}^{\alpha_1\cdots\hat{\alpha}_b\cdots\alpha_t}V^{\alpha_b}\Big]\\=&\frac{r(n+1-r-t)c}{r+t}T_{(r-2,t+1)}{}_{k_1\cdots k_s;l_1\cdots l_s}^{\alpha_1\cdots\alpha_t\beta}V^{\beta}\\&+\sum_{b=1}^{t}\frac{(n+1-r-t)c}{r+t}T_{(r,t-1)}{}_{k_1\cdots k_s;l_1\cdots l_s}^{\alpha_1\cdots\hat{\alpha}_b\cdots\alpha_t}V^{\alpha_b}\end{aligned} \tag{4.52}$$

$$\begin{aligned}(K14)=&\Big[\frac{r}{r+t}\widehat{T_{(r-2,t+1)}}{}_{k_1\cdots k_s i;l_1\cdots l_s j}^{\alpha_1\cdots\alpha_t\beta}(-c\delta_{ij}\delta_{\beta\gamma}+c\delta_{ij}\delta_{\beta\gamma})V^{\gamma}\\&+\sum_{b=1}^{t}\frac{1}{r+t}\widehat{T_{(r,t-1)}}{}_{k_1\cdots k_s i;l_1\cdots l_s j}^{\alpha_1\cdots\hat{\alpha}_b\cdots\alpha_t}(-c\delta_{ij}\delta_{\gamma\alpha_b}+c\delta_{ij}\delta_{\alpha_b\gamma})V^{\gamma}\Big]=0.\end{aligned} \tag{4.53}$$

推论 4.7 (变分性质) 设$x: M^n\to R^{n+p}(c)$是子流形，$V=V^ie_i+V^\alpha e_\alpha$ 是变分向量场，则有

$$\frac{\mathrm{d}}{\mathrm{d}t}T_{(r,t)}{}_{k_1\cdots k_s;l_1\cdots l_s}^{\alpha_1\cdots\alpha_t}$$

$$
\begin{aligned}
=&\Big\{\sum_{ij}\Big[\sum_{\beta}\frac{r}{r+t}T_{(r-2,t+1)}{}^{\alpha_1\cdots\alpha_t\beta}_{k_1\cdots k_s i;l_1\cdots l_s j}V^{\beta}\\
&+\sum_{b=1}^{t}\frac{1}{r+t}T_{(r,t-1)}{}^{\alpha_1\cdots\hat{\alpha}_b\cdots\alpha_t}_{k_1\cdots k_s i;l_1\cdots l_s j}V^{\alpha_b}\Big]_{,ij}+\sum_{p}T_{(r,t)}{}^{\alpha_1\cdots\alpha_t}_{k_1\cdots k_s;l_1\cdots l_s,p}V^{p}\Big\}\\
&+\Big\{(n+1-r-t)c\Big[\sum_{\beta}\frac{r}{r+t}T_{(r-2,t+1)}{}^{\alpha_1\cdots\alpha_t\beta}_{k_1\cdots k_s;l_1\cdots l_s}V^{\beta}\\
&+\sum_{b=1}^{t}\frac{1}{r+t}T_{(r,t-1)}{}^{\alpha_1\cdots\hat{\alpha}_b\cdots\alpha_t}_{k_1\cdots k_s;l_1\cdots l_s}V^{\alpha_b}\Big]-(r+t+1)\sum_{\beta}T_{(r,t+1)}{}^{\alpha_1\cdots\alpha_t\beta}_{k_1\cdots k_s;l_1\cdots l_s}V^{\beta}\Big\}\\
&+\Big[T_{(r,t)}{}^{\alpha_1\cdots\alpha_t}_{k_1\cdots k_s;l_1\cdots l_s}\langle\vec{S}_1,V\rangle-\sum_{c=1}^{s}\sum_{j\beta}T_{(r,t)}{}^{\alpha_1\cdots\alpha_t}_{k_1\cdots\hat{k}_c\cdots k_s k_c;l_1\cdots\hat{l}_c\cdots l_s j}h^{\beta}_{jl_c}V^{\beta}\Big]\\
&-\Big[\sum_{c=1}^{s}\sum_{i}T_{(r,t)}{}^{\alpha_1\cdots\alpha_t}_{k_1\cdots\hat{k}_c\cdots k_s i;l_1\cdots\hat{l}_c\cdots l_s l_c}L^{k_c}_{i}+\sum_{c=1}^{s}\sum_{j}T_{(r,t)}{}^{\alpha_1\cdots\alpha_t}_{k_1\cdots\hat{k}_c\cdots k_s k_c;l_1\cdots\hat{l}_c\cdots l_s j}L^{l_c}_{j}\\
&+\sum_{b=1}^{t}\sum_{\beta}T_{(r,t)}{}^{\alpha_1\cdots\hat{\alpha}_b\cdots\alpha_t\beta}_{k_1\cdots k_s;l_1\cdots l_s}L^{\alpha_b}_{\beta}\Big]
\end{aligned}\tag{4.54}
$$

$$
\begin{aligned}
&\frac{\mathrm{d}}{\mathrm{d}t}\widehat{T_{(r,t)}}{}^{\alpha_1\cdots\alpha_t}_{k_1\cdots k_s;l_1\cdots l_s}\\
=&\sum_{ij}\Big[\sum_{\beta}\frac{r}{r+t}\widehat{T_{(r-2,t+1)}}{}^{\alpha_1\cdots\alpha_t\beta}_{k_1\cdots k_s i;l_1\cdots l_s j}V^{\beta}\\
&+\sum_{b=1}^{t}\frac{1}{r+t}\widehat{T_{(r,t-1)}}{}^{\alpha_1\cdots\hat{\alpha}_b\cdots\alpha_t}_{k_1\cdots k_s i;l_1\cdots l_s j}V^{\alpha_b}\Big]_{,ij}\\
&-\sum_{ij}\Big[\frac{r}{r+t}\widehat{T_{(r-2,t+1)}}{}^{\alpha_1\cdots\alpha_t\beta}_{k_1\cdots k_s i;l_1\cdots l_s j,i}V^{\beta}\\
&+\sum_{b=1}^{t}\frac{1}{r+t}\widehat{T_{(r,t-1)}}{}^{\alpha_1\cdots\hat{\alpha}_b\cdots\alpha_t}_{k_1\cdots k_s i;l_1\cdots l_s j,i}V^{\alpha_b}\Big]_{,j}\\
&-\sum_{ij}\Big[\frac{r}{r+t}\widehat{T_{(r-2,t+1)}}{}^{\alpha_1\cdots\alpha_t\beta}_{k_1\cdots k_s i;l_1\cdots l_s j,j}V^{\beta}\\
&+\sum_{b=1}^{t}\frac{1}{r+t}\widehat{T_{(r,t-1)}}{}^{\alpha_1\cdots\hat{\alpha}_b\cdots\alpha_t}_{k_1\cdots k_s i;l_1\cdots l_s j,j}V^{\alpha_b}\Big]_{,i}\\
&+\sum_{ij}\Big[\frac{r}{r+t}\widehat{T_{(r-2,t+1)}}{}^{\alpha_1\cdots\alpha_t\beta}_{k_1\cdots k_s i;l_1\cdots l_s j,ji}V^{\beta}
\end{aligned}
$$

$$+\sum_{b=1}^{t}\frac{1}{r+t}\widehat{T_{(r,t-1)}}{}^{\alpha_1\cdots\hat{\alpha}_b\cdots\alpha_t}_{k_1\cdots k_s i;l_1\cdots l_s j,ji}V^{\alpha_b}\Big]$$

$$-\sum_{i}\Big[\frac{r(n+1-r-t-s)}{n(r+t)}\widehat{T_{(r-2,t+1)}}{}^{\alpha_1\cdots\alpha_t\beta}_{k_1\cdots k_s;l_1\cdots l_s}V^{\beta}$$

$$+\sum_{b=1}^{t}\frac{(n+1-r-t-s)}{n(r+t)}\widehat{T_{(r,t-1)}}{}^{\alpha_1\cdots\hat{\alpha}_b\cdots\alpha_t}_{k_1\cdots k_s;l_1\cdots l_s}V^{\alpha_b}\Big]_{,ii}$$

$$+\sum_{i}\Big[\frac{2r(n+1-r-t-s)}{n(r+t)}\widehat{T_{(r-2,t+1)}}{}^{\alpha_1\cdots\alpha_t\beta}_{k_1\cdots k_s;l_1\cdots l_s,i}V^{\beta}$$

$$+\frac{2(n+1-r-t-s)}{n(r+t)}\widehat{T_{(r,t-1)}}{}^{\alpha_1\cdots\hat{\alpha}_b\cdots\alpha_t}_{k_1\cdots k_s;l_1\cdots l_s,i}V^{\alpha_b}\Big]_{,i}$$

$$-\sum_{i}\Big[\frac{r(n+1-r-t-s)}{n(r+t)}\widehat{T_{(r-2,t+1)}}{}^{\alpha_1\cdots\alpha_t\beta}_{k_1\cdots k_s;l_1\cdots l_s,ii}V^{\beta}$$

$$+\frac{(n+1-r-t-s)}{n(r+t)}\widehat{T_{(r,t-1)}}{}^{\alpha_1\cdots\hat{\alpha}_b\cdots\alpha_t}_{k_1\cdots k_s;l_1\cdots l_s,ii}V^{\alpha_b}\Big]$$

$$+\sum_{p}\widehat{T_{(r,t)}}{}^{\alpha_1\cdots\alpha_t}_{k_1\cdots k_s;l_1\cdots l_s,p}V^{p}$$

$$-\sum_{c=1}^{s}\sum_{i}\widehat{T_{(r,t)}}{}^{\alpha_1\cdots\alpha_t}_{k_1\cdots\hat{k}_c\cdots k_s i;l_1\cdots\hat{l}_c\cdots l_s l_c}L^{k_c}_{i}$$

$$-\sum_{c=1}^{s}\sum_{j}\widehat{T_{(r,t)}}{}^{\alpha_1\cdots\alpha_t}_{k_1\cdots\hat{k}_c\cdots k_s k_c;l_1\cdots\hat{l}_c\cdots l_s j}L^{l_c}_{j}$$

$$-\sum_{b=1}^{t}\sum_{\beta}\widehat{T_{(r,t)}}{}^{\alpha_1\cdots\hat{\alpha}_b\cdots\alpha_t\beta}_{k_1\cdots k_s;l_1\cdots l_s}L^{\alpha_b}_{\beta}$$

$$-\Big[(r+t+1)\sum_{\beta}\widehat{T_{(r,t+1)}}{}^{\alpha_1\cdots\alpha_t\beta}_{k_1\cdots k_s;l_1\cdots l_s}V^{\beta}$$

$$+\sum_{c=1}^{s}\sum_{j\beta}\widehat{T_{(r,t)}}{}^{\alpha_1\cdots\alpha_t}_{k_1\cdots\hat{k}_c\cdots k_s k_c;l_1\cdots\hat{l}_c\cdots l_s j}\hat{h}^{\beta}_{jl_c}V^{\beta}\Big]$$

$$+(r+t)\widehat{T_{(r,t)}}{}^{\alpha_1\cdots\alpha_t}_{k_1\cdots k_s;l_1\cdots l_s}\langle\vec{H},V\rangle$$

$$+\Big[\frac{r}{r+t}\widehat{T_{(r-2,t+1)}}{}^{\alpha_1\cdots\alpha_t\beta}_{k_1\cdots k_s p;l_1\cdots l_s j}H^{\beta}\hat{h}^{\gamma}_{pj}V^{\gamma}$$

$$+\sum_{b=1}^{t}\sum_{b=1}^{t}\frac{1}{r+t}\widehat{T_{(r,t-1)}}{}^{\alpha_1\cdots\hat{\alpha}_b\cdots\alpha_t}_{k_1\cdots k_s p;l_1\cdots l_s j}H^{\alpha_b}\hat{h}^{\gamma}_{pj}V^{\gamma}\Big]$$

$$-\Big[\frac{r(n+1-r-t-s)}{n(r+t)}\widehat{T_{(r-2,t+1)}}{}_{k_1\cdots k_s;l_1\cdots l_s}^{\alpha_1\cdots\alpha_t\beta}\hat{\sigma}_{\beta\gamma}V^{\gamma}$$

$$+\sum_{b=1}^{t}\frac{(n+1-r-t-s)}{n(r+t)}\widehat{T_{(r,t-1)}}{}_{k_1\cdots k_s;l_1\cdots l_s}^{\alpha_1\cdots\hat{\alpha}_b\cdots\alpha_t}\hat{\sigma}_{\alpha_b\gamma}V^{\gamma}\Big]. \tag{4.55}$$

推论 4.8 设$x: M^n \to N^{n+p}$是子流形，$V = V^i e_i + V^\alpha e_\alpha$ 是变分向量场，则有

- 当r是偶数时，有

$$\begin{aligned}\frac{\mathrm{d}}{\mathrm{d}t}S_r =& \sum_{ij}[T_{(r)}{}_{ij}^{\alpha}V^\alpha]_{,ij}-\sum_{ij}2[T_{(r)}{}_{ij,j}^{\alpha}V^\alpha]_{,i}\\ &+\sum_{ij}[T_{(r)}{}_{ij,ji}^{\alpha}V^\alpha]+\sum_{p}S_{r,p}V^p+S_r\langle\vec{S}_1,V\rangle\\ &-(r+1)\langle\vec{S}_{r+1},V\rangle-\sum_{ij\alpha\beta}T_{(r-1)}{}_{ij}^{\alpha}\bar{R}_{ij\beta}^{\alpha}V^\beta,\end{aligned} \tag{4.56}$$

$$\begin{aligned}\frac{\mathrm{d}}{\mathrm{d}t}\hat{S}_r =&[\widehat{T_{(r-1)}}{}_{ij}^{\alpha}V^\alpha]_{,ij}-2[\widehat{T_{(r-1)}}{}_{ij,i}^{\alpha}V^\alpha]_{,j}+[\widehat{T_{(r-1)}}{}_{ij,ji}^{\alpha}V^\alpha]\\ &-\frac{(n+1-r)}{n}[\hat{S}_{r-1}^{\alpha}V^\alpha]_{,ii}+\frac{2(n+1-r)}{n}[\hat{S}_{r-1,i}^{\alpha}V^\alpha]_{,i}\\ &-\frac{(n+1-r)}{n}[\hat{S}_{r-1,ii}^{\alpha}V^\alpha]+\hat{S}_{r,p}V^p-(r+1)\hat{S}_{r+1}^{\alpha}V^\alpha\\ &+r\hat{S}_r\langle\vec{H},V\rangle+\widehat{T_{(r-1)}}{}_{ij}^{\alpha}H^\alpha\hat{h}_{ij}^{\beta}V^\beta\\ &-\frac{(n+1-r)}{n}\hat{S}_{r-1}^{\alpha}\hat{\sigma}_{\alpha\beta}V^\beta-\widehat{T_{(r-1)}}{}_{ij}^{\alpha}\bar{R}_{ij\beta}^{\alpha}V^\beta\\ &-\frac{(n+1-r)}{n}\hat{S}_{r-1}^{\alpha}\bar{R}_{\alpha\beta}^{\top}V^\beta.\end{aligned} \tag{4.57}$$

- 当r是奇数时，有

$$\begin{aligned}\frac{\mathrm{d}}{\mathrm{d}t}S_r^{\alpha} =& \frac{\mathrm{d}}{\mathrm{d}t}T_{(r-1,1)}{}_{\emptyset}^{\alpha}=\sum_{ij}\Big[\sum_{\beta}\frac{r-1}{r}T_{(r-3,2)}{}_{i;j}^{\alpha\beta}V^\beta+\frac{1}{r}T_{(r-1)}{}_{ij}V^\alpha\Big]_{,ij}\\ &-\sum_{ij}2\Big[\frac{r-1}{r}T_{(r-3,2)}{}_{i;j,i}^{\alpha\beta}V^\beta+\frac{1}{r}T_{(r-1)}{}_{ij,i}V^\alpha\Big]_{,j}\\ &+\sum_{ij}\Big[\frac{r-1}{r}T_{(r-3,2)}{}_{i;j,ji}^{\alpha\beta}V^\beta+\frac{1}{r}T_{(r-1)}{}_{ij,ji}V^\alpha\Big]\end{aligned}$$

$$+\sum_p S^{\alpha}_{r,p}V^p-\sum_\beta S^{\beta}_{r}L^{\alpha}_{\beta}+S^{\alpha}_{r}\langle\vec{S}_1,V\rangle-(r+1)\sum_\beta T_{(r-1,2)_\emptyset}{}^{\alpha\beta}V^\beta$$

$$-\sum_{ij\beta\gamma}\Big[\frac{r-1}{r}T_{(r-3,2)}{}^{\alpha\beta}_{i;j}\bar{R}^{\beta}_{ij\gamma}V^\gamma+\frac{1}{r}T_{(r-1)ij}\bar{R}^{\alpha}_{ij\gamma}V^\gamma\Big], \tag{4.58}$$

$$\frac{\mathrm{d}\hat{S}^{\alpha}_{r}}{\mathrm{d}t}=\Big[\frac{r-1}{r}\widehat{T_{r-3,2}}{}^{\alpha\beta}_{ij}V^\beta+\frac{1}{r}\widehat{T_{r-1}}_{ij}V^\alpha\Big]_{,ij}$$

$$-2\Big[\frac{r-1}{r}\widehat{T_{r-3,2}}{}^{\alpha\beta}_{ij,i}V^\beta+\frac{1}{r}\widehat{T_{r-1}}_{ij,i}V^\alpha\Big]_{,j}$$

$$+\frac{r-1}{r}\widehat{T_{r-3,2}}{}^{\alpha\beta}_{ij,ji}V^\beta+\frac{1}{r}\widehat{T_{r-1}}_{ij,ji}V^\alpha$$

$$-\Big[\frac{(r-1)(n+1-r)}{(nr)}\widehat{T_{(r-3,2)_\emptyset}}{}^{\alpha\beta}V^\beta+\frac{(n+1-r)}{nr}\hat{S}_{r-1}V^\alpha\Big]_{,ii}$$

$$+2\Big[\frac{(r-1)(n+1-r)}{(nr)}\widehat{T_{(r-3,2)}}{}^{\alpha\beta}_{\emptyset,i}V^\beta+\frac{(n+1-r)}{nr}\hat{S}_{r-1,i}V^\alpha\Big]_{,i}$$

$$-\Big[\frac{(r-1)(n+1-r)}{(nr)}\widehat{T_{(r-3,2)}}{}^{\alpha\beta}_{\emptyset,ii}V^\beta+\frac{(n+1-r)}{nr}\hat{S}_{r-1,ii}V^\alpha\Big]$$

$$+\hat{S}^{\alpha}_{r,p}V^p-\hat{S}^{\beta}_{r}L^{\alpha}_{\beta}-(r+1)\widehat{T_{(r-1,2)_\emptyset}}{}^{\alpha\beta}V^\beta+r\hat{S}^{\alpha}_{r}\langle\vec{H},V\rangle$$

$$+\frac{r-1}{r}\widehat{T_{(r-3,2)}}{}^{\alpha\beta}_{i;j}H^\beta\hat{h}^{\gamma}_{ij}V^\gamma+\frac{1}{r}\widehat{T_{(r-1)}}_{ij}H^\alpha\hat{h}^{\gamma}_{ij}V^\gamma$$

$$-\Big[\frac{(r-1)(n+1-r)}{nr}\widehat{T_{(r-3,2)_\emptyset}}{}^{\alpha\beta}\hat{\sigma}_{\beta\gamma}V^\gamma+\frac{(n+1-r)}{nr}\hat{S}_{r-1}\hat{\sigma}_{\alpha\gamma}V^\gamma\Big]$$

$$-\Big[\frac{r-1}{r}\widehat{T_{(r-3,2)}}{}^{\alpha\beta}_{i;j}\bar{R}^{\beta}_{ij\gamma}V^\gamma+\frac{1}{r}\widehat{T_{(r-1)}}_{ij}\bar{R}^{\alpha}_{ij\gamma}V^\gamma\Big]$$

$$-\Big[\frac{(r-1)(n+1-r)}{nr}\widehat{T_{(r-3,2)_\emptyset}}{}^{\alpha\beta}\bar{R}^{\top}_{\beta\gamma}V^\gamma$$

$$+\frac{(n+1-r)}{nr}\hat{S}_{(r-1)}\bar{R}^{\top}_{\alpha\gamma}V^\gamma\Big]. \tag{4.59}$$

推论 4.9 设$x:M^n\to N^{n+p}$是子流形，$V=V^ie_i+V^\alpha e_\alpha$ 是变分向量场，则有

- 当r为偶数时，有

$$\frac{\mathrm{d}}{\mathrm{d}t}\int_M S_r\mathrm{d}v=\int_M\sum_{ij}[T_{(r)}{}^{\alpha}_{ij,ji}V^\alpha]-(r+1)\langle\vec{S}_{r+1},V\rangle$$

$$- \sum_{ij\alpha\beta} T_{(r-1)}{}_{ij}^{\alpha} \bar{R}^{\alpha}_{ij\beta} V^{\beta} \mathrm{d}v, \tag{4.60}$$

$$\begin{aligned}
\frac{\mathrm{d}}{\mathrm{d}t}\int_M \hat{S}_r \mathrm{d}v = \int_M & [\widehat{T_{(r-1)}}{}_{ij,ji}^{\alpha} V^{\alpha}] - \frac{(n+1-r)}{n}[\hat{S}^{\alpha}_{r-1,ii} V^{\alpha}] \\
& - (r+1)\hat{S}^{\alpha}_{r+1} V^{\alpha} - (n-r)\hat{S}_r \langle \vec{H}, V\rangle \\
& + \widehat{T_{(r-1)}}{}_{ij}^{\alpha} H^{\alpha} \hat{h}^{\beta}_{ij} V^{\beta} - \frac{(n+1-r)}{n}\hat{S}^{\alpha}_{r-1}\hat{\sigma}_{\alpha\beta} V^{\beta} \\
& - \widehat{T_{(r-1)}}{}_{ij}^{\alpha} \bar{R}^{\alpha}_{ij\beta} V^{\beta} - \frac{(n+1-r)}{n}\hat{S}^{\alpha}_{r-1}\bar{R}^{\top}_{\alpha\beta} V^{\beta} \mathrm{d}v.
\end{aligned} \tag{4.61}$$

- 当r为奇数时，有

$$\begin{aligned}
& \frac{\mathrm{d}}{\mathrm{d}t}\int_M |\vec{S}_r|^2 \mathrm{d}v \\
& = \int_M 2S^{\alpha}_{r,ji}\Big[\sum_{\beta}\frac{r-1}{r} T_{(r-3,2)}{}_{i;j}^{\alpha\beta} V^{\beta} + \frac{1}{r} T_{(r-1)}{}_{ij} V^{\alpha}\Big] \\
& \quad + 4S^{\alpha}_{r,j}\Big[\frac{r-1}{r} T_{(r-3,2)}{}_{i;j,i}^{\alpha\beta} V^{\beta} + \frac{1}{r} T_{(r-1)}{}_{ij,i} V^{\alpha}\Big] + |\vec{S}_r|^2 \langle \vec{S}_1, V\rangle \\
& \quad + \sum_{ij} 2S^{\alpha}_{r}\Big[\frac{r-1}{r} T_{(r-3,2)}{}_{i;j,ji}^{\alpha\beta} V^{\beta} + \frac{1}{r} T_{(r-1)}{}_{ij,ji} V^{\alpha}\Big] \\
& \quad - 2(r+1)\sum_{\beta} S^{\alpha}_{r} T_{(r-1,2)}{}_{\emptyset}^{\alpha\beta} V^{\beta} \\
& \quad - \sum_{ij\beta\gamma} 2S^{\alpha}_{r}\Big[\frac{r-1}{r} T_{(r-3,2)}{}_{i;j}^{\alpha\beta} \bar{R}^{\beta}_{ij\gamma} V^{\gamma} + \frac{1}{r} T_{(r-1)}{}_{ij} \bar{R}^{\alpha}_{ij\gamma} V^{\gamma}\Big] \mathrm{d}v,
\end{aligned} \tag{4.62}$$

$$\begin{aligned}
& \frac{\mathrm{d}}{\mathrm{d}t}\int_M |\hat{\vec{S}}_r|^2 \mathrm{d}v \\
& = \int_M 2\hat{S}^{\alpha}_{r,ji}\Big[\frac{r-1}{r}\widehat{T_{r-3,2}}{}_{ij}^{\alpha\beta} V^{\beta} + \frac{1}{r}\widehat{T_{r-1}}{}_{ij} V^{\alpha}\Big] \\
& \quad + 4\hat{S}^{\alpha}_{r,j}\Big[\frac{r-1}{r}\widehat{T_{r-3,2}}{}_{ij,i}^{\alpha\beta} V^{\beta} + \frac{1}{r}\widehat{T_{r-1}}{}_{ij,i} V^{\alpha}\Big] \\
& \quad + 2\hat{S}^{\alpha}_{r}\Big[\frac{r-1}{r}\widehat{T_{r-3,2}}{}_{ij,ji}^{\alpha\beta} V^{\beta} + \frac{1}{r}\widehat{T_{r-1}}{}_{ij,ji} V^{\alpha}\Big]
\end{aligned}$$

$$- 2\hat{S}^{\alpha}_{r,ii}\Big[\frac{(r-1)(n+1-r)}{(nr)}\widehat{T_{(r-3,2)_{\emptyset}}}^{\alpha\beta}V^{\beta}+\frac{(n+1-r)}{nr}\hat{S}_{r-1}V^{\alpha}\Big]$$

$$- 4\hat{S}^{\alpha}_{r,i}\Big[\frac{(r-1)(n+1-r)}{(nr)}\widehat{T_{(r-3,2)_{\emptyset,i}}}^{\alpha\beta}V^{\beta}+\frac{(n+1-r)}{nr}\hat{S}_{r-1,i}V^{\alpha}\Big]$$

$$- 2\hat{S}^{\alpha}_{r}\Big[\frac{(r-1)(n+1-r)}{(nr)}\widehat{T_{(r-3,2)_{\emptyset,ii}}}^{\alpha\beta}V^{\beta}+\frac{(n+1-r)}{nr}\hat{S}_{r-1,ii}V^{\alpha}\Big]$$

$$- 2(r+1)\hat{S}^{\alpha}_{r}\widehat{T_{(r-1,2)_{\emptyset}}}^{\alpha\beta}V^{\beta}-(n-2r)|\hat{\vec{S}}_{r}|^{2}\langle\vec{H},V\rangle$$

$$+ \frac{r-1}{r}2\hat{S}^{\alpha}_{r}\widehat{T_{(r-3,2)_{i;j}}}^{\alpha\beta}H^{\beta}\hat{h}^{\gamma}_{ij}V^{\gamma}+\frac{1}{r}2\hat{S}^{\alpha}_{r}\widehat{T_{(r-1)_{ij}}}H^{\alpha}\hat{h}^{\gamma}_{ij}V^{\gamma}$$

$$- 2\hat{S}^{\alpha}_{r}\Big[\frac{(r-1)(n+1-r)}{nr}\widehat{T_{(r-3,2)_{\emptyset}}}^{\alpha\beta}\hat{\sigma}_{\beta\gamma}V^{\gamma}+\frac{(n+1-r)}{nr}\hat{S}_{r-1}\hat{\sigma}_{\alpha\gamma}V^{\gamma}\Big]$$

$$- 2\hat{S}^{\alpha}_{r}\Big[\frac{r-1}{r}\widehat{T_{(r-3,2)_{i;j}}}^{\alpha\beta}\bar{R}^{\beta}_{ij\gamma}V^{\gamma}+\frac{1}{r}\widehat{T_{(r-1)_{ij}}}\bar{R}^{\alpha}_{ij\gamma}V^{\gamma}\Big]$$

$$- 2\hat{S}^{\alpha}_{r}\Big[\frac{(r-1)(n+1-r)}{nr}\widehat{T_{(r-3,2)_{\emptyset}}}^{\alpha\beta}\bar{R}^{\top}_{\beta\gamma}V^{\gamma}$$

$$+ \frac{(n+1-r)}{nr}\hat{S}_{(r-1)}\bar{R}^{\top}_{\alpha\gamma}V^{\gamma}\Big]\mathrm{d}v. \tag{4.63}$$

如果$N^{n+p}=R^{n+p}(c)$，那么$\sum_{\beta}\bar{R}^{\alpha}_{ij\beta}V^{\beta}=-c\delta_{ij}V^{\alpha}$.

推论 4.10 设$x: M^n\rightarrow R^{n+p}(c)$是子流形，$V=V^ie_i+V^{\alpha}e_{\alpha}$ 是变分向量场，则有

- 当r是偶数时，有[7]

$$\frac{\mathrm{d}}{\mathrm{d}t}S_r=\sum_{ij}[T_{(r)}{}^{\alpha}_{ij}V^{\alpha}]_{,ij}+\sum_{p}S_{r,p}V^{p}+S_r\langle\vec{S}_1,V\rangle$$
$$-(r+1)\langle\vec{S}_{r+1},V\rangle+c(n-r+1)\langle\vec{S}_{r-1},V\rangle, \tag{4.64}$$

$$\frac{\mathrm{d}}{\mathrm{d}t}\hat{S}_r=[\widehat{T_{(r-1)_{ij}}}^{\alpha}V^{\alpha}]_{,ij}-2[\widehat{T_{(r-1)_{ij,i}}}^{\alpha}V^{\alpha}]_{,j}+[\widehat{T_{(r-1)_{ij,ji}}}^{\alpha}V^{\alpha}]$$
$$-\frac{(n+1-r)}{n}[\hat{S}^{\alpha}_{r-1}V^{\alpha}]_{,ii}+\frac{2(n+1-r)}{n}[\hat{S}^{\alpha}_{r-1,i}V^{\alpha}]_{,i}$$
$$-\frac{(n+1-r)}{n}[\hat{S}^{\alpha}_{r-1,ii}V^{\alpha}]+\hat{S}_{r,p}V^{p}$$
$$-(r+1)\hat{S}^{\alpha}_{r+1}V^{\alpha}+r\hat{S}_r\langle\vec{H},V\rangle$$

$$+\widehat{T_{(r-1)}}{}_{ij}^{\alpha}H^{\alpha}\hat{h}_{ij}^{\beta}V^{\beta}-\frac{(n+1-r)}{n}\hat{S}_{r-1}^{\alpha}\hat{\sigma}_{\alpha\beta}V^{\beta}. \tag{4.65}$$

- 当r是奇数时，有

$$\begin{aligned}\frac{\mathrm{d}}{\mathrm{d}t}S_r^{\alpha}=&\frac{\mathrm{d}}{\mathrm{d}t}T_{(r-1,1)}{}_{\emptyset}^{\alpha}\\
=&\sum_{ij}[\sum_{\beta}\frac{r-1}{r}T_{(r-3,2)}{}_{i;j}^{\alpha\beta}V^{\beta}+\frac{1}{r}T_{(r-1)}{}_{ij}V^{\alpha}]_{,ij}\\
&+\sum_{p}S_{r,p}^{\alpha}V^{p}-\sum_{\beta}S_r^{\beta}L_{\beta}^{\alpha}+S_r^{\alpha}\langle\vec{S}_1,V\rangle-(r+1)\sum_{\beta}T_{(r-1,2)}{}_{\emptyset}^{\alpha\beta}V^{\beta}\\
&+\frac{c(r-1)(n-r+1)}{r}T_{(r-3,2)}{}_{\emptyset}^{\alpha\beta}V^{\beta}+\frac{c(n-r+1)}{r}S_{r-1}V^{\alpha},\end{aligned} \tag{4.66}$$

$$\begin{aligned}\frac{\mathrm{d}}{\mathrm{d}t}\hat{S}_r^{\alpha}=&\Big[\frac{r-1}{r}\widehat{T_{r-3,2}}{}_{ij}^{\alpha\beta}V^{\beta}+\frac{1}{r}\widehat{T_{r-1}}{}_{ij}V^{\alpha}\Big]_{,ij}\\
&-2\Big[\frac{r-1}{r}\widehat{T_{r-3,2}}{}_{ij,i}^{\alpha\beta}V^{\beta}+\frac{1}{r}\widehat{T_{r-1}}{}_{ij,i}V^{\alpha}\Big]_{,j}\\
&+\frac{r-1}{r}\widehat{T_{r-3,2}}{}_{ij,ji}^{\alpha\beta}V^{\beta}+\frac{1}{r}\widehat{T_{r-1}}{}_{ij,ji}V^{\alpha}\\
&-\Big[\frac{(r-1)(n+1-r)}{(nr)}\widehat{T_{(r-3,2)}}{}_{\emptyset}^{\alpha\beta}V^{\beta}+\frac{(n+1-r)}{nr}\hat{S}_{r-1}V^{\alpha}\Big]_{,ii}\\
&+2\Big[\frac{(r-1)(n+1-r)}{(nr)}\widehat{T_{(r-3,2)}}{}_{\emptyset,i}^{\alpha\beta}V^{\beta}+\frac{(n+1-r)}{nr}\hat{S}_{r-1,i}V^{\alpha}\Big]_{,i}\\
&-\Big[\frac{(r-1)(n+1-r)}{(nr)}\widehat{T_{(r-3,2)}}{}_{\emptyset,ii}^{\alpha\beta}V^{\beta}+\frac{(n+1-r)}{nr}\hat{S}_{r-1,ii}V^{\alpha}\Big]\\
&+\hat{S}_{r,p}^{\alpha}V^{p}-\hat{S}_r^{\beta}L_{\beta}^{\alpha}-(r+1)\widehat{T_{(r-1,2)}}{}_{\emptyset}^{\alpha\beta}V^{\beta}+r\hat{S}_r^{\alpha}\langle\vec{H},V\rangle\\
&+\frac{r-1}{r}\widehat{T_{(r-3,2)}}{}_{i;j}^{\alpha\beta}H^{\beta}\hat{h}_{ij}^{\gamma}V^{\gamma}+\frac{1}{r}\widehat{T_{(r-1)}}{}_{ij}H^{\alpha}\hat{h}_{ij}^{\gamma}V^{\gamma}\\
&-\Big[\frac{(r-1)(n+1-r)}{nr}\widehat{T_{(r-3,2)}}{}_{\emptyset}^{\alpha\beta}\hat{\sigma}_{\beta\gamma}V^{\gamma}\\
&+\frac{(n+1-r)}{nr}\hat{S}_{r-1}\hat{\sigma}_{\alpha\gamma}V^{\gamma}\Big].\end{aligned} \tag{4.67}$$

推论 4.11 设$x: M^n\to R^{n+p}(c)$具有平行平均曲率的子流形($D\vec{H}=0$)，$V=V^ie_i+V^{\alpha}e_{\alpha}$是变分向量场，则有

- 当r是偶数时，有

$$\frac{\mathrm{d}}{\mathrm{d}t}S_r=\sum_{ij}[T_{(r)}{}^{\alpha}_{ij}V^{\alpha}]_{,ij}+\sum_{p}S_{r,p}V^{p}+S_r\langle\vec{S}_1,V\rangle$$
$$-(r+1)\langle\vec{S}_{r+1},V\rangle+c(n-r+1)\langle\vec{S}_{r-1},V\rangle, \tag{4.68}$$

$$\frac{\mathrm{d}}{\mathrm{d}t}\hat{S}_r=[\widehat{T_{(r-1)}}{}^{\alpha}_{ij}V^{\alpha}]_{,ij}-\frac{(n+1-r)}{n}[\hat{S}^{\alpha}_{r-1}V^{\alpha}]_{,ii}$$
$$+\frac{2(n+1-r)}{n}[\hat{S}^{\alpha}_{r-1,i}V^{\alpha}]_{,i}-\frac{(n+1-r)}{n}[\hat{S}^{\alpha}_{r-1,ii}V^{\alpha}]$$
$$+\hat{S}_{r,p}V^{p}-(r+1)\hat{S}^{\alpha}_{r+1}V^{\alpha}+r\hat{S}_r\langle\vec{H},V\rangle$$
$$+\widehat{T_{(r-1)}}{}^{\alpha}_{ij}H^{\alpha}\hat{h}^{\beta}_{ij}V^{\beta}-\frac{(n+1-r)}{n}\hat{S}^{\alpha}_{r-1}\hat{\sigma}_{\alpha\beta}V^{\beta}. \tag{4.69}$$

- 当r是奇数时，有

$$\frac{\mathrm{d}}{\mathrm{d}t}S^{\alpha}_r=\frac{\mathrm{d}}{\mathrm{d}t}T_{(r-1,1)}{}^{\alpha}_{\emptyset}$$
$$=\sum_{ij}\Big[\sum_{\beta}\frac{r-1}{r}T_{(r-3,2)}{}^{\alpha\beta}_{i;j}V^{\beta}+\frac{1}{r}T_{(r-1)}{}_{ij}V^{\alpha}\Big]_{,ij}+\sum_{p}S^{\alpha}_{r,p}V^{p}$$
$$-\sum_{\beta}S^{\beta}_rL^{\alpha}_{\beta}+S^{\alpha}_r\langle\vec{S}_1,V\rangle-(r+1)\sum_{\beta}T_{(r-1,2)}{}^{\alpha\beta}_{\emptyset}V^{\beta}$$
$$+\frac{c(r-1)(n-r+1)}{r}T_{(r-3,2)}{}^{\alpha\beta}_{\emptyset}V^{\beta}+\frac{c(n-r+1)}{r}S_{r-1}V^{\alpha}, \tag{4.70}$$

$$\frac{\mathrm{d}\hat{S}^{\alpha}_r}{\mathrm{d}t}=\Big[\frac{r-1}{r}\widehat{T_{r-3,2}}{}^{\alpha\beta}_{ij}V^{\beta}+\frac{1}{r}\widehat{T_{r-1}}{}_{ij}V^{\alpha}\Big]_{,ij}$$
$$-\Big[\frac{(r-1)(n+1-r)}{(nr)}\widehat{T_{(r-3,2)}}{}^{\alpha\beta}_{\emptyset}V^{\beta}+\frac{(n+1-r)}{nr}\hat{S}_{r-1}V^{\alpha}\Big]_{,ii}$$
$$+2\Big[\frac{(r-1)(n+1-r)}{(nr)}\widehat{T_{(r-3,2)}}{}^{\alpha\beta}_{\emptyset,i}V^{\beta}+\frac{(n+1-r)}{nr}\hat{S}_{r-1,i}V^{\alpha}\Big]_{,i}$$
$$-\Big[\frac{(r-1)(n+1-r)}{(nr)}\widehat{T_{(r-3,2)}}{}^{\alpha\beta}_{\emptyset,ii}V^{\beta}+\frac{(n+1-r)}{nr}\hat{S}_{r-1,ii}V^{\alpha}\Big]$$
$$+\hat{S}^{\alpha}_{r,p}V^{p}-\hat{S}^{\beta}_rL^{\alpha}_{\beta}-(r+1)\widehat{T_{(r-1,2)}}{}^{\alpha\beta}_{\emptyset}V^{\beta}+r\hat{S}^{\alpha}_r\langle\vec{H},V\rangle$$
$$+\frac{r-1}{r}\widehat{T_{(r-3,2)}}{}^{\alpha\beta}_{i;j}H^{\beta}\hat{h}^{\gamma}_{ij}V^{\gamma}+\frac{1}{r}\widehat{T_{(r-1)}}{}_{ij}H^{\alpha}\hat{h}^{\gamma}_{ij}V^{\gamma}$$

$$-\Big[\frac{(r-1)(n+1-r)}{nr}\widehat{T_{(r-3,2)_\emptyset}}^{\alpha\beta}\hat{\sigma}_{\beta\gamma}V^\gamma$$

$$+\frac{(n+1-r)}{nr}\hat{S}_{r-1}\hat{\sigma}_{\alpha\gamma}V^\gamma\Big]. \tag{4.71}$$

推论 4.12 设$x: M^n \to R^{n+p}(c)$是紧致无边子流形，$V = V^i e_i + V^\alpha e_\alpha$ 是变分向量场，则有

- 当r是偶数时，有[7]

$$\frac{\mathrm{d}}{\mathrm{d}t}\int_M S_r \mathrm{d}v_t = \int_M -(r+1)\langle \vec{S}_{r+1}, V\rangle$$

$$+ c(n-r+1)\langle \vec{S}_{r-1}, V\rangle \mathrm{d}v_t, \tag{4.72}$$

$$\frac{\mathrm{d}}{\mathrm{d}t}\int_M \hat{S}_r \mathrm{d}v_t = \int_M [\widehat{T_{(r-1)}}^{\alpha}_{ij,ji}V^\alpha] - \frac{(n+1-r)}{n}[\hat{S}^{\alpha}_{r-1,ii}V^\alpha]$$

$$-(r+1)\hat{S}^{\alpha}_{r+1}V^\alpha - (n-r)\hat{S}_r\langle \vec{H}, V\rangle$$

$$+\widehat{T_{(r-1)}}^{\alpha}_{ij}H^\alpha \hat{h}^{\beta}_{ij}V^\beta - \frac{(n+1-r)}{n}\hat{S}^{\alpha}_{r-1}\hat{\sigma}_{\alpha\beta}V^\beta \mathrm{d}v_t. \tag{4.73}$$

- 当r是奇数时，有

$$\frac{\mathrm{d}}{\mathrm{d}t}\int_M |\vec{S}_r|^2 \mathrm{d}v$$

$$= \int_M 2S^{\alpha}_{r,ji}\Big[\sum_\beta \frac{r-1}{r}T_{(r-3,2)}{}^{\alpha\beta}_{i;j}V^\beta + \frac{1}{r}T_{(r-1)ij}V^\alpha\Big]$$

$$+|\vec{S}_r|^2\langle \vec{S}_1, V\rangle - 2(r+1)\sum_\beta S^{\alpha}_{r}T_{(r-1,2)_\emptyset}{}^{\alpha\beta}V^\beta$$

$$+2cS^{\alpha}_{r}\Big[\frac{(r-1)(n-r+1)}{r}T_{(r-3,2)_\emptyset}{}^{\alpha\beta}V^\beta$$

$$+\frac{(n+1-r)}{r}S_{(r-1)}V^\alpha\Big]\mathrm{d}v_t, \tag{4.74}$$

$$\frac{\mathrm{d}}{\mathrm{d}t}\int_M |\hat{\vec{S}}_r|^2 \mathrm{d}v$$

$$= \int_M 2\hat{S}^{\alpha}_{r,ji}\Big[\frac{r-1}{r}\widehat{T_{r-3,2}}{}^{\alpha\beta}_{ij}V^\beta + \frac{1}{r}\widehat{T_{r-1}}{}_{ij}V^\alpha\Big]$$

$$
\begin{aligned}
&+4\hat{S}^{\alpha}_{r,j}\Big[\frac{r-1}{r}\widehat{T_{r-3,2}}^{\alpha\beta}_{ij,i}V^{\beta}+\frac{1}{r}\widehat{T_{r-1}}_{ij,i}V^{\alpha}\Big]\\
&+2\hat{S}^{\alpha}_{r}\Big[\frac{r-1}{r}\widehat{T_{r-3,2}}^{\alpha\beta}_{ij,ji}V^{\beta}+\frac{1}{r}\widehat{T_{r-1}}_{ij,ji}V^{\alpha}\Big]\\
&-2\hat{S}^{\alpha}_{r,ii}\Big[\frac{(r-1)(n+1-r)}{(nr)}\widehat{T_{(r-3,2)}}^{\alpha\beta}_{\emptyset}V^{\beta}+\frac{(n+1-r)}{nr}\hat{S}_{r-1}V^{\alpha}\Big]\\
&-4\hat{S}^{\alpha}_{r,i}\Big[\frac{(r-1)(n+1-r)}{(nr)}\widehat{T_{(r-3,2)}}^{\alpha\beta}_{\emptyset,i}V^{\beta}+\frac{(n+1-r)}{nr}\hat{S}_{r-1,i}V^{\alpha}\Big]\\
&-2\hat{S}^{\alpha}_{r}\Big[\frac{(r-1)(n+1-r)}{(nr)}\widehat{T_{(r-3,2)}}^{\alpha\beta}_{\emptyset,ii}V^{\beta}+\frac{(n+1-r)}{nr}\hat{S}_{r-1,ii}V^{\alpha}\Big]\\
&+-2(r+1)\hat{S}^{\alpha}_{r}\widehat{T_{(r-1,2)}}^{\alpha\beta}_{\emptyset}V^{\beta}-(n-2r)|\hat{\vec{S}}_{r}|^{2}\langle\vec{H},V\rangle\\
&+\frac{r-1}{r}2\hat{S}^{\alpha}_{r}\widehat{T_{(r-3,2)}}^{\alpha\beta}_{i;j}H^{\beta}\hat{h}^{\gamma}_{ij}V^{\gamma}+\frac{1}{r}2\hat{S}^{\alpha}_{r}\widehat{T_{(r-1)}}_{ij}H^{\alpha}\hat{h}^{\gamma}_{ij}V^{\gamma}\\
&-2\hat{S}^{\alpha}_{r}\Big[\frac{(r-1)(n+1-r)}{nr}\widehat{T_{(r-3,2)}}^{\alpha\beta}_{\emptyset}\hat{\sigma}_{\beta\gamma}V^{\gamma}\\
&+\frac{(n+1-r)}{nr}\hat{S}_{r-1}\hat{\sigma}_{\alpha\gamma}V^{\gamma}\Big]\mathrm{d}v_{t}.
\end{aligned}\tag{4.75}
$$

对于超曲面的情形，有

推论 4.13 (变分性质) 设$x:M^{n}\to N^{n+1}$是超曲面，$V=V^{i}e_{i}+fN$ 是变分向量场，那么有

$$
\begin{aligned}
&\frac{\mathrm{d}}{\mathrm{d}t}T_{(r)}{}^{k_1\cdots k_s}_{l_1\cdots l_s}\\
&=\sum_{ij}[T_{(r-1)}{}^{k_1\cdots k_s i}_{l_1\cdots l_s j}f]_{,ij}-\sum_{ij}[T_{(r-1)}{}^{k_1\cdots k_s i}_{l_1\cdots l_s j,i}f]_{,j}-\sum_{ij}[T_{(r-1)}{}^{k_1\cdots k_s i}_{l_1\cdots l_s j,j}f]_{,i}\\
&+\sum_{ij}[T_{(r-1)}{}^{k_1\cdots k_s i}_{l_1\cdots l_s j,ji}f]+\sum_{p}T_{(r)}{}^{k_1\cdots k_s}_{l_1\cdots l_s,p}V^{p}\\
&-\sum_{c=1}^{s}\sum_{i}T_{(r)}{}^{k_1\cdots\hat{k}_c\cdots k_s i}_{l_1\cdots\hat{l}_c\cdots l_s l_c}L^{k_c}_{i}+\sum_{c=1}^{s}\sum_{i}T_{(r)}{}^{k_1\cdots\hat{k}_c\cdots k_s k_c}_{l_1\cdots\hat{l}_c\cdots l_s i}L^{i}_{l_c}\\
&+T_{(r)}{}^{k_1\cdots k_s}_{l_1\cdots l_s}S_{1}f+(s-r-1)T_{(r+1)}{}^{k_1\cdots k_s}_{l_1\cdots l_s}f-\Big(\sum_{b=1}^{s}\delta^{k_b}_{l_b}T_{(r+1)}{}^{k_1\cdots\hat{k}_b\cdots k_s}_{l_1\cdots\hat{l}_b\cdots l_s}\Big)f\\
&+\Big(\sum_{b\neq c}T_{(r+1)}{}^{k_1\cdots\hat{k}_c\cdots\hat{k}_b\cdots k_s k_b}_{l_1\cdots\hat{l}_c\cdots\hat{l}_b\cdots l_s l_c}\delta^{k_c}_{l_b}\Big)f+\sum_{ij}T_{(r-1)}{}^{k_1\cdots k_s i}_{l_1\cdots l_s j}\bar{R}_{(n+1)ij(n+1)}f,
\end{aligned}\tag{4.76}
$$

$$
\begin{aligned}
&\frac{\mathrm{d}}{\mathrm{d}t}\widehat{T}_{rl_1\cdots l_s}^{k_1\cdots k_s}\\
&=\sum_{ij}[\widehat{T_{(r-1)}{}_{l_1\cdots l_sj}^{k_1\cdots k_si}f}]_{,ij}-\sum_{ij}[\widehat{T_{(r-1)}{}_{l_1\cdots l_sj,i}^{k_1\cdots k_si}f}]_{,j}\\
&-\sum_{ij}[\widehat{T_{(r-1)}{}_{l_1\cdots l_sj,j}^{k_1\cdots k_si}f}]_{,i}+\sum_{ij}[\widehat{T_{(r-1)}{}_{l_1\cdots l_sj,ji}^{k_1\cdots k_si}f}]\\
&-\sum_{i}[\frac{(n+1-r)}{n}\widehat{T_{(r-1)}{}_{l_1\cdots l_s}^{k_1\cdots k_s}}f]_{,ii}+\sum_{i}[\frac{2(n+1-r)}{n}\widehat{T_{(r-1)}{}_{l_1\cdots l_s,i}^{k_1\cdots k_s}}f]_{,i}\\
&-\sum_{i}[\frac{(n+1-r)}{n}\widehat{T_{(r-1)}{}_{l_1\cdots l_s,ii}^{k_1\cdots k_s}}f]+\sum_{p}\widehat{T_{(r)}{}_{l_1\cdots l_s,p}^{k_1\cdots k_s}}V^p\\
&-\sum_{c=1}^{s}\sum_{i}\widehat{T_{(r)}{}_{l_1\cdots\hat{l}_c\cdots l_sl_c}^{k_1\cdots\hat{k}_c\cdots k_si}}L_i^{k_c}-\sum_{c=1}^{s}\sum_{j}\widehat{T_{(r)}{}_{l_1\cdots\hat{l}_c\cdots l_sj}^{k_1\cdots\hat{k}_c\cdots k_sk_c}}L_j^{l_c}\\
&-[(r+1)\widehat{T_{(r+1)}{}_{l_1\cdots l_s}^{k_1\cdots k_s}}f]-\sum_{c=1}^{s}\sum_{j}[\widehat{T_{(r)}{}_{l_1\cdots\hat{l}_c\cdots l_sj}^{k_1\cdots\hat{k}_c\cdots k_sk_c}}\hat{h}_{jl_c}f]\\
&+r\widehat{T_{(r)}{}_{l_1\cdots l_s}^{k_1\cdots k_s}}Hf+[\widehat{T_{(r-1)}{}_{l_1\cdots l_sj}^{k_1\cdots k_si}}H\hat{h}_{ij}f]-[\frac{(n+1-r)}{n}\widehat{T_{(r-1)}{}_{l_1\cdots l_s}^{k_1\cdots k_s}}\hat{\sigma}f]\\
&+[\widehat{T_{(r-1)}{}_{l_1\cdots l_sj}^{k_1\cdots k_si}}\bar{R}_{(n+1)ij(n+1)}f]-[\frac{(n+1-r)}{n}\widehat{T_{(r-1)}{}_{l_1\cdots l_s}^{k_1\cdots k_s}}\bar{R}_{(n+1)(n+1)}f].
\end{aligned}
\tag{4.77}
$$

推论 4.14 (变分性质) 设$x: M^n \to R^{n+1}(c)$是超曲面，$V = V^ie_i + fN$ 是变分向量场，那么有

$$
\begin{aligned}
\frac{\mathrm{d}}{\mathrm{d}t}T_{(r)}{}_{l_1\cdots l_s}^{k_1\cdots k_s}&=\sum_{ij}[T_{(r-1)}{}_{l_1\cdots l_sj}^{k_1\cdots k_si}f]_{,ij}+\sum_{p}T_{(r)}{}_{l_1\cdots l_s,p}^{k_1\cdots k_s}V^p\\
&-\sum_{c=1}^{s}\sum_{i}T_{(r)}{}_{l_1\cdots\hat{l}_c\cdots l_sl_c}^{k_1\cdots\hat{k}_c\cdots k_si}L_i^{k_c}+\sum_{c=1}^{s}\sum_{i}T_{(r)}{}_{l_1\cdots\hat{l}_c\cdots l_si}^{k_1\cdots\hat{k}_c\cdots k_sk_c}L_{l_c}^{i}\\
&+T_{(r)}{}_{l_1\cdots l_s}^{k_1\cdots k_s}S_1f+(s-r-1)T_{(r+1)}{}_{l_1\cdots l_s}^{k_1\cdots k_s}f\\
&-\Big(\sum_{b=1}^{s}\delta_{l_b}^{k_b}T_{(r+1)}{}_{l_1\cdots\hat{l}_b\cdots l_s}^{k_1\cdots\hat{k}_b\cdots k_s}\Big)f+\Big(\sum_{b\neq c}T_{(r+1)}{}_{l_1\cdots\hat{l}_c\cdots\hat{l}_b\cdots l_sl_c}^{k_1\cdots\hat{k}_c\cdots\hat{k}_b\cdots k_sk_b}\delta_{l_b}^{k_c}\Big)f\\
&+c(n+1-r-s)T_{(r-1)}{}_{l_1\cdots l_s}^{k_1\cdots k_s}f,
\end{aligned}
\tag{4.78}
$$

$$
\frac{\mathrm{d}}{\mathrm{d}t}\widehat{T}_{rl_1\cdots l_s}^{k_1\cdots k_s}=\sum_{ij}[\widehat{T_{(r-1)}{}_{l_1\cdots l_sj}^{k_1\cdots k_si}f}]_{,ij}-\sum_{ij}[\widehat{T_{(r-1)}{}_{l_1\cdots l_sj,i}^{k_1\cdots k_si}f}]_{,j}
$$

$$
\begin{aligned}
&-\sum_{ij}[\widehat{T_{(r-1)}}{}^{k_1\cdots k_s i}_{l_1\cdots l_s j,j}f]_{,i}+\sum_{ij}[\widehat{T_{(r-1)}}{}^{k_1\cdots k_s i}_{l_1\cdots l_s j,ji}f]\\
&-\sum_{i}\Big[\frac{(n+1-r)}{n}\widehat{T_{(r-1)}}{}^{k_1\cdots k_s}_{l_1\cdots l_s}f\Big]_{,ii}\\
&+\sum_{i}\Big[\frac{2(n+1-r)}{n}\widehat{T_{(r-1)}}{}^{k_1\cdots k_s}_{l_1\cdots l_s,i}f\Big]_{,i}\\
&-\sum_{i}\Big[\frac{(n+1-r)}{n}\widehat{T_{(r-1)}}{}^{k_1\cdots k_s}_{l_1\cdots l_s,ii}f\Big]+\sum_{p}\widehat{T_{(r)}}{}^{k_1\cdots k_s}_{l_1\cdots l_s,p}V^p\\
&-\sum_{c=1}^{s}\sum_{i}\widehat{T_{(r)}}{}^{k_1\cdots\hat{k}_c\cdots k_s i}_{l_1\cdots\hat{l}_c\cdots l_s l_c}L^{k_c}_i-\sum_{c=1}^{s}\sum_{j}\widehat{T_{(r)}}{}^{k_1\cdots\hat{k}_c\cdots k_s k_c}_{l_1\cdots\hat{l}_c\cdots l_s j}L^{l_c}_j\\
&-[(r+1)\widehat{T_{(r+1)}}{}^{k_1\cdots k_s}_{l_1\cdots l_s}f]-\sum_{c=1}^{s}\sum_{j}[\widehat{T_{(r)}}{}^{k_1\cdots\hat{k}_c\cdots k_s k_c}_{l_1\cdots\hat{l}_c\cdots l_s j}\hat{h}_{jl_c}f]\\
&+r\widehat{T_{(r)}}{}^{k_1\cdots k_s}_{l_1\cdots l_s}Hf+[\widehat{T_{(r-1)}}{}^{k_1\cdots k_s i}_{l_1\cdots l_s j}H\hat{h}_{ij}f]\\
&-\Big[\frac{(n+1-r)}{n}\widehat{T_{(r-1)}}{}^{k_1\cdots k_s}_{l_1\cdots l_s}\hat{\sigma}f\Big].
\end{aligned}
\tag{4.79}
$$

推论 4.15 设$x: M^n\to N^{n+1}$是超曲面， $V=V^ie_i+fN$ 是变分向量场，r为任意数，那么有

$$
\begin{aligned}
\frac{\mathrm{d}}{\mathrm{d}t}S_r=&\sum_{ij}[T_{(r)ij}f]_{,ij}-\sum_{ij}2[T_{(r)ij,j}f]_{,i}\\
&+\sum_{ij}[T_{(r)ij,ji}f]+\sum_{p}S_{r,p}V^p+S_rS_1f\\
&-(r+1)S_{r+1}f+\sum_{ij}T_{(r-1)ij}\bar{R}_{(n+1)ij(n+1)}f,
\end{aligned}
\tag{4.80}
$$

$$
\begin{aligned}
\frac{\mathrm{d}}{\mathrm{d}t}\hat{S}_r=&[\widehat{T_{(r-1)}}_{ij}f]_{,ij}-2[\widehat{T_{(r-1)}}_{ij,i}f]_{,j}+[\widehat{T_{(r-1)}}_{ij,ji}f]\\
&-\frac{(n+1-r)}{n}[\hat{S}_{r-1}f]_{,ii}+\frac{2(n+1-r)}{n}[\hat{S}_{r-1,i}f]_{,i}\\
&-\frac{(n+1-r)}{n}[\hat{S}_{r-1,ii}f]+\hat{S}_{r,p}V^p-(r+1)\hat{S}_{r+1}f\\
&+r\hat{S}_rHf+\widehat{T_{(r-1)}}_{ij}H\hat{h}_{ij}f-\frac{(n+1-r)}{n}\hat{S}_{r-1}\hat{\sigma}f
\end{aligned}
$$

$$+\widehat{T_{(r-1)}}_{ij}\bar{R}_{(n+1)ij(n+1)}f-\frac{(n+1-r)}{n}\hat{S}_{r-1}\bar{R}_{(n+1)(n+1)}f. \tag{4.81}$$

推论 4.16 设$x: M^n\to N^{n+1}$是超曲面，$V=V^ie_i+fN$是变分向量场，r为任意数，那么有

$$\frac{\mathrm{d}}{\mathrm{d}t}\int_M S_r\mathrm{d}v=\int_M\sum_{ij}[T_{(r)ij,ji}f]-(r+1)S_{r+1}f+\sum_{ij}T_{(r-1)ij}\bar{R}_{(n+1)ij(n+1)}f\mathrm{d}v, \tag{4.82}$$

$$\begin{aligned}\frac{\mathrm{d}}{\mathrm{d}t}\int_M\hat{S}_r\mathrm{d}v=\int_M&[\widehat{T_{(r-1)}}_{ij,ji}f]-\frac{(n+1-r)}{n}[\hat{S}_{r-1,ii}f]\\&-(r+1)\hat{S}_{r+1}f-(n-r)\hat{S}_rHf+\widehat{T_{(r-1)}}_{ij}H\hat{h}_{ij}f\\&-\frac{(n+1-r)}{n}\hat{S}_{r-1}\hat{\sigma}f+\widehat{T_{(r-1)}}_{ij}\bar{R}_{(n+1)ij(n+1)}f\\&-\frac{(n+1-r)}{n}\hat{S}_{r-1}\bar{R}_{(n+1)(n+1)}f\mathrm{d}v.\end{aligned} \tag{4.83}$$

推论 4.17 设$x: M^n\to R^{n+1}(c)$是超曲面，$V=V^ie_i+fN$是变分向量场，r为任意数，那么有

$$\begin{aligned}\frac{\mathrm{d}}{\mathrm{d}t}S_r=&\sum_{ij}[T_{(r)ij}f]_{,ij}+\sum_pS_{r,p}V^p+S_rS_1f\\&-(r+1)S_{r+1}f+c(n-r+1)S_{r-1}f,\end{aligned} \tag{4.84}$$

$$\begin{aligned}\frac{\mathrm{d}}{\mathrm{d}t}\hat{S}_r=&[\widehat{T_{(r-1)}}_{ij}f]_{,ij}-2[\widehat{T_{(r-1)}}_{ij,i}f]_{,j}+[\widehat{T_{(r-1)}}_{ij,ji}f]\\&-\frac{(n+1-r)}{n}[\hat{S}_{r-1}f]_{,ii}+\frac{2(n+1-r)}{n}[\hat{S}_{r-1,i}f]_{,i}\\&-\frac{(n+1-r)}{n}[\hat{S}_{r-1,ii}f]+\hat{S}_{r,p}V^p-(r+1)\hat{S}_{r+1}f\\&+r\hat{S}_rHf+\widehat{T_{(r-1)}}_{ij}H\hat{h}_{ij}f-\frac{(n+1-r)}{n}\hat{S}_{r-1}\hat{\sigma}f.\end{aligned} \tag{4.85}$$

推论 4.18 设$x: M^n\to R^{n+1}(c)$是紧致无边子流形，$V=V^ie_i+fN$是变

分向量场，r为任意数，那么有

$$\frac{\mathrm{d}}{\mathrm{d}t}\int_M S_r \mathrm{d}v_t = \int_M -(r+1)S_{r+1}f + c(n-r+1)S_{r-1}f\mathrm{d}v_t, \tag{4.86}$$

$$\begin{aligned}\frac{\mathrm{d}}{\mathrm{d}t}\int_M \hat{S}_r \mathrm{d}v = \int_M & [\widehat{T_{(r-1)ij,ji}f}] - \frac{(n+1-r)}{n}[\hat{S}_{r-1,ii}f] \\ & -(r+1)\hat{S}_{r+1}f - (n-r)\hat{S}_r Hf \\ & + \widehat{T_{(r-1)ij}}H\hat{h}_{ij}f - \frac{(n+1-r)}{n}\hat{S}_{r-1}\hat{\sigma}f\mathrm{d}v_t.\end{aligned} \tag{4.87}$$

第 5 章　自伴算子的组合构造

从第二基本型出发，按照一定的规则，可以构造新的张量，这些张量在刻画某些特殊子流形和简化某些泛函的计算时有巨大的应用，除此之外，这些特殊张量可以构造一些二阶微分算子，特别是一些自伴的二阶微分算子，在研究子流形刚性定理和间隙定理时有重要作用。本章主要研究一种特殊的张量构造的特殊算子，参见文献[5, 42]。

5.1　自伴算子的定义

设$\varphi=\sum_{ij}\varphi_{ij}\theta^i\otimes\theta^j$是流形$(M,ds^2)$上的对称张量。定义Cheng-Yau微分算子：

$$\square f=\sum_{ij}\varphi_{ij}f_{,ij}.$$

对于这个算子，容易得如下的定理：

定理 5.1 [12]　设(M,ds^2)是紧致无边的，算子$\square$是自伴随的(在L^2中)，当且仅当对任意的i，有

$$\sum_j\varphi_{ij,j}=0.$$

◇

证明　假设函数f,g是光滑的，利用Stokes定理和分部积分公式，通过直接计算，有

$$\begin{aligned}\int_M\square f\,g\mathrm{d}v&=\int_M\varphi_{ij}f_{,ij}g\mathrm{d}v\\&=\int_M(\varphi_{ij}f_{,i})_{,j}g-\varphi_{ij,j}f_{,i}g\mathrm{d}v\\&=\int_M-\varphi_{ij}f_{,i}g_{,j}-\varphi_{ij,j}f_{,i}g\mathrm{d}v\\&=\int_M-(\varphi_{ij}f)_{,i}g_{,j}+\varphi_{ij,i}fg_{,j}-\varphi_{ij,j}f_{,i}g\mathrm{d}v\end{aligned}$$

$$=\int_M (\varphi_{ij}fg)_{,ji}+\varphi_{ij,i}fg_{,j}-\varphi_{ij,j}f_{,i}g\mathrm{d}v$$

$$=\int_M \Box g\, f+\varphi_{ji,i}fg_{,j}-\varphi_{ij,j}f_{,i}g\mathrm{d}v.$$

因此，根据函数和张量 f, $f_{,i}$, g, $g_{,j}$ 的任意性，算子$\Box$为自伴算子当且仅当

$$\sum_j \varphi_{ij,j}=0,\ \ \forall i.$$

□

我们列出一些自伴随算子的例子。

例 5.1 最著名的例了自然是Δ算了，即 $\varphi_{ij}=\delta_{ij}$.

例 5.2 由第二Bianchi恒等式，有$\sum_j R_{ij,j}=\frac{1}{2}R_{,i}$，因此可以定义$\varphi_{ij}=\frac{1}{2}R\delta_{ij}-R_{ij}$. 实际上，我们可以给出一个简洁的证明。

证明 我们知道Bianchi等式和对称等式

$$R_{ijkl,h}+R_{ijlh,k}+R_{ijhk,l}=0,\quad R_{ijkl}=R_{klij}.$$

所以根据定义和上面的等式有

$$I=\sum_j R_{ij,j}=\sum_{jk}R_{ikkj,j}=\sum_{jk}R_{kjik,j}$$

$$=\sum_{jk}-(R_{kjkj,i}+R_{kjji,k})=-R_{,i}-\sum_k R_{ik,k}=R_{,i}-I,$$

$$I=\sum_j R_{ij,j}=\frac{1}{2}R_{,i}.$$

□

例 5.3 设对称张量 $a=\sum_{ij}a_{ij}\theta^i\otimes\theta^j$ 满足Codazzi方程 $a_{ij,k}=a_{ik,j}$，则算子 $\varphi_{ij}=(\sum_k a_{kk})\delta_{ij}-a_{ij}$ 是自伴随的。 并且有如下的推导：

$$\sum_j \varphi_{ij,j}=\sum_j\Big(\sum_k a_{kk}\Big)_{,j}\delta_{ij}-\sum_j a_{ij,j}$$

$$=[\mathrm{tr}(a)]_{,i}-\sum_j a_{ji,j}$$

$$=[\mathrm{tr}(a)]_{,i} - \sum_j a_{jj,i}$$

$$=[\mathrm{tr}(a)]_{,i} - [\mathrm{tr}(a)]_{,i} = 0.$$

例 5.4 设$x : M \to R^{n+1}(c)$是子流形，h_{ij}显然满足Codazzi方程，算子$\varphi_{ij} = nH\delta_{ij} - h_{ij}$是自伴随的。定义如下：

$$\square : \quad C^\infty(M) \to C^\infty(M),$$

$$f \to (nH\delta_{ij} - h_{ij})f_{ij} = nH\Delta f - \sum_{ij} h_{ij} f_{ij}.$$

例 5.5 设$x : M \to R^{n+p}(c)$是子流形，h^α_{ij}显然满足Codazzi方程，算子$\varphi^\alpha_{ij} = nH^\alpha\delta_{ij} - h^\alpha_{ij}$对于固定的$\alpha$是自伴随的。定义如下：

$$\square^\alpha : \quad C^\infty(M) \to C^\infty(TM),$$

$$f \to (nH^\alpha\delta_{ij} - h^\alpha_{ij})f_{ij} = nH^\alpha\Delta f - \sum_{ij} h^\alpha_{ij} f_{ij},$$

$$\square : \quad C^\infty(M) \to C^\infty(T^\perp M),$$

$$f \to (nH^\alpha\delta_{ij} - h^\alpha_{ij})f_{ij}e_\alpha = n\Delta f\vec{H} - \sum_{ij} f_{ij}B_{ij},$$

$$\square^* : \quad C^\infty(T^\perp M) \to C^\infty(TM),$$

$$\xi^\alpha e_\alpha \to \Delta(nH^\alpha\xi^\alpha) - (h^\alpha_{ij}\xi^\alpha)_{,ij} = nH^\alpha\Delta\xi^\alpha - h^\alpha_{ij}\xi^\alpha_{,ij}.$$

例 5.6 设$x : M \to R^{n+1}(c)$是子流形，Newton变换${T_{(r)}}^i_j$显然散度为零，算子$\varphi_{ij} = {T_{(r)}}^i_j$是自伴随的。当$p = 1$时，定义如下：

$$L_r : \quad C^\infty(M) \to C^\infty(M),$$

$$f \to {T_{(r)}}^i_j f_{ij}.$$

$$L_r^* = L_r,$$

$$\int_M L_r^*(f) = \int_M L_r(f) = 0,$$

$$\int_M fL_r(g) = -\int_M \langle T_{(r)}Df, Dg\rangle,$$

$$Q_r: \quad C^\infty(M) \to C^\infty(M),$$

$$f \to T_{(r)}{}^i_j f_{ij} + c(n-r)S_r f,$$

$$Q_r = L_r + c(n-r)S_r \circ id.$$

例 5.7 设$x: M \to R^{n+p}(c)$是子流形，r是偶数，Newton变换$T_{(r)}{}^i_j$显然散度为零，算子 $\varphi_{ij} = T_{(r)}{}^i_j$ 是自伴随的。当$p \geqslant 2$时，定义如下：

$$L_r: \quad C^\infty(M) \to C^\infty(M),$$

$$f \to T_{(r)}{}^i_j f_{ij}.$$

$$L_r^* = L_r,$$

$$\int_M L_r^*(f) = \int_M L_r(f) = 0,$$

$$\int_M f L_r(g) = -\int_M \langle T_{(r)} Df, Dg \rangle,$$

$$Q_r: \quad C^\infty(M) \to C^\infty(M),$$

$$f \to T_{(r)}{}^i_j f_{ij} + c(n-r)S_r f,$$

$$Q_r = L_r + c(n-r)S_r \circ id.$$

例 5.8 设$x: M \to R^{n+p}(c)$是子流形，设r是奇数，Newton变换 $T_{(r)}{}^\alpha_{ij}$ 显然散度为零，算子$\varphi^\alpha_{ij} = T_{(r)}{}^\alpha_{ij}$对于固定的 α 是自伴随的。当$p \geqslant 2$时，定义如下：

$$L_r^\alpha: \quad C^\infty(M) \to C^\infty(M),$$

$$f \to T_{(r)}{}^\alpha_{ij} f_{ij},$$

$$L_r: \quad C^\infty(M) \to C^\infty(T^\perp M),$$

$$f \to T_{(r)}{}^\alpha_{ij} f_{ij} e_\alpha,$$

$$\int_M L_r^\alpha f = \int_M \langle L_r f, e_\alpha \rangle = 0.$$

$$L_r^*: \quad C^\infty(T^\perp M) \to C^\infty(M),$$

$$\xi^\alpha e_\alpha \to T_{(r)}{}_{ij}^{\alpha}\xi^\alpha_{,ij},$$

$$\int_M L_r^*(\xi^\alpha e_\alpha) = 0.$$

$$Q_r^\alpha: \quad C^\infty(M) \to C^\infty(M),$$

$$f \to T_{(r)}{}_{ij}^{\alpha} f_{ij} + c(n-r)\langle \vec{S}_r, e_\alpha\rangle f,$$

$$Q_r^\alpha = L_r^\alpha + c(n-r)\langle \vec{S}_r, e_\alpha\rangle id,$$

$$Q_r: \quad C^\infty(M) \to C^\infty(T^\perp M),$$

$$f \to T_{(r)}{}_{ij}^{\alpha} f_{ij} e_\alpha + c(n-r) f \cdot \vec{S}_r,$$

$$Q_r = L_r + c(n-r)\vec{S}_r \circ id.$$

5.2 特殊函数的计算

我们知道，子流形第二基本型长度函数和Willmore不变量分别定义为

$$S = \sum_{ij\alpha}(h_{ij}^\alpha)^2, \quad \rho = S - nH^2,$$

它们的二阶协变导数的计算是非常有用的。我们分别计算之。

(1) 在一般流形中且$p \geqslant 2$时

$$\begin{aligned}
S_{,kl} &= \sum_{ijkl\alpha} 2(h_{ij}^\alpha h_{ij,k}^\alpha)_{,l} \\
&= \sum_{ij\alpha} 2h_{ij}^\alpha h_{ij,kl}^\alpha + \sum_{ij\alpha} 2h_{ij,k}^\alpha h_{ij,l}^\alpha \\
&= \sum_{ij\alpha} 2h_{ij}^\alpha[(h_{ij,k}^\alpha - h_{ik,j}^\alpha)_{,l} + (h_{ik,jl}^\alpha - h_{ik,lj}^\alpha) \\
&\quad + (h_{ki,l}^\alpha - h_{kl,i}^\alpha)_{,j} + h_{kl,ij}^\alpha] + 2\sum_{ij\alpha} h_{ij,k}^\alpha h_{ij,l}^\alpha \qquad (5.1) \\
&= \sum_{ij\alpha} -2h_{ij}^\alpha \bar{R}_{ijk,l}^\alpha + \sum_{ij\alpha} 2h_{ij}^\alpha \bar{R}_{kli,j}^\alpha
\end{aligned}$$

$$
\begin{aligned}
&+\sum_{ij\alpha}2h^{\alpha}_{ij}h^{\alpha}_{kl,ij}+\sum_{ij\alpha}2h^{\alpha}_{ij,k}h^{\alpha}_{ij,l}\\
&+2\Big[\sum_{ijp\alpha}h^{\alpha}_{ij}h^{\alpha}_{pk}\bar{R}_{ipjl}+\sum_{ijp\alpha}h^{\alpha}_{ij}h^{\alpha}_{ip}\bar{R}_{kpjl}\\
&+\sum_{ij\alpha\beta}h^{\alpha}_{ij}h^{\beta}_{ik}\bar{R}_{\alpha\beta jl}+\sum_{ijp\alpha\beta}(h^{\alpha}_{ij}h^{\beta}_{il}h^{\alpha}_{kp}h^{\beta}_{pj}-h^{\alpha}_{ij}h^{\beta}_{ij}h^{\alpha}_{kp}h^{\beta}_{pl})\\
&+\sum_{ijp\alpha\beta}(h^{\alpha}_{ij}h^{\alpha}_{ip}h^{\beta}_{pj}h^{\beta}_{kl}-h^{\alpha}_{ij}h^{\alpha}_{ip}h^{\beta}_{pl}h^{\beta}_{jk})\\
&+\sum_{ijp\alpha\beta}(h^{\alpha}_{ij}h^{\beta}_{ik}h^{\beta}_{jp}h^{\alpha}_{pl}-h^{\alpha}_{ij}h^{\beta}_{ik}h^{\alpha}_{jp}h^{\beta}_{pl})\Big],
\end{aligned}
\tag{5.2}
$$

$$
\begin{aligned}
\rho_{,kl}=&S_{,kl}-\sum_{\alpha}2nH^{\alpha}_{,k}H^{\alpha}_{,l}-\sum_{\alpha}2nH^{\alpha}H^{\alpha}_{,kl}\\
=&\sum_{ij\alpha}-2h^{\alpha}_{ij}\bar{R}^{\alpha}_{ijk,l}+\sum_{ij\alpha}2h^{\alpha}_{ij}\bar{R}^{\alpha}_{kli,j}\\
&+\sum_{ij\alpha}2h^{\alpha}_{ij}h^{\alpha}_{kl,ij}+\sum_{ij\alpha}2h^{\alpha}_{ij,k}h^{\alpha}_{ij,l}\\
&+2\Big[\sum_{ijp\alpha}h^{\alpha}_{ij}h^{\alpha}_{pk}\bar{R}_{ipjl}+\sum_{ijp\alpha}h^{\alpha}_{ij}h^{\alpha}_{ip}\bar{R}_{kpjl}+\sum_{ij\alpha\beta}h^{\alpha}_{ij}h^{\beta}_{ik}\bar{R}_{\alpha\beta jl}\\
&+\sum_{ijp\alpha\beta}(h^{\alpha}_{ij}h^{\beta}_{il}h^{\alpha}_{kp}h^{\beta}_{pj}-h^{\alpha}_{ij}h^{\beta}_{ij}h^{\alpha}_{kp}h^{\beta}_{pl})\\
&+\sum_{ijp\alpha\beta}(h^{\alpha}_{ij}h^{\alpha}_{ip}h^{\beta}_{pj}h^{\beta}_{kl}-h^{\alpha}_{ij}h^{\alpha}_{ip}h^{\beta}_{pl}h^{\beta}_{jk})\\
&+\sum_{ijp\alpha\beta}(h^{\alpha}_{ij}h^{\beta}_{ik}h^{\beta}_{jp}h^{\alpha}_{pl}-h^{\alpha}_{ij}h^{\beta}_{ik}h^{\alpha}_{jp}h^{\beta}_{pl})\Big]\\
&-\sum_{\alpha}2nH^{\alpha}_{,k}H^{\alpha}_{,l}-\sum_{\alpha}2nH^{\alpha}H^{\alpha}_{,kl},
\end{aligned}
\tag{5.3}
$$

$$
\begin{aligned}
\Delta S=&\sum_{k}S_{,kk}\\
=&\sum_{ijk\alpha}-2h^{\alpha}_{ij}\bar{R}^{\alpha}_{ijk,k}+\sum_{ijk\alpha}2h^{\alpha}_{ij}\bar{R}^{\alpha}_{kki,j}\\
&+\sum_{ij\alpha}2nh^{\alpha}_{ij}H^{\alpha}_{,ij}+2|Dh|^{2}\\
&+2\Big(\sum_{ijpk\alpha}h^{\alpha}_{ij}h^{\alpha}_{pk}\bar{R}_{ipjk}+\sum_{ijpk\alpha}h^{\alpha}_{ij}h^{\alpha}_{ip}\bar{R}_{kpjk}
\end{aligned}
$$

$$+\sum_{ijk\alpha\beta}h_{ij}^{\alpha}h_{ik}^{\beta}\bar{R}_{\alpha\beta jk}\Big)-\sum_{\alpha\neq\beta}2N(A_{\alpha}A_{\beta}-A_{\beta}A_{\alpha})$$

$$+\sum_{\alpha\beta}2nS_{\alpha\alpha\beta}H^{\beta}-2(S_{\alpha\beta})^{2}, \tag{5.4}$$

$$\begin{aligned}\Delta\rho=&\sum_{ijk\alpha}-2h_{ij}^{\alpha}\bar{R}_{ijk,k}^{\alpha}+\sum_{ijk\alpha}2h_{ij}^{\alpha}\bar{R}_{kki,j}^{\alpha}\\&+\sum_{ij\alpha}2nh_{ij}^{\alpha}H_{,ij}^{\alpha}+2|Dh|^{2}\\&+2\Big(\sum_{ijpk\alpha}h_{ij}^{\alpha}h_{pk}^{\alpha}\bar{R}_{ipjk}+\sum_{ijpk\alpha}h_{ij}^{\alpha}h_{ip}^{\alpha}\bar{R}_{kpjk}\\&+\sum_{ijk\alpha\beta}h_{ij}^{\alpha}h_{ik}^{\beta}\bar{R}_{\alpha\beta jk}\Big)-\sum_{\alpha\neq\beta}2N(A_{\alpha}A_{\beta}-A_{\beta}A_{\alpha})\\&+\sum_{\alpha\beta}2nS_{\alpha\alpha\beta}H^{\beta}-2(S_{\alpha\beta})^{2}\\&-2n|\nabla\vec{H}|^{2}-\sum_{\alpha}2nH^{\alpha}\Delta H^{\alpha}.\end{aligned} \tag{5.5}$$

(2) 在一般流形中且$p=1$时

$$\begin{aligned}S_{,kl}=&\sum_{ij}2h_{ij}\bar{R}_{(n+1)ijk,l}-\sum_{ij}2h_{ij}\bar{R}_{(n+1)kli,j}\\&+\sum_{ij}2h_{ij}h_{kl,ij}+\sum_{ij}2h_{ij,k}h_{ij,l}\\&+2\Big[\sum_{ijp}h_{ij}h_{pk}\bar{R}_{ipjl}+\sum_{ijp}h_{ij}h_{ip}\bar{R}_{kpjl}\\&-S\sum_{p}h_{kp}h_{pl}+\sum_{ijp}(h_{ij}h_{il}h_{kp}h_{pj}\\&+h_{ij}h_{ip}h_{pj}h_{kl}-h_{ij}h_{ip}h_{pl}h_{jk})\Big],\end{aligned} \tag{5.6}$$

$$\begin{aligned}\rho_{,kl}=&S_{,kl}-2nH_{,k}H_{,l}-2nHH_{,kl}\\=&\sum_{ij}2h_{ij}\bar{R}_{(n+1)ijk,l}-\sum_{ij}2h_{ij}\bar{R}_{(n+1)kli,j}\\&+\sum_{ij}2h_{ij}h_{kl,ij}+\sum_{ij}2h_{ij,k}h_{ij,l}\end{aligned}$$

$$
\begin{aligned}
&+2\Big[\sum_{ijp}h_{ij}h_{pk}\bar{R}_{ipjl}+\sum_{ijp}h_{ij}h_{ip}\bar{R}_{kpjl}\\
&-S\sum_{p}h_{kp}h_{pl}+\sum_{ijp}(h_{ij}h_{il}h_{kp}h_{pj}\\
&+h_{ij}h_{ip}h_{pj}h_{kl}-h_{ij}h_{ip}h_{pl}h_{jk})\Big]\\
&-2nH_{,k}H_{,l}-2nHH_{,kl},
\end{aligned}
\tag{5.7}
$$

$$
\begin{aligned}
\Delta S&=\sum_{k}S_{,kk}\\
&=\sum_{ijk}2h_{ij}\bar{R}_{(n+1)ijk,k}-\sum_{ijk}2h_{ij}\bar{R}_{(n+1)kki,j}\\
&\quad+\sum_{ij}2nh_{ij}H_{,ij}+2|Dh|^2\\
&\quad+\sum_{ijkl}2h_{ij}h_{kl}\bar{R}_{iljk}+\sum_{ijkl}2h_{ij}h_{il}\bar{R}_{jkkl}\\
&\quad-2S^2+2nP_3H,
\end{aligned}
\tag{5.8}
$$

$$
\begin{aligned}
\Delta\rho&=\Delta S-2n|\nabla H|^2-2nH\Delta H\\
&=\sum_{ijk}2h_{ij}\bar{R}_{(n+1)ijk,k}-\sum_{ijk}2h_{ij}\bar{R}_{(n+1)kki,j}\\
&\quad+\sum_{ij}2nh_{ij}H_{,ij}+2|Dh|^2\\
&\quad+\sum_{ijkl}2h_{ij}h_{kl}\bar{R}_{iljk}+\sum_{ijkl}2h_{ij}h_{il}\bar{R}_{jkkl}\\
&\quad-2S^2+2nP_3H\\
&\quad-2n|\nabla H|^2-2nH\Delta H.
\end{aligned}
\tag{5.9}
$$

(3) 在空间形式中且$p\geqslant 2$时

$$
\begin{aligned}
S_{,kl}&=\sum_{ij\alpha}2h^{\alpha}_{ij}h^{\alpha}_{kl,ij}+\sum_{ij\alpha}2h^{\alpha}_{ij,k}h^{\alpha}_{ij,l}\\
&\quad+2\Big[\sum_{\alpha}-cnH^{\alpha}h^{\alpha}_{kl}+c\delta_{kl}S
\end{aligned}
$$

$$+\sum_{ijp\alpha\beta}(h^\alpha_{ij}h^\beta_{il}h^\alpha_{kp}h^\beta_{pj}-h^\alpha_{ij}h^\beta_{ij}h^\alpha_{kp}h^\beta_{pl})$$

$$+\sum_{ijp\alpha\beta}(h^\alpha_{ij}h^\alpha_{ip}h^\beta_{pj}h^\beta_{kl}-h^\alpha_{ij}h^\alpha_{ip}h^\beta_{pl}h^\beta_{jk})$$

$$+\sum_{ijp\alpha\beta}(h^\alpha_{ij}h^\beta_{ik}h^\beta_{jp}h^\alpha_{pl}-h^\alpha_{ij}h^\beta_{ik}h^\alpha_{jp}h^\beta_{pl})\Big], \tag{5.10}$$

$$\begin{aligned}\rho_{,kl}=&S_{,kl}-\sum_\alpha 2nH^\alpha_{,k}H^\alpha_{,l}-\sum_\alpha 2nH^\alpha H^\alpha_{,kl}\\
=&\sum_{ij\alpha}2h^\alpha_{ij}h^\alpha_{kl,ij}+\sum_{ij\alpha}2h^\alpha_{ij,k}h^\alpha_{ij,l}\\
&+2\Big[\sum_\alpha -cnH^\alpha h^\alpha_{kl}+c\delta_{kl}S\\
&+\sum_{ijp\alpha\beta}(h^\alpha_{ij}h^\beta_{il}h^\alpha_{kp}h^\beta_{pj}-h^\alpha_{ij}h^\beta_{ij}h^\alpha_{kp}h^\beta_{pl})\\
&+\sum_{ijp\alpha\beta}(h^\alpha_{ij}h^\alpha_{ip}h^\beta_{pj}h^\beta_{kl}-h^\alpha_{ij}h^\alpha_{ip}h^\beta_{pl}h^\beta_{jk})\\
&+\sum_{ijp\alpha\beta}(h^\alpha_{ij}h^\beta_{ik}h^\beta_{jp}h^\alpha_{pl}-h^\alpha_{ij}h^\beta_{ik}h^\alpha_{jp}h^\beta_{pl})\Big]\\
&-\sum_\alpha 2nH^\alpha_{,k}H^\alpha_{,l}-\sum_\alpha 2nH^\alpha H^\alpha_{,kl},\end{aligned} \tag{5.11}$$

$$\begin{aligned}\Delta S=&\sum_k S_{,kk}\\
=&\sum_{ij\alpha}2nh^\alpha_{ij}H^\alpha_{,ij}+2|Dh|^2+2ncS-2n^2cH^2\\
&-\sum_{\alpha\neq\beta}2N(A_\alpha A_\beta-A_\beta A_\alpha)+\sum_{\alpha\beta}2nS_{\alpha\alpha\beta}H^\beta-2(S_{\alpha\beta})^2,\end{aligned} \tag{5.12}$$

$$\begin{aligned}\Delta\rho=&\Delta S-2n|\nabla\vec{H}|^2-\sum_\alpha 2nH^\alpha\Delta H^\alpha\\
=&\sum_{ij\alpha}2nh^\alpha_{ij}H^\alpha_{,ij}+2|Dh|^2+2ncS-2n^2cH^2\\
&-\sum_{\alpha\neq\beta}2N(A_\alpha A_\beta-A_\beta A_\alpha)+\sum_{\alpha\beta}2nS_{\alpha\alpha\beta}H^\beta-2(S_{\alpha\beta})^2\\
&-2n|\nabla\vec{H}|^2-\sum_\alpha 2nH^\alpha\Delta H^\alpha.\end{aligned} \tag{5.13}$$

（4）在空间形式中且$p = 1$时

$$
\begin{aligned}
S_{,kl} =& \sum_{ij} 2h_{ij}h_{kl,ij} + \sum_{ij} 2h_{ij,k}h_{ij,l} - 2cnHh_{kl} + 2c\delta_{kl}S \\
& - 2S \sum_{p} h_{kp}h_{pl} + \sum_{ijp} 2(h_{ij}h_{il}h_{kp}h_{pj} \\
& + h_{ij}h_{ip}h_{pj}h_{kl} - h_{ij}h_{ip}h_{pl}h_{jk}),
\end{aligned}
\tag{5.14}
$$

$$
\begin{aligned}
\rho_{,kl} =& S_{,kl} - 2nH_{,k}H_{,l} - 2nHH_{,kl} \\
=& \sum_{ij} 2h_{ij}h_{kl,ij} + \sum_{ij} 2h_{ij,k}h_{ij,l} - 2cnHh_{kl} + 2c\delta_{kl}S \\
& - 2S \sum_{p} h_{kp}h_{pl} + \sum_{ijp} 2(h_{ij}h_{il}h_{kp}h_{pj} \\
& + h_{ij}h_{ip}h_{pj}h_{kl} - h_{ij}h_{ip}h_{pl}h_{jk}) \\
& - 2nH_{,k}H_{,l} - 2nHH_{,kl},
\end{aligned}
\tag{5.15}
$$

$$
\begin{aligned}
\Delta S =& \sum_{k} S_{,kk} \\
=& \sum_{ij} 2nh_{ij}H_{,ij} + 2|Dh|^2 \\
& - 2n^2cH^2 + 2ncS - 2S^2 + 2nHP_3,
\end{aligned}
\tag{5.16}
$$

$$
\begin{aligned}
\Delta\rho =& \Delta S - 2n|\nabla H|^2 - 2nH\Delta H \\
=& \sum_{ij} 2nh_{ij}H_{,ij} + 2|Dh|^2 - 2n^2cH^2 \\
& + 2ncS - 2S^2 + 2nHP_3 - 2n|\nabla H|^2 - 2nH\Delta H.
\end{aligned}
\tag{5.17}
$$

5.3 特殊向量的计算

空间形式中子流形位置向量、切向量和法向量的二阶协变微分的计算往往可以给出很多特殊子流形的微分刻画。

（1） 位置向量x的协变导数。固定一个向量a，定义函数$f = \langle x, a\rangle$，

根据函数协变导数的定义，有

$$\mathrm{d}f = f_{,i}\theta^i = \langle \mathrm{d}x, a\rangle = \langle e_i, a\rangle\theta^i,$$

$$\begin{aligned} f_{,ij}\theta^j =& \mathrm{d}f_i - f_p\phi_i^p \\ =& \mathrm{d}\langle e_i, a\rangle - \langle e_p, a\rangle\phi_i^p \\ =& \langle \phi_i^p e_p + \phi_i^\alpha e_\alpha - c\theta^i x, a\rangle - \langle e_p, a\rangle\phi_i^p \\ =& \langle h_{ij}^\alpha e_\alpha\theta^j - c\delta_{ij}x\theta^j, a\rangle, \end{aligned}$$

$$x_{,i} = e_i, x_{,ij} = h_{ij}^\alpha e_\alpha - c\delta_{ij}x, \Delta x = n\vec{H} - ncx,$$

$$L_r x = (r+1)\vec{S}_{r+1} - c(n-r)S_r x.$$

（2）切向量e_i的协变导数。固定一个向量a，定义向量场$\eta = \langle e_i, a\rangle e_i = \eta^i e_i$，根据向量场的定义，有

$$\begin{aligned} \eta^i_{,j}\theta^j =& \mathrm{d}\eta^i + \eta^p\phi_p^i = \mathrm{d}\langle e_i, a\rangle + \langle e_p, a\rangle\phi_p^i \\ =& \langle \phi_i^p e_p + \phi_i^\alpha e_\alpha - c\theta^i x, a\rangle + \langle e_p, a\rangle\phi_p^i \\ =& (h_{ij}^\alpha\langle e_\alpha, a\rangle - c\delta_{ij}\langle x, a\rangle)\theta^j, \end{aligned}$$

$$\begin{aligned} e_{i,j} =& h_{ij}^\alpha e_\alpha - c\delta_{ij}x, e_{i,jk} \\ =& h_{ij,k}^\alpha e_\alpha - h_{ij}^\alpha h_{kp}^\alpha e_p - c\delta_{ij}e_k, \end{aligned}$$

$$\Delta e_i = \sum_\alpha nH_{,i}^\alpha e_\alpha - \sum_{jk\alpha} h_{ij}^\alpha h_{jk}^\alpha e_k - ce_i.$$

（3）法向量e_α的协变导数。固定一个向量a，定义向量场$\xi = \langle e_\alpha, a\rangle e_\alpha = \xi^\alpha e_\alpha$，根据向量场协变导数的定义，有

$$\begin{aligned} \xi^\alpha_{,i}\theta^i =& \mathrm{d}\xi^\alpha + \xi^\beta\phi_\beta^\alpha = \mathrm{d}\langle e_\alpha, a\rangle + \langle e_\beta, a\rangle\phi_\beta^\alpha \\ =& \langle \phi_\alpha^p e_p + \phi_\alpha^\beta e_\beta, a\rangle - \langle e_\beta, a\rangle\phi_\alpha^\beta = -h_{ij}^\alpha e_j, \end{aligned}$$

$$e_{\alpha,i} = -h_{ip}^\alpha e_p, e_{\alpha,ij} = -h_{ij,p}^\alpha e_p - h_{ip}^\alpha h_{pj}^\beta e_\beta + ch_{ij}^\alpha x,$$

$$\Delta e_\alpha = -n\sum_i H_{,i}^\alpha e_i - \sum_\beta \sigma_{\alpha\beta}e_\beta + ncH^\alpha x,$$

$$L_r^*(\langle a, e_\alpha\rangle e_\alpha) = -\langle DS_{r+1}, a\rangle - S_{r+1}\langle \vec{S}_1, a\rangle$$
$$+ (r+2)\langle \vec{S}_{r+2}, a\rangle + c(r+1)S_{r+1}\langle x, a\rangle.$$

第 6 章　体积泛函与Willmore泛函

前面五章给出了预备知识，本章开始进入本书的主题部分。为了使读者对于变分法在子流形几何中的应用有充分了解，首先介绍两类在子流形发展史上有重要地位的泛函——体积泛函和Willmore泛函。其中体积泛函的临界点对应欧氏子流形几何中最重要的概念——极小子流形，Willmore泛函的临界点是Willmore子流形对应着共形子流形几何的极小，同时也是著名的Willmore猜想的基础。本章，我们简要介绍和推导两类泛函的第一变分、第二变分、最经典的例子和间隙现象，这是我们研究曲率模长泛函的出发点和启发点。

6.1　体积泛函与极小子流形

在子流形几何中，体积微元是如下定义的：

$$\mathrm{d}v = \theta^1 \wedge \theta^2 \cdots \theta^n.$$

体积泛函

$$V(x) = \int\limits_M \mathrm{d}v = \int\limits_M \theta^1 \wedge \theta^2 \cdots \theta^n$$

是最简单的泛函。

首先我们计算体积泛函的第一变分和第二变分，为此需要几个引理。

引理 6.1　设$x : M \to N^{n+p}$是子流形，$V = V^i e_i + V^\alpha e_\alpha$是变分向量场，则

$$\frac{\partial \mathrm{d}v}{\partial t} = ((\mathrm{div})V^\top - n\sum_\alpha H^\alpha V^\alpha)\mathrm{d}v.$$

引理 6.2　设$x : M \to N^{n+p}$是子流形，$V = V^i e_i + V^\alpha e_\alpha$是变分向量场，则

$$\frac{\partial}{\partial t}H^\alpha = \frac{1}{n}\Delta V^\alpha + \sum_i H^\alpha_{,i}V^i - H^\beta L^\alpha_\beta + \frac{1}{n}S_{\alpha\beta}V^\beta + \frac{1}{n}\bar{R}^\top_{\alpha\beta}V^\beta.$$

以上两个引理的证明已经在第三章给出，在此不再赘述。下面开始计算变分公式。

$$
\begin{aligned}
\frac{\mathrm{d}}{\mathrm{d}t}V(x) &= \int_M \frac{\partial}{\partial t}\mathrm{d}v \\
&= \int_M (\mathrm{div})V^{\top} - n\sum_{\alpha} H^{\alpha}V^{\alpha})\mathrm{d}v \\
&= -n\int_M \sum_{\alpha} H^{\alpha}V^{\alpha}\mathrm{d}v.
\end{aligned}
$$

因此，可以得到体积泛函的临界点的Euler-Lagrange方程为

$$
H^{\alpha} = 0,\ \ \forall\alpha.
$$

称满足上面方程的子流形为极小子流形。我们先给出极小子流形的两个著名的例子。

例 6.1 具有两个不同主曲率的极小等参超曲面，即是Clifford Torus。

$$
C_{m,n-m} = S^m\Big(\sqrt{\frac{m}{n}}\Big)\times S^{n-m}\Big(\sqrt{\frac{n-m}{n}}\Big), 1\leqslant m\leqslant n-1.
$$

对于上面的子流形，我们知道主曲率分别为

$$
k_1 = \cdots = k_m = \sqrt{\frac{n-m}{m}},
$$

$$
k_{m+1} = \cdots = k_n = -\sqrt{\frac{m}{n-m}}.
$$

因此可以计算平均曲率为

$$
H = \frac{1}{n}\Big(m\sqrt{\frac{n-m}{m}} - (n-m)\sqrt{\frac{m}{n-m}}\Big) = 0.
$$

即Clifford Torus是极小子流形。

例 6.2 假设(x,y,z)是三维欧氏空间R^3的自然标架，(u_1,u_2,u_3,u_4,u_5)是

五维欧氏空间R^5的自然标架，定义如下的映射为

$$\left.\begin{aligned} & u_1 = \frac{1}{\sqrt{3}}yz,\ u_2 = \frac{1}{\sqrt{3}}xz,\ u_3 = \frac{1}{\sqrt{3}}xy \\ & u_4 = \frac{1}{2\sqrt{3}}(x^2 - y^2),\ u_5 = \frac{1}{6}(x^2 + y^2 - 2z^2) \\ & x^2 + y^2 + z^2 = 3 \end{aligned}\right\} \tag{6.1}$$

这个映射决定了一个等距嵌入 $x: RP^2 = S^2(\sqrt{3})/Z_2 \to S^4(1)$，称之为Veronese曲面，通过简单的计算知道，第二基本型为

$$A_3 = \begin{pmatrix} 0 & \frac{1}{\sqrt{3}} \\ \frac{1}{\sqrt{3}} & 0 \end{pmatrix},\quad A_4 = \begin{pmatrix} -\frac{1}{\sqrt{3}} & 0 \\ 0 & \frac{1}{\sqrt{3}} \end{pmatrix}.$$

根据上面的第二基本型和定义，通过计算可以得到

$$\left.\begin{aligned} & H^3 = H^4 = 0,\ S_{33} = S_{44} = \frac{2}{3}, \\ & S = \rho = \frac{4}{3},\ S_{34} = S_{43} = 0, \\ & S_{333} = S_{344} = S_{433} = S_{444} = 0. \end{aligned}\right\} \tag{6.2}$$

显然，Veronese曲面是极小子流形。

进一步，在第一变分的基础上我们可以计算第二变分。现假设子流形为极小子流形，

$$\begin{aligned} \frac{d^2}{dt^2}V(x) &= -n\int_M \frac{\partial}{\partial t}(H^\alpha)V^\alpha dv \\ &= -n\int_M [\frac{1}{n}\Delta V^\alpha + \sum_i H^\alpha_{,i}V^i - H^\beta L^\alpha_\beta + \frac{1}{n}S_{\alpha\beta}V^\beta + \frac{1}{n}\bar{R}^\top_{\alpha\beta}V^\beta]V^\alpha dv \\ &= \int_M -V^\alpha\Delta V^\alpha - S_{\alpha\beta}V^\alpha V^\beta - \bar{R}^\top_{\alpha\beta}V^\alpha V^\beta dv \\ &= \int_M |DV^\alpha|^2 - S_{\alpha\beta}V^\alpha V^\beta - \bar{R}^\top_{\alpha\beta}V^\alpha V^\beta dv. \end{aligned}$$

因此，得到如下第二变分公式定理：

定理 6.1 假设$x: M^n \to N^{n+p}$是一般原流形中的极小子流形，$V =$

$V^i e_i + V^\alpha e_\alpha$是变分向量场，则其第二变分为

$$\frac{\mathrm{d}^2}{\mathrm{d}t^2}V(x) = \int_M |DV^\alpha|^2 - S_{\alpha\beta}V^\alpha V^\beta - \bar{R}^{\top}_{\alpha\beta}V^\alpha V^\beta \mathrm{d}v.$$

◇

定理 6.2 假设$x: M^n \to N^{n+1}$是一般原流形中的极小超曲面，$V = V^i e_i + f e_{n+1}$是变分向量场，则其第二变分为

$$\frac{\mathrm{d}^2}{\mathrm{d}t^2}V(x) = \int_M |Df|^2 - S f^2 - \bar{R}^{\top}_{(n+1)(n+1)} f^2 \mathrm{d}v.$$

◇

当流形N^{n+p}是空间形式$R^{n+p}(c)$时，我们知道其黎曼曲率张量可以表达为

$$\bar{R}_{ABCD} = -c(\delta_{AC}\delta_{BD} - \delta_{AD}\delta_{BC}), \bar{R}^{\beta}_{ij\alpha} = -c\delta_{ij}\delta_{\alpha\beta},$$

$$\bar{R}^{\top}_{AB} = \sum_i \bar{R}_{AiiB} = \sum_i -c(\delta_{Ai}\delta_{iB} - \delta_{AB}\delta_{ii}) = nc\delta_{AB} - c\sum_i \delta_{Ai}\delta_{iB},$$

$$\bar{R}^{\perp}_{AB} = \sum_\alpha \bar{R}_{A\alpha\alpha B} = \sum_\alpha -c(\delta_{A\alpha}\delta_{\alpha B} - \delta_{AB}\delta_{\alpha\alpha}) = pc\delta_{AB} - c\sum_\alpha \delta_{A\alpha}\delta_{B\alpha},$$

$$\bar{R}^{\top}_{\alpha\beta} = nc\delta_{\alpha\beta}, \quad \bar{R}^{\perp}_{ij} = pc\delta_{ij}.$$

定理 6.3 假设$x: M^n \to R^{n+p}(c)$是空间形式中的极小子流形，$V = V^i e_i + V^\alpha e_\alpha$是变分向量场，那么其第二变分为

$$\frac{\mathrm{d}^2}{\mathrm{d}t^2}V(x) = \int_M |DV^\alpha|^2 - S_{\alpha\beta}V^\alpha V^\beta - nc|V|^2 \mathrm{d}v. \tag{6.3}$$

◇

定理 6.4 假设$x: M^n \to R^{n+1}(c)$是空间形式中的极小超曲面，$V = V^i e_i + f e_{n+1}$是变分向量场，那么其第二变分为

$$\frac{\mathrm{d}^2}{\mathrm{d}t^2}V(x) = \int_M |Df|^2 - S f^2 - ncf^2 \mathrm{d}v. \tag{6.4}$$

◇

单位球面中的Simons型积分不等式是子流形几何中的一类重要的积分不等式，在子流形间隙现象的研究和刚性定理的发展中有重要作用。

实际上，最原始的Simons型积分不等式是针对极小子流形推导出来的。为此，需要几个引理。

引理 6.3

$$N(A_\alpha) = \sum_{ij}(h_{ij}^\alpha)^2 \overset{\text{def}}{=} S_{\alpha\alpha},$$

$$N(A_\alpha A_\beta - A_\beta A_\alpha) = 2\text{tr}(A_\alpha A_\alpha A_\beta A_\beta - A_\alpha A_\beta A_\alpha A_\beta).$$

陈省身等证明了下面的重要不等式，为方便起见可以称为“陈省身类型不等式”。

引理 6.4 [3] 设A, B是对称方阵，那么

$$N(AB - BA) \leqslant 2N(A)N(B)$$

等式成立当且仅当两种情形：(1) A, B 至少有一个为零；(2) 如果 $A \neq 0, B \neq 0$，那么 A, B可以同时正交化为下面的矩阵：

$$A = \lambda\begin{pmatrix} 1 & 0 & 0 & \cdots \\ 0 & -1 & 0 & \cdots \\ 0 & 0 & 0 & \cdots \\ \vdots & \vdots & \vdots & \ddots \end{pmatrix}, \quad B = \mu\begin{pmatrix} 0 & 1 & 0 & \cdots \\ 1 & 0 & 0 & \cdots \\ 0 & 0 & 0 & \cdots \\ \vdots & \vdots & \vdots & \ddots \end{pmatrix}$$

如果 B_1, B_2, B_3为对称阵且满足

$$N(B_iB_j - B_jB_i) = 2N(B_i)N(B_j), \quad 1 \leqslant i, j \leqslant 3$$

那么至少有一个为零。

李安民等人在细致研究上面的陈省身不等式后，给出了更加精细的不等式和等式成立的条件，为了方便起见，我们称之为“李安民类型不等式”。

引理 6.5 假设$A_1, \cdots, A_p$, $p \geqslant 2$是对称的$(n \times n)$矩阵，令

$$S_{\alpha\beta} = \text{tr}(A_\alpha A_\beta), \quad S_{\alpha\alpha} = N(A_\alpha), \quad S = \sum_\alpha S_{\alpha\alpha}.$$

则有

$$\sum_{\alpha\neq\beta} N(A_\alpha A_\beta - A_\beta A_\alpha) + \sum_{\alpha\beta}(S_{\alpha\beta})^2 \leqslant \frac{3}{2}S^2.$$

等式成立当且仅当下面的条件之一成立：

(1) $A_1 = A_2 = \cdots = A_p = 0$;

(2) $A_1 \neq 0,\ A_2 \neq 0,\ A_3 = A_4 = \cdots A_p = 0,\ S_{11} = S_{22}$.

并且在(2)的条件之下，A_1, A_2可以同时正交化为下面的矩阵：

$$A_1 = \sqrt{\frac{S_{11}}{2}}\begin{pmatrix} 1 & 0 & 0 & \cdots \\ 0 & -1 & 0 & \cdots \\ 0 & 0 & 0 & \cdots \\ \vdots & \vdots & \vdots & \ddots \end{pmatrix},\quad A_2 = \sqrt{\frac{S_{22}}{2}}\begin{pmatrix} 0 & 1 & 0 & \cdots \\ 1 & 0 & 0 & \cdots \\ 0 & 0 & 0 & \cdots \\ \vdots & \vdots & \vdots & \ddots \end{pmatrix}$$

引用陈省身类型和李安民类型不等式的原因在于下面要进行的计算。

引理 6.6 假设$x : M^n \to S^{n+p}(1)$是单位球面中的极小子流形，则有

$$\Delta S = 2|Dh|^2 + 2nS - 2\Big(\sum_{\alpha\neq\beta} N(A_\alpha A_\beta - A_\beta A_\alpha) + \sum_{\alpha\beta}(S_{\alpha\beta})^2\Big).$$

引理 6.7 假设$x : M^n \to S^{n+1}(1)$是单位球面中的极小子流形，则有

$$\Delta S = 2|Dh|^2 + 2nS - 2S^2.$$

引理 6.8 假设符号如上所述，对于上面的引理中出现的某些项，有如下两个估计：

- 陈省身类型估计（余维数大于等于2）

$$\sum_{\alpha\neq\beta} N(A_\alpha A_\beta - A_\beta A_\alpha) + \sum_{\alpha\beta}(S_{\alpha\beta})^2 \leqslant \Big(2 - \frac{1}{p}\Big)S^2.$$

等号成立当且仅当下面一种情形成立：

(1) 所有的矩阵$A_\alpha = 0,\ \forall\alpha$.

(2) 余维数为2，矩阵$A_{n+1} \neq 0,\ A_{n+2} \neq 0,\ S_{(n+1)(n+1)} = S_{(n+2)(n+2)} = \frac{S}{2},\ \vec{H} = 0$，并且

$$A_{n+1} = \frac{\sqrt{S}}{2}\begin{pmatrix} 0 & 1 & 0 & \cdots \\ 1 & 0 & 0 & \cdots \\ 0 & 0 & 0 & \cdots \\ \vdots & \vdots & \vdots & \ddots \end{pmatrix},\quad A_{n+2} = \frac{\sqrt{S}}{2}\begin{pmatrix} 1 & 0 & 0 & \cdots \\ 0 & -1 & 0 & \cdots \\ 0 & 0 & 0 & \cdots \\ \vdots & \vdots & \vdots & \ddots \end{pmatrix}.$$

- 李安民类型估计（余维数大于等于2）

$$\sum_{\alpha\neq\beta} N(A_\alpha A_\beta - A_\beta A_\alpha) + \sum_{\alpha\beta}(S_{\alpha\beta})^2 \leqslant \frac{3}{2}S^2.$$

等号成立当且仅当下面一种情形成立：

(1) 所有的矩阵$A_\alpha = 0,\ \forall\alpha.$

(2) 矩阵$A_{n+1} \neq 0,\ A_{n+2} \neq 0,\ S_{(n+1)(n+1)} = S_{(n+2)(n+2)} = \dfrac{S}{2},\ A_{n+3} = \cdots = A_{n+p} = 0,\ \vec{H} = 0$，并且

$$A_{n+1} = \frac{\sqrt{S}}{2}\begin{pmatrix} 0 & 1 & 0 & \cdots \\ 1 & 0 & 0 & \cdots \\ 0 & 0 & 0 & \cdots \\ \vdots & \vdots & \vdots & \ddots \end{pmatrix},\quad A_{n+2} = \frac{\sqrt{S}}{2}\begin{pmatrix} 1 & 0 & 0 & \cdots \\ 0 & -1 & 0 & \cdots \\ 0 & 0 & 0 & \cdots \\ \vdots & \vdots & \vdots & \ddots \end{pmatrix}.$$

利用上面的估计，可以得到：

引理 6.9 假设$x : M^n \to S^{n+p}(1)$是单位球面中的极小子流形，则有

$$\Delta S \geqslant 2|Dh|^2 + 2nS - 2\Big(2 - \frac{1}{p}\Big)S^2.$$

引理 6.10 假设$x : M^n \to S^{n+p}(1)$是单位球面中的极小子流形，则有

$$\Delta S \geqslant 2|Dh|^2 + 2nS - 3S^2.$$

在积分的条件下，不等式变为如下：

定理 6.5 假设$x : M^n \to S^{n+p}(1)$是单位球面中的极小子流形，则有

$$\int_M S\Big(\frac{n}{2 - p^{-1}} - S\Big)\mathrm{d}v \leqslant 0.$$

◇

定理 6.6 假设$x : M^n \to S^{n+p}(1)$是单位球面中的极小子流形，则有

$$\int_M S\Big(\frac{2n}{3} - S\Big)\mathrm{d}v \leqslant 0.$$

◇

Simons-Lawson-Chern-do和Carmo- Kobayashi通过细致的讨论，得到了下面著名的定理：

定理 6.7 Clifford torus $C_{m,n-m}$ 和Veronese曲面是单位球面$S^{n+p}(1)$ 中满足$S = \dfrac{n}{2-p^{-1}}$ 的唯一极小子流形。 ◇

李安民等改进了上面的结果：

定理 6.8 Veronese曲面是单位球面$S^{n+p}(1)$ 中满足$S = \dfrac{2n}{3}$ 的唯一极小子流形。 ◇

6.2 Willmore泛函与Willmore子流形

在子流形几何中，通过第二基本型，可以定义Willmore不变量为

$$\rho = S - nH^2.$$

其中

$$S = \sum_{ij\alpha}(h_{ij}^{\alpha})^2$$

为第二基本型的长度的平方。定义

$$H^2 = \sqrt{\sum_{\alpha}(H^{\alpha})^2}, \quad H^{\alpha} = \frac{1}{n}\sum_{i} h_{ii}^{\alpha}$$

分别为子流形的平均曲率的分量和长度的平方。显然，Willmore不变量满足如下性质：

- 非负性。 Willmore不变量非负，即 $\rho(x) \geqslant 0$；
- 零点即脐点。 Willmore不变量的零点即为脐点，即 $\rho(x) = 0$当且仅当x是M的脐点；
- 有界性。 因为M是紧致无边流形，所以Willmore不变量可被一个与流形M有关的正常数C_M控制，即 $0 \leqslant \rho \leqslant C_M$.

经典的Willmore泛函定义如下：

$$W_{(n,\frac{n}{2})}(x) = \int_M \rho^{\frac{n}{2}} \mathrm{d}v.$$

$W_{(n,\frac{n}{2})}(x)$泛函的临界点称为Willmore子流形或者$W_{(n,\frac{n}{2})}$。著名的Willmore猜想是说：对于任何浸入$S^3(1)$的曲面$x: M \to S^3$，都有不等式成立：

$$W_{(2,\frac{2}{2})}(x) \geqslant 4\pi^2.$$

最近，在Arxiv网站上，贴出了长达100页的文章，宣称用Max-Min方法解决了2维情形的Willmore猜想，但是需要时日以待同行的检验。对于高维的Willmore猜想依然是开放问题。

为了计算经典的Willmore泛函的变分公式。需要引用如下引理，可以参见第三章中相应的公式。

引理 6.11 假设$x: M^n \to N^{n+p}$是子流形，$V=\sum_i V^i e_i+\sum_\alpha V^\alpha e_\alpha$是浸入映射的变分向量场，对于子流形$M$的体积微元，则有

$$\frac{\partial \mathrm{d}v}{\partial t}=(\sum_i V^i_{,i}-n\sum_\alpha H^\alpha V^\alpha)\mathrm{d}v.$$

引理 6.12 假设$x: M^n \to N^{n+p}$是子流形，$V=\sum_i V^i e_i+\sum_\alpha V^\alpha e_\alpha$是浸入映射的变分向量场，对于子流形$M$的Willmore不变量$\rho$，则有

$$\begin{aligned}\frac{\partial \rho}{\partial t}=&\sum_{ij\alpha}2h^\alpha_{ij}V^\alpha_{,ij}-\sum_\alpha 2H^\alpha\Delta V^\alpha+\sum_i\rho_{,i}V^i+\sum_{\alpha\beta}2(S_{\alpha\alpha\beta}-S_{\alpha\beta}H^\alpha)V^\beta\\&-\sum_{ij\alpha\beta}2h^\alpha_{ij}\bar{R}^\alpha_{ij\beta}V^\beta-\sum_{\alpha\beta}2H^\alpha\bar{R}^\top_{\alpha\beta}V^\beta.\end{aligned}$$

利用上面的两个引理，立即可以计算泛函$W_{(n,\frac{n}{2})}$的第一变分：

$$\begin{aligned}\frac{\partial}{\partial t}W_{(n,\frac{n}{2})}(x_t)=&\int_{M_t}\frac{n}{2}\rho^{\frac{n}{2}-1}\frac{\partial}{\partial t}(\rho)+\rho^{\frac{n}{2}}(\sum_i V^i_{,i}-\sum_\alpha nH^\alpha V^\alpha)\mathrm{d}v\\=&\int_{M_t}\frac{n}{2}\rho^{\frac{n}{2}-1}\Big[\sum_{ij\alpha}2h^\alpha_{ij}V^\alpha_{,ij}-\sum_\alpha 2H^\alpha\Delta V^\alpha+\sum_i\rho_{,i}V^i\\&+\sum_{\alpha\beta}2(S_{\alpha\beta\beta}-S_{\alpha\beta}H^\beta)V^\alpha-\sum_{ij\alpha\beta}2h^\beta_{ij}\bar{R}^\beta_{ij\alpha}V^\alpha\\&-\sum_{\alpha\beta}2H^\beta\bar{R}^\top_{\alpha\beta}V^\alpha\Big]+\rho^{\frac{n}{2}}(\sum_i V^i_{,i}-\sum_\alpha nH^\alpha V^\alpha)\mathrm{d}v\\=&\int_M\sum_{ij\alpha}(nh^\alpha_{ij}\rho^{\frac{n}{2}-1})_{,ij}V^\alpha-\sum_\alpha\Delta(nH^\alpha\rho^{\frac{n}{2}-1})V^\alpha+\sum_i\frac{n}{2}\rho^{\frac{n}{2}-1}\rho_{,i}V^i\\&+\sum_{\alpha\beta}n\rho^{\frac{n}{2}-1}(S_{\alpha\beta\beta}-S_{\alpha\beta}H^\beta)V^\alpha-\sum_{ij\alpha\beta}n\rho^{\frac{n}{2}-1}h^\beta_{ij}\bar{R}^\beta_{ij\alpha}V^\alpha\\&-\sum_{\alpha\beta}nH^\beta\bar{R}^\top_{\alpha\beta}\rho^{\frac{n}{2}-1}V^\alpha-\frac{n}{2}\rho^{\frac{n}{2}-1}\sum_i\rho_{,i}V^i-\sum_\alpha nH^\alpha\rho^{\frac{n}{2}}V^\alpha\mathrm{d}v\end{aligned}$$

$$
\begin{aligned}
=&n\int_M\sum_\alpha\Big[\sum_{ij}(h^\alpha_{ij}\rho^{\frac{n}{2}-1})_{,ij}-\Delta(H^\alpha\rho^{\frac{n}{2}-1})\\
&+\sum_\beta\rho^{\frac{n}{2}-1}(S_{\alpha\beta\beta}-S_{\alpha\beta}H^\beta)-\sum_{ij\beta}\rho^{\frac{n}{2}-1}h^\beta_{ij}\bar{R}^\beta_{ij\alpha}\\
&-\sum_\beta\rho^{\frac{n}{2}-1}H^\beta\bar{R}^\top_{\alpha\beta}-H^\alpha\rho^{\frac{n}{2}}\Big]V^\alpha\mathrm{d}v.
\end{aligned}
$$

定理 6.9　设$x:M^n\to N^{n+p}$是子流形，那么M是一个$W_{(n,\frac{n}{2})}$-Willmore子流形当且仅当对任意的α，$(n+1)\leqslant\alpha\leqslant(n+p)$，有

$$
\begin{aligned}
&\sum_{ij}(\rho^{\frac{n}{2}-1}h^\alpha_{ij})_{,ij}-\Delta(\rho^{\frac{n}{2}-1}H^\alpha)+\sum_\beta\rho^{\frac{n}{2}-1}(S_{\alpha\beta\beta}-S_{\alpha\beta}H^\beta)\\
&-\sum_{ij\beta}\rho^{\frac{n}{2}-1}h^\beta_{ij}\bar{R}^\beta_{ij\alpha}-\sum_\beta\rho^{\frac{n}{2}-1}H^\beta\bar{R}^\top_{\alpha\beta}-\rho^{\frac{n}{2}}H^\alpha=0.
\end{aligned}\tag{6.5}
$$

◇

定理 6.10　设$x:M^n\to N^{n+1}$是超曲面，那么M是一个$W_{(n,\frac{n}{2})}$-Willmore超曲面当且仅当

$$
\begin{aligned}
&\sum_{ij}(\rho^{\frac{n}{2}-1}h_{ij})_{,ij}-\Delta(\rho^{\frac{n}{2}-1}H)+\rho^{\frac{n}{2}-1}(P_3-\frac{1}{n}P_2P_1)\\
&+\sum_{ij}\rho^{\frac{n}{2}-1}h_{ij}\bar{R}_{i(n+1)(n+1)j}-\rho^{\frac{n}{2}-1}H\bar{R}_{(n+1)(n+1)}-\rho^{\frac{n}{2}}H=0.
\end{aligned}\tag{6.6}
$$

◇

上面的定理在空间形式中可以总结为如下的定理。

定理 6.11　设$x:M\to R^{n+p}(c)$是空间形式中的子流形，那么M是一个$W_{(n,\frac{n}{2})}$-Willmore子流形当且仅当对任意的α，$(n+1)\leqslant\alpha\leqslant(n+p)$，下式成立：

$$
\sum_{ij}(\rho^{\frac{n}{2}-1}h^\alpha_{ij})_{,ji}-\Delta(\rho^{\frac{n}{2}-1}H^\alpha)+\sum_\beta\rho^{\frac{n}{2}-1}(S_{\alpha\beta\beta}-S_{\alpha\beta}H^\beta)-\rho^{\frac{n}{2}}H^\alpha=0.\tag{6.7}
$$

◇

定理 6.12　设$x:M\to R^{n+1}(c)$是空间形式中的超曲面，那么M是一个$W_{(n,\frac{n}{2})}$-Willmore超曲面当且仅当

$$
\sum_{ij}(\rho^{\frac{n}{2}-1}h_{ij})_{,ji}-\Delta(\rho^{\frac{n}{2}-1}H)+\rho^{\frac{n}{2}-1}(P_3-\frac{1}{n}P_2P_1)-\rho^{\frac{n}{2}}H=0.\tag{6.8}
$$

◇

例 6.3 具有两个不同主曲率的Willmore等参超曲面 Willmore Torus.

$$W_{m,n-m} = S^m\Big(\sqrt{\frac{n-m}{n}}\Big) \times S^{n-m}\Big(\sqrt{\frac{m}{n}}\Big),\ 1 \leqslant m \leqslant n-1.$$

对于上面的子流形，我们知道主曲率分别为

$$k_1 = \cdots = k_m = \sqrt{\frac{m}{n-m}},\ k_{m+1} = \cdots = k_n = -\sqrt{\frac{n-m}{m}}$$

代入方程可知$W_{(m,n-m)}$是Willmore子流形。

例 6.4 假设(x, y, z)是三维欧氏空间R^3的自然标架，$(u_1, u_2, u_3, u_4, u_5)$是五维欧氏空间$R^5$的自然标架，按(6.1)式定义映射，它确定了一个等距嵌入$x : RP^2 = S^2(\sqrt{3})/Z_2 \to S^4(1)$，称为Veronese曲面。通过简单的计算，我们知道，显然，Veronese曲面是$W_{(2,\frac{2}{2})}$-Willmore曲面。

经过复杂的计算，我们可以得到Willmore泛函的第二变分公式。

定理 6.13 假设$x : M^n \to N^{n+p}$是一般原流形中的$W_{(n,\frac{n}{2})}$子流形，$V = V^i e_i + V^\alpha e_\alpha$是变分向量场，那么其第二变分为

$$\begin{aligned}
&\frac{\partial^2}{\partial t^2}\Big|_{t=0} W_{(n,\frac{n}{2})}(x_t) \\
=&2\int_M \frac{n}{2}\rho^{\frac{n}{2}-1} V^\alpha_{,ij}\big(V^\alpha_{,ij} + h^\alpha_{ij,p}V^p + h^\alpha_{ip}h^\beta_{pj}V^\beta - \bar{R}^\alpha_{ij\beta}V^\beta \big) \\
&+ V^\alpha_{,ij}h^\alpha_{ij}\frac{n}{2}\Big(\frac{n}{2}-1\Big)\rho^{\frac{n}{2}-2}\big[2h^\gamma_{kl}V^\gamma_{,kl} - 2H^\gamma\Delta V^\gamma + \rho_{,p}V^p \\
&+ 2(S_{\gamma\gamma\delta} - S_{\gamma\delta}H^\gamma)V^\delta - 2h^\gamma_{kl}\bar{R}^\gamma_{kl\delta}V^\delta - 2H^\gamma\bar{R}^\top_{\gamma\delta}V^\delta \big] \\
&- \frac{n}{2}\rho^{\frac{n}{2}-1}\Delta(V^\alpha)\Big(\frac{1}{n}\Delta V^\alpha + H^\alpha_{,p}V^p + \frac{1}{n}S_{\alpha\gamma}V^\gamma + \frac{1}{n}\bar{R}^\top_{\alpha\gamma}V^\gamma \Big) \\
&- H^\alpha\frac{n}{2}\Big(\frac{n}{2}-1\Big)\rho^{\frac{n}{2}-2}\Delta(V^\alpha)\big(2h^\gamma_{ij}V^\gamma_{,ij} - 2H^\gamma\Delta V^\gamma + \rho_{,p}V^p \\
&+ 2(S_{\gamma\gamma\delta} - S_{\gamma\delta}H^\gamma)V^\delta - 2h^\gamma_{ij}\bar{R}^\gamma_{ij\delta}V^\delta - 2H^\gamma\bar{R}^\top_{\gamma\delta}V^\delta \big) \\
&+ V^\alpha\frac{n}{2}\rho^{\frac{n}{2}-1}\Big[V^\alpha_{,ij}h^\beta_{jk}h^\beta_{ki} + h^\alpha_{ij}V^\beta_{,jk}h^\beta_{ki} + h^\alpha_{ij}h^\beta_{jk}V^\beta_{,ki} + S_{\alpha\beta\beta,i}V^i \\
&+ S_{\alpha\gamma\beta\beta}V^\gamma + S_{\alpha\beta\gamma\beta}V^\gamma + S_{\alpha\beta\beta\gamma}V^\gamma
\end{aligned}$$

$$
\begin{aligned}
&-(\bar{R}^{\alpha}_{ij\gamma}h^{\beta}_{jk}h^{\beta}_{ki}+h^{\alpha}_{ij}\bar{R}^{\beta}_{jk\gamma}h^{\beta}_{ki}+h^{\alpha}_{ij}h^{\beta}_{jk}\bar{R}^{\beta}_{ki\gamma})V^{\gamma}\Big]\\
&+V^{\alpha}S_{\alpha\beta\beta}\frac{n}{2}\Big(\frac{n}{2}-1\Big)\rho^{\frac{n}{2}-2}\Big[2h^{\gamma}_{ij}V^{\gamma}_{,ij}-2H^{\gamma}\Delta V^{\gamma}+\rho_{,p}V^{p}\\
&+2(S_{\gamma\gamma\delta}-S_{\gamma\delta}H^{\gamma})V^{\delta}-2h^{\gamma}_{ij}\bar{R}^{\gamma}_{ij\delta}V^{\delta}-2H^{\gamma}\bar{R}^{\top}_{\gamma\delta}V^{\delta}\Big]\\
&-V^{\alpha}H^{\beta}\frac{n}{2}\rho^{\frac{n}{2}-1}\Big[V^{\alpha}_{,ij}h^{\beta}_{ij}+h^{\alpha}_{ij}V^{\beta}_{,ij}+S_{\alpha\beta,i}V^{i}\\
&+2S_{\alpha\beta\gamma}V^{\gamma}-(\bar{R}^{\alpha}_{ij\gamma}h^{\beta}_{ij}+h^{\alpha}_{ij}\bar{R}^{\beta}_{ij\gamma})V^{\gamma}\Big]\\
&-V^{\alpha}S_{\alpha\beta}\frac{n}{2}\rho^{\frac{n}{2}-1}\Big(\frac{1}{n}\Delta V^{\beta}+H^{\beta}_{,p}V^{p}+\frac{1}{n}S_{\beta\gamma}V^{\gamma}+\frac{1}{n}\bar{R}^{\top}_{\beta\gamma}V^{\gamma}\Big)\\
&-V^{\alpha}S_{\alpha\beta}H^{\beta}\frac{n}{2}\Big(\frac{n}{2}-1\Big)\rho^{\frac{n}{2}-2}\Big[2h^{\gamma}_{ij}V^{\gamma}_{,ij}-2H^{\gamma}\Delta V^{\gamma}+\rho_{,p}V^{p}\\
&+2(S_{\gamma\gamma\delta}-S_{\gamma\delta}H^{\gamma})V^{\delta}-2h^{\gamma}_{ij}\bar{R}^{\gamma}_{ij\delta}V^{\delta}-2H^{\gamma}\bar{R}^{\top}_{\gamma\delta}V^{\delta}\Big]\\
&-V^{\alpha}\bar{R}^{\beta}_{ij\alpha}\frac{n}{2}\rho^{\frac{n}{2}-1}(V^{\beta}_{,ij}+h^{\beta}_{ij,p}V^{p}+h^{\beta}_{ip}h^{\gamma}_{pj}V^{\gamma}-\bar{R}^{\beta}_{ij\gamma}V^{\gamma})\\
&-V^{\alpha}h^{\beta}_{ij}\frac{n}{2}\rho^{\frac{n}{2}-1}\Big(\bar{R}_{i\beta j\alpha;\gamma}V^{\gamma}+\bar{R}_{i\beta j\alpha,p}V^{p}+\bar{R}_{\gamma\beta j\alpha}V^{\gamma}_{,i}\\
&-\bar{R}_{iqj\alpha}V^{\beta}_{,q}+\bar{R}_{i\beta\gamma\alpha}V^{\gamma}_{,j}-\bar{R}_{i\beta jq}V^{\alpha}_{,q}\Big)\\
&-V^{\alpha}h^{\beta}_{ij}\bar{R}^{\beta}_{ij\alpha}\frac{n}{2}\Big(\frac{n}{2}-1\Big)\rho^{\frac{n}{2}-2}\Big[2h^{\gamma}_{kl}V^{\gamma}_{,kl}-2H^{\gamma}\Delta V^{\gamma}+\rho_{,p}V^{p}\\
&+2(S_{\gamma\gamma\delta}-S_{\gamma\delta}H^{\gamma})V^{\delta}-2h^{\gamma}_{kl}\bar{R}^{\gamma}_{kl\delta}V^{\delta}-2H^{\gamma}\bar{R}^{\top}_{\gamma\delta}V^{\delta}\Big]\\
&-V^{\alpha}\bar{R}^{\top}_{\alpha\beta}r\rho^{r-1}\Big(\frac{1}{n}\Delta V^{\beta}+H^{\beta}_{,p}V^{p}+\frac{1}{n}S_{\beta\gamma}V^{\gamma}+\frac{1}{n}\bar{R}^{\top}_{\beta\gamma}V^{\gamma}\Big)\\
&-V^{\alpha}H^{\beta}\frac{n}{2}\rho^{\frac{n}{2}-1}\Big[\bar{R}_{\alpha ii\beta;\gamma}V^{\gamma}+\bar{R}_{\alpha ii\beta,p}V^{p}-\bar{R}_{qii\beta}V^{\alpha}_{,q}\\
&+(\bar{R}_{\alpha\gamma i\beta}+\bar{R}_{\alpha i\gamma\beta})V^{\gamma}_{,i}-\bar{R}_{\alpha iiq}V^{\beta}_{,q}\Big]\\
&-V^{\alpha}H^{\beta}\bar{R}^{\top}_{\alpha\beta}\frac{n}{2}\Big(\frac{n}{2}-1\Big)\rho^{\frac{n}{2}-2}\Big[2h^{\gamma}_{ij}V^{\gamma}_{,ij}-2H^{\gamma}\Delta V^{\gamma}+\rho_{,p}V^{p}\\
&+2(S_{\gamma\gamma\delta}-S_{\gamma\delta}H^{\gamma})V^{\delta}-2h^{\gamma}_{ij}\bar{R}^{\gamma}_{ij\delta}V^{\delta}-2H^{\gamma}\bar{R}^{\top}_{\gamma\delta}V^{\delta}\Big]\\
&-\frac{n}{2}V^{\alpha}\rho^{\frac{n}{2}}\Big(\frac{1}{n}\Delta V^{\alpha}+H^{\alpha}_{,p}V^{p}+\frac{1}{n}S_{\alpha\gamma}V^{\gamma}+\frac{1}{n}\bar{R}^{\top}_{\alpha\gamma}V^{\gamma}\Big)
\end{aligned}
$$

$$-\frac{n}{2}V^\alpha H^\alpha\frac{n}{2}\rho^{\frac{n}{2}-1}\Big[2h^\gamma_{ij}V^\gamma_{,ij}-2H^\gamma\Delta V^\gamma+\rho_{,p}V^p$$

$$+2(S_{\gamma\gamma\delta}-S_{\gamma\delta}H^\gamma)V^\delta-2h^\gamma_{ij}\bar{R}^\gamma_{ij\delta}V^\delta-2H^\gamma\bar{R}^\top_{\gamma\delta}V^\delta\Big]\,\mathrm{d}v. \tag{6.9}$$

◇

定理 6.14 假设$x:M^n\to N^{n+1}$是一般原流形中的$W_{(n,\frac{n}{2})}$超曲面，$V=V^ie_i+fe_{n+1}$是变分向量场，那么其第二变分为

$$\frac{\partial^2}{\partial t^2}\Big|_{t=0}W_{(n,\frac{n}{2})}(x_t)$$

$$=2\int_M\frac{n}{2}\rho^{\frac{n}{2}-1}f_{,ij}(f_{,ij}+h_{ij,p}V^p+h_{ip}h_{pj}f+\bar{R}_{(n+1)ij(n+1)}f)$$

$$+\frac{n}{2}\Big(\frac{n}{2}-1\Big)\rho^{\frac{n}{2}-2}f_{,ij}h_{ij}\Big[2h_{kl}f_{,kl}-2H\Delta f+\rho_{,p}V^p$$

$$+2(P_3-P_2H)f+2h_{kl}\bar{R}_{(n+1)kl(n+1)}f-2H\bar{R}^\top_{(n+1)(n+1)}f\Big]$$

$$-\frac{n}{2}\rho^{\frac{n}{2}-1}\Delta(f)\Big(\frac{1}{n}\Delta f+H_{,p}V^p+\frac{1}{n}P_2f+\frac{1}{n}\bar{R}^\top_{(n+1)(n+1)}f\Big)$$

$$-\frac{n}{2}\Big(\frac{n}{2}-1\Big)H\rho^{r-2}\Delta(f)\Big[2h_{ij}f_{,ij}-2H\Delta f+\rho_{,p}V^p$$

$$+2(P_3-P_2H)f+2h_{ij}\bar{R}_{(n+1)ij(n+1)}f-2H\bar{R}^\top_{(n+1)(n+1)}f\Big]$$

$$+\frac{n}{2}\rho^{\frac{n}{2}-1}f(3f_{,ij}h_{jk}h_{ki}+P_{3,i}V^i+3P_4f+3\bar{R}_{(n+1)ij(n+1)}h_{jk}h_{ki}f)$$

$$+fP_3\frac{n}{2}\Big(\frac{n}{2}-1\Big)\rho^{\frac{n}{2}-2}\Big[2h_{ij}f_{,ij}-2H\Delta f+\rho_{,p}V^p$$

$$+2(P_3-P_2H)f+2h_{ij}\bar{R}_{(n+1)ij(n+1)}f-2H\bar{R}^\top_{(n+1)(n+1)}f\Big]$$

$$-fH\frac{n}{2}\rho^{\frac{n}{2}-1}(2f_{,ij}h_{ij}+h_{ij}f_{,ij}+P_{2,i}V^i+2P_3f)$$

$$-fP_2\frac{n}{2}\rho^{\frac{n}{2}-1}(\frac{1}{n}\Delta f+H_{,p}V^p+\frac{1}{n}P_2f+\frac{1}{n}\bar{R}^\top_{(n+1)(n+1)}f)$$

$$-fP_2H\frac{n}{2}\Big(\frac{n}{2}-1\Big)\rho^{\frac{n}{2}-2}\Big[2h_{ij}f_{,ij}-2H\Delta f+\rho_{,p}V^p$$

$$+2(P_3-P_2H)f+2h_{ij}\bar{R}_{(n+1)ij(n+1)}f-2H\bar{R}^\top_{(n+1)(n+1)}f\Big]$$

$$+f\bar{R}_{(n+1)ij(n+1)}\frac{n}{2}\rho^{\frac{n}{2}-1}(f_{,ij}+h_{ij,p}V^p+h_{ip}h_{pj}f+\bar{R}_{(n+1)ij(n+1)}f)$$

$$
\begin{aligned}
&- fh_{ij}\frac{n}{2}\rho^{\frac{n}{2}-1}\big(- \bar{R}_{(n+1)ij(n+1);(n+1)}f - \bar{R}_{(n+1)ij(n+1),p}V^p + 2\bar{R}_{(n+1)ijq}f_{,q} \big)\\
&+ fh_{ij}\bar{R}_{(n+1)ij(n+1)}\frac{n}{2}\Big(\frac{n}{2}-1\Big)\rho^{\frac{n}{2}-2}\Big[2h_{kl}f_{,kl} - 2H\Delta f + \rho_{,p}V^p\\
&+ 2(P_3 - P_2H)f + 2h_{kl}\bar{R}_{(n+1)kl(n+1)}f - 2H\bar{R}^{\top}_{(n+1)(n+1)}f \Big]\\
&- f\bar{R}^{\top}_{(n+1)(n+1)}\frac{n}{2}\rho^{\frac{n}{2}-1}\Big(\frac{1}{n}\Delta f + H_{,p}V^p + \frac{1}{n}P_2 f + \frac{1}{n}\bar{R}^{\top}_{(n+1)(n+1)}f \Big)\\
&- fHr\rho^{r-1}\big(\bar{R}^{\top}_{(n+1)(n+1);(n+1)}f + \bar{R}^{\top}_{(n+1)(n+1),p}V^p - 2\bar{R}^{\top}_{q(n+1)}f_{,q} \big)\\
&- fH\bar{R}^{\top}_{(n+1)(n+1)}r(r-1)\rho^{r-2}\Big[2h_{ij}f_{,ij} - 2H\Delta f + \rho_{,p}V^p\\
&+ 2(P_3 - P_2H)f + 2h_{ij}\bar{R}_{(n+1)ij(n+1)}f - 2H\bar{R}^{\top}_{(n+1)(n+1)}f \Big]\\
&- \frac{n}{2}f\rho^{\frac{n}{2}}\Big(\frac{1}{n}\Delta f + H_{,p}V^p + \frac{1}{n}P_2 f + \frac{1}{n}\bar{R}^{\top}_{(n+1)(n+1)}f \Big)\\
&- \frac{n}{2}fHr\rho^{r-1}\big(2h_{ij}f_{,ij} - 2H\Delta f + \rho_{,p}V^p + 2(P_3 - P_2H)f\\
&+ 2h_{ij}\bar{R}_{(n+1)ij(n+1)}f - 2H\bar{R}^{\top}_{(n+1)(n+1)}f \big)\,\mathrm{d}v.
\end{aligned}
\tag{6.10}
$$

◇

定理 6.15 假设$x : M^n \to R^{n+p}(c)$是空间形式中的$W_{(n,\frac{n}{2})}$子流形，$V = V^i e_i + V^\alpha e_\alpha$是变分向量场，那么其第二变分为

$$
\begin{aligned}
&\frac{\partial^2}{\partial t^2}\Big|_{t=0} W_{(n,\frac{n}{2})}(x_t)\\
=&2\int_M \frac{n}{2}\rho^{\frac{n}{2}-1}V^\alpha_{,ij}\big(V^\alpha_{,ij} + h^\alpha_{ij,p}V^p + h^\alpha_{ip}h^\beta_{pj}V^\beta + c\delta_{ij}V^\alpha \big)\\
&+ V^\alpha_{,ij}h^\alpha_{ij}\frac{n}{2}\Big(\frac{n}{2}-1\Big)\rho^{\frac{n}{2}-2}\big[2h^\gamma_{kl}V^\gamma_{,kl} - 2H^\gamma\Delta V^\gamma + \rho_{,p}V^p + 2(S_{\gamma\gamma\delta} - S_{\gamma\delta}H^\gamma)V^\delta \big]\\
&- \frac{n}{2}\rho^{\frac{n}{2}-1}\Delta(V^\alpha)\Big(\frac{1}{n}\Delta V^\alpha + H^\alpha_{,p}V^p + \frac{1}{n}S_{\alpha\gamma}V^\gamma + cV^\alpha \Big)\\
&- H^\alpha\frac{n}{2}\Big(\frac{n}{2}-1\Big)\rho^{\frac{n}{2}-2}\Delta(V^\alpha)\big[2h^\gamma_{ij}V^\gamma_{,ij} - 2H^\gamma\Delta V^\gamma + \rho_{,p}V^p\\
&+ 2(S_{\gamma\gamma\delta} - S_{\gamma\delta}H^\gamma)V^\delta \big] + V^\alpha\frac{n}{2}\rho^{\frac{n}{2}-1}\Big(V^\alpha_{,ij}h^\beta_{jk}h^\beta_{ki} + h^\alpha_{ij}V^\beta_{,jk}h^\beta_{ki}\\
&+ h^\alpha_{ij}h^\beta_{jk}V^\beta_{,ki} + S_{\alpha\beta\beta,i}V^i + S_{\alpha\gamma\beta\beta}V^\gamma + S_{\alpha\beta\gamma\beta}V^\gamma + S_{\alpha\beta\beta\gamma}V^\gamma + cSV^\alpha + 2cS_{\alpha\gamma}V^\gamma \Big)
\end{aligned}
$$

$$+V^\alpha S_{\alpha\beta\beta}\frac{n}{2}\Big(\frac{n}{2}-1\Big)\rho^{\frac{n}{2}-2}[\,2h^\gamma_{ij}V^\gamma_{,ij}-2H^\gamma\Delta V^\gamma+\rho_{,p}V^p+2(S_{\gamma\gamma\delta}-S_{\gamma\delta}H^\gamma)V^\delta\,]$$
$$-V^\alpha H^\beta\frac{n}{2}\rho^{\frac{n}{2}-1}(\,V^\alpha_{,ij}h^\beta_{ij}+h^\alpha_{ij}V^\beta_{,ij}+S_{\alpha\beta,i}V^i+2S_{\alpha\beta\gamma}V^\gamma+ncH^\alpha V^\beta+ncH^\beta V^\alpha\,)$$
$$-V^\alpha S_{\alpha\beta}\frac{n}{2}\rho^{\frac{n}{2}-1}\Big(\,\frac{1}{n}\Delta V^\beta+H^\beta_{,p}V^p+\frac{1}{n}S_{\beta\gamma}V^\gamma+cV^\beta\,\Big)$$
$$-V^\alpha S_{\alpha\beta}H^\beta\frac{n}{2}\Big(\frac{n}{2}-1\Big)\rho^{\frac{n}{2}-2}[\,2h^\gamma_{ij}V^\gamma_{,ij}-2H^\gamma\Delta V^\gamma+\rho_{,p}V^p$$
$$+2(S_{\gamma\gamma\delta}-S_{\gamma\delta}H^\gamma)V^\delta\,]-\frac{n}{2}V^\alpha\rho^{\frac{n}{2}}\Big(\,\frac{1}{n}\Delta V^\alpha+H^\alpha_{,p}V^p+\frac{1}{n}S_{\alpha\gamma}V^\gamma+cV^\alpha\,\Big)$$
$$-\frac{n}{2}V^\alpha H^\alpha\frac{n}{2}\rho^{\frac{n}{2}-1}[\,2h^\gamma_{ij}V^\gamma_{,ij}-2H^\gamma\Delta V^\gamma+\rho_{,p}V^p+2(S_{\gamma\gamma\delta}-S_{\gamma\delta}H^\gamma)V^\delta\,]\,dv. \tag{6.11}$$

◇

定理 6.16 假设$x:M^n\to R^{n+1}(c)$是空间形式中的$W_{(n,\frac{n}{2})}$超曲面，$V=V^ie_i+fe_{n+1}$是变分向量场，那么其第二变分为

$$\frac{\partial^2}{\partial t^2}\Big|_{t=0}W_{(n,\frac{n}{2})}(x_t)$$
$$=2\int_M\frac{n}{2}\rho^{\frac{n}{2}-1}f_{,ij}(\,f_{,ij}+h_{ij,p}V^p+h_{ip}h_{pj}f+c\delta_{ij}f\,)$$
$$+\frac{n}{2}\Big(\frac{n}{2}-1\Big)\rho^{\frac{n}{2}-2}f_{,ij}h_{ij}[\,2h_{kl}f_{,kl}-2H\Delta f+\rho_{,p}V^p+2(P_3-P_2H)f\,]$$
$$-\frac{n}{2}\rho^{\frac{n}{2}-1}\Delta(f)\Big(\,\frac{1}{n}\Delta f+H_{,p}V^p+\frac{1}{n}P_2f+cf\,\Big)$$
$$-H\frac{n}{2}\Big(\frac{n}{2}-1\Big)\rho^{\frac{n}{2}-2}\Delta(f)[\,2h_{ij}f_{,ij}-2H\Delta f+\rho_{,p}V^p+2(P_3-P_2H)f\,]$$
$$+f\frac{n}{2}\rho^{\frac{n}{2}-1}(\,3f_{,ij}h_{jk}h_{ki}+P_{3,i}V^i+3P_4f+3cP_2f\,)$$
$$+fP_3\frac{n}{2}\Big(\frac{n}{2}-1\Big)\rho^{r-2}[\,2h_{ij}f_{,ij}-2H\Delta f+\rho_{,p}V^p+2(P_3-P_2H)f\,]$$
$$-fH\frac{n}{2}\rho^{\frac{n}{2}-1}(\,2f_{,ij}h_{ij}+h_{ij}f_{,ij}+P_{2,i}V^i+2P_3f\,)$$
$$-fP_2\frac{n}{2}\rho^{\frac{n}{2}-1}\Big(\,\frac{1}{n}\Delta f+H_{,p}V^p+\frac{1}{n}P_2f+cf\,\Big)$$
$$-fP_2H\frac{n}{2}\Big(\frac{n}{2}-1\Big)\rho^{\frac{n}{2}-2}[\,2h_{ij}f_{,ij}-2H\Delta f+\rho_{,p}V^p+2(P_3-P_2H)f\,]$$

$$-\frac{n}{2}f\rho^{\frac{n}{2}}\Big(\frac{1}{n}\Delta f+H_{,p}V^p+\frac{1}{n}P_2f+cf\Big)$$
$$-\frac{n}{2}fH\frac{n}{2}\rho^{\frac{n}{2}-1}[\,2h_{ij}f_{,ij}-2H\Delta f+\rho_{,p}V^p+2(P_3-P_2H)f\,]\,\mathrm{d}v. \quad (6.12)$$

◇

Simons型积分不等式是子流形几何中的一类重要的积分不等式，在子流形间隙现象的研究和刚性定理的发展中起到重要作用。实际上，最原始的Simons型积分不等式是针对极小子流形推导出来的，后来发现不仅在极小子流形中有此类现象，而且在Willomre 型泛函和子流形中也有此类现象。本节的主要目的是研究$W_{(n,F)}$和$W_{(n,F,\epsilon)}$子流形的积分不等式。为此，先引入几个引理。

引理 6.13

$$N(A_\alpha)=\sum_{ij}(h^\alpha_{ij})^2\overset{\text{def}}{=}S_{\alpha\alpha},N(\hat{A}_\alpha)=\sum_{ij}(\hat{h}^\alpha_{ij})^2=\hat{S}_{\alpha\alpha}=S_{\alpha\alpha}-n(H^\alpha)^2$$

$$\begin{aligned}N(A_\alpha A_\beta-A_\beta A_\alpha)&=N((\hat{A}_\alpha+H^\alpha)A_\beta-A_\beta(\hat{A}_\alpha+H^\alpha))=N(\hat{A}_\alpha A_\beta-A_\beta\hat{A}_\alpha)\\&=N(\hat{A}_\alpha(\hat{A}_\beta+H^\beta)-(\hat{A}_\beta+H^\beta)\hat{A}_\alpha)=N(\hat{A}_\alpha\hat{A}_\beta-\hat{A}_\beta\hat{A}_\alpha).\end{aligned}$$

陈省身等证明了下面的重要不等式，为方便起见，可以称为“陈省身类型不等式”。

引理 6.14 [3] 设A,B 是对称方阵，那么

$$N(AB-BA)\leqslant 2N(A)N(B)$$

等式成立当且仅当两种情形：(1) A,B 至少有一个为零；(2) 如果 $A\neq 0,B\neq 0$，那么 A,B可以同时正交化为下面的矩阵：

$$A=\lambda\begin{pmatrix}1&0&0&\cdots\\0&-1&0&\cdots\\0&0&0&\cdots\\\vdots&\vdots&\vdots&\ddots\end{pmatrix},\quad B=\mu\begin{pmatrix}0&1&0&\cdots\\1&0&0&\cdots\\0&0&0&\cdots\\\vdots&\vdots&\vdots&\ddots\end{pmatrix}$$

如果 B_1,B_2,B_3为对称阵且满足

$$N(B_iB_j-B_jB_i)=2N(B_i)N(B_j),\ 1\leqslant i,j\leqslant 3$$

那么至少有一个为零。

李安民等细致研究上面的陈省身不等式，给出了更加精细的不等式和等式成立的条件，为了方便起见，我们可以称之为“李安民类型不等式”。

引理 6.15 假设$A_1,\cdots,A_p$, $p\geqslant 2$是对称的$(n\times n)$矩阵，令

$$S_{\alpha\beta}=\mathrm{tr}(A_\alpha A_\beta),\quad S_{\alpha\alpha}=N(A_\alpha),\quad S=\sum_\alpha S_{\alpha\alpha}.$$

则有

$$\sum_{\alpha\neq\beta}N(A_\alpha A_\beta-A_\beta A_\alpha)+\sum_{\alpha\beta}(S_{\alpha\beta})^2\leqslant\frac{3}{2}S^2.$$

等式成立当且仅当下面的条件之一成立：

（1）$A_1=A_2=\cdots=A_p=0$;

（2）$A_1\neq 0,\ A_2\neq 0,\ A_3=A_4=\cdots A_p=0,\ S_{11}=S_{22}$. 并且在（2）的条件之下，$A_1, A_2$可以同时正交化为下面的矩阵：

$$A_1=\sqrt{\frac{S_{11}}{2}}\begin{pmatrix}1&0&0&\cdots\\0&-1&0&\cdots\\0&0&0&\cdots\\\vdots&\vdots&\vdots&\ddots\end{pmatrix},\quad A_2=\sqrt{\frac{S_{22}}{2}}\begin{pmatrix}0&1&0&\cdots\\1&0&0&\cdots\\0&0&0&\cdots\\\vdots&\vdots&\vdots&\ddots\end{pmatrix}$$

下面的张量不等式首先是由Huisken在超曲面的情形下发现的，在积分估计中有重大应用。

引理 6.16 [76] Huisken的估计。

- 当余维数为1时

$$|\nabla h|^2\geqslant\frac{3n^2}{n+2}|\nabla H|^2\geqslant n|\nabla H|^2,$$

并且$|\nabla h|^2=n|\nabla H|^2$当且仅当$\nabla h=0$.

- 当余维数大于等于2时

$$|\nabla h|^2\geqslant\frac{3n^2}{n+2}|\nabla\vec{H}|^2\geqslant n|\nabla\vec{H}|^2,$$

并且$|\nabla h|^2=n|\nabla\vec{H}|^2$当且仅当$\nabla h=0$.

证明 分解张量h^{α}_{ij}为

$$h^{\alpha}_{ij,k}=E^{\alpha}_{ijk}+F^{\alpha}_{ijk}$$

其中

$$E^{\alpha}_{ijk}=\frac{n}{n+2}(H^{\alpha}_{,i}\delta_{jk}+H^{\alpha}_{,j}\delta_{ik}+H^{\alpha}_{,k}\delta_{ij}),$$

$$F^{\alpha}_{ij}=h^{\alpha}_{ij}-E^{\alpha}_{ij}.$$

直接计算

$$|E|^2=\frac{3n^2}{n+2}|\nabla\vec{H}|^2,$$

$$E\cdot F=0.$$

那么利用三角不等式可得

$$|\nabla h|^2\geqslant|E|^2=\frac{3n^2}{n+2}|\nabla\vec{H}|^2\geqslant n|\nabla\vec{H}|^2.$$

当 $\nabla h=0$ 时，上面不等式中的各项全部变成零，显然

$$|\nabla h|^2=n|\nabla\vec{H}|^2.$$

反过来，当$|\nabla h|^2=n|\nabla\vec{H}|^2$时，上面不等式中的不等号全部变成等号，于是

$$F^{\alpha}_{ijk}=0,$$

$$E^{\alpha}_{ijk}=0,$$

$$h^{\alpha}_{ij,k}=0.$$

即$\nabla h=0$. 综上所述，如果

$$|\nabla h|^2=n|\nabla\vec{H}|^2$$

当且仅当

$$\nabla h=0.$$

□

Simons积分不等式的推导依赖对Willmore不变量的协变导数，为此我们在各种情况下详细计算了Willmore不变量的二阶协变导数。

引理 6.17 对于Willmore不变量 ρ，当原流形为空间形式，余维数大于等于2时，有

$$\Delta\rho = 2nh_{ij}^{\alpha}H_{,ij}^{\alpha} - 2nH^{\alpha}\Delta H^{\alpha} + 2|Dh|^2 - 2n|\nabla\vec{H}|^2 + 2nc\rho$$
$$+ 2nS_{\alpha\alpha\beta}H^{\beta} - 2\Big[\sum_{\alpha\neq\beta}N(A_{\alpha}A_{\beta} - A_{\beta}A_{\alpha}) + \sum_{\alpha\beta}(S_{\alpha\beta})^2\Big].$$

引理 6.18 对于函数$\rho^{\frac{n}{2}}$，当原流形为空间形式，余维数大于等于2时，有

$$\Delta\rho^{\frac{n}{2}} = \frac{n(n-2)}{4}\rho^{\frac{n}{2}-2}|\nabla\rho|^2 + n\rho^{\frac{n}{2}-1}(|Dh|^2 - n|\nabla\vec{H}|^2)$$
$$+ 2n\Big[\frac{n}{2}\rho^{\frac{n}{2}-1}h_{ij}^{\alpha}H_{,ij}^{\alpha} - \frac{n}{2}\rho^{\frac{n}{2}-1}H^{\alpha}\Delta H^{\alpha}$$
$$+ \frac{n}{2}\rho^{\frac{n}{2}-1}(S_{\alpha\beta\beta} - S_{\alpha\beta}H^{\beta})H^{\alpha} - \frac{n}{2}\rho^{\frac{n}{2}}(H^{\alpha})^2\Big]$$
$$- 2\frac{n}{2}\rho^{\frac{n}{2}-1}[n\hat{S}_{\alpha\beta}H^{\beta}H^{\alpha} + N(\hat{A}_{\alpha}\hat{A}_{\beta} - \hat{A}_{\beta}\hat{A}_{\alpha}) + (\hat{S}_{\alpha\beta})^2]$$
$$+ \frac{n}{2}\rho^{\frac{n}{2}-1}2nc\rho + n^2\rho^{\frac{n}{2}}H^2.$$

引理 6.19 假设符号如上文所述，对于上面的引理中出现的某些项，有如下两个估计。

- 陈省身类型估计（余维数大于等于2）

$$n\hat{S}_{\alpha\beta}H^{\beta}H^{\alpha} + N(\hat{A}_{\alpha}\hat{A}_{\beta} - \hat{A}_{\beta}\hat{A}_{\alpha}) + (\hat{S}_{\alpha\beta})^2 \leqslant n\rho H^2 + \Big(2 - \frac{1}{p}\Big)\rho^2.$$

等号成立当且仅当下面一种情形成立：

(1) 所有的矩阵$\hat{A}_{\alpha} = 0$，$\forall\alpha$.

(2) 余维数为2，矩阵$\hat{A}_{n+1} \neq 0$，$\hat{A}_{n+2} \neq 0$，$\hat{S}_{(n+1)(n+1)} = \hat{S}_{(n+2)(n+2)} = \dfrac{\rho}{2}$，

$\vec{H}=0$，并且

$$A_{n+1}=\hat{A}_{n+1}=\frac{\sqrt{\rho}}{2}\begin{pmatrix}0&1&0&\cdots\\1&0&0&\cdots\\0&0&0&\cdots\\\vdots&\vdots&\vdots&\ddots\end{pmatrix},$$

$$A_{n+2}=\hat{A}_{n+2}=\frac{\sqrt{\rho}}{2}\begin{pmatrix}1&0&0&\cdots\\0&-1&0&\cdots\\0&0&0&\cdots\\\vdots&\vdots&\vdots&\ddots\end{pmatrix}.$$

- 李安民类型估计（余维数大于等于2）

$$n\hat{S}_{\alpha\beta}H^{\beta}H^{\alpha}+N(\hat{A}_{\alpha}\hat{A}_{\beta}-\hat{A}_{\beta}\hat{A}_{\alpha})+(\hat{S}_{\alpha\beta})^2\leqslant n\rho H^2+\frac{3}{2}\rho^2.$$

等号成立当且仅当下面一种情形成立：

(1) 所有的矩阵$\hat{A}_{\alpha}=0$，$\forall\alpha$.

(2) 矩阵$\hat{A}_{n+1}\neq 0$，$\hat{A}_{n+2}\neq 0$，$\hat{S}_{(n+1)(n+1)}=\hat{S}_{(n+2)(n+2)}=\frac{\rho}{2}$，$\hat{A}_{n+3}=\cdots=\hat{A}_{n+p}=0$，$\vec{H}=0$，并且

$$A_{n+1}=\hat{A}_{n+1}=\frac{\sqrt{\rho}}{2}\begin{pmatrix}0&1&0&\cdots\\1&0&0&\cdots\\0&0&0&\cdots\\\vdots&\vdots&\vdots&\ddots\end{pmatrix},$$

$$A_{n+2}=\hat{A}_{n+2}=\frac{\sqrt{\rho}}{2}\begin{pmatrix}1&0&0&\cdots\\0&-1&0&\cdots\\0&0&0&\cdots\\\vdots&\vdots&\vdots&\ddots\end{pmatrix}.$$

引理 6.20 结合上面的两个引理，可得到函数$\rho^{\frac{n}{2}}$的二阶导数的估计。

- 当原流形为空间形式，余维数大于等于2时，陈省身类型估计为

$$\Delta\rho^{\frac{n}{2}}\geqslant\frac{n(n-2)}{4}\rho^{\frac{n}{2}-2}|\nabla\rho|^2+2\frac{n}{2}\rho^{\frac{n}{2}-1}(|Dh|^2-n|\nabla\vec{H}|^2)$$

$$
\begin{aligned}
&+2n\Big[\frac{n}{2}\rho^{\frac{n}{2}-1}h^{\alpha}_{ij}H^{\alpha}_{,ij}-\frac{n}{2}\rho^{\frac{n}{2}-1}H^{\alpha}\Delta H^{\alpha}\\
&+\frac{n}{2}\rho^{\frac{n}{2}-1}(S_{\alpha\beta\beta}-S_{\alpha\beta}H^{\beta})H^{\alpha}-\frac{n}{2}\rho^{\frac{n}{2}}(H^{\alpha})^{2}\Big]\\
&+nH^{2}\Big(n\rho^{\frac{n}{2}}-2\rho\frac{n}{2}\rho^{\frac{n}{2}-1}\Big)-2\Big(2-\frac{1}{p}\Big)\frac{n}{2}\rho^{\frac{n}{2}-1}\rho\Big(\rho-\frac{nc}{2-p^{-1}}\Big).
\end{aligned}
$$

当$\rho\equiv\rho_0>0$时，等式成立当且仅当：余维数为2，矩阵$\hat{A}_{n+1}\neq 0$, $\hat{A}_{n+2}\neq 0$, $\hat{S}_{(n+1)(n+1)}=\hat{S}_{(n+2)(n+2)}=\frac{\rho_0}{2}$, $\vec{H}=0$，并且

$$
A_{n+1}=\hat{A}_{n+1}=\frac{\sqrt{\rho_0}}{2}\begin{pmatrix}0&1&0&\cdots\\1&0&0&\cdots\\0&0&0&\cdots\\\vdots&\vdots&\vdots&\ddots\end{pmatrix},
$$

$$
A_{n+2}=\hat{A}_{n+2}=\frac{\sqrt{\rho_0}}{2}\begin{pmatrix}1&0&0&\cdots\\0&-1&0&\cdots\\0&0&0&\cdots\\\vdots&\vdots&\vdots&\ddots\end{pmatrix}.
$$

- 当原流形为空间形式，余维数大于等于2时，李安民类型估计为

$$
\begin{aligned}
\Delta\rho^{\frac{n}{2}}\geqslant&\frac{n(n-2)}{4}\rho^{\frac{n}{2}-2}|\nabla\rho|^{2}+n\rho^{\frac{n}{2}-1}(|Dh|^{2}-n|\nabla\vec{H}|^{2})\\
&+2n\Big[\frac{n}{2}\rho^{\frac{n}{2}-1}h^{\alpha}_{ij}H^{\alpha}_{,ij}-\frac{n}{2}\rho^{\frac{n}{2}-1}H^{\alpha}\Delta H^{\alpha}\\
&+\frac{n}{2}\rho^{\frac{n}{2}-1}(S_{\alpha\beta\beta}-S_{\alpha\beta}H^{\beta})H^{\alpha}-\frac{n}{2}\rho^{\frac{n}{2}}(H^{\alpha})^{2}\Big]\\
&-\frac{3n}{2}\rho^{\frac{n}{2}}\Big(\rho-\frac{2nc}{3}\Big).
\end{aligned}
$$

当$\rho\equiv\rho_0>0$时，等式成立当且仅当：矩阵$\hat{A}_{n+1}\neq 0$, $\hat{A}_{n+2}\neq$

$0,\ \hat{S}_{(n+1)(n+1)} = \hat{S}_{(n+2)(n+2)} = \frac{\rho_0}{2},\ \hat{A}_{n+3} = \cdots = \hat{A}_{n+p} = 0,\ \vec{H} = 0$，并且

$$A_{n+1} = \hat{A}_{n+1} = \frac{\sqrt{\rho_0}}{2}\begin{pmatrix} 0 & 1 & 0 & \cdots \\ 1 & 0 & 0 & \cdots \\ 0 & 0 & 0 & \cdots \\ \vdots & \vdots & \vdots & \ddots \end{pmatrix},$$

$$A_{n+2} = \hat{A}_{n+2} = \frac{\sqrt{\rho_0}}{2}\begin{pmatrix} 1 & 0 & 0 & \cdots \\ 0 & -1 & 0 & \cdots \\ 0 & 0 & 0 & \cdots \\ \vdots & \vdots & \vdots & \ddots \end{pmatrix}.$$

利用前面的引理和Willmore子流形的Euler-Lagrange方程，在流形上作积分计算，可以得到如下定理：

定理 6.17 假设$x: M \to S^{n+p}(1)$是单位曲面中的Willmore子流形，则有如下估计。

- 当余维数大于等于2时，陈省身类型估计为

$$\int_M \frac{n(n-2)}{4}\rho^{\frac{n}{2}-2}|\nabla\rho|^2 + n\rho^{\frac{n}{2}-1}(|Dh|^2 - n|\nabla\vec{H}|^2) - n\Big(2-\frac{1}{p}\Big)\rho^{\frac{n}{2}}\Big(\rho - \frac{n}{2-p^{-1}}\Big)\mathrm{d}v \leqslant 0. \tag{6.13}$$

当$\rho \equiv \rho_0 > 0$时，等式成立当且仅当：余维数为2，矩阵$\hat{A}_{n+1} \neq 0,\ \hat{A}_{n+2} \neq 0,\ \hat{S}_{(n+1)(n+1)} = \hat{S}_{(n+2)(n+2)} = \frac{\rho_0}{2},\ \vec{H} = 0$，并且

$$A_{n+1} = \hat{A}_{n+1} = \frac{\sqrt{\rho_0}}{2}\begin{pmatrix} 0 & 1 & 0 & \cdots \\ 1 & 0 & 0 & \cdots \\ 0 & 0 & 0 & \cdots \\ \vdots & \vdots & \vdots & \ddots \end{pmatrix},$$

$$A_{n+2}=\hat{A}_{n+2}=\frac{\sqrt{\rho_0}}{2}\begin{pmatrix}1&0&0&\cdots\\0&-1&0&\cdots\\0&0&0&\cdots\\\vdots&\vdots&\vdots&\ddots\end{pmatrix}.$$

- 当余维数大于等于2时，李安民类型估计为

$$\int_M \frac{n(n-2)}{4}\rho^{\frac{n}{2}-2}|\nabla\rho|^2+n\rho^{\frac{n}{2}-1}(|Dh|^2-n|\nabla\vec{H}|^2)$$
$$-\frac{3n}{2}\rho^{\frac{n}{2}}\Big(\rho-\frac{2n}{3}\Big)\mathrm{d}v\leqslant 0. \tag{6.14}$$

当$\rho\equiv\rho_0>0$时，等式成立当且仅当：矩阵$\hat{A}_{n+1}\neq 0$，$\hat{A}_{n+2}\neq 0$，$\hat{S}_{(n+1)(n+1)}=\hat{S}_{(n+2)(n+2)}=\frac{\rho_0}{2}$，$\hat{A}_{n+3}=\cdots=\hat{A}_{n+p}=0$，$\vec{H}=0$，并且

$$A_{n+1}=\hat{A}_{n+1}=\frac{\sqrt{\rho_0}}{2}\begin{pmatrix}0&1&0&\cdots\\1&0&0&\cdots\\0&0&0&\cdots\\\vdots&\vdots&\vdots&\ddots\end{pmatrix},$$

$$A_{n+2}=\hat{A}_{n+2}=\frac{\sqrt{\rho_0}}{2}\begin{pmatrix}1&0&0&\cdots\\0&-1&0&\cdots\\0&0&0&\cdots\\\vdots&\vdots&\vdots&\ddots\end{pmatrix}.$$

◇

为了进一步讨论上面的Simons不等式的端点对应的超曲面和子流形，需要Chern-do Carmo-Kobayashi在他们的著名文章中[14]提出的两个重要结论，其中一个为引理，另一个被称为主定理。为了表述方便，规定一些记号。对于一个超曲面，用

$$h_{ij}=h_{ij}^{n+1}.$$

另外选择局部正交标架，使得

$$h_{ij}=0,\quad \forall\, i\neq j,$$

并且假设

$$h_i = h_{ii}.$$

引理 6.21 [2,3] 假设$x : M^n \to S^{n+1}(1)$ 是单位球面中的紧致无边超曲面并且满足 $\nabla h \equiv 0$，则有两种情形：

(1) $h_1 = \cdots = h_n = \lambda = \text{constant}$，并且$M$或者是全脐$(\lambda > 0)$超曲面或者是全测地$(\lambda = 0)$ 超曲面，必居其一；

(2) $h_1 = \cdots h_m = \lambda = \text{constant} > 0$，$h_{m+1} = \cdots = h_n = -\dfrac{1}{\lambda}$，$1 \leqslant m \leqslant n-1$，并且$M$是两个子流形的黎曼乘积$M_1 \times M_2$，此处

$$M_1 = S^m\Big(\frac{1}{\sqrt{1+\lambda^2}}\Big),\quad M_2 = S^{n-m}\Big(\frac{\lambda}{\sqrt{1+\lambda^2}}\Big).$$

不失一般性，假设 $\lambda > 0$ 并且 $1 \leqslant m \leqslant \dfrac{n}{2}$。

引理 6.22 [2,3] Clifford torus $C_{m,n-m}$ 和Veronese曲面是单位球面$S^{n+p}(1)$ 中满足$S = \frac{n}{2-p^{-1}}$ 的唯一极小子流形(H=0)。

利用上面的两个引理和前面的积分估计，可以得到Willmore子流形的间隙定理。

定理 6.18 假设$x : M \to S^{n+p}(1)$是单位曲面中的Willmore子流形，则有

- 陈省身类型间隙

如果$0 \leqslant \rho \leqslant \dfrac{n}{2-p^{-1}}$，那么$\rho = 0$ 或者$\rho = \dfrac{n}{2-p^{-1}}$。当$\rho = 0$时，子流形是全脐的；当$\rho = \dfrac{n}{2-p^{-1}}$时，子流形或者为Willmore环面$W_{(m,n-m)}$或者为Veronese曲面。

- 李安民类型间隙

如果$0 \leqslant \rho \leqslant \dfrac{2n}{3}$，那么$\rho = 0$或者$\rho = \dfrac{2n}{3}$。当$\rho = 0$时，子流形是全脐的；当$\rho = \dfrac{2n}{3}$ 时，子流形为Veronese曲面。

◇

第 7 章 曲率模长泛函的定义

前面六章主要给出了预备知识。从本章开始，我们进入本书的主题部分，曲率模长泛函的变分法研究。为了使所提出的定理有广泛的适用性，我们定义了一类与曲率模长相关的泛函——$GD_{(n,F)}$，同时为了研究其在微小摄动下的演变规律，与之对应，我们定义了$GD_{(n,F,\epsilon)}$泛函。当F取不同的典型函数的时候，我们特别定义了一些特殊的GD类泛函。

7.1 曲率模长泛函的定义

在子流形几何中，通过第二基本型

$$B = h_{ij}^{\alpha} e_{\alpha} \otimes \theta^{i} \otimes \theta^{j},$$

我们可以定义第二基本型曲率模长为

$$S = \sum_{\alpha ij} (h_{ij}^{\alpha})^2.$$

简称为曲率模长。显然，曲率模长S满足如下性质：

(1) 非负性。曲率模长S非负，即$S(Q) \geqslant 0, \forall Q \in M$；

(2) 零点即测地点。曲率模长S的零点即为测地点，即$S(Q) = 0$当且仅当Q是M的测地点；

(3) 有界性。因为M是紧致无边流形，所以曲率模长S可被一个与流形M有关的正常数C_M 控制，即$0 \leqslant S \leqslant C_M$.

极小子流形的研究是一个历史悠久的课题。在代数上，它由

$$H^{\alpha} = \frac{1}{n} \sum_{i} h_{ii}^{\alpha} \equiv 0, \ \ \forall \alpha$$

来刻画。在变分法上，它由体积泛函

$$\mathrm{Vol}(x) = \int_M \mathrm{d}v$$

来刻画。

Simons在其著名的子流形的论文中利用特殊的自伴算子作用于曲率模长S，并结合极小子流形方程和精巧的矩阵不等式，得到了极小子流形的曲率模长的间隙现象：

$$\int_M S(S - \frac{n}{2 - p^{-1}})dv \geqslant 0.$$

根据此积分不等式，容易得到，当

$$0 \leqslant S \leqslant \frac{n}{2 - p^{-1}}$$

时，曲率模长S只能取端点的两个值，即

$$S \equiv 0 \text{ 或者 } S \equiv \frac{n}{2 - p^{-1}}.$$

Lawson从上面的结论出发，对超曲面定出了$S = n$的极小子流形，这个极小子流形为Clifford 环面。Chern、do Carmo、Kobayashi则对高余维数情形定出了$S = \frac{n}{2-p^{-1}}$ 的极小子流形，这个极小子流形为Clliford环面和Veronese曲面。Chern、do Carmo、Kobayashi讨论的过程分为四步：第一步，利用特殊的自伴算子作用于曲率模长S，利用极小子流形的代数方程和张量协变导数交换公式化简表达式；第二步，利用精巧的矩阵不等式估计所得到的表达式；第三步，利用子流形结构方程讨论几何量的刚性；第四步，利用Frobenius定理得到子流形分解定理。李安民和李济民对第二步中的矩阵不等式作了重要改进，得到了李安民类型的间隙定理。

受此启发，我们可以考虑所谓的$GD_{(n,F)}$泛函，其临界点称为$GD_{(n,F)}$子流形。为了叙述精确，需要设定两个集合

$$T_1 =\{ x : M^n \to N^{n+p}, \ M\text{是无测地点子流形} \},$$

$$T_2 =\{ x : M^n \to N^{n+p}, \ M\text{是一般子流形} \}.$$

根据集合T_1, T_2的定义，我们精确定义函数F满足

$$F : (0, \infty) \text{ 或 } [0, \infty) \to R, u \to F(u).$$

并且满足

$$F \in C^3(0,\infty) \text{ 或 } C^3[0,\infty).$$

当M是无测地点子流形时，对函数F的要求为

$$F \in C^3(0,\infty),\ F:(0,\infty)\to\mathbb{R},\ u\to F(u).$$

当M为一般子流形时，对函数F的要求为

$$F \in C^3[0,\infty),\ F:[0,\infty)\to\mathbb{R},\ u\to F(u).$$

由集合T_1,T_2的定义和函数F的选择，我们可以定义新的两个集合

$$T_{1,1}=\{\,(M,F):\ M\text{是无测地点子流形},\ F\in C^3(0,\infty)\,\},$$

$$T_{2,2}=\{\,(M,F):\ M\text{是一般子流形},\ F\in C^3[0,\infty)\,\}.$$

对于集合T_1或集合T_2中的子流形，分别选取$T_{1,1}$和$T_{2,2}$中的函数F来定义$GD_{(n,F)}$泛函为

$$GD_{(n,F)}(x)=\int_M F(S)\mathrm{d}v.$$

为了研究$GD_{(n,F)}$泛函在微小扰动下的变化规律，我们进一步考虑

$$GD_{(n,F,\epsilon)}=\int_M F(S+\epsilon)\mathrm{d}v.$$

特别地，对于各种不同的函数，我们可以定义很多具体的泛函，这些泛函可以丰富子流形的研究。抽象函数F的形式多种多样，我们不可能一一考虑清楚，只需要考虑几种典型的函数，包括：幂函数，指数函数，对数函数，三角函数。下面逐一介绍。

7.2 特殊的曲率模长泛函

幂函数是一种典型函数。因此，当$F(u)=u^r$时，我们可以定义幂函数曲率模长泛函为

$$GD_{(n,r)}=\int_M S^r\mathrm{d}v.$$

其临界点称为$GD_{(n,r)}$子流形。对于是否具有测地点的子流形，指数r的取值很不相同。如前文所述集合定义为

$$T_1 =\{x : M^n \to N^{n+p}，M\text{是无测地点子流形}\},$$

$$T_2 =\{x : M^n \to N^{n+p}，M\text{是一般子流形}\}.$$

显然，对于上面不同的集合，指数r的取值为

- 当$M \in T_1$时，$r \in \mathbb{R}$.
- 当$M \in T_2$时，$r = 1, 2$ 或 $\in [3, \infty)$.

记

$$T_{1,1} =\{\,(M, r) : M\text{是无测地点子流形}, r \in \mathbb{R}\,\},$$

$$T_{2,2} =\{\,(M, r) : M\text{是一般子流形}, r = 1, 2 \text{ 或 } \in [3, \infty)\,\}.$$

这样取值的目的是为了使得计算泛函$GD_{(n,r)}$的第一变分公式有意义。自然，当$r > 0$ 时，对于T_2中的子流形，泛函$GD_{(n,r)}$在积分上是有意义的，但是通过变分公式的计算，我们知道对于某些取值不一定有意义。

通过对幂函数曲率模长泛函的微小扰动，可以实现对比研究，我们定义$GD_{(n,r,\epsilon)}$泛函为

$$GD_{(n,r,\epsilon)} = \int (S + \epsilon)^r \mathrm{d}v,\ \ \forall \epsilon > 0.$$

因为曲率模长$S \geqslant 0$，所以对于任意的$\epsilon > 0$，我们都有$S + \epsilon > 0$。因此上面的积分泛函$GD_{(n,r,\epsilon)}$对任意的子流形$M \in T_1 \bigcup T_2$都是有意义的。

指数函数是一种重要的基本函数，它有如下典型性质：

$$\mathrm{e}^S = 1 + S + \frac{1}{2!}S^2 + \cdots + \frac{1}{m!}S^m + \cdots$$

因此，指数函数是对幂函数的某种意义上的线性组合，体现了平均效应。因此我们研究如下的泛函：

$$GD_{(n,E)} = \int_M \mathrm{e}^S \mathrm{d}v.$$

此类泛函的临界点称为$GD_{(n,E)}$子流形。对于指数函数，因为$\mathrm{e}^{S+\epsilon} = \mathrm{e}^{\epsilon}\mathrm{e}^S$，

所以定义指数函数曲率模长扰动泛函是没有意义的，故在此不予定义。

对数函数是一种基本函数，它有如下性质：

$$\ln S = \ln(1+S-1)$$

$$=(S-1)-\frac{1}{2}(S-1)^2+\cdots+\frac{(-1)^{n-1}}{n}(S-1)^n+\cdots$$

因此，对数函数是对幂函数某种意义上的交错组合。我们研究如下泛函：

$$GD_{(n,\ln)}=\int_M \ln S\,\mathrm{d}v, M\in T_1$$

此类泛函的临界点称为$GD_{(n,\ln)}$子流形。同样，我们可以定义扰动的对数函数型曲率模长泛函为

$$GD_{(n,\ln)}=\int_M \ln(S+\epsilon)\mathrm{d}v,\ \ M\in T_1\bigcup T_2.$$

综上所述，在本书中研究如下四类曲率模长泛函：

(1) 抽象函数型$GD_{(n,F)}$和$GD_{(n,F,\epsilon)}$泛函：

$$GD_{(n,F)}=\int_M F(S)\mathrm{d}v,\quad GD_{(n,F,\epsilon)}=\int_M F(S+\epsilon)\mathrm{d}v. \tag{7.1}$$

研究此泛函的目的在于对各种零散的曲率模长泛函进行统一处理，得到较为抽象的结论。

(2) 幂函数型$GD_{(n,r)}$和$GD_{(n,r,\epsilon)}$泛函：

$$GD_{(n,r)}=\int_M S^r\mathrm{d}v,\quad GD_{(n,r,\epsilon)}=\int_M (S+\epsilon)^r\mathrm{d}v. \tag{7.2}$$

(3) 指数函数型$GD_{(n,E)}$泛函：

$$GD_{(n,E)}=\int_M \mathrm{e}^S\mathrm{d}v. \tag{7.3}$$

(4) 对数函数型$GD_{(n,\ln)}$和$GD_{(n,\ln,\epsilon)}$泛函：

$$GD_{(n,\ln)}=\int_M \ln S\,\mathrm{d}v, GD_{(n,\ln,\epsilon)}=\int_M \ln(S+\epsilon)\mathrm{d}v. \tag{7.4}$$

构造后面四类Willmore类泛函的目的在于基于F的具体表达式，对四种典型函数的泛函进行样本性研究。

第 8 章　泛函的第一变分

第7章构造了很多曲率模长泛函，本章利用第3章和第4章的基本变分公式来计算这些泛函的第一变分，这是对曲率模长泛函进行研究的基础。

8.1　抽象函数型泛函的第一变分公式

因为$GD_{(n,F)}$泛函的抽象性，为了使得计算结果适用范围较大，本节推导$GD_{(n,F)}$ 泛函和$GD_{(n,F,\epsilon)}$泛函的变分方程。为此，需要如下引理。

引理 8.1　假设$x: M^n \to N^{n+p}$是子流形，$V = \sum_i V^i e_i + \sum_\alpha V^\alpha e_\alpha$是浸入映射的变分向量场，则对于子流形$M$的体积微元，有

$$\frac{\partial \mathrm{d}v}{\partial t} = \Big(\sum_i V^i_{,i} - n \sum_\alpha H^\alpha V^\alpha \Big) \mathrm{d}v.$$

证明　由定理3.3立即可得。 □

引理 8.2　假设$x: M^n \to N^{n+p}$是子流形，$V = \sum_i V^i e_i + \sum_\alpha V^\alpha e_\alpha$是浸入映射的变分向量场，则对于子流形$M$的Willmore不变量$\rho$，有

$$\frac{\partial S}{\partial t} = \sum 2h^\alpha_{ij} V^\alpha_{,ij} + \sum_i S_{,i} V^i + \sum_{\alpha\beta} 2S_{\alpha\alpha\beta} V^\beta - \sum 2h^\alpha_{ij} \bar{R}^\alpha_{ij\beta} V^\beta.$$

证明　由推论3.4立刻可得。 □

利用上面的两个引理，我们可以计算泛函$GD_{(n,F)}$的第一变分。

$$\begin{aligned}
\frac{\partial}{\partial t} GD_{(n,F)}(x_t) &= \int_{M_t} F'(S) \frac{\partial}{\partial t}(S) + F(S)(V^i_{,i} - nH^\alpha V^\alpha) \mathrm{d}v \\
&= \int_{M_t} F'(S)\big(2h^\alpha_{ij} V^\alpha_{,ij} + S_{,i} V^i + 2S_{\alpha\beta\beta} V^\alpha - 2h^\beta_{ij} \bar{R}^\beta_{ij\alpha} V^\alpha \big) \\
&\quad + F(S)(V^i_{,i} - nH^\alpha V^\alpha) \mathrm{d}v \\
&= \int_M \big(2F'(S) h^\alpha_{ij} \big)_{,ij} V^\alpha + F'(S) S_{,i} V^i + 2F'(S) S_{\alpha\beta\beta} V^\alpha
\end{aligned}$$

$$
\begin{aligned}
&- 2F'(S)h_{ij}^{\beta}\bar{R}_{ij\alpha}^{\beta}V^{\alpha} - F'(S)S_{,i}V^i - nH^{\alpha}F(S)V^{\alpha}\\
&= \int_M [\,(\,2F'(S)h_{ij}^{\alpha}\,)_{,ij} + 2F'(S)S_{\alpha\beta\beta}\\
&\quad - 2F'(S)h_{ij}^{\beta}\bar{R}_{ij\alpha}^{\beta} - nF(S)H^{\alpha}\,]V^{\alpha}\mathrm{d}v.
\end{aligned}
$$

对于$GD_{(n,F,\epsilon)}$泛函，同理计算可得

$$
\begin{aligned}
\frac{\partial}{\partial t}GD_{(n,F,\epsilon)}(x_t) &= \int_{M_t} F'(S+\epsilon)\frac{\partial}{\partial t}(S)\mathrm{d}v + F(S+\epsilon)\frac{\partial}{\partial t}\mathrm{d}v\\
&= \int_{M_t} F'(S+\epsilon)(\,2h_{ij}^{\alpha}V_{,ij}^{\alpha} + S_{,i}V^i + 2S_{\alpha\beta\beta}V^{\alpha} - 2h_{ij}^{\beta}\bar{R}_{ij\alpha}^{\beta}V^{\alpha}\,)\\
&\quad + F(S+\epsilon)(\,\sum_i V_{,i}^i - \sum_{\alpha} nH^{\alpha}V^{\alpha}\,)\mathrm{d}v\\
&= \int_{M_t} [\,(\,2F'(S+\epsilon)h_{ij}^{\alpha}\,)_{,ij}V^{\alpha} + 2F'(S+\epsilon)S_{\alpha\beta\beta}V^{\alpha}\\
&\quad - 2F'(S+\epsilon)h_{ij}^{\beta}\bar{R}_{ij\alpha}^{\beta}V^{\alpha} - nF(S+\epsilon)H^{\alpha}V^{\alpha}\,]\mathrm{d}v.
\end{aligned}
$$

因此我们证明了如下定理。

定理 8.1 设$x: M^n \to N^{n+p}$是子流形，那么M是一个$GD_{(n,F)}$子流形当且仅当对任意的 α, $(n+1) \leqslant \alpha \leqslant (n+p)$，有

$$
(\,2F'(S)h_{ij}^{\alpha}\,)_{,ij} + 2F'(S)S_{\alpha\beta\beta} - 2F'(S)h_{ij}^{\beta}\bar{R}_{ij\alpha}^{\beta} - nF(S)H^{\alpha} = 0. \tag{8.1}
$$

◇

定理 8.2 设$x: M^n \to N^{n+p}$是子流形，那么M是一个$GD_{(n,F,\epsilon)}$子流形当且仅当对任意的 α, $(n+1) \leqslant \alpha \leqslant (n+p)$，有

$$
\begin{aligned}
&[\,2F'(S+\epsilon)h_{ij}^{\alpha}\,]_{,ij} + 2F'(S+\epsilon)S_{\alpha\beta\beta}\\
&- 2F'(S+\epsilon)h_{ij}^{\beta}\bar{R}_{ij\alpha}^{\beta} - nF(S+\epsilon)H^{\alpha} = 0.
\end{aligned} \tag{8.2}
$$

◇

定理 8.3 设$x: M^n \to N^{n+1}$是超曲面，那么M是一个$GD_{(n,F)}$超曲面当且

仅当下式成立：

$$[2F'(S)h_{ij}]_{,ij} + 2F'(S)P_3 + 2F'(S)h_{ij}\bar{R}_{i(n+1)(n+1)j} - nF(S)H = 0. \tag{8.3}$$

◇

定理 8.4 设$x: M^n \to N^{n+1}$是超曲面，那么M是一个$GD_{(n,F,\epsilon)}$超曲面当且仅当下式成立：

$$(2F'(S+\epsilon)h_{ij})_{,ij} + 2F'(S+\epsilon)P_3 + 2F'(S+\epsilon)h_{ij}\bar{R}_{i(n+1)(n+1)j} - nF(S+\epsilon)H = 0. \tag{8.4}$$

◇

定理 8.5 设$x: M^n \to N^{n+p}$是子流形并且$h_{ij}^{\alpha} = \text{constant}$, $\forall i,j,\alpha$，那么M是一个$GD_{(n,F)}$子流形当且仅当对任意的α, $(n+1) \leqslant \alpha \leqslant (n+p)$，有

$$2F'(S)S_{\alpha\beta\beta} - 2F'(S)h_{ij}^{\beta}\bar{R}_{ij\alpha}^{\beta} - nF(S)H^{\alpha} = 0. \tag{8.5}$$

◇

定理 8.6 设$x: M^n \to N^{n+p}$是子流形并且$h_{ij}^{\alpha} = \text{constant}, \forall i,j,\alpha$，那么$M$是一个$GD_{(n,F,\epsilon)}$子流形当且仅当对任意的$\alpha$, $(n+1) \leqslant \alpha \leqslant (n+p)$，有

$$2F'(S+\epsilon)S_{\alpha\beta\beta} - 2F'(S+\epsilon)h_{ij}^{\beta}\bar{R}_{ij\alpha}^{\beta} - nF(S+\epsilon)H^{\alpha} = 0. \tag{8.6}$$

◇

定理 8.7 设$x: M^n \to N^{n+1}$是超曲面并且$h_{ij} = \text{constant}$, $\forall i,j$，那么M是一个$GD_{(n,F)}$超曲面当且仅当下式成立：

$$2F'(S)P_3 + 2F'(S)h_{ij}\bar{R}_{i(n+1)(n+1)j} - nF(S)H = 0. \tag{8.7}$$

◇

定理 8.8 设$x: M^n \to N^{n+1}$是超曲面并且$h_{ij} = \text{constant}$, $\forall i,j$，那么M是一个$GD_{(n,F,\epsilon)}$超曲面当且仅当下式成立：

$$2F'(S+\epsilon)P_3 + 2F'(S+\epsilon)h_{ij}\bar{R}_{i(n+1)(n+1)j} - nF(S+\epsilon)H = 0. \tag{8.8}$$

◇

当流形N^{n+p}是空间形式$R^{n+p}(c)$时，我们知道，其黎曼曲率张量可以表达为

$$\bar{R}_{ABCD} = -c(\delta_{AC}\delta_{BD} - \delta_{AD}\delta_{BC}), \bar{R}^{\beta}_{ij\alpha} = -c\delta_{ij}\delta_{\alpha\beta},$$

$$\bar{R}^{\top}_{AB} = \sum_i \bar{R}_{AiiB} = \sum_i -c(\delta_{Ai}\delta_{iB} - \delta_{AB}\delta_{ii}) = nc\delta_{AB} - c\sum_i \delta_{Ai}\delta_{iB},$$

$$\bar{R}^{\perp}_{AB} = \sum_\alpha \bar{R}_{A\alpha\alpha B} = \sum_\alpha -c(\delta_{A\alpha}\delta_{\alpha B} - \delta_{AB}\delta_{\alpha\alpha}) = pc\delta_{AB} - c\sum_\alpha \delta_{A\alpha}\delta_{B\alpha},$$

$$\bar{R}^{\top}_{\alpha\beta} = nc\delta_{\alpha\beta}, \quad \bar{R}^{\perp}_{ij} = pc\delta_{ij}.$$

于是上面的这些定理在空间形式中可以叙述为如下定理。

定理 8.9 设$x: M \to R^{n+p}(c)$是空间形式中的子流形，那么M是一个$GD_{(n,F)}$子流形当且仅当对任意的α，$(n+1) \leqslant \alpha \leqslant (n+p)$，下式成立：

$$\begin{aligned}(2F'(S)h^{\alpha}_{ij})_{,ij} + 2F'(S)S_{\alpha\beta\beta}\\ + 2ncF'(S)H^{\alpha} - nF(S)H^{\alpha} = 0.\end{aligned} \tag{8.9}$$

◇

定理 8.10 设$x: M \to R^{n+p}(c)$是空间形式中的子流形，那么M是一个$GD_{(n,F,\epsilon)}$子流形当且仅当对任意的α，$(n+1) \leqslant \alpha \leqslant (n+p)$，下式成立：

$$\begin{aligned}[2F'(S+\epsilon)h^{\alpha}_{ij}]_{,ij} + 2F'(S+\epsilon)S_{\alpha\beta\beta}\\ + 2ncF'(S+\epsilon)H^{\alpha} - nF(S+\epsilon)H^{\alpha} = 0.\end{aligned} \tag{8.10}$$

◇

定理 8.11 设$x: M \to R^{n+1}(c)$是空间形式中的超曲面，那么M是一个$GD_{(n,F)}$超曲面当且仅当

$$(2F'(S)h_{ij})_{,ij} + 2F'(S)P_3 + 2ncF'(S)H - nF(S)H = 0. \tag{8.11}$$

◇

定理 8.12 设$x: M \to R^{n+1}(c)$是空间形式中的超曲面，那么M是一

个$GD_{(n,F,\epsilon)}$超曲面当且仅当

$$(2F'(S+\epsilon)h_{ij})_{,ij}+2F'(S+\epsilon)P_3 \\ +2ncF'(S+\epsilon)H-nF(S+\epsilon)H=0. \tag{8.12}$$

◇

定理 8.13 设$x:M\to R^{n+p}(c)$是空间形式中的子流形并且$h^{\alpha}_{ij}=\text{constant}$, $\forall i,j,\alpha$，那么M是一个$GD_{(n,F)}$子流形当且仅当对任意的α, $(n+1)\leqslant\alpha\leqslant(n+p)$，下式成立：

$$2F'(S)S_{\alpha\beta\beta}+2ncF'(S)H^{\alpha}-nF(S)H^{\alpha}=0. \tag{8.13}$$

◇

定理 8.14 设$x:M\to R^{n+p}(c)$是空间形式中的子流形并且$h^{\alpha}_{ij}=\text{constant}$, $\forall i,j,\alpha$，那么M是一个$GD_{(n,F,\epsilon)}$子流形当且仅当对任意的α, $(n+1)\leqslant\alpha\leqslant(n+p)$，下式成立：

$$2F'(S+\epsilon)S_{\alpha\beta\beta}+2ncF'(S+\epsilon)H^{\alpha}-nF(S+\epsilon)H^{\alpha}=0. \tag{8.14}$$

◇

定理 8.15 设$x:M\to R^{n+1}(c)$是空间形式中的超曲面并且$h_{ij}=\text{constant}$, $\forall i,j$，那么M是一个$GD_{(n,F)}$超曲面当且仅当

$$2F'(S)P_3+2ncF'(S)H-nF(S)H=0. \tag{8.15}$$

◇

定理 8.16 设$x:M\to R^{n+1}(c)$是空间形式中的超曲面并且$h_{ij}=\text{constant}$, $\forall i,j$，那么M是一个$GD_{(n,F,\epsilon)}$超曲面当且仅当

$$2F'(S+\epsilon)P_3+2ncF'(S+\epsilon)H-nF(S+\epsilon)H=0. \tag{8.16}$$

◇

8.2 幂函数型泛函的第一变分公式

当$F(u) = u^r$时，泛函$GD_{n,F}$和$GD_{(n,F,\epsilon)}$分别变为

$$GD_{(n,r)} = \int_M S^r \mathrm{d}v, \quad GD_{(n,r,\epsilon)} = \int_M (S+\epsilon)^r \mathrm{d}v$$

针对此类重要的特殊情形的计算，可直接利用8.1节的结论得到如下定理。

定理 8.17 设$x: M^n \to N^{n+p}$是子流形，那么M是一个$GD_{(n,r)}$子流形当且仅当对任意的α, $(n+1) \leqslant \alpha \leqslant (n+p)$下式成立：

$$\begin{aligned}&[\,2rS^{r-1}h^{\alpha}_{ij}\,]_{,ij} + 2rS^{r-1}S_{\alpha\beta\beta}\\&- 2rS^{r-1}h^{\beta}_{ij}\bar{R}^{\beta}_{ij\alpha} - nS^rH^{\alpha} = 0.\end{aligned} \tag{8.17}$$

◇

定理 8.18 设$x: M^n \to N^{n+p}$是子流形，那么M是一个$GD_{(n,r,\epsilon)}$子流形当且仅当对任意的α,$(n+1) \leqslant \alpha \leqslant (n+p)$下式成立：

$$\begin{aligned}&[\,2r(S+\epsilon)^{r-1}h^{\alpha}_{ij}\,]_{,ij} + 2r(S+\epsilon)^{r-1}S_{\alpha\beta\beta}\\&- 2r(S+\epsilon)^{r-1}h^{\beta}_{ij}\bar{R}^{\beta}_{ij\alpha} - n(S+\epsilon)^rH^{\alpha} = 0.\end{aligned} \tag{8.18}$$

◇

定理 8.19 设$x: M^n \to N^{n+1}$是超曲面，那么M是一个$GD_{(n,r)}$超曲面当且仅当

$$\begin{aligned}&[\,2rS^{r-1}h_{ij}\,]_{,ij} + 2rS^{r-1}P_3\\&+ 2rS^{r-1}h_{ij}\bar{R}_{i(n+1)(n+1)j} - nS^rH = 0.\end{aligned} \tag{8.19}$$

◇

定理 8.20 设$x: M^n \to N^{n+1}$是超曲面，那么M是一个$GD_{(n,r,\epsilon)}$超曲面当且仅当

$$\begin{aligned}&[\,2r(S+\epsilon)^{r-1}h_{ij}\,]_{,ij}\\&+ 2r(S+\epsilon)^{r-1}P_3 + 2r(S+\epsilon)^{r-1}h_{ij}\bar{R}_{i(n+1)(n+1)j} - n(S+\epsilon)^rH = 0.\end{aligned} \tag{8.20}$$

◇

定理 8.21 设$x : M^n \to N^{n+p}$是子流形并且$h^\alpha_{ij} = \text{constant}, \forall i, j, \alpha$，那么$M$是一个$GD_{(n,r)}$子流形当且仅当对任意的$\alpha, (n+1) \leqslant \alpha \leqslant (n+p)$下式成立：

$$2rS^{r-1}S_{\alpha\beta\beta} - 2rS^{r-1}h^\beta_{ij}\bar{R}^\beta_{ij\alpha} - nS^rH^\alpha = 0. \tag{8.21}$$

◇

定理 8.22 设$x : M^n \to N^{n+p}$是子流形并且$h^\alpha_{ij} = \text{constant}, \forall i, j, \alpha$，那么$M$是一个$GD_{(n,r,\epsilon)}$子流形当且仅当对任意的$\alpha, (n+1) \leqslant \alpha \leqslant (n+p)$下式成立：

$$2r(S+\epsilon)^{r-1}S_{\alpha\beta\beta} - 2r(S+\epsilon)^{r-1}h^\beta_{ij}\bar{R}^\beta_{ij\alpha} - n(S+\epsilon)^rH^\alpha = 0. \tag{8.22}$$

◇

定理 8.23 设$x : M^n \to N^{n+1}$是超曲面并且$h_{ij} = \text{constant}, \forall i, j$，那么$M$是一个$GD_{(n,r)}$超曲面当且仅当

$$2rS^{r-1}P_3 + 2rS^{r-1}h_{ij}\bar{R}_{i(n+1)(n+1)j} - nS^rH = 0. \tag{8.23}$$

◇

定理 8.24 设$x : M^n \to N^{n+1}$是超曲面并且$h_{ij} = \text{constant}, \forall i, j$，那么$M$是一个$GD_{(n,r,\epsilon)}$超曲面当且仅当

$$2r(S+\epsilon)^{r-1}P_3 + 2r(S+\epsilon)^{r-1}h_{ij}\bar{R}_{i(n+1)(n+1)j} - n(S+\epsilon)^rH = 0. \tag{8.24}$$

◇

当流形N^{n+p}是空间形式$R^{n+p}(c)$时，我们知道，其黎曼曲率张量可以表达为

$$\bar{R}_{ABCD} = -c(\delta_{AC}\delta_{BD} - \delta_{AD}\delta_{BC}), \bar{R}^\beta_{ij\alpha} = -c\delta_{ij}\delta_{\alpha\beta},$$

$$\bar{R}^\top_{AB} = \sum_i \bar{R}_{AiiB} = \sum_i -c(\delta_{Ai}\delta_{iB} - \delta_{AB}\delta_{ii}) = nc\delta_{AB} - c\sum_i \delta_{Ai}\delta_{iB},$$

$$\bar{R}^\perp_{AB} = \sum_\alpha \bar{R}_{A\alpha\alpha B} = \sum_\alpha -c(\delta_{A\alpha}\delta_{\alpha B} - \delta_{AB}\delta_{\alpha\alpha}) = pc\delta_{AB} - c\sum_\alpha \delta_{A\alpha}\delta_{B\alpha},$$

$$\bar{R}^\top_{\alpha\beta} = nc\delta_{\alpha\beta}, \quad \bar{R}^\perp_{ij} = pc\delta_{ij}.$$

于是上面的定理在空间形式中可以叙述为如下定理：

定理 8.25 设$x: M \to R^{n+p}(c)$是空间形式中的子流形，那么M是一个$GD_{(n,r)}$子流形当且仅当对任意的α, $(n+1) \leqslant \alpha \leqslant (n+p)$，下式成立：

$$[2rS^{r-1}h_{ij}^{\alpha}]_{,ij} + 2rS^{r-1}S_{\alpha\beta\beta} + 2ncrS^{r-1}H^{\alpha} - nS^{r}H^{\alpha} = 0. \tag{8.25}$$

◇

定理 8.26 设$x: M \to R^{n+p}(c)$是空间形式中的子流形，那么M是一个$GD_{(n,r,\epsilon)}$子流形当且仅当对任意的α, $(n+1) \leqslant \alpha \leqslant (n+p)$，下式成立

$$[2r(S+\epsilon)^{r-1}h_{ij}^{\alpha}]_{,ij} + 2r(S+\epsilon)^{r-1}S_{\alpha\beta\beta} + 2ncr(S+\epsilon)^{r-1}H^{\alpha} - n(S+\epsilon)^{r}H^{\alpha} = 0. \tag{8.26}$$

◇

定理 8.27 设$x: M \to R^{n+1}(c)$是空间形式中的超曲面，那么M是一个$GD_{(n,r)}$超曲面当且仅当

$$[2rS^{r-1}h_{ij}]_{,ij} + 2rS^{r-1}P_3 + 2ncrS^{r-1}H - nS^{r}H = 0. \tag{8.27}$$

◇

定理 8.28 设$x: M \to R^{n+1}(c)$是空间形式中的超曲面，那么M是一个$GD_{(n,r,\epsilon)}$超曲面当且仅当

$$[2r(S+\epsilon)^{r-1}h_{ij}]_{,ij} + 2r(S+\epsilon)^{r-1}P_3 + 2ncr(S+\epsilon)^{r-1}H - n(S+\epsilon)^{r}H = 0. \tag{8.28}$$

◇

定理 8.29 设$x: M \to R^{n+p}(c)$是空间形式中的子流形并且$h_{ij}^{\alpha} = \text{constant}$, $\forall i, j, \alpha$，那么M是一个$GD_{(n,r)}$子流形当且仅当对任意的α, $(n+1) \leqslant \alpha \leqslant (n+p)$，下式成立：

$$2rS^{r-1}S_{\alpha\beta\beta} + 2ncrS^{r-1}H^{\alpha} - nS^{r}H^{\alpha} = 0. \tag{8.29}$$

◇

定理 8.30 设$x: M \to R^{n+p}(c)$是空间形式中的子流形并且$h^{\alpha}_{ij} = \text{constant}$, $\forall i, j, \alpha$，那么M是一个$GD_{(n,r,\epsilon)}$子流形当且仅当对任意的 α, $(n+1) \leqslant \alpha \leqslant (n+p)$，下式成立：

$$2r(S+\epsilon)^{r-1}S_{\alpha\beta\beta} + 2ncr(S+\epsilon)^{r-1}H^{\alpha} - n(S+\epsilon)^{r}H^{\alpha} = 0. \tag{8.30}$$

◇

定理 8.31 设$x: M \to R^{n+1}(c)$是空间形式中的超曲面并且$h_{ij} = \text{constant}$, $\forall i, j$，那么M是一个$GD_{(n,r)}$超曲面当且仅当

$$2rS^{r-1}P_3 + 2ncrS^{r-1}H - nS^{r}H = 0. \tag{8.31}$$

◇

定理 8.32 设$x: M \to R^{n+1}(c)$是空间形式中的超曲面并且$h_{ij} = \text{constant}$, $\forall i, j$，那么M是一个$GD_{(n,r,\epsilon)}$超曲面当且仅当

$$2r(S+\epsilon)^{r-1}P_3 + 2ncr(S+\epsilon)^{r-1}H - n(S+\epsilon)^{r}H = 0. \tag{8.32}$$

◇

8.3 指数函数型泛函的第一变分公式

当$F(u) = \mathrm{e}^{u}$时，泛函$GD_{n,E}$和$GD_{(n,E,\epsilon)}$分别变为

$$GD_{(n,E)} = \int_M \mathrm{e}^{S}\,\mathrm{d}v, \quad GD_{(n,E,\epsilon)} = \int_M \mathrm{e}^{S+\epsilon}\,\mathrm{d}v$$

显然，在相差一个正系数的意义下，$GD_{(n,E)}$和$GD_{(n,E,\epsilon)}$是相同的，因此针对此类重要的特殊情形的计算，可直接利用8.1节的结论得出如下定理。

定理 8.33 设$x: M^n \to N^{n+p}$是子流形，那么M是一个$GD_{(n,E)}$子流形当且仅当对任意的 α, $(n+1) \leqslant \alpha \leqslant (n+p)$下式成立：

$$[2\mathrm{e}^{S}h^{\alpha}_{ij}]_{,ij} + 2\mathrm{e}^{S}S_{\alpha\beta\beta} - 2\mathrm{e}^{S}h^{\beta}_{ij}\bar{R}^{\beta}_{ij\alpha} - n\mathrm{e}^{S}H^{\alpha} = 0. \tag{8.33}$$

◇

定理 8.34 设$x: M^n \to N^{n+1}$是超曲面，那么M是一个$GD_{(n,E)}$超曲面当且仅当

$$[\,2e^S h_{ij}\,]_{,ij} + 2e^S P_3 + 2e^S h_{ij}\bar{R}_{i(n+1)(n+1)j} - ne^S H = 0. \tag{8.34}$$

◇

定理 8.35 设$x: M^n \to N^{n+p}$是子流形并且$h^\alpha_{ij} = \text{constant}, \forall i, j, \alpha$，那么$M$是一个$GD_{(n,E)}$子流形当且仅当对任意的$\alpha, (n+1) \leqslant \alpha \leqslant (n+p)$下式成立：

$$2S_{\alpha\beta\beta} - 2h^\beta_{ij}\bar{R}^\beta_{ij\alpha} - nH^\alpha = 0. \tag{8.35}$$

◇

定理 8.36 设$x: M^n \to N^{n+1}$是超曲面并且$h_{ij} = \text{constant}, \forall i, j$，那么$M$是一个$GD_{(n,E)}$超曲面当且仅当

$$2P_3 + 2h_{ij}\bar{R}_{i(n+1)(n+1)j} - nH = 0. \tag{8.36}$$

◇

当流形N^{n+p}是空间形式$R^{n+p}(c)$时，我们知道，其黎曼曲率张量可以表达为

$$\bar{R}_{ABCD} = -c(\delta_{AC}\delta_{BD} - \delta_{AD}\delta_{BC}), \bar{R}^\beta_{ij\alpha} = -c\delta_{ij}\delta_{\alpha\beta},$$

$$\bar{R}^\top_{AB} = \sum_i \bar{R}_{AiiB} = \sum_i -c(\delta_{Ai}\delta_{iB} - \delta_{AB}\delta_{ii}) = nc\delta_{AB} - c\sum_i \delta_{Ai}\delta_{iB},$$

$$\bar{R}^\perp_{AB} = \sum_\alpha \bar{R}_{A\alpha\alpha B} = \sum_\alpha -c(\delta_{A\alpha}\delta_{\alpha B} - \delta_{AB}\delta_{\alpha\alpha}) = pc\delta_{AB} - c\sum_\alpha \delta_{A\alpha}\delta_{B\alpha},$$

$$\bar{R}^\top_{\alpha\beta} = nc\delta_{\alpha\beta}, \quad \bar{R}^\perp_{ij} = pc\delta_{ij}.$$

于是上面的定理在空间形式中可以叙述为如下定理。

定理 8.37 设$x: M \to R^{n+p}(c)$是空间形式中的子流形，那么M是一个$GD_{(n,E)}$子流形当且仅当对任意的α, $(n+1) \leqslant \alpha \leqslant (n+p)$，下式成立：

$$[\,2h^\alpha_{ij}e^S\,]_{,ij} + 2e^S S_{\alpha\beta\beta} + 2nce^S H^\alpha - ne^S H^\alpha = 0. \tag{8.37}$$

◇

定理 8.38 设$x : M \to R^{n+1}(c)$是空间形式中的超曲面，那么M是一个$GD_{(n,E)}$超曲面当且仅当

$$[\,2h_{ij}e^S\,]_{,ij} + 2e^S P_3 + 2nce^S H - ne^S H = 0. \tag{8.38}$$

◇

定理 8.39 设$x : M \to R^{n+p}(c)$是空间形式中的子流形并且$h^{\alpha}_{ij} = \text{constant}$, $\forall i, j, \alpha$，那么M是一个$GD_{(n,E)}$子流形当且仅当对任意的 α, $(n+1) \leqslant \alpha \leqslant (n+p)$，下式成立：

$$2S_{\alpha\beta\beta} + 2ncH^{\alpha} - nH^{\alpha} = 0. \tag{8.39}$$

◇

定理 8.40 设$x : M \to R^{n+1}(c)$是空间形式中的超曲面并且$h_{ij} = \text{constant}$, $\forall i, j$，那么M是一个$GD_{(n,E)}$超曲面当且仅当

$$2P_3 + 2ncH - nH = 0. \tag{8.40}$$

◇

8.4 对数函数型泛函的第一变分公式

当$F(u) = \ln u, u > 0$时，泛函$GD_{n,\ln}$和$GD_{(n,\ln,\epsilon)}$分别变为

$$GD_{(n,\ln)} = \int_M \ln S \, dv, \quad GD_{(n,\ln,\epsilon)} = \int_M \ln(S + \epsilon) dv$$

对于$GD_{(n,\ln)}$泛函，我们显然要求其没有脐点。针对此类重要的特殊情形的计算,直接利用8.1节的定理得到如下结论。

定理 8.41 设$x : M^n \to N^{n+p}$是无测地点子流形，那么M是一个$GD_{(n,\ln)}$子流形当且仅当对任意的 α, $(n+1) \leqslant \alpha \leqslant (n+p)$下式成立：

$$\left(2\frac{1}{S}h^{\alpha}_{ij}\right)_{,ij} + 2\frac{1}{S}S_{\alpha\beta\beta} - 2\frac{1}{S}h^{\beta}_{ij}\bar{R}^{\beta}_{ij\alpha} - n\ln(S)H^{\alpha} = 0. \tag{8.41}$$

◇

定理 8.42 设$x : M^n \to N^{n+p}$是子流形，那么M是一个$GD_{(n,\ln,\epsilon)}$子流形当

且仅当对任意的 α, $(n+1)\leqslant\alpha\leqslant(n+p)$下式成立：

$$\Big(2\frac{1}{S+\epsilon}h_{ij}^{\alpha}\Big)_{,ij}+2\frac{1}{S+\epsilon}S_{\alpha\beta\beta}$$
$$-2\frac{1}{S+\epsilon}h_{ij}^{\beta}\bar{R}_{ij\alpha}^{\beta}-n\ln(S+\epsilon)H^{\alpha}=0. \tag{8.42}$$

◇

定理 8.43 设$x:M^n\to N^{n+1}$是无测地点超曲面，那么M是一个$GD_{(n,\ln)}$超曲面当且仅当

$$\Big(2\frac{1}{S}h_{ij}\Big)_{,ij}+2\frac{1}{S}P_3+2\frac{1}{S}h_{ij}\bar{R}_{i(n+1)(n+1)j}-n\ln(S)H=0. \tag{8.43}$$

◇

定理 8.44 设$x:M^n\to N^{n+1}$是超曲面，那么M是一个$GD_{(n,\ln,\epsilon)}$超曲面当且仅当

$$\Big(2\frac{1}{S+\epsilon}h_{ij}\Big)_{,ij}+2\frac{1}{S+\epsilon}P_3$$
$$+2\frac{1}{S+\epsilon}h_{ij}\bar{R}_{i(n+1)(n+1)j}-n\ln(S+\epsilon)H=0. \tag{8.44}$$

◇

定理 8.45 设$x:M^n\to N^{n+p}$是无测地点子流形并且$h_{ij}^{\alpha}=\text{constant},\ \forall i,j,\alpha$，那么$M$是一个$GD_{(n,\ln)}$子流形当且仅当对任意的 α, $(n+1)\leqslant\alpha\leqslant(n+p)$下式成立：

$$2\frac{1}{S}S_{\alpha\beta\beta}-2\frac{1}{S}h_{ij}^{\beta}\bar{R}_{ij\alpha}^{\beta}-n\ln(S)H^{\alpha}=0. \tag{8.45}$$

◇

定理 8.46 设$x:M^n\to N^{n+p}$是子流形并且$h_{ij}^{\alpha}=\text{constant},\ \forall i,j,\alpha$，那么$M$是一个$GD_{(n,\ln,\epsilon)}$子流形当且仅当对任意的 α, $(n+1)\leqslant\alpha\leqslant(n+p)$下式成立：

$$2\frac{1}{S+\epsilon}S_{\alpha\beta\beta}-2\frac{1}{S+\epsilon}h_{ij}^{\beta}\bar{R}_{ij\alpha}^{\beta}-n\ln(S+\epsilon)H^{\alpha}=0. \tag{8.46}$$

◇

定理 8.47 设$x:M^n\to N^{n+1}$是无测地点超曲面并且$h_{ij}=\text{constant},\ \forall i,j$,

那么M是一个$GD_{(n,\ln)}$超曲面当且仅当

$$2\frac{1}{S}P_3 + 2\frac{1}{S}h_{ij}\bar{R}_{i(n+1)(n+1)j} - n\ln(S)H = 0. \tag{8.47}$$

◇

定理 8.48 设$x: M^n \to N^{n+1}$是超曲面并且$h_{ij} = \text{constant}, \forall i, j$，那么$M$是一个$GD_{(n,\ln,\epsilon)}$超曲面当且仅当

$$2\frac{1}{S+\epsilon}P_3 + 2\frac{1}{S+\epsilon}h_{ij}\bar{R}_{i(n+1)(n+1)j} - n\ln(S+\epsilon)H = 0. \tag{8.48}$$

◇

当流形N^{n+p}是空间形式$R^{n+p}(c)$时，我们知道，其黎曼曲率张量可以表达为

$$\bar{R}_{ABCD} = -c(\delta_{AC}\delta_{BD} - \delta_{AD}\delta_{BC}), \bar{R}^{\beta}_{ij\alpha} = -c\delta_{ij}\delta_{\alpha\beta},$$

$$\bar{R}^{\top}_{AB} = \sum_i \bar{R}_{AiiB} = \sum_i -c(\delta_{Ai}\delta_{iB} - \delta_{AB}\delta_{ii}) = nc\delta_{AB} - c\sum_i \delta_{Ai}\delta_{iB},$$

$$\bar{R}^{\perp}_{AB} = \sum_\alpha \bar{R}_{A\alpha\alpha B} = \sum_\alpha -c(\delta_{A\alpha}\delta_{\alpha B} - \delta_{AB}\delta_{\alpha\alpha}) = pc\delta_{AB} - c\sum_\alpha \delta_{A\alpha}\delta_{B\alpha},$$

$$\bar{R}^{\top}_{\alpha\beta} = nc\delta_{\alpha\beta}, \quad \bar{R}^{\perp}_{ij} = pc\delta_{ij}.$$

于是上面的定理在空间形式中可以叙述为如下结论。

定理 8.49 设$x: M \to R^{n+p}(c)$是空间形式中的无测地点子流形，那么M是一个$GD_{(n,\ln)}$子流形当且仅当对任意的α, $(n+1) \leqslant \alpha \leqslant (n+p)$，下式成立：

$$\left(2\frac{1}{S}h^{\alpha}_{ij}\right)_{,ij} + 2\frac{1}{S}S_{\alpha\beta\beta} + 2nc\frac{1}{S}H^{\alpha} - n\ln(S)H^{\alpha} = 0. \tag{8.49}$$

◇

定理 8.50 设$x: M \to R^{n+p}(c)$是空间形式中的子流形，那么M是一个$GD_{(n,\ln,\epsilon)}$子流形当且仅当对任意的α, $(n+1) \leqslant \alpha \leqslant (n+p)$，下式成立：

$$\left(2\frac{1}{S+\epsilon}h^{\alpha}_{ij}\right)_{,ij} + 2\frac{1}{S+\epsilon}S_{\alpha\beta\beta} + 2nc\frac{1}{S+\epsilon}H^{\alpha} - n\ln(S+\epsilon)H^{\alpha} = 0. \tag{8.50}$$

◇

定理 8.51 设$x: M \to R^{n+1}(c)$是空间形式中的无测地点超曲面，那么M是一个$GD_{(n,\ln)}$超曲面当且仅当

$$\left(2\frac{1}{S}h_{ij}\right)_{,ij}+2\frac{1}{S}P_3+2nc\frac{1}{S}H-n\ln(S)H=0. \tag{8.51}$$

◇

定理 8.52 设$x: M \to R^{n+1}(c)$是空间形式中的超曲面，那么M是一个$GD_{(n,F,\epsilon)}$超曲面当且仅当

$$\begin{aligned}&\left(2\frac{1}{S+\epsilon}h_{ij}\right)_{,ij}+2\frac{1}{S+\epsilon}P_3\\&+2nc\frac{1}{S+\epsilon}H-n\ln(S+\epsilon)H=0.\end{aligned} \tag{8.52}$$

◇

定理 8.53 设$x: M \to R^{n+p}(c)$是空间形式中的无测地点子流形并且$h_{ij}^{\alpha}=\text{constant}, \forall i,j,\alpha$，那么$M$是一个$GD_{(n,\ln)}$子流形当且仅当对任意的$\alpha$, $(n+1)\leqslant\alpha\leqslant(n+p)$，下式成立：

$$2\frac{1}{S}S_{\alpha\beta\beta}+2nc\frac{1}{S}H^{\alpha}-n\ln(S)H^{\alpha}=0. \tag{8.53}$$

◇

定理 8.54 设$x: M \to R^{n+p}(c)$是空间形式中的子流形并且$h_{ij}^{\alpha}=\text{constant}$, $\forall i,j,\alpha$，那么M是一个$GD_{(n,\ln,\epsilon)}$子流形当且仅当对任意的α, $(n+1)\leqslant\alpha\leqslant(n+p)$，下式成立：

$$2\frac{1}{S+\epsilon}S_{\alpha\beta\beta}+2nc\frac{1}{S+\epsilon}H^{\alpha}-n\ln(S+\epsilon)H^{\alpha}=0. \tag{8.54}$$

◇

定理 8.55 设$x: M \to R^{n+1}(c)$是空间形式中的无测地点超曲面并且$h_{ij}=\text{constant}, \forall i,j$，那么$M$是一个$GD_{(n,\ln)}$超曲面当且仅当

$$2\frac{1}{S}P_3+2nc\frac{1}{S}H-n\ln(S)H=0. \tag{8.55}$$

◇

定理 8.56 设$x: M \to R^{n+1}(c)$是空间形式中的超曲面并且$h_{ij}=\text{constant}$,

$\forall i, j$，那么M是一个$GD_{(n,\ln,\epsilon)}$超曲面当且仅当

$$2\frac{1}{S+\epsilon}P_3 + 2nc\frac{1}{S+\epsilon}H - n\ln(S+\epsilon)H = 0. \tag{8.56}$$

◇

第 9 章　单位球面中临界子流形的例子

第8章计算了各类曲率模长泛函的第一变分公式，根据第一变分公式，我们可以构造各种$GD_{(n,F)}$子流形的例子，特别对于具体的函数形式F可以得到更加丰富的结果。

9.1　抽象函数型子流形的例子

本节给出多种$GD_{(n,F)}$子流形的例子。这些例子在间隙现象的讨论时很有用处。特别地，我们关注单位球面$S^{n+1}(1)$中的$GD_{(n,F)}$等参的超曲面。已知单位球面中的等参超曲面的所有主曲率为

$$\{k_1, \cdots, k_i, \cdots, k_n\} = \text{constant}$$

那么

$$P_1 = nH = \text{constant},\ \ P_2 = S = \text{constant},\ \ P_3 = \text{constant}.$$

因此，单位曲面中的$GD_{(n,F)}$等参超曲面方程变为

$$2F'(P_2)P_3 + 2F'(P_2)P_1 - F(P_2)P_1 = 0. \tag{9.1}$$

例 9.1　按照全测地超曲面定义，所有的主曲率为

$$k_1 = k_2 = \cdots = 0.$$

于是，经计算得到

$$P_1 = 0,\ \ P_2 = 0,\ \ P_3 = 0.$$

将上式代入方程(9.1)式，可以得到结论：对于任意的参数函数$F \in C^3[0,\infty)$，全测地超曲面M为$GD_{(n,F)}$超曲面。

例 9.2 按照定义，全脐非全测地的超曲面所有的主曲率为

$$k_1 = k_2 = \cdots = k_n = \lambda \neq 0.$$

各种曲率函数分别为

$$P_1 = n\lambda,\ \ P_2 = n\lambda^2,\ \ P_3 = n\lambda^3.$$

代入方程(9.1)式，可得全脐非全测地超曲面对于满足条件

$$2F'(n\lambda^2)\lambda^2 + 2F'(n\lambda^2) - F(n\lambda^2) = 0.$$

的函数$F \in C^3(0,\infty)$都是$GD_{(n,F)}$超曲面。显然下面的函数是满足以上条件的：

$$F(u) = F(u_0)\Big(\frac{u+n}{u_0+n}\Big)^{\frac{n}{2}}$$

例 9.3 对于维数n为偶数的特殊Clifford超曲面

$$C_{\frac{n}{2},\frac{n}{2}} = S^{\frac{n}{2}}\Big(\frac{1}{\sqrt{2}}\Big) \times S^{\frac{n}{2}}\Big(\frac{1}{\sqrt{2}}\Big) \to S^{n+1}(1).$$

我们知道，所有的主曲率为

$$k_1 = \cdots = k_{\frac{n}{2}} = 1,\quad k_{\frac{n}{2}+1} = \cdots = k_n = -1.$$

于是可以计算所有的曲率函数P_1, P_2, P_3为

$$P_1 = 0,\ \ P_2 = n,\ \ P_3 = 0.$$

于是得到$C_{\frac{n}{2},\frac{n}{2}}$对于任何函数$F \in C^3(0,\infty)$都是$GD_{(n,F)}$-超曲面。

例 9.4 对于单位球面中的具有两个不同主曲率的超曲面，有

$$\lambda,\ \mu:\ \ 0 < \lambda, \mu < 1,\ \ \lambda^2 + \mu^2 = 1,$$

$$S^m(\lambda) \times S^{n-m}(\mu) \to S^{n+1}(1),\ \ 1 \leqslant m \leqslant n-1.$$

现在需要在上面的超曲面中确定所有的$GD_{(n,F)}$超曲面。显然，经计算有

$$k_1 = \cdots = k_m = \frac{\mu}{\lambda},\quad k_{m+1} = \cdots = k_n = -\frac{\lambda}{\mu}.$$

于是，曲率函数 $P_1 = nH$, $P_2 = S$，P_3 分别为

$$P_1 = m\frac{\mu}{\lambda} - (n-m)\frac{\lambda}{\mu},$$

$$P_2 = m\frac{\mu^2}{\lambda^2} + (n-m)\frac{\lambda^2}{\mu^2},$$

$$P_3 = m\frac{\mu^3}{\lambda^3} - (n-m)\frac{\lambda^3}{\mu^3}.$$

假设$\frac{\mu}{\lambda} = x > 0$，于是$GD_{(n,F)}$超曲面方程变为

$$\begin{aligned}&2F'\Big(mx^2 + (n-m)\frac{1}{x^2}\Big)[mx^6 - (n-m)]\\&+\Big[2F'\Big(mx^2 + (n-m)\frac{1}{x^2}\Big)\\&-F\Big(mx^2 + (n-m)\frac{1}{x^2}\Big)\Big][mx^4 - (n-m)x^2] = 0.\end{aligned} \tag{9.2}$$

对于具体的函数，通过求解具体的代数方程，可以构造出临界超曲面。

例 9.5 当$F(S) = 1$时，具有两个不同主曲率的$GD_{(n,F)}$等参超曲面即为极小等参超曲面，z这就是Clifford Torus。

$$C_{m,n-m} = S^m\Big(\sqrt{\frac{m}{n}}\Big) \times S^{n-m}\Big(\sqrt{\frac{n-m}{n}}\Big),\ 1 \leqslant m \leqslant n-1.$$

而且满足

$$P_1 \equiv 0,\ P_2 \equiv n,\ P_3 = (n-m)\sqrt{\frac{n-m}{m}} - m\sqrt{\frac{m}{n-m}}.$$

我们假设F_1 是另外一个函数满足$F_1 \in C^3(0,+\infty)$. 如果某个$C_{m,n-m}$ 同时也是$GD_{(n,F_1)}$超曲面，那么必须满足

$$F_1'(n)\Big(\sqrt{\frac{(n-m)^3}{m}} - \sqrt{\frac{m^3}{n-m}}\Big) = 0.$$

因此我们可以得到一些结论：如果$F_1'(n) = 0$，那么所有的 $C_{m,n-m}$ 都是$GD_{(n,F_1)}$超曲面；如果$F_1'(n) \neq 0$，那么某个$C_{m,n-m}$ 是$GD_{(n,F_1)}$超曲面当且仅当：n为偶数，$m = \frac{n}{2}$，$C_{m,n-m} = C_{\frac{n}{2},\frac{n}{2}}$.

例 9.6 对于单位球面中的具有两个不同主曲率的超曲面，我们寻求满足$S = n$的所有Torus. 我们知道

$$\lambda,\ \mu,:\ \ 0 < \lambda, \mu < 1,\ \ \lambda^2 + \mu^2 = 1,$$

$$S^m(\lambda) \times S^{n-m}(\mu) \to S^{n+1}(1),\ \ 1 \leqslant m \leqslant n-1.$$

显然，所有的主曲率为

$$k_1 = \cdots = k_m = \frac{\mu}{\lambda},\quad k_{m+1} = \cdots = k_n = -\frac{\lambda}{\mu}.$$

于是曲率函数 S 为

$$S = m\frac{\mu^2}{\lambda^2} + (n-m)\frac{\lambda^2}{\mu^2}.$$

假设$\dfrac{\mu}{\lambda} = x > 0$，于是

$$S = mx^2 + (n-m)\frac{1}{x^2}.$$

如果$S = n$，则有方程

$$n = mx^2 + (n-m)\frac{1}{x^2}.$$

解这个方程得到

$$x_1 = \sqrt{\frac{n-m}{m}},\quad x_2 = 1,\ \ \forall m \in N,\ \ 1 \leqslant m \leqslant n-1.$$

所以

$$C_{m,n-m} : S^m\Big(\sqrt{\frac{m}{n}}\Big) \times S^{n-m}\Big(\sqrt{\frac{n-m}{n}}\Big) \to S^{n+1}(1),\ \ 1 \leqslant m \leqslant n-1$$

和

$$S^m\Big(\sqrt{\frac{1}{2}}\Big) \times S^{n-m}\Big(\sqrt{\frac{1}{2}}\Big) \to S^{n+1}(1),\ \ 1 \leqslant m \leqslant n-1$$

是满足 $\rho = n$的所有Torus.

以上研究了超曲面的情形，下面我们研究子流形的情形。子流形在微分几何中的一个著名例子，是Veronese曲面。其中需要利用高维情形的$GD_{(n,F)}$子流形的Euler-Lagrange公式：

$$2F'(S)S_{\alpha\beta\beta} + 2nF'(S)H^\alpha - nF(S)H^\alpha = 0.$$

例 9.7　假设(x,y,z)是三维欧氏空间R^3的自然标架，(u_1,u_2,u_3,u_4,u_5)是五维欧氏空间R^5的自然标架，按(6.1)式定义映射，它确定了一个等距嵌入$x: RP^2 = S^2(\sqrt{3})/Z_2 \to S^4(1)$，称为Veronese曲面。通过简单的计算，我们知道，Veronese曲面对于任意的函数$F \in C^3(0,\infty)$都是$GD_{(2,F)}$曲面。

9.2　幂函数型子流形的例子

本节给出$GD_{(n,r)}$子流形的例子。对于单位球面$S^{n+1}(1)$中的等参超曲面，所有的主曲率$\{k_1,\cdots,k_i,\cdots,k_n\}$都是常数，显然，曲率$P_1,P_2,P_3$也都是常数。我们知道，单位球面中的等参超曲面是$GD_{(n,r)}$超曲面当且仅当满足方程

$$S^{r-1}(2rP_3+2rP_1-SP_1)=0. \tag{9.3}$$

例 9.8　全测地超曲面是$GD_{(n,r)}$超曲面。此时要求参数r的取值为$r=1,2,\cdots$或$[3,\infty)$。实际上，全测地超曲面意味着所有主曲率都为0，因此，曲率P_1,P_2,P_3都为零，所以方程(9.3)式自然满足。

例 9.9　全脐非全测地超曲面的定义为，所有主曲率相等为常数而且不等于零。即

$$k_1=k_2=\cdots=k_n=\lambda\neq 0.$$

经过简单的计算，可得

$$P_1=n\lambda,\ \ P_2=S=n\lambda^2,\ \ P_3=n\lambda^3.$$

代入方程(9.3)式可得

$$(n-2r)\lambda^2=2r.$$

即λ必须满足上面的方程才是$GD_{(n,r)}$子流形。所以r必须满足$0<r<\dfrac{n}{2}$.

例 9.10　对于单位球面中的一个维数n为偶数的特殊子流形

$$C_{\frac{n}{2},\frac{n}{2}}=S^{\frac{n}{2}}\Big(\frac{1}{\sqrt{2}}\Big)\times S^{\frac{n}{2}}\Big(\frac{1}{\sqrt{2}}\Big)\to S^{n+1}(1),$$

经过简单的计算可知所有的主曲率为

$$k_1=\cdots=k_{\frac{n}{2}}=1,\ \ k_{\frac{n}{2}+1}=\cdots=k_n=-1.$$

计算得到

$$P_1 = 0, \quad P_2 = n, \quad P_3 = 0$$

显然$C_{\frac{n}{2},\frac{n}{2}}$不是全测地超曲面，也没有测地点。代入方程(9.3)式可以得到结论：对于任何参数r，$C_{\frac{n}{2},\frac{n}{2}}$是单位球面中的$GD_{(n,r)}$超曲面。

例 9.11 对于单位球面中的具有两个不同主曲率的超曲面，我们有

$$\lambda, \mu: \ 0 < \lambda, \mu < 1, \ \lambda^2 + \mu^2 = 1,$$

$$S^m(\lambda) \times S^{n-m}(\mu) \to S^{n+1}(1), \ 1 \leqslant m \leqslant n-1.$$

现需要在上面的超曲面中确定所有的$GD_{(n,F)}$超曲面。显然，通过计算，我们有

$$k_1 = \cdots = k_m = \frac{\mu}{\lambda}, \quad k_{m+1} = \cdots = k_n = -\frac{\lambda}{\mu}.$$

于是，曲率函数 $P_1 = nH$，$P_2 = S$，P_3 分别为

$$P_1 = m\frac{\mu}{\lambda} - (n-m)\frac{\lambda}{\mu},$$

$$P_2 = m\frac{\mu^2}{\lambda^2} + (n-m)\frac{\lambda^2}{\mu^2},$$

$$P_3 = m\frac{\mu^3}{\lambda^3} - (n-m)\frac{\lambda^3}{\mu^3}.$$

假设$\frac{\mu}{\lambda} = x > 0$，于是$GD_{(n,r)}$超曲面方程变为

$$(2rm - m^2)x^6 + (2rm + m(n-m))x^4$$
$$-(2r(n-m) + m(n-m))x^2 + (n-m)^2 - 2r(n-m) = 0.$$

对于固定的参数(n, r)，需要寻求的解是(m, x)，由此可以确定单位球面中的所有的具有两个不同主曲率的等参$GD_{(n,r)}$超曲面。实际上，令$y = x^2$，于是6次方程可以变为如下3次方程：

$$(2rm - m^2)y^3 + (2rm + m(n-m))y^2$$
$$-(2r(n-m) + m(n-m))y + (n-m)^2 - 2r(n-m) = 0.$$

再利用3次代数方程的求解法则，可以求出解。过程讨论比较复杂，但是思想简洁，留给读者作为一个小问题。

例 9.12 子流形情形。在微分几何中，有一个著名的例子被称为Veronese曲面。通过前面几节的计算可知Veronese曲面是$GD_{(n,r)}$曲面，此处r的取值为$r \in \mathbb{R}$。

9.3 指数函数型子流形的例子

本节研究$GD_{(n,E)}$子流形，首先我们考虑超曲面的情形。对于单位球面$S^{n+1}(1)$中的等参超曲面，根据等参超曲面的定义知道$\{k_1, \cdots, k_i, \cdots, k_n\}$ = constant. 因此，曲率函数P_1, P_2, P_3都是常数。于是$GD_{(n,E)}$超曲面方程变为

$$2P_3 + P_1 = 0. \tag{9.4}$$

例 9.13 全测地超曲面是$GD_{(n,r)}$超曲面。此时要求对参数r的取值为$r = 1, 2, \cdots$或$[3, \infty)$。实际上，全测地超曲面意味着所有主曲率都为零，因此，曲率H, S, P_3都为零，所以方程(9.4)式自然满足。

例 9.14 按照全脐非全测地的超曲面的定义，所有的主曲率为

$$k_1 = k_2 = \cdots = k_n = \lambda \neq 0.$$

各种曲率函数的计算为

$$P_1 = n\lambda, \quad P_2 = n\lambda^2, \quad P_3 = n\lambda^3.$$

代入方程(9.4)式，可得

$$2\lambda^2 + 1 = 0.$$

显然λ无实数解，故所有的全脐非测地超曲面不是$GD_{(n,E)}$超曲面。

例 9.15 对于单位球面中的一个维数n为偶数的特殊子流形

$$C_{\frac{n}{2},\frac{n}{2}} = S^{\frac{n}{2}}\Big(\frac{1}{\sqrt{2}}\Big) \times S^{\frac{n}{2}}\Big(\frac{1}{\sqrt{2}}\Big) \to S^{n+1}(1).$$

经过简单的计算，所有的主曲率为

$$k_1 = \cdots = k_{\frac{n}{2}} = 1,\quad k_{\frac{n}{2}+1} = \cdots = k_n = -1.$$

那么可以计算得到

$$P_1 = 0,\ P_2 = n,\ P_3 = 0.$$

显然$C_{\frac{n}{2},\frac{n}{2}}$不是全脐超曲面，也没有脐点。代入方程(9.4)式，可以得到结论：$C_{\frac{n}{2},\frac{n}{2}}$是单位球面中的$GD_{(n,E)}$超曲面。

例 9.16　对于单位球面中的具有两个不同主曲率的超曲面，我们有

$$\lambda, \mu:\ 0 < \lambda, \mu < 1,\ \lambda^2 + \mu^2 = 1,$$
$$S^m(\lambda) \times S^{n-m}(\mu) \to S^{n+1}(1),\ 1 \leqslant m \leqslant n-1.$$

需要在上面的超曲面中确定所有的$GD_{(n,E)}$超曲面。显然，通过计算，我们有

$$k_1 = \cdots = k_m = \frac{\mu}{\lambda},\ k_{m+1} = \cdots = k_n = -\frac{\lambda}{\mu}.$$

于是，曲率函数 $P_1 = nH, P_2 = S, P_3$ 分别为

$$P_1 = m\frac{\mu}{\lambda} - (n-m)\frac{\lambda}{\mu},$$
$$P_2 = m\frac{\mu^2}{\lambda^2} + (n-m)\frac{\lambda^2}{\mu^2},$$
$$P_3 = m\frac{\mu^3}{\lambda^3} - (n-m)\frac{\lambda^3}{\mu^3}.$$

假设$\frac{\mu}{\lambda} = x > 0$，于是$GD_{(n,E)}$超曲面方程变为

$$2mx^6 + mx^4 - (n-m)x^2 - 2(n-m) = 0.$$

通过求解上面的代数方程，可以构造出临界超曲面。实际上，令$y = x^2$，则上面的6次代数方程变为

$$2my^3 + my^2 - (n-m)y - 2(n-m) = 0.$$

再利用3次代数方程的求解法则，可以求出解。过程讨论比较复杂，但是思想简洁，留给读者作为一个小问题。

例 9.17 经典的Clifford Torus

$$C_{m,n-m}=S^m\Big(\sqrt{\frac{m}{n}}\Big)\times S^{n-m}\Big(\sqrt{\frac{n-m}{n}}\Big),\ 1\leqslant m\leqslant n-1.$$

是极小子流形且满足$H\equiv 0$。如果某个$C_{m,n-m}$是$GD_{(n,E)}$超曲面，那么必须有

$$n\text{为偶数},\ m=\frac{n}{2},\ C_{m,n-m}=C_{\frac{n}{2},\frac{n}{2}}.$$

例 9.18 子流形情形。在微分几何中，有一个著名的例子被称为Veronese曲面。通过前面的计算可知Veronese曲面是$GD_{(n,E)}$曲面。

9.4 对数函数型子流形的例子

在本节我们研究单位球面$S^{n+1}(1)$中的无脐点的$GD_{(n,\ln)}$子流形，特别地，我们关注单位曲面中的等参超曲面，根据等参超曲面的定义我们知道所有的主曲率满足$\{k_1,\cdots,k_i,\cdots,k_n\}=\text{constant}$,于是曲率函数变量$P_1,P_2,P_3$都为常数。$GD_{(n,\ln)}$超曲面方程变为

$$2P_3+2P_1-S\ln(S)P_1=0. \tag{9.5}$$

例 9.19 按照全脐非全测地的超曲面定义，所有的主曲率为

$$k_1=k_2=\cdots=k_n=\lambda\neq 0.$$

各种曲率函数的计算为

$$P_1=n\lambda,\ P_2=n\lambda^2,\ P_3=n\lambda^3.$$

代入方程(9.5)，可得

$$2\lambda^2+2-n\lambda^2\ln(n\lambda^2)=0.$$

所以λ必须满足上面的等式，全脐非测地超曲面才是$GD_{(n,\ln)}$超曲面。

例 9.20 对于如下的一个维数n为偶数的特殊超曲面：

$$C_{\frac{n}{2},\frac{n}{2}}=S^{\frac{n}{2}}\Big(\frac{1}{\sqrt{2}}\Big)\times S^{\frac{n}{2}}\Big(\frac{1}{\sqrt{2}}\Big)\to S^{n+1}(1),$$

所有的主曲率为

$$k_1 = \cdots = k_{\frac{n}{2}} = 1, \quad k_{\frac{n}{2}+1} = \cdots = k_n = -1.$$

曲率函数分别为

$$P_1 = 0, \quad P_2 = n, \quad P_3 = 0.$$

于是可以作出结论：$C_{\frac{n}{2},\frac{n}{2}}$是单位球面$S^{n+1}(1)$中的$GD_{(n,\ln)}$超曲面。

例 9.21 对于单位球面中的具有两个不同主曲率的超曲面，有

$$\lambda, \mu: \ 0 < \lambda, \mu < 1, \ \lambda^2 + \mu^2 = 1,$$

$$S^m(\lambda) \times S^{n-m}(\mu) \to S^{n+1}(1), \ 1 \leqslant m \leqslant n-1.$$

现需要在上面的超曲面中确定所有的$GD_{(n,\ln)}$超曲面。显然，经计算有

$$k_1 = \cdots = k_m = \frac{\mu}{\lambda}, \quad k_{m+1} = \cdots = k_n = -\frac{\lambda}{\mu}.$$

于是，曲率函数 $P_1 = nH, P_2 = S, P_3$ 分别为

$$P_1 = m\frac{\mu}{\lambda} - (n-m)\frac{\lambda}{\mu},$$

$$P_2 = m\frac{\mu^2}{\lambda^2} + (n-m)\frac{\lambda^2}{\mu^2},$$

$$P_3 = m\frac{\mu^3}{\lambda^3} - (n-m)\frac{\lambda^3}{\mu^3}.$$

假设$\frac{\mu}{\lambda} = x > 0$，于是$GD_{(n,\ln)}$超曲面方程变为

$$2\frac{mx^6 + mx^4 - (n-m)x^2 - (n-m)}{\left(mx^2 + (n-m)\frac{1}{x^2}\right)}$$

$$- \ln\left(mx^2 + (n-m)\frac{1}{x^2}\right))[mx^4 - (n-m)x^2] = 0.$$

通过求解函数方程，可以构造出临界超曲面。

例 9.22 经典的Clifford Torus：

$$C_{m,n-m} = S^m\Big(\sqrt{\frac{m}{n}}\Big) \times S^{n-m}\Big(\sqrt{\frac{n-m}{n}}\Big), 1 \leqslant m \leqslant n-1.$$

是极小子流形具有 $H\equiv 0$，$S\equiv n$。如果某个$C_{m,n-m}$是$GD_{(n,\ln)}$超曲面，可以得到结论：

$$n\text{为偶数},\quad m=\frac{n}{2},\quad C_{m,n-m}=C_{\frac{n}{2},\frac{n}{2}}.$$

例 9.23 子流形情形。在微分几何中，有一个著名的例子被称为Veronese曲面。通过前面几节的计算可知Veronese曲面是$GD_{(n,\ln)}$曲面。

第 10 章　第二变分和稳定性

泛函的第二变分是讨论其临界点子流形的稳定性的基础，而稳定性刻画了泛函的局部极值特征。

10.1　抽象函数型泛函的第二变分公式

第6章计算了$W_{(n,F)}$-Willmore泛函的第一变分，为了讨论临界点子流形的稳定性，第二变分的计算是非常必要的。首先需要几个引理。

引理 10.1　设$x: M \to N$是子流形，协变导数的差异如下

$$\begin{aligned}\bar{R}_{i\beta j\alpha;p} = &\bar{R}_{i\beta j\alpha,p} - \sum_{\gamma} \bar{R}_{\gamma\beta j\alpha} h^{\gamma}_{ip} + \sum_{q} \bar{R}_{iqj\alpha} h^{\beta}_{qp} \\ &- \sum_{\gamma} \bar{R}_{i\beta\gamma\alpha} h^{\gamma}_{jp} + \sum_{q} \bar{R}_{i\beta jq} h^{\alpha}_{qp}.\end{aligned} \tag{10.1}$$

证明　由定理3.4和3.5立刻可得。□

引理 10.2　设$x: M \to N^{n+p}$是子流形，$V = V^i e_i + V^\alpha e_\alpha$是变分向量场，则

$$\begin{aligned}\frac{\partial h^{\alpha}_{ij}}{\partial t} = &V^{\alpha}_{,ij} + \sum_{p} h^{\alpha}_{ij,p} V^p + \sum_{p} h^{\alpha}_{pj} L^p_i + \sum_{p} h^{\alpha}_{ip} L^p_j - \sum_{\beta} h^{\beta}_{ij} L^{\alpha}_{\beta} \\ &+ \sum_{p\beta} h^{\alpha}_{ip} h^{\beta}_{pj} V^{\beta} - \sum_{\beta} \bar{R}^{\alpha}_{ij\beta} V^{\beta},\end{aligned}$$

$$\frac{\partial}{\partial t} H^{\alpha} = \frac{1}{n}\Delta V^{\alpha} + \sum_{i} H^{\alpha}_{,i} V^i - H^{\beta} L^{\alpha}_{\beta} + \frac{1}{n} S_{\alpha\beta} V^{\beta} + \frac{1}{n} \bar{R}^{\top}_{\alpha\beta} V^{\beta},$$

$$\frac{\partial S}{\partial t} = \sum 2h^{\beta}_{kl} V^{\beta}_{,kl} + \sum_{i} S_{,i} V^i + \sum 2S_{\gamma\gamma\beta} V^{\beta} - \sum 2h^{\gamma}_{kl} \bar{R}^{\gamma}_{kl\beta} V^{\beta},$$

$$\begin{aligned}\frac{\partial S_{\alpha\beta\beta}}{\partial t} = &V^{\alpha}_{,ij} h^{\beta}_{jk} h^{\beta}_{ki} + h^{\alpha}_{ij} V^{\beta}_{,jk} h^{\beta}_{ki} + h^{\alpha}_{ij} h^{\beta}_{jk} V^{\beta}_{,ki} \\ &+ S_{\alpha\beta\beta,i} V^i + S_{\gamma\beta\beta} L^{\gamma}_{\alpha} + S_{\alpha\gamma\beta\beta} V^{\gamma} + S_{\alpha\beta\gamma\beta} V^{\gamma} + S_{\alpha\beta\beta\gamma} V^{\gamma} \\ &- (\bar{R}^{\alpha}_{ij\gamma} h^{\beta}_{jk} h^{\beta}_{ki} + h^{\alpha}_{ij} \bar{R}^{\beta}_{jk\gamma} h^{\beta}_{ki} + h^{\alpha}_{ij} h^{\beta}_{jk} \bar{R}^{\beta}_{ki\gamma}) V^{\gamma},\end{aligned}$$

$$
\begin{aligned}
\frac{\partial \bar{R}_{i\beta j\alpha}}{\partial t} =& \sum_{\gamma} \bar{R}_{i\beta j\alpha;\gamma} V^{\gamma} + \sum_{p} \bar{R}_{i\beta j\alpha;p} V^{p} \\
&+ \sum_{q} \bar{R}_{q\beta j\alpha} L_{i}^{q} + \sum_{\gamma} \bar{R}_{\gamma\beta j\alpha}(V_{,i}^{\gamma} + h_{ip}^{\gamma} V^{p}) \\
&- \sum_{q} \bar{R}_{iqj\alpha}(V_{,q}^{\beta} + h_{qp}^{\beta} V^{p}) + \sum_{\gamma} \bar{R}_{i\gamma j\alpha} L_{\beta}^{\gamma} \\
&+ \sum_{q} \bar{R}_{i\beta q\alpha} L_{j}^{q} + \sum_{\gamma} \bar{R}_{i\beta\gamma\alpha}(V_{,j}^{\gamma} + h_{jp}^{\gamma} V^{p}) \\
&- \sum_{q} \bar{R}_{i\beta jq}(V_{,q}^{\alpha} + h_{qp}^{\alpha} V^{p}) + \sum_{\gamma} \bar{R}_{i\beta j\gamma} L_{\alpha}^{\gamma} \\
=& \sum_{\gamma} \bar{R}_{i\beta j\alpha;\gamma} V^{\gamma} + \sum_{p}(\bar{R}_{i\beta j\alpha,p} - \sum_{\gamma} \bar{R}_{\gamma\beta j\alpha} h_{ip}^{\gamma} + \sum_{q} \bar{R}_{iqj\alpha} h_{qp}^{\beta} \\
&- \sum_{\gamma} \bar{R}_{i\beta\gamma\alpha} h_{jp}^{\gamma} + \sum_{q} \bar{R}_{i\beta jq} h_{qp}^{\alpha}) V^{p} \\
&+ \sum_{q} \bar{R}_{q\beta j\alpha} L_{i}^{q} + \sum_{\gamma} \bar{R}_{\gamma\beta j\alpha}(V_{,i}^{\gamma} + h_{ip}^{\gamma} V^{p}) \\
&- \sum_{q} \bar{R}_{iqj\alpha}(V_{,q}^{\beta} + h_{qp}^{\beta} V^{p}) + \sum_{\gamma} \bar{R}_{i\gamma j\alpha} L_{\beta}^{\gamma} \\
&+ \sum_{q} \bar{R}_{i\beta q\alpha} L_{j}^{q} + \sum_{\gamma} \bar{R}_{i\beta\gamma\alpha}(V_{,j}^{\gamma} + h_{jp}^{\gamma} V^{p}) \\
&- \sum_{q} \bar{R}_{i\beta jq}(V_{,q}^{\alpha} + h_{qp}^{\alpha} V^{p}) + \sum_{\gamma} \bar{R}_{i\beta j\gamma} L_{\alpha}^{\gamma}.
\end{aligned}
$$

证明 由定理3.3，推论3.4立刻可得。 □

在上面的引理中，因为L_i^j, L_α^β不是张量，在计算过程中可以去掉但不会影响计算结果，所以我们可以简化上面的引理。

引理 10.3 设$x: M \to N^{n+p}$是子流形，$V = V^i e_i + V^\alpha e_\alpha$是变分向量场，则

$$
\begin{aligned}
\frac{\partial h_{ij}^{\alpha}}{\partial t} &= V_{,ij}^{\alpha} + \sum_{p} h_{ij,p}^{\alpha} V^{p} + \sum_{p\beta} h_{ip}^{\alpha} h_{pj}^{\beta} V^{\beta} - \sum_{\beta} \bar{R}_{ij\beta}^{\alpha} V^{\beta}, \\
\frac{\partial}{\partial t} H^{\alpha} &= \frac{1}{n} \Delta V^{\alpha} + \sum_{i} H_{,i}^{\alpha} V^{i} + \frac{1}{n} S_{\alpha\beta} V^{\beta} + \frac{1}{n} \bar{R}_{\alpha\beta}^{\top} V^{\beta}, \\
\frac{\partial S}{\partial t} &= \sum 2h_{kl}^{\beta} V_{,kl}^{\beta} + \sum_{i} S_{,i} V^{i} + \sum 2S_{\gamma\gamma\beta} V^{\beta} - \sum 2h_{kl}^{\gamma} \bar{R}_{kl\beta}^{\gamma} V^{\beta},
\end{aligned}
$$

$$\begin{aligned}\frac{\partial S_{\alpha\beta\beta}}{\partial t} =& V^{\alpha}_{,ij}h^{\beta}_{jk}h^{\beta}_{ki} + h^{\alpha}_{ij}V^{\beta}_{,jk}h^{\beta}_{ki} + h^{\alpha}_{ij}h^{\beta}_{jk}V^{\beta}_{,ki}\\ &+ S_{\alpha\beta\beta,i}V^{i} + S_{\alpha\gamma\beta\beta}V^{\gamma} + S_{\alpha\beta\gamma\beta}V^{\gamma} + S_{\alpha\beta\beta\gamma}V^{\gamma}\\ &- (\bar{R}^{\alpha}_{ij\gamma}h^{\beta}_{jk}h^{\beta}_{ki} + h^{\alpha}_{ij}\bar{R}^{\beta}_{jk\gamma}h^{\beta}_{ki} + h^{\alpha}_{ij}h^{\beta}_{jk}\bar{R}^{\beta}_{ki\gamma})V^{\gamma},\\ \frac{\partial \bar{R}_{i\beta j\alpha}}{\partial t} =& \sum_{\gamma}\bar{R}_{i\beta j\alpha;\gamma}V^{\gamma} + \sum_{p}\bar{R}_{i\beta j\alpha;p}V^{p}\\ &+ \sum_{\gamma}\bar{R}_{\gamma\beta j\alpha}(V^{\gamma}_{,i} + h^{\gamma}_{ip}V^{p}) - \sum_{q}\bar{R}_{iqj\alpha}(V^{\beta}_{,q} + h^{\beta}_{qp}V^{p})\\ &+ \sum_{\gamma}\bar{R}_{i\beta\gamma\alpha}(V^{\gamma}_{,j} + h^{\gamma}_{jp}V^{p}) - \sum_{q}\bar{R}_{i\beta jq}(V^{\alpha}_{,q} + h^{\alpha}_{qp}V^{p})\\ =& \sum_{\gamma}\bar{R}_{i\beta j\alpha;\gamma}V^{\gamma} + \sum_{p}\bar{R}_{i\beta j\alpha,p}V^{p}\\ &+ \sum_{\gamma}\bar{R}_{\gamma\beta j\alpha}V^{\gamma}_{,i} - \sum_{q}\bar{R}_{iqj\alpha}V^{\beta}_{,q}\\ &+ \sum_{\gamma}\bar{R}_{i\beta\gamma\alpha}V^{\gamma}_{,j} - \sum_{q}\bar{R}_{i\beta jq}V^{\alpha}_{,q}.\end{aligned}$$

由前面一节的第一变分公式与以上两个引理，我们可以推得$GD_{(n,F)}$-泛函和$GD_{(n,F,\epsilon)}$-泛函的第二变分公式，这是讨论$GD_{(n,F)}$-子流形和$GD_{(n,F,\epsilon)}$-子流形稳定性的基础。我们分别计算之。

首先对于$GD_{(n,F)}$泛函，我们已经得到

$$\begin{aligned}\frac{\partial}{\partial t}GD_{(n,F)}(x_t) =& \int_{M_t} F'(S)\frac{\partial}{\partial t}(S) + F(S)(V^{i}_{,i} - nH^{\alpha}V^{\alpha})\mathrm{d}v\\ =& \int_{M_t} F'(S)(\,2h^{\alpha}_{ij}V^{\alpha}_{,ij} + S_{,i}V^{i} + 2S_{\alpha\beta\beta}V^{\alpha} - 2h^{\beta}_{ij}\bar{R}^{\beta}_{ij\alpha}V^{\alpha}\,)\\ &+ F(S)(V^{i}_{,i} - nH^{\alpha}V^{\alpha})\mathrm{d}v\\ =& \int_{M}(\,2F'(S)h^{\alpha}_{ij}\,)_{,ij}V^{\alpha} + F'(S)S_{,i}V^{i} + 2F'(S)S_{\alpha\beta\beta}V^{\alpha}\\ &- 2F'(S)h^{\beta}_{ij}\bar{R}^{\beta}_{ij\alpha}V^{\alpha} - F'(S)S_{,i}V^{i} - nH^{\alpha}F(S)V^{\alpha}\\ =& \int_{M}[\,(\,2F'(S)h^{\alpha}_{ij}\,)_{,ij} + 2F'(S)S_{\alpha\beta\beta}\end{aligned}$$

$$-2F'(S)h_{ij}^{\beta}\bar{R}_{ij\alpha}^{\beta}-nF(S)H^{\alpha}\ ]V^{\alpha}\mathrm{d}v.$$

于是，在$x:M\to N$为$GD_{(n,F)}$-子流形的假设下（即$GD_{(n,F)}$在0点的一阶变分为零），泛函的第二变分计算为

$$\begin{aligned}
&\frac{\partial^2}{\partial t^2}\Big|_{t=0}GD_{(n,F)}(x_t)\\
&=\int_M\Big(2F''(S)h_{ij}^{\alpha}\frac{\partial S}{\partial t}+2F'(S)\frac{\partial h_{ij}^{\alpha}}{\partial t}\Big)_{,ij}\\
&\quad+2F''(S)S_{\alpha\beta\beta}\frac{\partial S}{\partial t}+2F'(S)\frac{\partial S_{\alpha\beta\beta}}{\partial t}\\
&\quad-2F''(S)h_{ij}^{\beta}\bar{R}_{ij\alpha}^{\beta}\frac{\partial S}{\partial t}-2F'(S)\bar{R}_{ij\alpha}^{\beta}\frac{\partial h_{ij}^{\beta}}{\partial t}-2F'(S)h_{ij}^{\beta}\frac{\partial\bar{R}_{ij\alpha}^{\beta}}{\partial t}\\
&\quad-nF'(S)H^{\alpha}\frac{\partial S}{\partial t}-nF(S)\frac{\partial H^{\alpha}}{\partial t}\ \Big]V^{\alpha}\mathrm{d}v.\\
&=\int_M\Big(2F''(S)h_{ij}^{\alpha}(2h_{kl}^{\beta}V_{,kl}^{\beta}+S_{,p}V^{p}+2S_{\gamma\gamma\beta}V^{\beta}-2h_{kl}^{\gamma}\bar{R}_{kl\beta}^{\gamma}V^{\beta})\\
&\quad+2F'(S)(V_{,ij}^{\alpha}+h_{ij,p}^{\alpha}V^{p}+h_{ip}^{\alpha}h_{pj}^{\beta}V^{\beta}-\bar{R}_{ij\beta}^{\alpha}V^{\beta})\Big)_{,ij}\\
&\quad+2F''(S)S_{\alpha\beta\beta}(2h_{kl}^{\gamma}V_{,kl}^{\gamma}+S_{,p}V^{p}+2S_{\delta\delta\gamma}V^{\gamma}-2h_{kl}^{\delta}\bar{R}_{kl\gamma}^{\delta}V^{\gamma})\\
&\quad+2F'(S)(V_{,ij}^{\alpha}h_{jk}^{\beta}h_{ki}^{\beta}+h_{ij}^{\alpha}V_{,jk}^{\beta}h_{ki}^{\beta}+h_{ij}^{\alpha}h_{jk}^{\beta}V_{,ki}^{\beta}\\
&\quad+S_{\alpha\beta\beta,i}V^{i}+S_{\alpha\gamma\beta\beta}V^{\gamma}+S_{\alpha\beta\gamma\beta}V^{\gamma}+S_{\alpha\beta\beta\gamma}V^{\gamma}\\
&\quad-(\bar{R}_{ij\gamma}^{\alpha}h_{jk}^{\beta}h_{ki}^{\beta}+h_{ij}^{\alpha}\bar{R}_{jk\gamma}^{\beta}h_{ki}^{\beta}+h_{ij}^{\alpha}h_{jk}^{\beta}\bar{R}_{ki\gamma}^{\beta})V^{\gamma})\\
&\quad-2F''(S)h_{ij}^{\beta}\bar{R}_{ij\alpha}^{\beta}(2h_{kl}^{\gamma}V_{,kl}^{\gamma}+S_{,p}V^{p}+2S_{\delta\delta\gamma}V^{\gamma}-2h_{kl}^{\delta}\bar{R}_{kl\gamma}^{\delta}V^{\gamma})\\
&\quad-2F'(S)\bar{R}_{ij\alpha}^{\beta}(V_{,ij}^{\beta}+h_{ij,p}^{\beta}V^{p}+h_{ip}^{\beta}h_{pj}^{\gamma}V^{\gamma}-\bar{R}_{ij\gamma}^{\beta}V^{\gamma})\\
&\quad-2F'(S)h_{ij}^{\beta}\Big(\bar{R}_{i\beta j\alpha;\gamma}V^{\gamma}+\sum_p\bar{R}_{i\beta j\alpha,p}V^{p}\\
&\quad+\sum_\gamma\bar{R}_{\gamma\beta j\alpha}V_{,i}^{\gamma}-\sum_q\bar{R}_{iqj\alpha}V_{,q}^{\beta}+\sum_\gamma\bar{R}_{i\beta\gamma\alpha}V_{,j}^{\gamma}-\sum_q\bar{R}_{i\beta jq}V_{,q}^{\alpha}\Big)\\
&\quad-nF'(S)H^{\alpha}(2h_{kl}^{\beta}V_{,kl}^{\beta}+S_{,p}V^{p}+2S_{\gamma\gamma\beta}V^{\beta}-2h_{kl}^{\gamma}\bar{R}_{kl\beta}^{\gamma}V^{\beta})
\end{aligned}$$

$$-nF(S)(\frac{1}{n}\Delta V^\alpha + H^\alpha_{,p}V^p + \frac{1}{n}S_{\alpha\beta}V^\beta + \frac{1}{n}\bar{R}^\top_{\alpha\beta}V^\beta)V^\alpha \mathrm{d}v.$$

通过分部积分得到

$$\begin{aligned}
&\frac{\partial^2}{\partial t^2}|_{t=0}\, GD_{(n,F)}(x_t)\\
&=\int_M 2F''(S)V^\alpha_{,ij}h^\alpha_{ij}(\,2h^\beta_{kl}V^\beta_{,kl} + S_{,p}V^p + 2S_{\gamma\gamma\beta}V^\beta - 2h^\gamma_{kl}\bar{R}^\gamma_{kl\beta}V^\beta\,)\\
&+2F'(S)V^\alpha_{,ij}(V^\alpha_{,ij} + h^\alpha_{ij,p}V^p + h^\alpha_{ip}h^\beta_{pj}V^\beta - \bar{R}^\alpha_{ij\beta}V^\beta)\\
&+2F''(S)V^\alpha S_{\alpha\beta\beta}(2h^\gamma_{kl}V^\gamma_{,kl} + S_{,p}V^p + 2S_{\delta\delta\gamma}V^\gamma - 2h^\delta_{kl}\bar{R}^\delta_{kl\gamma}V^\gamma)\\
&+2F'(S)V^\alpha[\,V^\alpha_{,ij}h^\beta_{jk}h^\beta_{ki} + h^\alpha_{ij}V^\beta_{,jk}h^\beta_{ki} + h^\alpha_{ij}h^\beta_{jk}V^\beta_{,ki}\\
&+S_{\alpha\beta\beta,i}V^i + S_{\alpha\gamma\beta\beta}V^\gamma + S_{\alpha\beta\gamma\beta}V^\gamma + S_{\alpha\beta\beta\gamma}V^\gamma\\
&-(\bar{R}^\alpha_{ij\gamma}h^\beta_{jk}h^\beta_{ki} + h^\alpha_{ij}\bar{R}^\beta_{jk\gamma}h^\beta_{ki} + h^\alpha_{ij}h^\beta_{jk}\bar{R}^\beta_{ki\gamma})V^\gamma\,]\\
&-2F''(S)V^\alpha h^\beta_{ij}\bar{R}^\beta_{ij\alpha}(2h^\gamma_{kl}V^\gamma_{,kl} + S_{,p}V^p + 2S_{\delta\delta\gamma}V^\gamma - 2h^\delta_{kl}\bar{R}^\delta_{kl\gamma}V^\gamma)\\
&-2F'(S)V^\alpha\bar{R}^\beta_{ij\alpha}(V^\beta_{,ij} + h^\beta_{ij,p}V^p + h^\beta_{ip}h^\gamma_{pj}V^\gamma - \bar{R}^\beta_{ij\gamma}V^\gamma)\\
&-2F'(S)V^\alpha h^\beta_{ij}(\,\bar{R}_{i\beta j\alpha;\gamma}V^\gamma + \bar{R}_{i\beta j\alpha,p}V^p\\
&+\bar{R}_{\gamma\beta j\alpha}V^\gamma_{,i} - \bar{R}_{iqj\alpha}V^\beta_{,q} + \bar{R}_{i\beta\gamma\alpha}V^\gamma_{,j} - \bar{R}_{i\beta jq}V^\alpha_{,q}\,)\\
&-nF'(S)V^\alpha H^\alpha(2h^\beta_{kl}V^\beta_{,kl} + S_{,p}V^p + 2S_{\gamma\gamma\beta}V^\beta - 2h^\gamma_{kl}\bar{R}^\gamma_{kl\beta}V^\beta)\\
&-nF(S)V^\alpha\Big(\,\frac{1}{n}\Delta V^\alpha + H^\alpha_{,p}V^p + \frac{1}{n}S_{\alpha\beta}V^\beta + \frac{1}{n}\bar{R}^\top_{\alpha\beta}V^\beta\,\Big)\,\mathrm{d}v.
\end{aligned}$$

进一步整理得到

$$\begin{aligned}
&\frac{\partial^2}{\partial t^2}|_{t=0}\, GD_{(n,F)}(x_t)\\
&=\int_M F''(S)(4h^\beta_{kl}V^\beta_{,kl}V^\alpha_{,ij}h^\alpha_{ij} + 2S_{,p}V^pV^\alpha_{,ij}h^\alpha_{ij}\\
&+4S_{\gamma\gamma\beta}V^\beta V^\alpha_{,ij}h^\alpha_{ij} - 4V^\alpha_{,ij}h^\alpha_{ij}h^\gamma_{kl}\bar{R}^\gamma_{kl\beta}V^\beta)\\
&+F'(S)(2V^\alpha_{,ij}V^\alpha_{,ij} + 2V^\alpha_{,ij}h^\alpha_{ij,p}V^p + 2V^\alpha_{,ij}h^\alpha_{ip}h^\beta_{pj}V^\beta - 2V^\alpha_{,ij}\bar{R}^\alpha_{ij\beta}V^\beta)\\
&+F''(S)(4V^\alpha S_{\alpha\beta\beta}h^\gamma_{kl}V^\gamma_{,kl} + 2V^\alpha S_{\alpha\beta\beta}S_{,p}V^p
\end{aligned}$$

$$+ 4V^\alpha S_{\alpha\beta\beta}S_{\delta\delta\gamma}V^\gamma - 4V^\alpha S_{\alpha\beta\beta}h^\delta_{kl}\bar{R}^\delta_{kl\gamma}V^\gamma\Big)$$

$$+ F'(S)\Big[\, 2V^\alpha(V^\alpha_{,ij}h^\beta_{jk}h^\beta_{ki} + h^\alpha_{ij}V^\beta_{,jk}h^\beta_{ki} + h^\alpha_{ij}h^\beta_{jk}V^\beta_{,ki})$$

$$+ 2V^\alpha(S_{\alpha\beta\beta,i}V^i + S_{\alpha\gamma\beta\beta}V^\gamma + S_{\alpha\beta\gamma\beta}V^\gamma + S_{\alpha\beta\beta\gamma}V^\gamma)$$

$$- 2V^\alpha(\bar{R}^\alpha_{ij\gamma}h^\beta_{jk}h^\beta_{ki} + h^\alpha_{ij}\bar{R}^\beta_{jk\gamma}h^\beta_{ki} + h^\alpha_{ij}h^\beta_{jk}\bar{R}^\beta_{ki\gamma})V^\gamma\,\Big]$$

$$- F''(S)(4V^\alpha h^\beta_{ij}\bar{R}^\beta_{ij\alpha}h^\gamma_{kl}V^\gamma_{,kl} + 2V^\alpha h^\beta_{ij}\bar{R}^\beta_{ij\alpha}S_{,p}V^p$$

$$+ 4V^\alpha h^\beta_{ij}\bar{R}^\beta_{ij\alpha}S_{\delta\delta\gamma}V^\gamma - 4V^\alpha h^\beta_{ij}\bar{R}^\beta_{ij\alpha}h^\delta_{kl}\bar{R}^\delta_{kl\gamma}V^\gamma)$$

$$- F'(S)(2V^\alpha\bar{R}^\beta_{ij\alpha}V^\beta_{,ij} + 2V^\alpha\bar{R}^\beta_{ij\alpha}h^\beta_{ij,p}V^p$$

$$+ 2V^\alpha\bar{R}^\beta_{ij\alpha}h^\beta_{ip}h^\gamma_{pj}V^\gamma - 2V^\alpha\bar{R}^\beta_{ij\alpha}\bar{R}^\beta_{ij\gamma}V^\gamma)$$

$$- F'(S)(\,2V^\alpha h^\beta_{ij}\bar{R}_{i\beta j\alpha;\gamma}V^\gamma + 2V^\alpha h^\beta_{ij}\bar{R}_{i\beta j\alpha,p}V^p + 2V^\alpha h^\beta_{ij}\bar{R}_{\gamma\beta j\alpha}V^\gamma_{,i}$$

$$- 2V^\alpha h^\beta_{ij}\bar{R}_{iqj\alpha}V^\beta_{,q} + 2V^\alpha h^\beta_{ij}\bar{R}_{i\beta\gamma\alpha}V^\gamma_{,j} - 2V^\alpha h^\beta_{ij}\bar{R}_{i\beta jq}V^\alpha_{,q})$$

$$- F'(S)(2nV^\alpha H^\alpha h^\beta_{kl}V^\beta_{,kl} + nV^\alpha H^\alpha S_{,p}V^p$$

$$+ 2nV^\alpha H^\alpha S_{\gamma\gamma\beta}V^\beta - 2nV^\alpha H^\alpha h^\gamma_{kl}\bar{R}^\gamma_{kl\beta}V^\beta)$$

$$- F(S)(V^\alpha\Delta V^\alpha + nV^\alpha H^\alpha_{,p}V^p + V^\alpha S_{\alpha\beta}V^\beta + V^\alpha\bar{R}^\top_{\alpha\beta}V^\beta)\mathrm{d}v.$$

因此，我们得到了关于$GD_{(n,F)}$子流形和$GD_{(n,F,\epsilon)}$的二阶变分的如下定理。

定理 10.1 假设$x : M^n \to N^{n+p}$是一般原流形中的$GD_{(n,F)}$子流形，$V = V^i e_i + V^\alpha e_\alpha$是变分向量场，那么其第二变分为

$$\frac{\partial^2}{\partial t^2}\Big|_{t=0} GD_{(n,F)}(x_t)$$

$$= \int_M F''(S)(4h^\beta_{kl}V^\beta_{,kl}V^\alpha_{,ij}h^\alpha_{ij} + 2S_{,p}V^pV^\alpha_{,ij}h^\alpha_{ij}$$

$$+ 4S_{\gamma\gamma\beta}V^\beta V^\alpha_{,ij}h^\alpha_{ij} - 4V^\alpha_{,ij}h^\alpha_{ij}h^\gamma_{kl}\bar{R}^\gamma_{kl\beta}V^\beta)$$

$$+ F'(S)(2V^\alpha_{,ij}V^\alpha_{,ij} + 2V^\alpha_{,ij}h^\alpha_{ij,p}V^p + 2V^\alpha_{,ij}h^\alpha_{ip}h^\beta_{pj}V^\beta - 2V^\alpha_{,ij}\bar{R}^\alpha_{ij\beta}V^\beta)$$

$$+ F''(S)(4V^\alpha S_{\alpha\beta\beta}h^\gamma_{kl}V^\gamma_{,kl} + 2V^\alpha S_{\alpha\beta\beta}S_{,p}V^p$$

$$+4V^{\alpha}S_{\alpha\beta\beta}S_{\delta\delta\gamma}V^{\gamma}-4V^{\alpha}S_{\alpha\beta\beta}h^{\delta}_{kl}\bar{R}^{\delta}_{kl\gamma}V^{\gamma})$$

$$+F'(S)\Big[2V^{\alpha}(V^{\alpha}_{,ij}h^{\beta}_{jk}h^{\beta}_{ki}+h^{\alpha}_{ij}V^{\beta}_{,jk}h^{\beta}_{ki}+h^{\alpha}_{ij}h^{\beta}_{jk}V^{\beta}_{,ki})$$

$$+2V^{\alpha}(S_{\alpha\beta\beta,i}V^{i}+S_{\alpha\gamma\beta\beta}V^{\gamma}+S_{\alpha\beta\gamma\beta}V^{\gamma}+S_{\alpha\beta\beta\gamma}V^{\gamma})$$

$$-2V^{\alpha}(\bar{R}^{\alpha}_{ij\gamma}h^{\beta}_{jk}h^{\beta}_{ki}+h^{\alpha}_{ij}\bar{R}^{\beta}_{jk\gamma}h^{\beta}_{ki}+h^{\alpha}_{ij}h^{\beta}_{jk}\bar{R}^{\beta}_{ki\gamma})V^{\gamma}\Big]$$

$$-F''(S)(4V^{\alpha}h^{\beta}_{ij}\bar{R}^{\beta}_{ij\alpha}h^{\gamma}_{kl}V^{\gamma}_{,kl}+2V^{\alpha}h^{\beta}_{ij}\bar{R}^{\beta}_{ij\alpha}S_{,p}V^{p}$$

$$+4V^{\alpha}h^{\beta}_{ij}\bar{R}^{\beta}_{ij\alpha}S_{\delta\delta\gamma}V^{\gamma}-4V^{\alpha}h^{\beta}_{ij}\bar{R}^{\beta}_{ij\alpha}h^{\delta}_{kl}\bar{R}^{\delta}_{kl\gamma}V^{\gamma})$$

$$-F'(S)(2V^{\alpha}\bar{R}^{\beta}_{ij\alpha}V^{\beta}_{,ij}$$

$$+2V^{\alpha}\bar{R}^{\beta}_{ij\alpha}h^{\beta}_{ij,p}V^{p}+2V^{\alpha}\bar{R}^{\beta}_{ij\alpha}h^{\beta}_{ip}h^{\gamma}_{pj}V^{\gamma}-2V^{\alpha}\bar{R}^{\beta}_{ij\alpha}\bar{R}^{\beta}_{ij\gamma}V^{\gamma})$$

$$-F'(S)(2V^{\alpha}h^{\beta}_{ij}\bar{R}_{i\beta j\alpha;\gamma}V^{\gamma}+2V^{\alpha}h^{\beta}_{ij}\bar{R}_{i\beta j\alpha,p}V^{p}+2V^{\alpha}h^{\beta}_{ij}\bar{R}_{\gamma\beta j\alpha}V^{\gamma}_{,i}$$

$$-2V^{\alpha}h^{\beta}_{ij}\bar{R}_{iqj\alpha}V^{\beta}_{,q}+2V^{\alpha}h^{\beta}_{ij}\bar{R}_{i\beta\gamma\alpha}V^{\gamma}_{,j}-2V^{\alpha}h^{\beta}_{ij}R_{i\beta jq}V^{\alpha}_{,q})$$

$$-F'(S)(2nV^{\alpha}H^{\alpha}h^{\beta}_{kl}V^{\beta}_{,kl}+nV^{\alpha}H^{\alpha}S_{,p}V^{p}$$

$$+2nV^{\alpha}H^{\alpha}S_{\gamma\gamma\beta}V^{\beta}-2nV^{\alpha}H^{\alpha}h^{\gamma}_{kl}\bar{R}^{\gamma}_{kl\beta}V^{\beta})$$

$$-F(S)(V^{\alpha}\Delta V^{\alpha}+nV^{\alpha}H^{\alpha}_{,p}V^{p}+V^{\alpha}S_{\alpha\beta}V^{\beta}+V^{\alpha}\bar{R}^{\top}_{\alpha\beta}V^{\beta})\mathrm{d}v. \qquad (10.2)$$

◇

定理 10.2 假设$x: M^n \to N^{n+p}$是一般原流形中的$GD_{(n,F,\epsilon)}$子流形，$V = V^i e_i + V^{\alpha} e_{\alpha}$是变分向量场，那么其第二变分为

$$\frac{\partial^2}{\partial t^2}\Big|_{t=0} GD_{(n,F,\epsilon)}(x_t)$$

$$=\int_M F''(S+\epsilon)(4h^{\beta}_{kl}V^{\beta}_{,kl}V^{\alpha}_{,ij}h^{\alpha}_{ij}+2S_{,p}V^{p}V^{\alpha}_{,ij}h^{\alpha}_{ij}$$

$$+4S_{\gamma\gamma\beta}V^{\beta}V^{\alpha}_{,ij}h^{\alpha}_{ij}-4V^{\alpha}_{,ij}h^{\alpha}_{ij}h^{\gamma}_{kl}\bar{R}^{\gamma}_{kl\beta}V^{\beta}\Big)$$

$$+F'(S+\epsilon)(2V^{\alpha}_{,ij}V^{\alpha}_{,ij}+2V^{\alpha}_{,ij}h^{\alpha}_{ij,p}V^{p}+2V^{\alpha}_{,ij}h^{\alpha}_{ip}h^{\beta}_{pj}V^{\beta}-2V^{\alpha}_{,ij}\bar{R}^{\alpha}_{ij\beta}V^{\beta})$$

$$+F''(S+\epsilon)(4V^{\alpha}S_{\alpha\beta\beta}h^{\gamma}_{kl}V^{\gamma}_{,kl}+2V^{\alpha}S_{\alpha\beta\beta}S_{,p}V^{p}$$

$$+4V^{\alpha}S_{\alpha\beta\beta}S_{\delta\delta\gamma}V^{\gamma}-4V^{\alpha}S_{\alpha\beta\beta}h^{\delta}_{kl}\bar{R}^{\delta}_{kl\gamma}V^{\gamma})$$

$$
\begin{aligned}
&+F'(S+\epsilon)\Big[2V^\alpha(V^\alpha_{,ij}h^\beta_{jk}h^\beta_{ki}+h^\alpha_{ij}V^\beta_{,jk}h^\beta_{ki}+h^\alpha_{ij}h^\beta_{jk}V^\beta_{,ki})\\
&+2V^\alpha(S_{\alpha\beta\beta,i}V^i+S_{\alpha\gamma\beta\beta}V^\gamma+S_{\alpha\beta\gamma\beta}V^\gamma+S_{\alpha\beta\beta\gamma}V^\gamma)\\
&-2V^\alpha(\bar{R}^\alpha_{ij\gamma}h^\beta_{jk}h^\beta_{ki}+h^\alpha_{ij}\bar{R}^\beta_{jk\gamma}h^\beta_{ki}+h^\alpha_{ij}h^\beta_{jk}\bar{R}^\beta_{ki\gamma})V^\gamma\Big]\\
&-F''(S+\epsilon)(4V^\alpha h^\beta_{ij}\bar{R}^\beta_{ij\alpha}h^\gamma_{kl}V^\gamma_{,kl}+2V^\alpha h^\beta_{ij}\bar{R}^\beta_{ij\alpha}S_{,p}V^p\\
&+4V^\alpha h^\beta_{ij}\bar{R}^\beta_{ij\alpha}S_{\delta\delta\gamma}V^\gamma-4V^\alpha h^\beta_{ij}\bar{R}^\beta_{ij\alpha}h^\delta_{kl}\bar{R}^\delta_{kl\gamma}V^\gamma)\\
&-F'(S+\epsilon)(2V^\alpha\bar{R}^\beta_{ij\alpha}V^\beta_{,ij}+2V^\alpha\bar{R}^\beta_{ij\alpha}h^\beta_{ij,p}V^p\\
&+2V^\alpha\bar{R}^\beta_{ij\alpha}h^\beta_{ip}h^\gamma_{pj}V^\gamma-2V^\alpha\bar{R}^\beta_{ij\alpha}\bar{R}^\beta_{ij\gamma}V^\gamma)\\
&-F'(S+\epsilon)(2V^\alpha h^\beta_{ij}\bar{R}_{i\beta j\alpha;\gamma}V^\gamma+2V^\alpha h^\beta_{ij}\bar{R}_{i\beta j\alpha,p}V^p+2V^\alpha h^\beta_{ij}\bar{R}_{\gamma\beta j\alpha}V^\gamma_{,i}\\
&-2V^\alpha h^\beta_{ij}\bar{R}_{iqj\alpha}V^\beta_{,q}+2V^\alpha h^\beta_{ij}\bar{R}_{i\beta\gamma\alpha}V^\gamma_{,j}-2V^\alpha h^\beta_{ij}\bar{R}_{i\beta jq}V^\alpha_{,q})\\
&-F'(S+\epsilon)(2nV^\alpha H^\alpha h^\beta_{kl}V^\beta_{,kl}+nV^\alpha H^\alpha S_{,p}V^p\\
&+2nV^\alpha H^\alpha S_{\gamma\gamma\beta}V^\beta-2nV^\alpha H^\alpha h^\gamma_{kl}\bar{R}^\gamma_{kl\beta}V^\beta)\\
&-F(S+\epsilon)(V^\alpha\Delta V^\alpha+nV^\alpha H^\alpha_{,p}V^p+V^\alpha S_{\alpha\beta}V^\beta+V^\alpha\bar{R}^\top_{\alpha\beta}V^\beta)\mathrm{d}v. \qquad (10.3)
\end{aligned}
$$

◇

定理 10.3 假设$x: M^n \to N^{n+1}$是一般原流形中的$GD_{(n,F)}$超曲面，$V = V^ie_i + fe_{n+1}$是变分向量场，那么其第二变分为

$$
\begin{aligned}
&\frac{\partial^2}{\partial t^2}\Big|_{t=0} GD_{(n,F)}(x_t)\\
&=\int_M F''(S)(4h_{kl}f_{,kl}f_{,ij}h_{ij}+2S_{,p}V^pf_{,ij}h_{ij}\\
&+4P_3ff_{,ij}h_{ij}-4ff_{,ij}h_{ij}h_{kl}\bar{R}_{k(n+1)l(n+1)})\\
&+F'(S)(2f_{,ij}f_{,ij}+2f_{,ij}h_{ij,p}V^p+2ff_{,ij}h_{ip}h_{pj}-2ff_{,ij}\bar{R}_{i(n+1)j(n+1)})\\
&+F''(S)(4fP_3h_{kl}f_{,kl}+2fP_3S_{,p}V^p+4f^2P_3P_3-4f^2P_3h_{kl}\bar{R}_{k(n+1)l(n+1)})\\
&+F'(S)\Big[2f(f_{,ij}h_{jk}h_{ki}+h_{ij}f_{,jk}h_{ki}+h_{ij}h_{jk}f_{,ki})+2f(P_{3,i}V^i+3P_4f)\\
&-2f^2(\bar{R}_{i(n+1)j(n+1)}h_{jk}h_{ki}+h_{ij}\bar{R}_{j(n+1)k(n+1)}h_{ki}+h_{ij}h_{jk}\bar{R}_{k(n+1)i(n+1)})\Big]
\end{aligned}
$$

$$
\begin{aligned}
&-F''(S)(4fh_{ij}\bar{R}_{i(n+1)j(n+1)}h_{kl}f_{,kl}+2fh_{ij}\bar{R}_{i(n+1)j(n+1)}S_{,p}V^p\\
&+4f^2h_{ij}\bar{R}_{i(n+1)j(n+1)}P_3-4f^2h_{ij}\bar{R}_{i(n+1)j(n+1)}h_{kl}\bar{R}_{k(n+1)l(n+1)})\\
&-F'(S)(2f\bar{R}_{i(n+1)j(n+1)}f_{,ij}+2f\bar{R}_{i(n+1)j(n+1)}h_{ij,p}V^p\\
&+2f^2\bar{R}_{i(n+1)j(n+1)}h_{ip}h_{pj}-2f^2\bar{R}_{i(n+1)j(n+1)}\bar{R}_{i(n+1)j(n+1)})\\
&-F'(S)(\ 2f^2h_{ij}\bar{R}_{i(n+1)j(n+1);(n+1)}+2fh_{ij}\bar{R}_{i(n+1)j(n+1),p}V^p\\
&+2fh_{ij}\bar{R}_{(n+1)(n+1)j(n+1)}f_{,i}\\
&-2fh_{ij}\bar{R}_{iqj(n+1)}f_{,q}+2fh^{\beta}_{ij}\bar{R}_{i(n+1)(n+1)(n+1)}f_{,j}-2fh_{ij}\bar{R}_{i(n+1)jq}f_{,q})\\
&-F'(S)(2nfHh_{kl}f_{,kl}+nfHS_{,p}V^p+2nf^2HP_3-2nf^2Hh_{kl}\bar{R}_{k(n+1)l(n+1)})\\
&-F(S)(f\Delta f+nfH_{,p}V^p+f^2P_2+f^2\bar{R}_{(n+1)ii(n+1)})\,\mathrm{d}v. \qquad (10.4)
\end{aligned}
$$

◇

定理 10.4 假设$x: M^n \to N^{n+1}$是一般原流形中的$GD_{(n,F,\epsilon)}$超曲面，$V = V^ie_i + fe_{n+1}$是变分向量场，那么其第二变分为

$$
\begin{aligned}
&\frac{\partial^2}{\partial t^2}\Big|_{t=0} GD_{(n,F,\epsilon)}(x_t)\\
&=\int_M F''(S+\epsilon)(4h_{kl}f_{,kl}f_{,ij}h_{ij}+2S_{,p}V^pf_{,ij}h_{ij}\\
&+4P_3ff_{,ij}h_{ij}-4ff_{,ij}h_{ij}h_{kl}\bar{R}_{k(n+1)l(n+1)})\\
&+F'(S+\epsilon)(2f_{,ij}f_{,ij}+2f_{,ij}h_{ij,p}V^p+2ff_{,ij}h_{ip}h_{pj}-2ff_{,ij}\bar{R}_{i(n+1)j(n+1)})\\
&+F''(S+\epsilon)(4fP_3h_{kl}f_{,kl}+2fP_3S_{,p}V^p+4f^2P_3P_3-4f^2P_3h_{kl}\bar{R}_{k(n+1)l(n+1)})\\
&+F'(S+\epsilon)\Big[2f(f_{,ij}h_{jk}h_{ki}+h_{ij}f_{,jk}h_{ki}+h_{ij}h_{jk}f_{,ki})+2f(P_{3,i}V^i+3P_4f)\\
&-2f^2(\bar{R}_{i(n+1)j(n+1)}h_{jk}h_{ki}+h_{ij}\bar{R}_{j(n+1)k(n+1)}h_{ki}+h_{ij}h_{jk}\bar{R}_{k(n+1)i(n+1)})\Big]\\
&-F''(S+\epsilon)(4fh_{ij}\bar{R}_{i(n+1)j(n+1)}h_{kl}f_{,kl}+2fh_{ij}\bar{R}_{i(n+1)j(n+1)}S_{,p}V^p\\
&+4f^2h_{ij}\bar{R}_{i(n+1)j(n+1)}P_3-4f^2h_{ij}\bar{R}_{i(n+1)j(n+1)}h_{kl}\bar{R}_{k(n+1)l(n+1)})\\
&-F'(S+\epsilon)(2f\bar{R}_{i(n+1)j(n+1)}f_{,ij}+2f\bar{R}_{i(n+1)j(n+1)}h_{ij,p}V^p
\end{aligned}
$$

$$+2f^2\bar{R}_{i(n+1)j(n+1)}h_{ip}h_{pj}-2f^2\bar{R}_{i(n+1)j(n+1)}\bar{R}_{i(n+1)j(n+1)})$$

$$-F'(S+\epsilon)(2f^2h_{ij}\bar{R}_{i(n+1)j(n+1);(n+1)}+2fh_{ij}\bar{R}_{i(n+1)j(n+1),p}V^p$$

$$+2fh_{ij}\bar{R}_{(n+1)(n+1)j(n+1)}f_{,i}-2fh_{ij}\bar{R}_{iqj(n+1)}f_{,q}$$

$$+2fh^\beta_{ij}\bar{R}_{i(n+1)(n+1)(n+1)}f_{,j}-2fh_{ij}\bar{R}_{i(n+1)jq}f_{,q})$$

$$-F'(S+\epsilon)(2nfHh_{kl}f_{,kl}+nfHS_{,p}V^p$$

$$+2nf^2HP_3-2nf^2Hh_{kl}\bar{R}_{k(n+1)l(n+1)})$$

$$-F(S+\epsilon)(f\Delta f+nfH_{,p}V^p+f^2P_2+f^2\bar{R}_{(n+1)ii(n+1)})\mathrm{d}v. \tag{10.5}$$

◇

当流形N^{n+p}是空间形式$R^{n+p}(c)$时，其黎曼曲率张量可以表达为

$$\bar{R}_{ABCD}=-c(\delta_{AC}\delta_{BD}-\delta_{AD}\delta_{BC}),\bar{R}^\beta_{ij\alpha}=-c\delta_{ij}\delta_{\alpha\beta},$$

$$\bar{R}^\top_{AB}=\sum_i\bar{R}_{AiiB}=\sum_i-c(\delta_{Ai}\delta_{iB}-\delta_{AB}\delta_{ii})=nc\delta_{AB}-c\sum_i\delta_{Ai}\delta_{iB},$$

$$\bar{R}^\perp_{AB}=\sum_\alpha\bar{R}_{A\alpha\alpha B}=\sum_\alpha-c(\delta_{A\alpha}\delta_{\alpha B}-\delta_{AB}\delta_{\alpha\alpha})=pc\delta_{AB}-c\sum_\alpha\delta_{A\alpha}\delta_{B\alpha},$$

$$\bar{R}^\top_{\alpha\beta}=nc\delta_{\alpha\beta},\quad \bar{R}^\perp_{ij}=pc\delta_{ij}.$$

定理 10.5 假设$x:M^n\rightarrow R^{n+p}(c)$是空间形式中的$GD_{(n,F)}$子流形，$V=V^ie_i+V^\alpha e_\alpha$是变分向量场，那么其第二变分为

$$\frac{\partial^2}{\partial t^2}|_{t=0}GD_{(n,F)}(x_t)$$

$$=\int_M F''(S)(4h^\beta_{kl}V^\beta_{,kl}V^\alpha_{,ij}h^\alpha_{ij}+2S_{,p}V^pV^\alpha_{,ij}h^\alpha_{ij}$$

$$+4S_{\gamma\gamma\beta}V^\beta V^\alpha_{,ij}h^\alpha_{ij}+4ncH^\beta V^\alpha_{,ij}h^\alpha_{ij}V^\beta)$$

$$+F'(S)[2V^\alpha_{,ij}V^\alpha_{,ij}+2V^\alpha_{,ij}h^\alpha_{ij,p}V^p+2V^\alpha_{,ij}h^\alpha_{ip}h^\beta_{pj}V^\beta+2c\Delta(V^\alpha)V^\alpha]$$

$$+F''(S)(4V^\alpha S_{\alpha\beta\beta}h^\gamma_{kl}V^\gamma_{,kl}+2V^\alpha S_{\alpha\beta\beta}S_{,p}V^p$$

$$+4V^\alpha S_{\alpha\beta\beta}S_{\delta\delta\gamma}V^\gamma+4ncH^\gamma V^\alpha S_{\alpha\beta\beta}V^\gamma)$$

$$+F'(S)\Big[2V^{\alpha}(V^{\alpha}_{,ij}h^{\beta}_{jk}h^{\beta}_{ki}+h^{\alpha}_{ij}V^{\beta}_{,jk}h^{\beta}_{ki}+h^{\alpha}_{ij}h^{\beta}_{jk}V^{\beta}_{,ki})$$

$$+2V^{\alpha}(S_{\alpha\beta\beta,i}V^{i}+S_{\alpha\gamma\beta\beta}V^{\gamma}+S_{\alpha\beta\gamma\beta}V^{\gamma}+S_{\alpha\beta\beta\gamma}V^{\gamma})$$

$$-2V^{\alpha}(-cV^{\alpha}S-2cV^{\beta}S_{\alpha\beta})\Big]$$

$$-F''(S)(-4ncV^{\alpha}H^{\alpha}h^{\gamma}_{kl}V^{\gamma}_{,kl}-2ncV^{\alpha}H^{\alpha}S_{,p}V^{p}$$

$$-4ncV^{\alpha}H^{\alpha}S_{\delta\delta\gamma}V^{\gamma}-4n^{2}c^{2}V^{\alpha}H^{\alpha}H^{\gamma}V^{\gamma})$$

$$-F'(S)(-2cV^{\alpha}\Delta(V^{\alpha})-2ncV^{\alpha}H^{\alpha}_{,p}V^{p}-2cV^{\alpha}S_{\alpha\gamma}V^{\gamma}-2nc^{2}V^{\alpha}V^{\alpha})$$

$$-F'(S)(2nV^{\alpha}H^{\alpha}h^{\beta}_{kl}V^{\beta}_{,kl}+nV^{\alpha}H^{\alpha}S_{,p}V^{p}$$

$$+2nV^{\alpha}II^{\alpha}S_{\gamma\gamma\beta}V^{\beta}+2n^{2}cV^{\alpha}II^{\alpha}II^{\beta}V^{\beta})$$

$$-F(S)(V^{\alpha}\Delta V^{\alpha}+nV^{\alpha}H^{\alpha}_{,p}V^{p}+V^{\alpha}S_{\alpha\beta}V^{\beta}+ncV^{\alpha}V^{\alpha})\mathrm{d}v. \qquad (10.6)$$

◇

定理 10.6　假设$x: M^{n}\to R^{n+p}(c)$是空间形式中的$GD_{(n,F,\epsilon)}$子流形，$V=V^{i}e_{i}+V^{\alpha}e_{\alpha}$是变分向量场，那么其第二变分为

$$\frac{\partial^{2}}{\partial t^{2}}\Big|_{t=0}GD_{(n,F,\epsilon)}(x_{t})$$

$$=\int_{M}F''(S+\epsilon)(4h^{\beta}_{kl}V^{\beta}_{,kl}V^{\alpha}_{,ij}h^{\alpha}_{ij}+2S_{,p}V^{p}V^{\alpha}_{,ij}h^{\alpha}_{ij}$$

$$+4S_{\gamma\gamma\beta}V^{\beta}V^{\alpha}_{,ij}h^{\alpha}_{ij}+4ncH^{\beta}V^{\alpha}_{,ij}h^{\alpha}_{ij}V^{\beta})$$

$$+F'(S+\epsilon)(2V^{\alpha}_{,ij}V^{\alpha}_{,ij}+2V^{\alpha}_{,ij}h^{\alpha}_{ij,p}V^{p}+2V^{\alpha}_{,ij}h^{\alpha}_{ip}h^{\beta}_{pj}V^{\beta}+2c\Delta(V^{\alpha})V^{\alpha})$$

$$+F''(S+\epsilon)(4V^{\alpha}S_{\alpha\beta\beta}h^{\gamma}_{kl}V^{\gamma}_{,kl}+2V^{\alpha}S_{\alpha\beta\beta}S_{,p}V^{p}$$

$$+4V^{\alpha}S_{\alpha\beta\beta}S_{\delta\delta\gamma}V^{\gamma}+4ncH^{\gamma}V^{\alpha}S_{\alpha\beta\beta}V^{\gamma})$$

$$+F'(S+\epsilon)\Big[2V^{\alpha}(V^{\alpha}_{,ij}h^{\beta}_{jk}h^{\beta}_{ki}+h^{\alpha}_{ij}V^{\beta}_{,jk}h^{\beta}_{ki}+h^{\alpha}_{ij}h^{\beta}_{jk}V^{\beta}_{,ki})$$

$$+2V^{\alpha}(S_{\alpha\beta\beta,i}V^{i}+S_{\alpha\gamma\beta\beta}V^{\gamma}+S_{\alpha\beta\gamma\beta}V^{\gamma}+S_{\alpha\beta\beta\gamma}V^{\gamma})$$

$$-2V^{\alpha}(-cV^{\alpha}S-2cV^{\beta}S_{\alpha\beta})\Big]$$

$$-F''(S+\epsilon)(-4ncV^{\alpha}H^{\alpha}h^{\gamma}_{kl}V^{\gamma}_{,kl}-2ncV^{\alpha}H^{\alpha}S_{,p}V^{p}$$

$$- 4ncV^\alpha H^\alpha S_{\delta\delta\gamma}V^\gamma - 4n^2c^2V^\alpha H^\alpha H^\gamma V^\gamma)$$

$$- F'(S+\epsilon)(-2cV^\alpha\Delta(V^\alpha) - 2ncV^\alpha H^\alpha_{,p}V^p - 2cV^\alpha S_{\alpha\gamma}V^\gamma - 2nc^2V^\alpha V^\alpha)$$

$$- F'(S+\epsilon)(2nV^\alpha H^\alpha h^\beta_{kl}V^\beta_{,kl} + nV^\alpha H^\alpha S_{,p}V^p$$

$$+ 2nV^\alpha H^\alpha S_{\gamma\gamma\beta}V^\beta + 2n^2cV^\alpha H^\alpha H^\beta V^\beta)$$

$$- F(S+\epsilon)(V^\alpha\Delta V^\alpha + nV^\alpha H^\alpha_{,p}V^p + V^\alpha S_{\alpha\beta}V^\beta + ncV^\alpha V^\alpha)\mathrm{d}v. \tag{10.7}$$

◇

定理 10.7 假设$x: M^n \to R^{n+1}(c)$是空间形式中的$GD_{(n,F)}$超曲面，$V = V^ie_i + fe_{n+1}$是变分向量场，那么其第二变分为

$$\frac{\partial^2}{\partial t^2}\Big|_{t=0} GD_{(n,F)}(x_t)$$

$$= \int_M F''(S)(4h_{kl}f_{,kl}f_{,ij}h_{ij} + 2S_{,p}V^pf_{,ij}h_{ij}$$

$$+ 4P_3ff_{,ij}h_{ij} + 4ncff_{,ij}h_{ij}H)$$

$$+ F'(S)(2f_{,ij}f_{,ij} + 2f_{,ij}h_{ij,p}V^p + 2ff_{,ij}h_{ip}h_{pj} + 2cf\Delta f)$$

$$+ F''(S)(4fP_3h_{kl}f_{,kl} + 2fP_3S_{,p}V^p + 4f^2P_3P_3 + 4ncf^2P_3H)$$

$$+ F'(S)\Big[2f(f_{,ij}h_{jk}h_{ki} + h_{ij}f_{,jk}h_{ki} + h_{ij}h_{jk}f_{,ki})$$

$$+ 2f(P_{3,i}V^i + 3P_4f) - 2f^2(-c\delta_{ij}h_{jk}h_{ki} - c\delta_{jk}h_{ij}h_{ki} - c\delta_{ik}h_{ij}h_{jk})\Big]$$

$$- F''(S)(-4ncHfh_{kl}f_{,kl} - 2ncfHS_{,p}V^p$$

$$- 4ncf^2HP_3 - 4n^2c^2f^2H^2)$$

$$- F'(S)(-2cf\Delta f - 2ncfH_{,p}V^p - 2cf^2S - 2c^2nf^2)$$

$$- F'(S)(2nfHh_{kl}f_{,kl} + nfHS_{,p}V^p + 2nf^2HP_3 + 2n^2cf^2H^2)$$

$$- F(S)(f\Delta f + nfH_{,p}V^p + f^2P_2 + ncf^2)\mathrm{d}v. \tag{10.8}$$

◇

定理 10.8 假设$x: M^n \to R^{n+1}(c)$是空间形式中的$GD_{(n,F,\epsilon)}$超曲面，$V =$

$V^ie_i + fe_{n+1}$是变分向量场，那么其第二变分为

$$\frac{\partial^2}{\partial t^2}\Big|_{t=0} GD_{(n,F,\epsilon)}(x_t)$$
$$= \int_M F''(S+\epsilon)(4h_{kl}f_{,kl}f_{,ij}h_{ij} + 2S_{,p}V^pf_{,ij}h_{ij}$$
$$+ 4P_3ff_{,ij}h_{ij} + 4ncff_{,ij}h_{ij}H)$$
$$+ F'(S+\epsilon)(2f_{,ij}f_{,ij} + 2f_{,ij}h_{ij,p}V^p + 2ff_{,ij}h_{ip}h_{pj} + 2cf\Delta f)$$
$$+ F''(S+\epsilon)(4fP_3h_{kl}f_{,kl} + 2fP_3S_{,p}V^p + 4f^2P_3P_3 + 4ncf^2P_3H)$$
$$+ F'(S+\epsilon)\Big[2f(f_{,ij}h_{jk}h_{ki} + h_{ij}f_{,jk}h_{ki} + h_{ij}h_{jk}f_{,ki}) + 2f(P_{3,i}V^i + 3P_4f)$$
$$- 2f^2(-c\delta_{ij}h_{jk}h_{ki} - c\delta_{jk}h_{ij}h_{ki} - c\delta_{ik}h_{ij}h_{jk})\Big]$$
$$- F''(S+\epsilon)(-4ncHfh_{kl}f_{,kl} - 2ncfHS_{,p}V^p - 4ncf^2HP_3 - 4n^2c^2f^2H^2)$$
$$- F'(S+\epsilon)(-2cf\Delta f - 2ncfH_{,p}V^p - 2cf^2S - 2c^2nf^2)$$
$$- F'(S+\epsilon)(2nfHh_{kl}f_{,kl} + nfHS_{,p}V^p + 2nf^2HP_3 + 2n^2cf^2H^2)$$
$$- F(S+\epsilon)(f\Delta f + nfH_{,p}V^p + f^2P_2 + ncf^2)\,\mathrm{d}v. \tag{10.9}$$

◇

注释 10.1　特别注意上面诸定理中黎曼张量$\bar{R}_{i\alpha j\beta}$分别在流形 N 和流形 M 上的拉回从x^*TN上的两个协变导数$\bar{R}_{i\alpha j\beta;p}$和$\bar{R}_{i\alpha j\beta,p}$ 的区别。

10.2　幂函数型泛函的第二变分公式

当$F(u) = u^r$时，泛函$GD_{n,F}$和$GD_{(n,F,\epsilon)}$分别变为

$$GD_{(n,r)} = \int_M S^r\mathrm{d}v,\quad GD_{(n,r,\epsilon)} = \int_M (S+\epsilon)^r\mathrm{d}v$$

针对此类重要的特殊情形的计算，可以直接利用10.1节的定理，得到幂函数型泛函的第二变分定理。

定理 10.9　假设$x: M^n \to N^{n+p}$是一般原流形中的$GD_{(n,r)}$子流形，$V =$

$V^i e_i + V^\alpha e_\alpha$是变分向量场，那么其第二变分为

$$
\begin{aligned}
&\frac{\partial^2}{\partial t^2}\Big|_{t=0} GD_{(n,F)}(x_t)\\
&=\int_M r(r-1)S^{r-2}(4h^\beta_{kl}V^\beta_{,kl}V^\alpha_{,ij}h^\alpha_{ij}+2S_{,p}V^pV^\alpha_{,ij}h^\alpha_{ij}\\
&+4S_{\gamma\gamma\beta}V^\beta V^\alpha_{,ij}h^\alpha_{ij}-4V^\alpha_{,ij}h^\alpha_{ij}h^\gamma_{kl}\bar{R}^\gamma_{kl\beta}V^\beta)\\
&+rS^{r-1}(2V^\alpha_{,ij}V^\alpha_{,ij}+2V^\alpha_{,ij}h^\alpha_{ij,p}V^p+2V^\alpha_{,ij}h^\alpha_{ip}h^\beta_{pj}V^\beta-2V^\alpha_{,ij}\bar{R}^\alpha_{ij\beta}V^\beta)\\
&+r(r-1)S^{r-2}(4V^\alpha S_{\alpha\beta\beta}h^\gamma_{kl}V^\gamma_{,kl}+2V^\alpha S_{\alpha\beta\beta}S_{,p}V^p\\
&+4V^\alpha S_{\alpha\beta\beta}S_{\delta\delta\gamma}V^\gamma-4V^\alpha S_{\alpha\beta\beta}h^\delta_{kl}\bar{R}^\delta_{kl\gamma}V^\gamma)\\
&+rS^{r-1}\Big[2V^\alpha(V^\alpha_{,ij}h^\beta_{jk}h^\beta_{ki}+h^\alpha_{ij}V^\beta_{,jk}h^\beta_{ki}+h^\alpha_{ij}h^\beta_{jk}V^\beta_{,ki})\\
&+2V^\alpha(S_{\alpha\beta\beta,i}V^i+S_{\alpha\gamma\beta\beta}V^\gamma+S_{\alpha\beta\gamma\beta}V^\gamma+S_{\alpha\beta\beta\gamma}V^\gamma)\\
&-2V^\alpha(\bar{R}^\alpha_{ij\gamma}h^\beta_{jk}h^\beta_{ki}+h^\alpha_{ij}\bar{R}^\beta_{jk\gamma}h^\beta_{ki}+h^\alpha_{ij}h^\beta_{jk}\bar{R}^\beta_{ki\gamma})V^\gamma\Big]\\
&-r(r-1)S^{r-2}(4V^\alpha h^\beta_{ij}\bar{R}^\beta_{ij\alpha}h^\gamma_{kl}V^\gamma_{,kl}+2V^\alpha h^\beta_{ij}\bar{R}^\beta_{ij\alpha}S_{,p}V^p\\
&+4V^\alpha h^\beta_{ij}\bar{R}^\beta_{ij\alpha}S_{\delta\delta\gamma}V^\gamma-4V^\alpha h^\beta_{ij}\bar{R}^\beta_{ij\alpha}h^\delta_{kl}\bar{R}^\delta_{kl\gamma}V^\gamma)\\
&-rS^{r-1}(2V^\alpha\bar{R}^\beta_{ij\alpha}V^\beta_{,ij}\\
&+2V^\alpha\bar{R}^\beta_{ij\alpha}h^\beta_{ij,p}V^p+2V^\alpha\bar{R}^\beta_{ij\alpha}h^\beta_{ip}h^\gamma_{pj}V^\gamma-2V^\alpha\bar{R}^\beta_{ij\alpha}\bar{R}^\beta_{ij\gamma}V^\gamma)\\
&-rS^{r-1}(2V^\alpha h^\beta_{ij}\bar{R}_{i\beta j\alpha;\gamma}V^\gamma+2V^\alpha h^\beta_{ij}\bar{R}_{i\beta j\alpha,p}V^p+2V^\alpha h^\beta_{ij}\bar{R}_{\gamma\beta j\alpha}V^\gamma_{,i}\\
&-2V^\alpha h^\beta_{ij}\bar{R}_{iqj\alpha}V^\beta_{,q}+2V^\alpha h^\beta_{ij}\bar{R}_{i\beta\gamma\alpha}V^\gamma_{,j}-2V^\alpha h^\beta_{ij}\bar{R}_{i\beta jq}V^\alpha_{,q})\\
&-rS^{r-1}(2nV^\alpha H^\alpha h^\beta_{kl}V^\beta_{,kl}+nV^\alpha H^\alpha S_{,p}V^p\\
&+2nV^\alpha H^\alpha S_{\gamma\gamma\beta}V^\beta-2nV^\alpha H^\alpha h^\gamma_{kl}\bar{R}^\gamma_{kl\beta}V^\beta)\\
&-S^r(V^\alpha\Delta V^\alpha+nV^\alpha H^\alpha_{,p}V^p+V^\alpha S_{\alpha\beta}V^\beta+V^\alpha\bar{R}^\top_{\alpha\beta}V^\beta)\mathrm{d}v. \qquad (10.10)
\end{aligned}
$$

◇

定理 10.10 假设$x: M^n \to N^{n+p}$是一般原流形中的$GD_{(n,r,\epsilon)}$子流形，

$V = V^i e_i + V^\alpha e_\alpha$是变分向量场，那么其第二变分为

$$
\begin{aligned}
&\frac{\partial^2}{\partial t^2}\Big|_{t=0} GD_{(n,F,\epsilon)}(x_t)\\
&= \int_M r(r-1)(S+\epsilon)^{r-2}(4h^\beta_{kl}V^\beta_{,kl}V^\alpha_{,ij}h^\alpha_{ij} + 2S_{,p}V^pV^\alpha_{,ij}h^\alpha_{ij}\\
&\quad + 4S_{\gamma\gamma\beta}V^\beta V^\alpha_{,ij}h^\alpha_{ij} - 4V^\alpha_{,ij}h^\alpha_{ij}h^\gamma_{kl}\bar{R}^\gamma_{kl\beta}V^\beta)\\
&\quad + r(S+\epsilon)^{r-1}(2V^\alpha_{,ij}V^\alpha_{,ij} + 2V^\alpha_{,ij}h^\alpha_{ij,p}V^p + 2V^\alpha_{,ij}h^\alpha_{ip}h^\beta_{pj}V^\beta - 2V^\alpha_{,ij}\bar{R}^\alpha_{ij\beta}V^\beta)\\
&\quad + r(r-1)(S+\epsilon)^{r-2}(4V^\alpha S_{\alpha\beta\beta}h^\gamma_{kl}V^\gamma_{,kl} + 2V^\alpha S_{\alpha\beta\beta}S_{,p}V^p\\
&\quad + 4V^\alpha S_{\alpha\beta\beta}S_{\delta\delta\gamma}V^\gamma - 4V^\alpha S_{\alpha\beta\beta}h^\delta_{kl}\bar{R}^\delta_{kl\gamma}V^\gamma)\\
&\quad + Fr(S+\epsilon)^{r-1}\Big[2V^\alpha(V^\alpha_{,ij}h^\beta_{jk}h^\beta_{ki} + h^\alpha_{ij}V^\beta_{,jk}h^\beta_{ki} + h^\alpha_{ij}h^\beta_{jk}V^\beta_{,ki})\\
&\quad + 2V^\alpha(S_{\alpha\beta\beta,i}V^i + S_{\alpha\gamma\beta\beta}V^\gamma + S_{\alpha\beta\gamma\beta}V^\gamma + S_{\alpha\beta\beta\gamma}V^\gamma)\\
&\quad - 2V^\alpha(\bar{R}^\alpha_{ij\gamma}h^\beta_{jk}h^\beta_{ki} + h^\alpha_{ij}\bar{R}^\beta_{jk\gamma}h^\beta_{ki} + h^\alpha_{ij}h^\beta_{jk}\bar{R}^\beta_{ki\gamma})V^\gamma\Big]\\
&\quad - r(r-1)(S+\epsilon)^{r-2}(4V^\alpha h^\beta_{ij}\bar{R}^\beta_{ij\alpha}h^\gamma_{kl}V^\gamma_{,kl} + 2V^\alpha h^\beta_{ij}\bar{R}^\beta_{ij\alpha}S_{,p}V^p\\
&\quad + 4V^\alpha h^\beta_{ij}\bar{R}^\beta_{ij\alpha}S_{\delta\delta\gamma}V^\gamma - 4V^\alpha h^\beta_{ij}\bar{R}^\beta_{ij\alpha}h^\delta_{kl}\bar{R}^\delta_{kl\gamma}V^\gamma)\\
&\quad - r(S+\epsilon)^{r-1}(2V^\alpha\bar{R}^\beta_{ij\alpha}V^\beta_{,ij} + 2V^\alpha\bar{R}^\beta_{ij\alpha}h^\beta_{ij,p}V^p\\
&\quad + 2V^\alpha\bar{R}^\beta_{ij\alpha}h^\beta_{ip}h^\gamma_{pj}V^\gamma - 2V^\alpha\bar{R}^\beta_{ij\alpha}\bar{R}^\beta_{ij\gamma}V^\gamma)\\
&\quad - r(S+\epsilon)^{r-1}(2V^\alpha h^\beta_{ij}\bar{R}_{i\beta j\alpha;\gamma}V^\gamma + 2V^\alpha h^\beta_{ij}\bar{R}_{i\beta j\alpha,p}V^p + 2V^\alpha h^\beta_{ij}\bar{R}_{\gamma\beta j\alpha}V^\gamma_{,i}\\
&\quad - 2V^\alpha h^\beta_{ij}\bar{R}_{iqj\alpha}V^\beta_{,q} + 2V^\alpha h^\beta_{ij}\bar{R}_{i\beta\gamma\alpha}V^\gamma_{,j} - 2V^\alpha h^\beta_{ij}\bar{R}_{i\beta jq}V^\alpha_{,q})\\
&\quad - r(S+\epsilon)^{r-1}(2nV^\alpha H^\alpha h^\beta_{kl}V^\beta_{,kl} + nV^\alpha H^\alpha S_{,p}V^p\\
&\quad + 2nV^\alpha H^\alpha S_{\gamma\gamma\beta}V^\beta - 2nV^\alpha H^\alpha h^\gamma_{kl}\bar{R}^\gamma_{kl\beta}V^\beta)\\
&\quad - (S+\epsilon)^r(V^\alpha\Delta V^\alpha + nV^\alpha H^\alpha_{,p}V^p + V^\alpha S_{\alpha\beta}V^\beta + V^\alpha\bar{R}^\top_{\alpha\beta}V^\beta)\mathrm{d}v. \qquad (10.11)
\end{aligned}
$$

◇

定理 10.11 假设$x: M^n \to N^{n+1}$是一般原流形中的$GD_{(n,r)}$超曲面，$V =$

$V^ie_i + fe_{n+1}$是变分向量场，那么其第二变分为

$$\frac{\partial^2}{\partial t^2}|_{t=0}\ GD_{(n,F)}(x_t)$$

$$\begin{aligned}
&= \int_M r(r-1)S^{r-2}(4h_{kl}f_{,kl}f_{,ij}h_{ij} + 2S_{,p}V^pf_{,ij}h_{ij} \\
&+ 4P_3ff_{,ij}h_{ij} - 4ff_{,ij}h_{ij}h_{kl}\bar{R}_{k(n+1)l(n+1)}) \\
&+ rS^{r-1}(2f_{,ij}f_{,ij} + 2f_{,ij}h_{ij,p}V^p + 2ff_{,ij}h_{ip}h_{pj} - 2ff_{,ij}\bar{R}_{i(n+1)j(n+1)}) \\
&+ r(r-1)S^{r-2}(4fP_3h_{kl}f_{,kl} + 2fP_3S_{,p}V^p \\
&+ 4f^2P_3P_3 - 4f^2P_3h_{kl}\bar{R}_{k(n+1)l(n+1)}) \\
&+ rS^{r-1}\Big[2f(f_{,ij}h_{jk}h_{ki} + h_{ij}f_{,jk}h_{ki} + h_{ij}h_{jk}f_{,ki}) + 2f(P_{3,i}V^i + 3P_4f) \\
&- 2f^2(\bar{R}_{i(n+1)j(n+1)}h_{jk}h_{ki} + h_{ij}\bar{R}_{j(n+1)k(n+1)}h_{ki} + h_{ij}h_{jk}\bar{R}_{k(n+1)i(n+1)})\Big] \\
&- r(r-1)S^{r-2}(4fh_{ij}\bar{R}_{i(n+1)j(n+1)}h_{kl}f_{,kl} + 2fh_{ij}\bar{R}_{i(n+1)j(n+1)}S_{,p}V^p \\
&+ 4f^2h_{ij}\bar{R}_{i(n+1)j(n+1)}P_3 - 4f^2h_{ij}\bar{R}_{i(n+1)j(n+1)}h_{kl}\bar{R}_{k(n+1)l(n+1)}) \\
&- rS^{r-1}(2f\bar{R}_{i(n+1)j(n+1)}f_{,ij} + 2f\bar{R}_{i(n+1)j(n+1)}h_{ij,p}V^p \\
&+ 2f^2\bar{R}_{i(n+1)j(n+1)}h_{ip}h_{pj} - 2f^2\bar{R}_{i(n+1)j(n+1)}\bar{R}_{i(n+1)j(n+1)}) \\
&- rS^{r-1}(2f^2h_{ij}\bar{R}_{i(n+1)j(n+1);(n+1)} + 2fh_{ij}\bar{R}_{i(n+1)j(n+1),p}V^p \\
&+ 2fh_{ij}\bar{R}_{(n+1)(n+1)j(n+1)}f_{,i} - 2fh_{ij}\bar{R}_{iqj(n+1)}f_{,q} \\
&+ 2fh^{\beta}_{ij}\bar{R}_{i(n+1)(n+1)(n+1)}f_{,j} - 2fh_{ij}\bar{R}_{i(n+1)jq}f_{,q}) \\
&- rS^{r-1}(2nfHh_{kl}f_{,kl} + nfHS_{,p}V^p + 2nf^2HP_3 - 2nf^2Hh_{kl}\bar{R}_{k(n+1)l(n+1)}) \\
&- S^r(f\Delta f + nfH_{,p}V^p + f^2P_2 + f^2\bar{R}_{(n+1)ii(n+1)})\mathrm{d}v. \qquad (10.12)
\end{aligned}$$

◇

定理 10.12 假设$x: M^n \to N^{n+1}$是一般原流形中的$GD_{(n,r,\epsilon)}$超曲面，$V = V^ie_i + fe_{n+1}$是变分向量场，那么其第二变分为

$$\frac{\partial^2}{\partial t^2}|_{t=0}\ GD_{(n,F,\epsilon)}(x_t)$$

$$
\begin{aligned}
&= \int_M r(r-1)(S+\epsilon)^{r-2}(4h_{kl}f_{,kl}f_{,ij}h_{ij} + 2S_{,p}V^p f_{,ij}h_{ij} \\
&\quad + 4P_3 f f_{,ij}h_{ij} - 4ff_{,ij}h_{ij}h_{kl}\bar{R}_{k(n+1)l(n+1)}) \\
&\quad + r(S+\epsilon)^{r-1}(2f_{,ij}f_{,ij} + 2f_{,ij}h_{ij,p}V^p + 2ff_{,ij}h_{ip}h_{pj} - 2ff_{,ij}\bar{R}_{i(n+1)j(n+1)}) \\
&\quad + r(r-1)(S+\epsilon)^{r-2}(4fP_3h_{kl}f_{,kl} + 2fP_3S_{,p}V^p \\
&\quad + 4f^2P_3P_3 - 4f^2P_3h_{kl}\bar{R}_{k(n+1)l(n+1)}) \\
&\quad + r(S+\epsilon)^{r-1}\Big[2f(f_{,ij}h_{jk}h_{ki} + h_{ij}f_{,jk}h_{ki} + h_{ij}h_{jk}f_{,ki}) + 2f(P_{3,i}V^i + 3P_4 f) \\
&\quad - 2f^2(\bar{R}_{i(n+1)j(n+1)}h_{jk}h_{ki} + h_{ij}\bar{R}_{j(n+1)k(n+1)}h_{ki} + h_{ij}h_{jk}\bar{R}_{k(n+1)i(n+1)})\Big] \\
&\quad - r(r-1)(S+\epsilon)^{r-2}(4fh_{ij}\bar{R}_{i(n+1)j(n+1)}h_{kl}f_{,kl} + 2fh_{ij}\bar{R}_{i(n+1)j(n+1)}S_{,p}V^p \\
&\quad + 4f^2h_{ij}\bar{R}_{i(n+1)j(n+1)}P_3 - 4f^2h_{ij}\bar{R}_{i(n+1)j(n+1)}h_{kl}\bar{R}_{k(n+1)l(n+1)}) \\
&\quad - r(S+\epsilon)^{r-1}(2f\bar{R}_{i(n+1)j(n+1)}f_{,ij} + 2f\bar{R}_{i(n+1)j(n+1)}h_{ij,p}V^p \\
&\quad + 2f^2\bar{R}_{i(n+1)j(n+1)}h_{ip}h_{pj} - 2f^2\bar{R}_{i(n+1)j(n+1)}\bar{R}_{i(n+1)j(n+1)}) \\
&\quad - r(S+\epsilon)^{r-1}(\,2f^2h_{ij}\bar{R}_{i(n+1)j(n+1);(n+1)} + 2fh_{ij}\bar{R}_{i(n+1)j(n+1),p}V^p \\
&\quad + 2fh_{ij}\bar{R}_{(n+1)(n+1)j(n+1)}f_{,i} - 2fh_{ij}\bar{R}_{iqj(n+1)}f_{,q} \\
&\quad + 2fh_{ij}^{\beta}\bar{R}_{i(n+1)(n+1)(n+1)}f_{,j} - 2fh_{ij}\bar{R}_{i(n+1)jq}f_{,q}) \\
&\quad - r(S+\epsilon)^{r-1}(2nfHh_{kl}f_{,kl} + nfHS_{,p}V^p \\
&\quad + 2nf^2HP_3 - 2nf^2Hh_{kl}\bar{R}_{k(n+1)l(n+1)}) \\
&\quad - (S+\epsilon)^r(f\Delta f + nfH_{,p}V^p + f^2P_2 + f^2\bar{R}_{(n+1)ii(n+1)})\mathrm{d}v. \qquad (10.13)
\end{aligned}
$$

◇

当流形N^{n+p}是空间形式$R^{n+p}(c)$时，我们知道，其黎曼曲率张量可以表达为

$$
\bar{R}_{ABCD} = -c(\delta_{AC}\delta_{BD} - \delta_{AD}\delta_{BC}), \quad \bar{R}^{\beta}_{ij\alpha} = -c\delta_{ij}\delta_{\alpha\beta},
$$

$$
\bar{R}^{\top}_{AB} = \sum_i \bar{R}_{AiiB} = \sum_i -c(\delta_{Ai}\delta_{iB} - \delta_{AB}\delta_{ii}) = nc\delta_{AB} - c\sum_i \delta_{Ai}\delta_{iB},
$$

$$\bar{R}^{\perp}_{AB} = \sum_{\alpha} \bar{R}_{A\alpha\alpha B} = \sum_{\alpha} -c(\delta_{A\alpha}\delta_{\alpha B} - \delta_{AB}\delta_{\alpha\alpha}) = pc\delta_{AB} - c\sum_{\alpha}\delta_{A\alpha}\delta_{B\alpha},$$

$$\bar{R}^{\top}_{\alpha\beta} = nc\delta_{\alpha\beta}, \quad \bar{R}^{\perp}_{ij} = pc\delta_{ij}.$$

定理 10.13 假设$x: M^n \to R^{n+p}(c)$是空间形式中的$GD_{(n,r)}$子流形，$V = V^i e_i + V^\alpha e_\alpha$是变分向量场，那么其第二变分为

$$\begin{aligned}
&\frac{\partial^2}{\partial t^2}|_{t=0}\, GD_{(n,F)}(x_t) \\
&= \int_M r(r-1)S^{r-2}(4h^\beta_{kl}V^\beta_{,kl}V^\alpha_{,ij}h^\alpha_{ij} + 2S_{,p}V^pV^\alpha_{,ij}h^\alpha_{ij} \\
&\quad + 4S_{\gamma\gamma\beta}V^\beta V^\alpha_{,ij}h^\alpha_{ij} + 4ncH^\beta V^\alpha_{,ij}h^\alpha_{ij}V^\beta) \\
&\quad + rS^{r-1}(2V^\alpha_{,ij}V^\alpha_{,ij} + 2V^\alpha_{,ij}h^\alpha_{ij,p}V^p + 2V^\alpha_{,ij}h^\alpha_{ip}h^\beta_{pj}V^\beta + 2c\Delta(V^\alpha)V^\alpha) \\
&\quad + r(r-1)S^{r-2}(4V^\alpha S_{\alpha\beta\beta}h^\gamma_{kl}V^\gamma_{,kl} + 2V^\alpha S_{\alpha\beta\beta}S_{,p}V^p \\
&\quad + 4V^\alpha S_{\alpha\beta\beta}S_{\delta\delta\gamma}V^\gamma + 4ncH^\gamma V^\alpha S_{\alpha\beta\beta}V^\gamma) \\
&\quad + rS^{r-1}\Big[2V^\alpha(V^\alpha_{,ij}h^\beta_{jk}h^\beta_{ki} + h^\alpha_{ij}V^\beta_{,jk}h^\beta_{ki} + h^\alpha_{ij}h^\beta_{jk}V^\beta_{,ki}) \\
&\quad + 2V^\alpha(S_{\alpha\beta\beta,i}V^i + S_{\alpha\gamma\beta\beta}V^\gamma + S_{\alpha\beta\gamma\beta}V^\gamma + S_{\alpha\beta\beta\gamma}V^\gamma) \\
&\quad - 2V^\alpha(-cV^\alpha S - 2cV^\beta S_{\alpha\beta})\Big] \\
&\quad - r(r-1)S^{r-2}(-4ncV^\alpha H^\alpha h^\gamma_{kl}V^\gamma_{,kl} - 2ncV^\alpha H^\alpha S_{,p}V^p \\
&\quad - 4ncV^\alpha H^\alpha S_{\delta\delta\gamma}V^\gamma - 4n^2c^2V^\alpha H^\alpha H^\gamma V^\gamma) \\
&\quad - rS^{r-1}(-2cV^\alpha\Delta(V^\alpha) - 2ncV^\alpha H^\alpha_{,p}V^p - 2cV^\alpha S_{\alpha\gamma}V^\gamma - 2nc^2V^\alpha V^\alpha) \\
&\quad - rS^{r-1}(2nV^\alpha H^\alpha h^\beta_{kl}V^\beta_{,kl} + nV^\alpha H^\alpha S_{,p}V^p \\
&\quad + 2nV^\alpha H^\alpha S_{\gamma\gamma\beta}V^\beta + 2n^2cV^\alpha H^\alpha H^\beta V^\beta) \\
&\quad - S^r(V^\alpha\Delta V^\alpha + nV^\alpha H^\alpha_{,p}V^p + V^\alpha S_{\alpha\beta}V^\beta + ncV^\alpha V^\alpha)\mathrm{d}v.
\end{aligned} \tag{10.14}$$

◇

定理 10.14 假设$x: M^n \to R^{n+p}(c)$是空间形式中的$GD_{(n,r,\epsilon)}$子流形，

$V = V^i e_i + V^\alpha e_\alpha$是变分向量场，那么其第二变分为

$$
\begin{aligned}
&\frac{\partial^2}{\partial t^2}|_{t=0}\, GD_{(n,F,\epsilon)}(x_t)\\
&=\int_M r(r-1)(S+\epsilon)^{r-2}(4h^\beta_{kl}V^\beta_{,kl}V^\alpha_{,ij}h^\alpha_{ij}+2S_{,p}V^pV^\alpha_{,ij}h^\alpha_{ij}\\
&+4S_{\gamma\gamma\beta}V^\beta V^\alpha_{,ij}h^\alpha_{ij}+4ncH^\beta V^\alpha_{,ij}h^\alpha_{ij}V^\beta)\\
&+r(S+\epsilon)^{r-1}(2V^\alpha_{,ij}V^\alpha_{,ij}+2V^\alpha_{,ij}h^\alpha_{ij,p}V^p+2V^\alpha_{,ij}h^\alpha_{ip}h^\beta_{pj}V^\beta+2c\Delta(V^\alpha)V^\alpha)\\
&+r(r-1)(S+\epsilon)^{r-2}(4V^\alpha S_{\alpha\beta\beta}h^\gamma_{kl}V^\gamma_{,kl}+2V^\alpha S_{\alpha\beta\beta}S_{,p}V^p\\
&+4V^\alpha S_{\alpha\beta\beta}S_{\delta\delta\gamma}V^\gamma+4ncH^\gamma V^\alpha S_{\alpha\beta\beta}V^\gamma)\\
&+r(S+\epsilon)^{r-1}\Big[2V^\alpha(V^\alpha_{,ij}h^\beta_{jk}h^\beta_{ki}+h^\alpha_{ij}V^\beta_{,jk}h^\beta_{ki}+h^\alpha_{ij}h^\beta_{jk}V^\beta_{,ki})\\
&+2V^\alpha(S_{\alpha\beta\beta,i}V^i+S_{\alpha\gamma\beta\beta}V^\gamma+S_{\alpha\beta\gamma\beta}V^\gamma+S_{\alpha\beta\beta\gamma}V^\gamma)\\
&-2V^\alpha(-cV^\alpha S-2cV^\beta S_{\alpha\beta})\Big]\\
&-r(r-1)(S+\epsilon)^{r-2}(-4ncV^\alpha H^\alpha h^\gamma_{kl}V^\gamma_{,kl}-2ncV^\alpha H^\alpha S_{,p}V^p\\
&-4ncV^\alpha H^\alpha S_{\delta\delta\gamma}V^\gamma-4n^2c^2V^\alpha H^\alpha H^\gamma V^\gamma)\\
&-r(S+\epsilon)^{r-1}(-2cV^\alpha\Delta(V^\alpha)-2ncV^\alpha H^\alpha_{,p}V^p-2cV^\alpha S_{\alpha\gamma}V^\gamma-2nc^2V^\alpha V^\alpha)\\
&-r(S+\epsilon)^{r-1}(2nV^\alpha H^\alpha h^\beta_{kl}V^\beta_{,kl}+nV^\alpha H^\alpha S_{,p}V^p\\
&+2nV^\alpha H^\alpha S_{\gamma\gamma\beta}V^\beta+2n^2cV^\alpha H^\alpha H^\beta V^\beta)\\
&-(S+\epsilon)^r(V^\alpha\Delta V^\alpha+nV^\alpha H^\alpha_{,p}V^p+V^\alpha S_{\alpha\beta}V^\beta+ncV^\alpha V^\alpha)\mathrm{d}v. \qquad (10.15)
\end{aligned}
$$

◇

定理 10.15 假设$x: M^n \to R^{n+1}(c)$是空间形式中的$GD_{(n,r)}$超曲面，$V = V^i e_i + f e_{n+1}$是变分向量场，那么其第二变分为

$$
\begin{aligned}
&\frac{\partial^2}{\partial t^2}|_{t=0}\, GD_{(n,F)}(x_t)\\
&=\int_M r(r-1)S^{r-2}(4h_{kl}f_{,kl}f_{,ij}h_{ij}+2S_{,p}V^pf_{,ij}h_{ij}
\end{aligned}
$$

$$+4P_3ff_{,ij}h_{ij}+4ncff_{,ij}h_{ij}H)$$

$$+rS^{r-1}(2f_{,ij}f_{,ij}+2f_{,ij}h_{ij,p}V^p+2ff_{,ij}h_{ip}h_{pj}+2cf\Delta f)$$

$$+r(r-1)S^{r-2}(4fP_3h_{kl}f_{,kl}+2fP_3S_{,p}V^p+4f^2P_3P_3+4ncf^2P_3H)$$

$$+rS^{r-1}\Big[2f(f_{,ij}h_{jk}h_{ki}+h_{ij}f_{,jk}h_{ki}+h_{ij}h_{jk}f_{,ki})+2f(P_{3,i}V^i+3P_4f)$$

$$-2f^2(-c\delta_{ij}h_{jk}h_{ki}-c\delta_{jk}h_{ij}h_{ki}-c\delta_{ik}h_{ij}h_{jk})\Big]$$

$$-r(r-1)S^{r-2}(-4ncHfh_{kl}f_{,kl}-2ncfHS_{,p}V^p$$

$$-4ncf^2HP_3-4n^2c^2f^2H^2)$$

$$-rS^{r-1}(-2cf\Delta f-2ncfH_{,p}V^p-2cf^2S-2c^2nf^2)$$

$$-rS^{r-1}(2nfHh_{kl}f_{,kl}+nfHS_{,p}V^p+2nf^2HP_3+2n^2cf^2H^2)$$

$$-S^r(f\Delta f+nfH_{,p}V^p+f^2P_2+ncf^2)\mathrm{d}v. \tag{10.16}$$

◇

定理 10.16 假设$x:M^n\to R^{n+1}(c)$是空间形式中的$GD_{(n,r,\epsilon)}$超曲面，$V=V^ie_i+fe_{n+1}$是变分向量场，那么其第二变分为

$$\frac{\partial^2}{\partial t^2}\Big|_{t=0}GD_{(n,F,\epsilon)}(x_t)$$

$$=\int_M r(r-1)(S+\epsilon)^{r-2}(4h_{kl}f_{,kl}f_{,ij}h_{ij}+2S_{,p}V^pf_{,ij}h_{ij}$$

$$+4P_3ff_{,ij}h_{ij}+4ncff_{,ij}h_{ij}H)$$

$$+r(S+\epsilon)^{r-1}(2f_{,ij}f_{,ij}+2f_{,ij}h_{ij,p}V^p+2ff_{,ij}h_{ip}h_{pj}+2cf\Delta f)$$

$$+Fr(r-1)(S+\epsilon)^{r-2}(4fP_3h_{kl}f_{,kl}+2fP_3S_{,p}V^p$$

$$+4f^2P_3P_3+4ncf^2P_3H)$$

$$+r(S+\epsilon)^{r-1}\Big[2f(f_{,ij}h_{jk}h_{ki}+h_{ij}f_{,jk}h_{ki}+h_{ij}h_{jk}f_{,ki})+2f(P_{3,i}V^i+3P_4f)$$

$$-2f^2(-c\delta_{ij}h_{jk}h_{ki}-c\delta_{jk}h_{ij}h_{ki}-c\delta_{ik}h_{ij}h_{jk})\Big]$$

$$-r(r-1)(S+\epsilon)^{r-2}(-4ncHfh_{kl}f_{,kl}-2ncfHS_{,p}V^p$$

$$-4ncf^2HP_3-4n^2c^2f^2H^2)$$

$$-r(S+\epsilon)^{r-1}(-2cf\Delta f-2ncfH_{,p}V^p-2cf^2S-2c^2nf^2)$$

$$-r(S+\epsilon)^{r-1}(2nfHh_{kl}f_{,kl}+nfHS_{,p}V^p+2nf^2HP_3+2n^2cf^2H^2)$$

$$-(S+\epsilon)^r(f\Delta f+nfH_{,p}V^p+f^2P_2+ncf^2)\mathrm{d}v. \tag{10.17}$$

◇

注释 10.2 特别注意上面诸定理中黎曼张量$\bar{R}_{i\alpha j\beta}$分别在流形N和流形M上的拉回从x^*TN上的两个协变导数$\bar{R}_{i\alpha j\beta;p}$和$\bar{R}_{i\alpha j\beta,p}$ 的区别。

10.3 指数函数型泛函的第二变分公式

当$F(u)=\mathrm{e}^u$时，泛函$GD_{n,F}$和$GD_{(n,F,\epsilon)}$分别变为

$$GD_{(n,E)}=\int_M \mathrm{e}^S\mathrm{d}v,\quad GD_{(n,E,\epsilon)}=\int_M \mathrm{e}^{S+\epsilon}\mathrm{d}v$$

显然在相差一个正系数的意义下$GD_{(n,E)}$和$GD_{(n,E,\epsilon)}$是相同的，因此，针对此类重要的特殊情形的计算，可以直接利用10.1节的定理得到指数函数型泛函的第二变分定理。

定理 10.17 假设$x:M^n\to N^{n+p}$是一般原流形中的$GD_{(n,E)}$子流形，$V=V^ie_i+V^\alpha e_\alpha$是变分向量场，那么其第二变分为

$$\frac{\partial^2}{\partial t^2}\Big|_{t=0} GD_{(n,F)}(x_t)$$

$$=\int_M \mathrm{e}^S(4h^\beta_{kl}V^\beta_{,kl}V^\alpha_{,ij}h^\alpha_{ij}+2S_{,p}V^pV^\alpha_{,ij}h^\alpha_{ij}$$

$$+4S_{\gamma\gamma\beta}V^\beta V^\alpha_{,ij}h^\alpha_{ij}-4V^\alpha_{,ij}h^\alpha_{ij}h^\gamma_{kl}\bar{R}^\gamma_{kl\beta}V^\beta)$$

$$+\mathrm{e}^S(2V^\alpha_{,ij}V^\alpha_{,ij}+2V^\alpha_{,ij}h^\alpha_{ij,p}V^p+2V^\alpha_{,ij}h^\alpha_{ip}h^\beta_{pj}V^\beta-2V^\alpha_{,ij}\bar{R}^\alpha_{ij\beta}V^\beta)$$

$$+\mathrm{e}^S(4V^\alpha S_{\alpha\beta\beta}h^\gamma_{kl}V^\gamma_{,kl}+2V^\alpha S_{\alpha\beta\beta}S_{,p}V^p$$

$$+4V^\alpha S_{\alpha\beta\beta}S_{\delta\delta\gamma}V^\gamma-4V^\alpha S_{\alpha\beta\beta}h^\delta_{kl}\bar{R}^\delta_{kl\gamma}V^\gamma)$$

$$+\mathrm{e}^S\Big[2V^\alpha(V^\alpha_{,ij}h^\beta_{jk}h^\beta_{ki}+h^\alpha_{ij}V^\beta_{,jk}h^\beta_{ki}+h^\alpha_{ij}h^\beta_{jk}V^\beta_{,ki})$$

$$+2V^\alpha(S_{\alpha\beta\beta,i}V^i+S_{\alpha\gamma\beta\beta}V^\gamma+S_{\alpha\beta\gamma\beta}V^\gamma+S_{\alpha\beta\beta\gamma}V^\gamma)$$

$$\left.-2V^\alpha(\bar{R}^\alpha_{ij\gamma}h^\beta_{jk}h^\beta_{ki}+h^\alpha_{ij}\bar{R}^\beta_{jk\gamma}h^\beta_{ki}+h^\alpha_{ij}h^\beta_{jk}\bar{R}^\beta_{ki\gamma})V^\gamma\right]$$

$$-\mathrm{e}^S(4V^\alpha h^\beta_{ij}\bar{R}^\beta_{ij\alpha}h^\gamma_{kl}V^\gamma_{,kl}+2V^\alpha h^\beta_{ij}\bar{R}^\beta_{ij\alpha}S_{,p}V^p$$

$$+4V^\alpha h^\beta_{ij}\bar{R}^\beta_{ij\alpha}S_{\delta\delta\gamma}V^\gamma-4V^\alpha h^\beta_{ij}\bar{R}^\beta_{ij\alpha}h^\delta_{kl}\bar{R}^\delta_{kl\gamma}V^\gamma)$$

$$-\mathrm{e}^S(2V^\alpha\bar{R}^\beta_{ij\alpha}V^\beta_{,ij}+2V^\alpha\bar{R}^\beta_{ij\alpha}h^\beta_{ij,p}V^p+2V^\alpha\bar{R}^\beta_{ij\alpha}h^\beta_{ip}h^\gamma_{pj}V^\gamma-2V^\alpha\bar{R}^\beta_{ij\alpha}\bar{R}^\beta_{ij\gamma}V^\gamma)$$

$$-\mathrm{e}^S(2V^\alpha h^\beta_{ij}\bar{R}_{i\beta j\alpha;\gamma}V^\gamma+2V^\alpha h^\beta_{ij}\bar{R}_{i\beta j\alpha,p}V^p+2V^\alpha h^\beta_{ij}\bar{R}_{\gamma\beta j\alpha}V^\gamma_{,i}$$

$$-2V^\alpha h^\beta_{ij}\bar{R}_{iqj\alpha}V^\beta_{,q}+2V^\alpha h^\beta_{ij}\bar{R}_{i\beta\gamma\alpha}V^\gamma_{,j}-2V^\alpha h^\beta_{ij}\bar{R}_{i\beta jq}V^\alpha_{,q})$$

$$-\mathrm{e}^S(2nV^\alpha H^\alpha h^\beta_{kl}V^\beta_{,kl}+nV^\alpha H^\alpha S_{,p}V^p$$

$$+2nV^\alpha H^\alpha S_{\gamma\gamma\beta}V^\beta-2nV^\alpha H^\alpha h^\gamma_{kl}\bar{R}^\gamma_{kl\beta}V^\beta)$$

$$-\mathrm{e}^S(V^\alpha\Delta V^\alpha+nV^\alpha H^\alpha_{,p}V^p+V^\alpha S_{\alpha\beta}V^\beta+V^\alpha\bar{R}^{\mathrm{T}}_{\alpha\beta}V^\beta)\mathrm{d}v. \tag{10.18}$$

◇

定理 10.18 假设$x: M^n\to N^{n+1}$是一般原流形中的$GD_{(n,E)}$超曲面，$V=V^ie_i+fe_{n+1}$是变分向量场，那么其第二变分为

$$\frac{\partial^2}{\partial t^2}\Big|_{t=0}GD_{(n,F)}(x_t)$$

$$=\int_M\mathrm{e}^S(4h_{kl}f_{,kl}f_{,ij}h_{ij}+2S_{,p}V^pf_{,ij}h_{ij}$$

$$+4P_3ff_{,ij}h_{ij}-4ff_{,ij}h_{ij}h_{kl}\bar{R}_{k(n+1)l(n+1)})$$

$$+\mathrm{e}^S(2f_{,ij}f_{,ij}+2f_{,ij}h_{ij,p}V^p+2ff_{,ij}h_{ip}h_{pj}-2ff_{,ij}\bar{R}_{i(n+1)j(n+1)})$$

$$+\mathrm{e}^S(4fP_3h_{kl}f_{,kl}+2fP_3S_{,p}V^p+4f^2P_3P_3-4f^2P_3h_{kl}\bar{R}_{k(n+1)l(n+1)})$$

$$+\mathrm{e}^S\Big[2f(f_{,ij}h_{jk}h_{ki}+h_{ij}f_{,jk}h_{ki}+h_{ij}h_{jk}f_{,ki})+2f(P_{3,i}V^i+3P_4f)$$

$$\Big.-2f^2(\bar{R}_{i(n+1)j(n+1)}h_{jk}h_{ki}+h_{ij}\bar{R}_{j(n+1)k(n+1)}h_{ki}+h_{ij}h_{jk}\bar{R}_{k(n+1)i(n+1)})\Big]$$

$$-\mathrm{e}^S(4fh_{ij}\bar{R}_{i(n+1)j(n+1)}h_{kl}f_{,kl}+2fh_{ij}\bar{R}_{i(n+1)j(n+1)}S_{,p}V^p$$

$$+4f^2h_{ij}\bar{R}_{i(n+1)j(n+1)}P_3-4f^2h_{ij}\bar{R}_{i(n+1)j(n+1)}h_{kl}\bar{R}_{k(n+1)l(n+1)})$$

$$
\begin{aligned}
&- \mathrm{e}^S(2f\bar{R}_{i(n+1)j(n+1)}f_{,ij} + 2f\bar{R}_{i(n+1)j(n+1)}h_{ij,p}V^p \\
&+ 2f^2\bar{R}_{i(n+1)j(n+1)}h_{ip}h_{pj} - 2f^2\bar{R}_{i(n+1)j(n+1)}\bar{R}_{i(n+1)j(n+1)}) \\
&- \mathrm{e}^S(2f^2h_{ij}\bar{R}_{i(n+1)j(n+1);(n+1)} + 2fh_{ij}\bar{R}_{i(n+1)j(n+1),p}V^p \\
&+ 2fh_{ij}\bar{R}_{(n+1)(n+1)j(n+1)}f_{,i} - 2fh_{ij}\bar{R}_{iqj(n+1)}f_{,q} \\
&+ 2fh^\beta_{ij}\bar{R}_{i(n+1)(n+1)(n+1)}f_{,j} - 2fh_{ij}\bar{R}_{i(n+1)jq}f_{,q}) \\
&- \mathrm{e}^S(2nfHh_{kl}f_{,kl} + nfHS_{,p}V^p + 2nf^2HP_3 - 2nf^2Hh_{kl}\bar{R}_{k(n+1)l(n+1)}) \\
&- \mathrm{e}^S(f\Delta f + nfH_{,p}V^p + f^2P_2 + f^2\bar{R}_{(n+1)ii(n+1)})\mathrm{d}v. \qquad (10.19)
\end{aligned}
$$

◇

当流形N^{n+p}是空间形式$R^{n+p}(c)$时，我们知道，其黎曼曲率张量可以表达为

$$
\begin{aligned}
&\bar{R}_{ABCD} = -c(\delta_{AC}\delta_{BD} - \delta_{AD}\delta_{BC}), \quad \bar{R}^\beta_{ij\alpha} = -c\delta_{ij}\delta_{\alpha\beta}, \\
&\bar{R}^\top_{AB} = \sum_i \bar{R}_{AiiB} = \sum_i -c(\delta_{Ai}\delta_{iB} - \delta_{AB}\delta_{ii}) = nc\delta_{AB} - c\sum_i \delta_{Ai}\delta_{iB}, \\
&\bar{R}^\perp_{AB} = \sum_\alpha \bar{R}_{A\alpha\alpha B} = \sum_\alpha -c(\delta_{A\alpha}\delta_{\alpha B} - \delta_{AB}\delta_{\alpha\alpha}) = pc\delta_{AB} - c\sum_\alpha \delta_{A\alpha}\delta_{B\alpha}, \\
&\bar{R}^\top_{\alpha\beta} = nc\delta_{\alpha\beta}, \quad \bar{R}^\perp_{ij} = pc\delta_{ij}.
\end{aligned}
$$

定理 10.19 假设$x: M^n \to R^{n+p}(c)$是空间形式中的$GD_{(n,E)}$子流形，$V = V^ie_i + V^\alpha e_\alpha$是变分向量场，那么其第二变分为

$$
\begin{aligned}
&\frac{\partial^2}{\partial t^2}\Big|_{t=0} GD_{(n,F)}(x_t) \\
&= \int_M \mathrm{e}^S(4h^\beta_{kl}V^\beta_{,kl}V^\alpha_{,ij}h^\alpha_{ij} + 2S_{,p}V^pV^\alpha_{,ij}h^\alpha_{ij} \\
&+ 4S_{\gamma\gamma\beta}V^\beta V^\alpha_{,ij}h^\alpha_{ij} + 4ncH^\beta V^\alpha_{,ij}h^\alpha_{ij}V^\beta) \\
&+ \mathrm{e}^S(2V^\alpha_{,ij}V^\alpha_{,ij} + 2V^\alpha_{,ij}h^\alpha_{ij,p}V^p + 2V^\alpha_{,ij}h^\alpha_{ip}h^\beta_{pj}V^\beta + 2c\Delta(V^\alpha)V^\alpha) \\
&+ \mathrm{e}^S(4V^\alpha S_{\alpha\beta\beta}h^\gamma_{kl}V^\gamma_{,kl} + 2V^\alpha S_{\alpha\beta\beta}S_{,p}V^p \\
&+ 4V^\alpha S_{\alpha\beta\beta}S_{\delta\delta\gamma}V^\gamma + 4ncH^\gamma V^\alpha S_{\alpha\beta\beta}V^\gamma)
\end{aligned}
$$

$$+\mathrm{e}^S\Big[2V^\alpha(V^\alpha_{,ij}h^\beta_{jk}h^\beta_{ki}+h^\alpha_{ij}V^\beta_{,jk}h^\beta_{ki}+h^\alpha_{ij}h^\beta_{jk}V^\beta_{,ki})$$
$$+2V^\alpha(S_{\alpha\beta\beta,i}V^i+S_{\alpha\gamma\beta\beta}V^\gamma+S_{\alpha\beta\gamma\beta}V^\gamma+S_{\alpha\beta\beta\gamma}V^\gamma)$$
$$-2V^\alpha(-cV^\alpha S-2cV^\beta S_{\alpha\beta})\Big]$$
$$-\mathrm{e}^S(-4ncV^\alpha H^\alpha h^\gamma_{kl}V^\gamma_{,kl}-2ncV^\alpha H^\alpha S_{,p}V^p$$
$$-4ncV^\alpha H^\alpha S_{\delta\delta\gamma}V^\gamma-4n^2c^2V^\alpha H^\alpha H^\gamma V^\gamma)$$
$$-\mathrm{e}^S(-2cV^\alpha\Delta(V^\alpha)-2ncV^\alpha H^\alpha_{,p}V^p-2cV^\alpha S_{\alpha\gamma}V^\gamma-2nc^2V^\alpha V^\alpha)$$
$$-\mathrm{e}^S(2nV^\alpha H^\alpha h^\beta_{kl}V^\beta_{,kl}+nV^\alpha H^\alpha S_{,p}V^p$$
$$+2nV^\alpha H^\alpha S_{\gamma\gamma\beta}V^\beta+2n^2cV^\alpha H^\alpha H^\beta V^\beta)$$
$$-\mathrm{e}^S(V^\alpha\Delta V^\alpha+nV^\alpha H^\alpha_{,p}V^p+V^\alpha S_{\alpha\beta}V^\beta+ncV^\alpha V^\alpha)\mathrm{d}v. \tag{10.20}$$

◇

定理 10.20 假设$x:M^n\to R^{n+1}(c)$是空间形式中的$GD_{(n,E)}$超曲面，$V=V^ie_i+fe_{n+1}$是变分向量场，那么其第二变分为

$$\frac{\partial^2}{\partial t^2}\Big|_{t=0}GD_{(n,F)}(x_t)$$
$$=\int_M\mathrm{e}^S(4h_{kl}f_{,kl}f_{,ij}h_{ij}+2S_{,p}V^pf_{,ij}h_{ij}+4P_3ff_{,ij}h_{ij}+4ncff_{,ij}h_{ij}H)$$
$$+\mathrm{e}^S(2f_{,ij}f_{,ij}+2f_{,ij}h_{ij,p}V^p+2ff_{,ij}h_{ip}h_{pj}+2cf\Delta f)$$
$$+\mathrm{e}^S(4fP_3h_{kl}f_{,kl}+2fP_3S_{,p}V^p+4f^2P_3P_3+4ncf^2P_3H)$$
$$+\mathrm{e}^S\Big[2f(f_{,ij}h_{jk}h_{ki}+h_{ij}f_{,jk}h_{ki}+h_{ij}h_{jk}f_{,ki})+2f(P_{3,i}V^i+3P_4f)$$
$$-2f^2(-c\delta_{ij}h_{jk}h_{ki}-c\delta_{jk}h_{ij}h_{ki}-c\delta_{ik}h_{ij}h_{jk})\Big]$$
$$-\mathrm{e}^S(-4ncHfh_{kl}f_{,kl}-2ncfHS_{,p}V^p-4ncf^2HP_3-4n^2c^2f^2H^2)$$
$$-\mathrm{e}^S(-2cf\Delta f-2ncfH_{,p}V^p-2cf^2S-2c^2nf^2)$$
$$-\mathrm{e}^S(2nfHh_{kl}f_{,kl}+nfHS_{,p}V^p+2nf^2HP_3+2n^2cf^2H^2)$$
$$-\mathrm{e}^S(f\Delta f+nfH_{,p}V^p+f^2P_2+ncf^2)\mathrm{d}v. \tag{10.21}$$

◇

注释 10.3　特别注意上面诸定理中黎曼张量$\bar{R}_{i\alpha j\beta}$分别在流形N和流形M上的拉回从$x^{*}TN$上的两个协变导数$\bar{R}_{i\alpha j\beta;p}$和$\bar{R}_{i\alpha j\beta,p}$的区别。

10.4　对数函数型泛函的第二变分公式

当$F(u)=\ln u, u>0$时，泛函$GD_{n,F}$和$GD_{(n,F,\epsilon)}$分别变为

$$GD_{(n,\ln)}=\int_M \ln(S)\mathrm{d}v,\quad GD_{(n,\ln,\epsilon)}=\int_M \ln(S+\epsilon)\mathrm{d}v$$

对于$GD_{(n,\ln)}$泛函，显然要求其没有脐点。针对此类重要的特殊情形的计算，可以直接利用10.1节的定理得到其第二变分定理。

定理 10.21　假设$x: M^n\to N^{n+p}$是一般原流形中无测地点的$GD_{(n,\ln)}$子流形，$V=V^ie_i+V^\alpha e_\alpha$是变分向量场，那么其第二变分为

$$\begin{aligned}
&\frac{\partial^2}{\partial t^2}\Big|_{t=0} GD_{(n,F)}(x_t)\\
&=\int_M \frac{-1}{S^2}(4h^\beta_{kl}V^\beta_{,kl}V^\alpha_{,ij}h^\alpha_{ij}+2S_{,p}V^pV^\alpha_{,ij}h^\alpha_{ij}\\
&\quad+4S_{\gamma\gamma\beta}V^\beta V^\alpha_{,ij}h^\alpha_{ij}-4V^\alpha_{,ij}h^\alpha_{ij}h^\gamma_{kl}\bar{R}^\gamma_{kl\beta}V^\beta)\\
&\quad+\frac{1}{S}(2V^\alpha_{,ij}V^\alpha_{,ij}+2V^\alpha_{,ij}h^\alpha_{ij,p}V^p+2V^\alpha_{,ij}h^\alpha_{ip}h^\beta_{pj}V^\beta-2V^\alpha_{,ij}\bar{R}^\alpha_{ij\beta}V^\beta)\\
&\quad+\frac{-1}{S^2}(4V^\alpha S_{\alpha\beta\beta}h^\gamma_{kl}V^\gamma_{,kl}+2V^\alpha S_{\alpha\beta\beta}S_{,p}V^p\\
&\quad+4V^\alpha S_{\alpha\beta\beta}S_{\delta\delta\gamma}V^\gamma-4V^\alpha S_{\alpha\beta\beta}h^\delta_{kl}\bar{R}^\delta_{kl\gamma}V^\gamma)\\
&\quad+\frac{1}{S}\Big[2V^\alpha(V^\alpha_{,ij}h^\beta_{jk}h^\beta_{ki}+h^\alpha_{ij}V^\beta_{,jk}h^\beta_{ki}+h^\alpha_{ij}h^\beta_{jk}V^\beta_{,ki})\\
&\quad+2V^\alpha(S_{\alpha\beta\beta,i}V^i+S_{\alpha\gamma\beta\beta}V^\gamma+S_{\alpha\beta\gamma\beta}V^\gamma+S_{\alpha\beta\beta\gamma}V^\gamma)\\
&\quad-2V^\alpha(\bar{R}^\alpha_{ij\gamma}h^\beta_{jk}h^\beta_{ki}+h^\alpha_{ij}\bar{R}^\beta_{jk\gamma}h^\beta_{ki}+h^\alpha_{ij}h^\beta_{jk}\bar{R}^\beta_{ki\gamma})V^\gamma\Big]\\
&\quad+\frac{1}{S^2}(4V^\alpha h^\beta_{ij}\bar{R}^\beta_{ij\alpha}h^\gamma_{kl}V^\gamma_{,kl}+2V^\alpha h^\beta_{ij}\bar{R}^\beta_{ij\alpha}S_{,p}V^p
\end{aligned}$$

$$+4V^\alpha h^\beta_{ij}\bar{R}^\beta_{ij\alpha}S_{\delta\delta\gamma}V^\gamma-4V^\alpha h^\beta_{ij}\bar{R}^\beta_{ij\alpha}h^\delta_{kl}\bar{R}^\delta_{kl\gamma}V^\gamma)$$

$$-\frac{1}{S}(2V^\alpha\bar{R}^\beta_{ij\alpha}V^\beta_{,ij}+2V^\alpha\bar{R}^\beta_{ij\alpha}h^\beta_{ij,p}V^p+2V^\alpha\bar{R}^\beta_{ij\alpha}h^\beta_{ip}h^\gamma_{pj}V^\gamma-2V^\alpha\bar{R}^\beta_{ij\alpha}\bar{R}^\beta_{ij\gamma}V^\gamma)$$

$$-\frac{1}{S}(2V^\alpha h^\beta_{ij}\bar{R}_{i\beta j\alpha;\gamma}V^\gamma+2V^\alpha h^\beta_{ij}\bar{R}_{i\beta j\alpha,p}V^p+2V^\alpha h^\beta_{ij}\bar{R}_{\gamma\beta j\alpha}V^\gamma_{,i}$$

$$-2V^\alpha h^\beta_{ij}\bar{R}_{iqj\alpha}V^\beta_{,q}+2V^\alpha h^\beta_{ij}\bar{R}_{i\beta\gamma\alpha}V^\gamma_{,j}-2V^\alpha h^\beta_{ij}\bar{R}_{i\beta jq}V^\alpha_{,q})$$

$$-\frac{1}{S}(2nV^\alpha H^\alpha h^\beta_{kl}V^\beta_{,kl}+nV^\alpha H^\alpha S_{,p}V^p$$

$$+2nV^\alpha H^\alpha S_{\gamma\gamma\beta}V^\beta-2nV^\alpha H^\alpha h^\gamma_{kl}\bar{R}^\gamma_{kl\beta}V^\beta)$$

$$-\ln(S)(V^\alpha\Delta V^\alpha+nV^\alpha H^\alpha_{,p}V^p+V^\alpha S_{\alpha\beta}V^\beta+V^\alpha\bar{R}^\top_{\alpha\beta}V^\beta)\mathrm{d}v. \tag{10.22}$$

◇

定理 10.22 假设$x: M^n \to N^{n+p}$是一般原流形中的$GD_{(n,\ln,\epsilon)}$子流形，$V=V^ie_i+V^\alpha e_\alpha$是变分向量场，那么其第二变分为

$$\frac{\partial^2}{\partial t^2}|_{t=0}\,GD_{(n,F,\epsilon)}(x_t)$$

$$=\int_M\frac{-1}{(S+\epsilon)^2}(4h^\beta_{kl}V^\beta_{,kl}V^\alpha_{,ij}h^\alpha_{ij}+2S_{,p}V^pV^\alpha_{,ij}h^\alpha_{ij}$$

$$+4S_{\gamma\gamma\beta}V^\beta V^\alpha_{,ij}h^\alpha_{ij}-4V^\alpha_{,ij}h^\alpha_{ij}h^\gamma_{kl}\bar{R}^\gamma_{kl\beta}V^\beta)$$

$$+\frac{1}{S+\epsilon}(2V^\alpha_{,ij}V^\alpha_{,ij}+2V^\alpha_{,ij}h^\alpha_{ij,p}V^p+2V^\alpha_{,ij}h^\alpha_{ip}h^\beta_{pj}V^\beta-2V^\alpha_{,ij}\bar{R}^\alpha_{ij\beta}V^\beta)$$

$$+\frac{-1}{(S+\epsilon)^2}(4V^\alpha S_{\alpha\beta\beta}h^\gamma_{kl}V^\gamma_{,kl}+2V^\alpha S_{\alpha\beta\beta}S_{,p}V^p$$

$$+4V^\alpha S_{\alpha\beta\beta}S_{\delta\delta\gamma}V^\gamma-4V^\alpha S_{\alpha\beta\beta}h^\delta_{kl}\bar{R}^\delta_{kl\gamma}V^\gamma)$$

$$+\frac{1}{S+\epsilon}\Big[2V^\alpha(V^\alpha_{,ij}h^\beta_{jk}h^\beta_{ki}+h^\alpha_{ij}V^\beta_{,jk}h^\beta_{ki}+h^\alpha_{ij}h^\beta_{jk}V^\beta_{,ki})$$

$$+2V^\alpha(S_{\alpha\beta\beta,i}V^i+S_{\alpha\gamma\beta\beta}V^\gamma+S_{\alpha\beta\gamma\beta}V^\gamma+S_{\alpha\beta\beta\gamma}V^\gamma)$$

$$-2V^\alpha(\bar{R}^\alpha_{ij\gamma}h^\beta_{jk}h^\beta_{ki}+h^\alpha_{ij}\bar{R}^\beta_{jk\gamma}h^\beta_{ki}+h^\alpha_{ij}h^\beta_{jk}\bar{R}^\beta_{ki\gamma})V^\gamma\Big]$$

$$+\frac{1}{(S+\epsilon)^2}(4V^\alpha h^\beta_{ij}\bar{R}^\beta_{ij\alpha}h^\gamma_{kl}V^\gamma_{,kl}+2V^\alpha h^\beta_{ij}\bar{R}^\beta_{ij\alpha}S_{,p}V^p$$

$$+4V^\alpha h^\beta_{ij}\bar{R}^\beta_{ij\alpha}S_{\delta\delta\gamma}V^\gamma-4V^\alpha h^\beta_{ij}\bar{R}^\beta_{ij\alpha}h^\delta_{kl}\bar{R}^\delta_{kl\gamma}V^\gamma)$$

$$-\frac{1}{S+\epsilon}(2V^\alpha\bar{R}^\beta_{ij\alpha}V^\beta_{,ij}+2V^\alpha\bar{R}^\beta_{ij\alpha}h^\beta_{ij,p}V^p+2V^\alpha\bar{R}^\beta_{ij\alpha}h^\beta_{ip}h^\gamma_{pj}V^\gamma-2V^\alpha\bar{R}^\beta_{ij\alpha}\bar{R}^\beta_{ij\gamma}V^\gamma)$$

$$-\frac{1}{S+\epsilon}(2V^\alpha h^\beta_{ij}\bar{R}_{i\beta j\alpha;\gamma}V^\gamma+2V^\alpha h^\beta_{ij}\bar{R}_{i\beta j\alpha,p}V^p+2V^\alpha h^\beta_{ij}\bar{R}_{\gamma\beta j\alpha}V^\gamma_{,i}$$

$$-2V^\alpha h^\beta_{ij}\bar{R}_{iqj\alpha}V^\beta_{,q}+2V^\alpha h^\beta_{ij}\bar{R}_{i\beta\gamma\alpha}V^\gamma_{,j}-2V^\alpha h^\beta_{ij}\bar{R}_{i\beta jq}V^\alpha_{,q})$$

$$-\frac{1}{S+\epsilon}(2nV^\alpha H^\alpha h^\beta_{kl}V^\beta_{,kl}+nV^\alpha H^\alpha S_{,p}V^p$$

$$+2nV^\alpha H^\alpha S_{\gamma\gamma\beta}V^\beta-2nV^\alpha H^\alpha h^\gamma_{kl}\bar{R}^\gamma_{kl\beta}V^\beta)$$

$$-\ln(S+\epsilon)(V^\alpha\Delta V^\alpha+nV^\alpha H^\alpha_{,p}V^p+V^\alpha S_{\alpha\beta}V^\beta+V^\alpha\bar{R}^\top_{\alpha\beta}V^\beta)\mathrm{d}v. \tag{10.23}$$

◇

定理 10.23 假设$x: M^n\to N^{n+1}$是一般原流形中的无测地点$GD_{(n,\ln)}$超曲面，$V=V^ie_i+fe_{n+1}$是变分向量场，那么其第二变分为

$$\frac{\partial^2}{\partial t^2}\Big|_{t=0}GD_{(n,F)}(x_t)$$

$$=\int_M\frac{-1}{S^2}(4h_{kl}f_{,kl}f_{,ij}h_{ij}+2S_{,p}V^pf_{,ij}h_{ij}$$

$$+4P_3ff_{,ij}h_{ij}-4ff_{,ij}h_{ij}h_{kl}\bar{R}_{k(n+1)l(n+1)})$$

$$+\frac{1}{S}(2f_{,ij}f_{,ij}+2f_{,ij}h_{ij,p}V^p+2ff_{,ij}h_{ip}h_{pj}-2ff_{,ij}\bar{R}_{i(n+1)j(n+1)})$$

$$+\frac{-1}{S^2}(4fP_3h_{kl}f_{,kl}+2fP_3S_{,p}V^p+4f^2P_3P_3-4f^2P_3h_{kl}\bar{R}_{k(n+1)l(n+1)})$$

$$+\frac{1}{S}\Big[2f(f_{,ij}h_{jk}h_{ki}+h_{ij}f_{,jk}h_{ki}+h_{ij}h_{jk}f_{,ki})+2f(P_{3,i}V^i+3P_4f)$$

$$-2f^2(\bar{R}_{i(n+1)j(n+1)}h_{jk}h_{ki}+h_{ij}\bar{R}_{j(n+1)k(n+1)}h_{ki}+h_{ij}h_{jk}\bar{R}_{k(n+1)i(n+1)})\Big]$$

$$+\frac{1}{S^2}(4fh_{ij}\bar{R}_{i(n+1)j(n+1)}h_{kl}f_{,kl}+2fh_{ij}\bar{R}_{i(n+1)j(n+1)}S_{,p}V^p$$

$$+4f^2h_{ij}\bar{R}_{i(n+1)j(n+1)}P_3-4f^2h_{ij}\bar{R}_{i(n+1)j(n+1)}h_{kl}\bar{R}_{k(n+1)l(n+1)})$$

$$-\frac{1}{S}(2f\bar{R}_{i(n+1)j(n+1)}f_{,ij}+2f\bar{R}_{i(n+1)j(n+1)}h_{ij,p}V^p$$

$$+2f^2\bar{R}_{i(n+1)j(n+1)}h_{ip}h_{pj}-2f^2\bar{R}_{i(n+1)j(n+1)}\bar{R}_{i(n+1)j(n+1)})$$

$$-\frac{1}{S}(2f^2h_{ij}\bar{R}_{i(n+1)j(n+1);(n+1)}+2fh_{ij}\bar{R}_{i(n+1)j(n+1),p}V^p+2fh_{ij}\bar{R}_{(n+1)(n+1)j(n+1)}f_{,i}$$

$$-2fh_{ij}\bar{R}_{iqj(n+1)}f_{,q}+2fh^{\beta}_{ij}\bar{R}_{i(n+1)(n+1)(n+1)}f_{,j}-2fh_{ij}\bar{R}_{i(n+1)jq}f_{,q})$$

$$-\frac{1}{S}(2nfHh_{kl}f_{,kl}+nfHS_{,p}V^p+2nf^2HP_3-2nf^2Hh_{kl}\bar{R}_{k(n+1)l(n+1)})$$

$$-\ln(S)(f\Delta f+nfH_{,p}V^p+f^2P_2+f^2\bar{R}_{(n+1)ii(n+1)})\mathrm{d}v. \tag{10.24}$$

◇

定理 10.24 假设$x:M^n\to N^{n+1}$是一般原流形中的$GD_{(n,\ln,\epsilon)}$超曲面，$V=V^ie_i+fe_{n+1}$是变分向量场，那么其第二变分为

$$\frac{\partial^2}{\partial t^2}\Big|_{t=0}GD_{(n,F,\epsilon)}(x_t)$$

$$=\int_M\frac{-1}{(S+\epsilon)^2}(4h_{kl}f_{,kl}f_{,ij}h_{ij}+2S_{,p}V^pf_{,ij}h_{ij}$$

$$+4P_3ff_{,ij}h_{ij}-4ff_{,ij}h_{ij}h_{kl}\bar{R}_{k(n+1)l(n+1)})$$

$$+\frac{1}{S+\epsilon}(2f_{,ij}f_{,ij}+2f_{,ij}h_{ij,p}V^p+2ff_{,ij}h_{ip}h_{pj}-2ff_{,ij}\bar{R}_{i(n+1)j(n+1)})$$

$$+\frac{-1}{(S+\epsilon)^2}(4fP_3h_{kl}f_{,kl}+2fP_3S_{,p}V^p+4f^2P_3P_3-4f^2P_3h_{kl}\bar{R}_{k(n+1)l(n+1)})$$

$$+\frac{1}{S+\epsilon}\Big[2f(f_{,ij}h_{jk}h_{ki}+h_{ij}f_{,jk}h_{ki}+h_{ij}h_{jk}f_{,ki})+2f(P_{3,i}V^i+3P_4f)$$

$$-2f^2(\bar{R}_{i(n+1)j(n+1)}h_{jk}h_{ki}+h_{ij}\bar{R}_{j(n+1)k(n+1)}h_{ki}+h_{ij}h_{jk}\bar{R}_{k(n+1)i(n+1)})\Big]$$

$$+\frac{1}{(S+\epsilon)^2}(4fh_{ij}\bar{R}_{i(n+1)j(n+1)}h_{kl}f_{,kl}+2fh_{ij}\bar{R}_{i(n+1)j(n+1)}S_{,p}V^p$$

$$+4f^2h_{ij}\bar{R}_{i(n+1)j(n+1)}P_3-4f^2h_{ij}\bar{R}_{i(n+1)j(n+1)}h_{kl}\bar{R}_{k(n+1)l(n+1)})$$

$$-\frac{1}{S+\epsilon}(2f\bar{R}_{i(n+1)j(n+1)}f_{,ij}+2f\bar{R}_{i(n+1)j(n+1)}h_{ij,p}V^p$$
$$+2f^2\bar{R}_{i(n+1)j(n+1)}h_{ip}h_{pj}-2f^2\bar{R}_{i(n+1)j(n+1)}\bar{R}_{i(n+1)j(n+1)})$$
$$-\frac{1}{S+\epsilon}(\,2f^2h_{ij}\bar{R}_{i(n+1)j(n+1);(n+1)}+2fh_{ij}\bar{R}_{i(n+1)j(n+1),p}V^p$$
$$+2fh_{ij}\bar{R}_{(n+1)(n+1)j(n+1)}f_{,i}-2fh_{ij}\bar{R}_{iqj(n+1)}f_{,q}$$
$$+2fh^{\beta}_{ij}\bar{R}_{i(n+1)(n+1)(n+1)}f_{,j}-2fh_{ij}\bar{R}_{i(n+1)jq}f_{,q})$$
$$-\frac{1}{S+\epsilon}(2nfHh_{kl}f_{,kl}+nfHS_{,p}V^p+2nf^2HP_3-2nf^2Hh_{kl}\bar{R}_{k(n+1)l(n+1)})$$
$$-\ln(S+\epsilon)(f\Delta f+nfH_{,p}V^p+f^2P_2+f^2\bar{R}_{(n+1)ii(n+1)})\mathrm{d}v. \tag{10.25}$$

◇

当流形N^{n+p}是空间形式$R^{n+p}(c)$时，我们知道，其黎曼曲率张量可以表达为

$$\bar{R}_{ABCD}=-c(\delta_{AC}\delta_{BD}-\delta_{AD}\delta_{BC}),\quad \bar{R}^{\beta}_{ij\alpha}=-c\delta_{ij}\delta_{\alpha\beta},$$
$$\bar{R}^{\top}_{AB}=\sum_i\bar{R}_{AiiB}=\sum_i-c(\delta_{Ai}\delta_{iB}-\delta_{AB}\delta_{ii})=nc\delta_{AB}-c\sum_i\delta_{Ai}\delta_{iB},$$
$$\bar{R}^{\perp}_{AB}=\sum_\alpha\bar{R}_{A\alpha\alpha B}=\sum_\alpha-c(\delta_{A\alpha}\delta_{\alpha B}-\delta_{AB}\delta_{\alpha\alpha})=pc\delta_{AB}-c\sum_\alpha\delta_{A\alpha}\delta_{B\alpha},$$
$$\bar{R}^{\top}_{\alpha\beta}=nc\delta_{\alpha\beta},\quad \bar{R}^{\perp}_{ij}=pc\delta_{ij}. \tag{10.26}$$

定理 10.25 假设$x:M^n\to R^{n+p}(c)$是空间形式中的无测地点的$GD_{(n,\ln)}$子流形，$V=V^ie_i+V^\alpha e_\alpha$是变分向量场，那么其第二变分为

$$\frac{\partial^2}{\partial t^2}\,|_{t=0}\,GD_{(n,F)}(x_t)$$
$$=\int_M\frac{-1}{S^2}(4h^{\beta}_{kl}V^{\beta}_{,kl}V^{\alpha}_{,ij}h^{\alpha}_{ij}+2S_{,p}V^pV^{\alpha}_{,ij}h^{\alpha}_{ij}$$
$$+4S_{\gamma\gamma\beta}V^{\beta}V^{\alpha}_{,ij}h^{\alpha}_{ij}+4ncH^{\beta}V^{\alpha}_{,ij}h^{\alpha}_{ij}V^{\beta})$$
$$+\frac{1}{S}(2V^{\alpha}_{,ij}V^{\alpha}_{,ij}+2V^{\alpha}_{,ij}h^{\alpha}_{ij,p}V^p+2V^{\alpha}_{,ij}h^{\alpha}_{ip}h^{\beta}_{pj}V^{\beta}+2c\Delta(V^{\alpha})V^{\alpha})$$

$$+\frac{-1}{S^2}(4V^\alpha S_{\alpha\beta\beta}h^\gamma_{kl}V^\gamma_{,kl}+2V^\alpha S_{\alpha\beta\beta}S_{,p}V^p$$

$$+4V^\alpha S_{\alpha\beta\beta}S_{\delta\delta\gamma}V^\gamma+4ncH^\gamma V^\alpha S_{\alpha\beta\beta}V^\gamma)$$

$$+\frac{1}{S}\Big[2V^\alpha(V^\alpha_{,ij}h^\beta_{jk}h^\beta_{ki}+h^\alpha_{ij}V^\beta_{,jk}h^\beta_{ki}+h^\alpha_{ij}h^\beta_{jk}V^\beta_{,ki})$$

$$+2V^\alpha(S_{\alpha\beta\beta,i}V^i+S_{\alpha\gamma\beta\beta}V^\gamma+S_{\alpha\beta\gamma\beta}V^\gamma+S_{\alpha\beta\beta\gamma}V^\gamma)$$

$$-2V^\alpha(-cV^\alpha S-2cV^\beta S_{\alpha\beta})\Big]$$

$$+\frac{1}{S^2}(-4ncV^\alpha H^\alpha h^\gamma_{kl}V^\gamma_{,kl}-2ncV^\alpha H^\alpha S_{,p}V^p$$

$$-4ncV^\alpha H^\alpha S_{\delta\delta\gamma}V^\gamma-4n^2c^2V^\alpha H^\alpha H^\gamma V^\gamma)$$

$$-\frac{1}{S}(-2cV^\alpha\Delta(V^\alpha)-2ncV^\alpha H^\alpha_{,p}V^p-2cV^\alpha S_{\alpha\gamma}V^\gamma-2nc^2V^\alpha V^\alpha)$$

$$-\frac{1}{S}(2nV^\alpha H^\alpha h^\beta_{kl}V^\beta_{,kl}+nV^\alpha H^\alpha S_{,p}V^p$$

$$+2nV^\alpha H^\alpha S_{\gamma\gamma\beta}V^\beta+2n^2cV^\alpha H^\alpha H^\beta V^\beta)$$

$$-\ln(S)(V^\alpha\Delta V^\alpha+nV^\alpha H^\alpha_{,p}V^p+V^\alpha S_{\alpha\beta}V^\beta+ncV^\alpha V^\alpha)\mathrm{d}v. \tag{10.27}$$

◇

定理 10.26 假设$x: M^n \to R^{n+p}(c)$是空间形式中的$GD_{(n,\ln,\epsilon)}$子流形，$V=V^ie_i+V^\alpha e_\alpha$是变分向量场，那么其第二变分为

$$\frac{\partial^2}{\partial t^2}\Big|_{t=0}GD_{(n,F,\epsilon)}(x_t)$$

$$=\int_M\frac{-1}{(S+\epsilon)^2}(4h^\beta_{kl}V^\beta_{,kl}V^\alpha_{,ij}h^\alpha_{ij}+2S_{,p}V^pV^\alpha_{,ij}h^\alpha_{ij}$$

$$+4S_{\gamma\gamma\beta}V^\beta V^\alpha_{,ij}h^\alpha_{ij}+4ncH^\beta V^\alpha_{,ij}h^\alpha_{ij}V^\beta)$$

$$+\frac{1}{S+\epsilon}(2V^\alpha_{,ij}V^\alpha_{,ij}+2V^\alpha_{,ij}h^\alpha_{ij,p}V^p+2V^\alpha_{,ij}h^\alpha_{ip}h^\beta_{pj}V^\beta+2c\Delta(V^\alpha)V^\alpha)$$

$$+\frac{-1}{(S+\epsilon)^2}(4V^\alpha S_{\alpha\beta\beta}h^\gamma_{kl}V^\gamma_{,kl}+2V^\alpha S_{\alpha\beta\beta}S_{,p}V^p$$

$$+4V^{\alpha}S_{\alpha\beta\beta}S_{\delta\delta\gamma}V^{\gamma}+4ncH^{\gamma}V^{\alpha}S_{\alpha\beta\beta}V^{\gamma})$$

$$+\frac{1}{S+\epsilon}\Big[2V^{\alpha}(V^{\alpha}_{,ij}h^{\beta}_{jk}h^{\beta}_{ki}+h^{\alpha}_{ij}V^{\beta}_{,jk}h^{\beta}_{ki}+h^{\alpha}_{ij}h^{\beta}_{jk}V^{\beta}_{,ki})$$

$$+2V^{\alpha}(S_{\alpha\beta\beta,i}V^{i}+S_{\alpha\gamma\beta\beta}V^{\gamma}+S_{\alpha\beta\gamma\beta}V^{\gamma}+S_{\alpha\beta\beta\gamma}V^{\gamma})$$

$$-2V^{\alpha}(-cV^{\alpha}S-2cV^{\beta}S_{\alpha\beta})\Big]$$

$$+\frac{1}{(S+\epsilon)^2}(-4ncV^{\alpha}H^{\alpha}h^{\gamma}_{kl}V^{\gamma}_{,kl}-2ncV^{\alpha}H^{\alpha}S_{,p}V^{p}$$

$$-4ncV^{\alpha}H^{\alpha}S_{\delta\delta\gamma}V^{\gamma}-4n^2c^2V^{\alpha}H^{\alpha}H^{\gamma}V^{\gamma})$$

$$-\frac{1}{S+\epsilon}(-2cV^{\alpha}\Delta(V^{\alpha})-2ncV^{\alpha}H^{\alpha}_{,p}V^{p}-2cV^{\alpha}S_{\alpha\gamma}V^{\gamma}-2nc^2V^{\alpha}V^{\alpha})$$

$$-\frac{1}{S+\epsilon}(2nV^{\alpha}H^{\alpha}h^{\beta}_{kl}V^{\beta}_{,kl}+nV^{\alpha}H^{\alpha}S_{,p}V^{p}$$

$$+2nV^{\alpha}H^{\alpha}S_{\gamma\gamma\beta}V^{\beta}+2n^2cV^{\alpha}H^{\alpha}H^{\beta}V^{\beta})$$

$$-\ln(S+\epsilon)(V^{\alpha}\Delta V^{\alpha}+nV^{\alpha}H^{\alpha}_{,p}V^{p}+V^{\alpha}S_{\alpha\beta}V^{\beta}+ncV^{\alpha}V^{\alpha})\mathrm{d}v. \quad (10.28)$$

◇

定理 10.27 假设$x: M^n \to R^{n+1}(c)$是空间形式中无测地点的$GD_{(n,\ln)}$超曲面，$V=V^ie_i+fe_{n+1}$是变分向量场，那么其第二变分为

$$\frac{\partial^2}{\partial t^2}\Big|_{t=0} GD_{(n,F)}(x_t)$$

$$=\int_M \frac{-1}{S^2}(4h_{kl}f_{,kl}f_{,ij}h_{ij}+2S_{,p}V^{p}f_{,ij}h_{ij}+4P_3ff_{,ij}h_{ij}+4ncff_{,ij}h_{ij}H)$$

$$+\frac{1}{S}(2f_{,ij}f_{,ij}+2f_{,ij}h_{ij,p}V^{p}+2ff_{,ij}h_{ip}h_{pj}+2cf\Delta f)$$

$$+\frac{-1}{S^2}(4fP_3h_{kl}f_{,kl}+2fP_3S_{,p}V^{p}+4f^2P_3P_3+4ncf^2P_3H)$$

$$+\frac{1}{S}\Big[2f(f_{,ij}h_{jk}h_{ki}+h_{ij}f_{,jk}h_{ki}+h_{ij}h_{jk}f_{,ki})+2f(P_{3,i}V^{i}+3P_4f)$$

$$-2f^2(-c\delta_{ij}h_{jk}h_{ki}-c\delta_{jk}h_{ij}h_{ki}-c\delta_{ik}h_{ij}h_{jk})\Big]$$

$$+\frac{1}{S^2}(-4ncHfh_{kl}f_{,kl}-2ncfHS_{,p}V^p-4ncf^2HP_3-4n^2c^2f^2H^2)$$

$$-\frac{1}{S}(-2cf\Delta f-2ncfH_{,p}V^p-2cf^2S-2c^2nf^2)$$

$$-\frac{1}{S}(2nfHh_{kl}f_{,kl}+nfHS_{,p}V^p+2nf^2HP_3+2n^2cf^2H^2)$$

$$-\ln(S)(f\Delta f+nfH_{,p}V^p+f^2P_2+ncf^2)\mathrm{d}v. \tag{10.29}$$

◇

定理 10.28 假设$x: M^n \to R^{n+1}(c)$是空间形式中的$GD_{(n,\ln,\epsilon)}$超曲面，$V=V^ie_i+fe_{n+1}$是变分向量场，那么其第二变分为

$$\frac{\partial^2}{\partial t^2}\Big|_{t=0} GD_{(n,F,\epsilon)}(x_t)$$

$$=\int_M \frac{-1}{(S+\epsilon)^2}(4h_{kl}f_{,kl}f_{,ij}h_{ij}+2S_{,p}V^pf_{,ij}h_{ij}$$

$$+4P_3ff_{,ij}h_{ij}+4ncff_{,ij}h_{ij}H)$$

$$+\frac{1}{S+\epsilon}(2f_{,ij}f_{,ij}+2f_{,ij}h_{ij,p}V^p+2ff_{,ij}h_{ip}h_{pj}+2cf\Delta f)$$

$$+\frac{-1}{(S+\epsilon)^2}(4fP_3h_{kl}f_{,kl}+2fP_3S_{,p}V^p+4f^2P_3P_3+4ncf^2P_3H)$$

$$+\frac{1}{S+\epsilon}\Big[2f(f_{,ij}h_{jk}h_{ki}+h_{ij}f_{,jk}h_{ki}+h_{ij}h_{jk}f_{,ki})+2f(P_{3,i}V^i+3P_4f)$$

$$-2f^2(-c\delta_{ij}h_{jk}h_{ki}-c\delta_{jk}h_{ij}h_{ki}-c\delta_{ik}h_{ij}h_{jk})\Big]$$

$$+\frac{1}{(S+\epsilon)^2}(-4ncHfh_{kl}f_{,kl}-2ncfHS_{,p}V^p$$

$$-4ncf^2HP_3-4n^2c^2f^2H^2)$$

$$-\frac{1}{S+\epsilon}(-2cf\Delta f-2ncfH_{,p}V^p-2cf^2S-2c^2nf^2)$$

$$-\frac{1}{S+\epsilon}(2nfHh_{kl}f_{,kl}+nfHS_{,p}V^p+2nf^2HP_3+2n^2cf^2H^2)$$

$$-\ln(S+\epsilon)(f\Delta f+nfH_{,p}V^p+f^2P_2+ncf^2)\mathrm{d}v. \tag{10.30}$$

◇

注释 10.4　特别注意上面诸定理中黎曼张量$\bar{R}_{i\alpha j\beta}$分别在流形N和流形M上的拉回从x^*TN上的两个协变导数$\bar{R}_{i\alpha j\beta;p}$和$\bar{R}_{i\alpha j\beta,p}$的区别。

10.5　单位球面中临界子流形的稳定性

在本节，我们讨论单位球面中的$GD_{(n,F)}$子流形的稳定性，我们考虑三个典型例子——全测地超曲面、Clifford超曲面$C_{\frac{n}{2},\frac{n}{2}}$和Veronese 曲面。

例 10.1　按照全测地超曲面定义，所有的主曲率为

$$k_1 = k_2 = \cdots = 0.$$

于是，可以计算得到

$$P_1 = 0,\ \ P_2 = 0,\ \ P_3 = 0.$$

代入上面的方程，得到结论：对于任意的参数函数$F \in C^3[0,\infty)$，全测地超曲面M为$GD_{(n,F)}$超曲面。

例 10.2　对于维数n为偶数的特殊Clifford超曲面

$$C_{\frac{n}{2},\frac{n}{2}} = S^{\frac{n}{2}}\Big(\frac{1}{\sqrt{2}}\Big) \times S^{\frac{n}{2}}\Big(\frac{1}{\sqrt{2}}\Big) \to S^{n+1}(1),$$

其所有的主曲率为

$$k_1 = \cdots = k_{\frac{n}{2}} = 1,\quad k_{\frac{n}{2}+1} = \cdots = k_n = -1.$$

于是可以计算所有的曲率函数分别为

$$P_1 = 0,\ \ P_2 = n,\ \ P_3 = 0.$$

于是$C_{\frac{n}{2},\frac{n}{2}}$对于任何函数$F \in C^3(0,\infty)$都是$GD_{(n,F)}$-超曲面。

例 10.3　假设(x,y,z)是三维欧氏空间R^3的自然标架，假设(u_1,u_2,u_3,u_4,u_5)是五维欧氏空间R^5的自然标架，按照(6.1)式定义映射，这个映射决定了一个等距嵌入 $x: RP^2 = S^2(\sqrt{3})/Z_2 \to S^4(1)$，我们称其为Veronese曲面，

通过简单的计算，得到

$$H^3 = H^4 = 0,\quad S_{33} = S_{44} = \frac{2}{3},\quad S = \rho = \frac{4}{3},$$

$$S_{34} = S_{43} = 0,\quad S_{333} = S_{344} = S_{433} = S_{444} = 0.$$

显然，Veronese曲面对于任意的函数$F \in C^3(0,\infty)$都是$GD_{(2,F)}$曲面。

定理 10.29 假设$x : M^n \to S^{n+1}(1)$是单位球面中的$GD_{(n,F)}$超曲面且为全测地的，$V = V^i e_i + f e_{n+1}$是变分向量场，那么其第二变分为

$$\frac{\partial^2}{\partial t^2}|_{t=0}\, GD_{(n,F)}(x_t) = \int_M F'(0)(2f_{,ij}f_{,ij} + 4f\Delta f + 2nf^2) - F(0)(f\Delta f + nf^2)\mathrm{d}v. \tag{10.31}$$

◇

定理 10.30 假设$x : M^n \to S^{n+1}(1)$(n是偶数)是单位球面中的$GD_{(n,F)}$超曲面且为$C_{\frac{n}{2},\frac{n}{2}}$，$V = V^i e_i + f e_{n+1}$是变分向量场，那么其第二变分为

$$\begin{aligned}\frac{\partial^2}{\partial t^2}|_{t=0}\, GD_{(n,F)}(x_t) = \int_M & 4F''(n)\Big(\sum_{i=1}^{\frac{n}{2}} f_{,ii} - \sum_{j=\frac{n}{2}+1}^{n} f_{,jj}\Big)^2 \\ & + F'(n)(2f_{,ij}f_{,ij} + 12f\Delta f + 16nf^2) \\ & - F(n)(f\Delta f + 2nf^2)\mathrm{d}v.\end{aligned} \tag{10.32}$$

◇

定理 10.31 假设$x : M^2 \to S^4(1)$是单位球面中的$GD_{(2,F)}$子流形且为Veronese曲面，$V = V^i e_i + V^\alpha e_\alpha$是变分向量场，那么其第二变分为

$$\begin{aligned}\frac{\partial^2}{\partial t^2}|_{t=0}\, GD_{(2,F)}(x_t) = \int_M & F''\Big(\frac{4}{3}\Big)(4h^\beta_{kl}V^\beta_{,kl}V^\alpha_{,ij}h^\alpha_{ij}) \\ & + F'\Big(\frac{4}{3}\Big)(2V^\alpha_{,ij}V^\alpha_{,ij} + 2V^\alpha_{,ij}h^\alpha_{ip}h^\beta_{pj}V^\beta + 4\Delta(V^\alpha)V^\alpha) \\ & + F'\Big(\frac{4}{3}\Big)\Big[2V^\alpha(V^\alpha_{,ij}h^\beta_{jk}h^\beta_{ki} + h^\alpha_{ij}V^\beta_{,jk}h^\beta_{ki} + h^\alpha_{ij}h^\beta_{jk}V^\beta_{,ki}) \\ & + 2V^\alpha(S_{\alpha\gamma\beta\beta}V^\gamma + S_{\alpha\beta\gamma\beta}V^\gamma + S_{\alpha\beta\beta\gamma}V^\gamma)\Big]\end{aligned}$$

$$+ F'\left(\frac{4}{3}\right)(6S_{\alpha\gamma}V^{\alpha}V^{\gamma} + \frac{20}{3}|V^{\perp}|^2)$$

$$- F\left(\frac{4}{3}\right)(V^{\alpha}\Delta V^{\alpha} + S_{\alpha\beta}V^{\alpha}V^{\beta} + 2|V^{\perp}|^2)\mathrm{d}v. \quad (10.33)$$

◇

第 11 章　Simons型积分不等式

在子流形理论中，Simons类型积分不等式是一种重要的积分不等式，是讨论子流形间隙现象的基础。

11.1　矩阵不等式与估计

Simons型积分不等式是子流形几何中的一类重要的积分不等式，在子流形间隙现象的研究和刚性定理的发展中具有重要作用。实际上，最原始的Simons型积分不等式是针对极小子流形推导出来的，后来发现不仅在极小子流形中有此类现象，而且在Willomre 型泛函和子流形中也有此类现象。本节的主要目的是研究$GD_{(n,F)}$和$GD_{(n,F,\epsilon)}$子流形的积分不等式。为此需要几个引理。

引理 11.1

$$N(A_\alpha) = \sum_{ij}(h_{ij}^\alpha)^2 \overset{\text{def}}{=} S_{\alpha\alpha},$$

$$N(\hat{A}_\alpha) = \sum_{ij}(\hat{h}_{ij}^\alpha)^2 = \hat{\sigma}_{\alpha\alpha} = \sigma_{\alpha\alpha} - n(H^\alpha)^2,$$

$$\begin{aligned} N(A_\alpha A_\beta - A_\beta A_\alpha) =& N[(\hat{A}_\alpha + H^\alpha)A_\beta - A_\beta(\hat{A}_\alpha + H^\alpha)] \\ =& N(\hat{A}_\alpha A_\beta - A_\beta \hat{A}_\alpha) \\ =& N[\hat{A}_\alpha(\hat{A}_\beta + H^\beta) - (\hat{A}_\beta + H^\beta)\hat{A}_\alpha] \\ =& N(\hat{A}_\alpha \hat{A}_\beta - \hat{A}_\beta \hat{A}_\alpha). \end{aligned}$$

陈省身等证明了下面的重要不等式，为方便起见，可以称为“陈省身类型不等式”。

引理 11.2 [3]　设A, B 是对称方阵，那么

$$N(AB - BA) \leqslant 2N(A)N(B)$$

等式成立当且仅当两种情形：(1) A, B 至少有一个为零；(2) 如果 $A \neq 0, B \neq 0$，那么 A, B可以同时正交化为下面的矩阵：

$$A = \lambda \begin{pmatrix} 1 & 0 & 0 & \cdots \\ 0 & -1 & 0 & \cdots \\ 0 & 0 & 0 & \cdots \\ \vdots & \vdots & \vdots & \ddots \end{pmatrix}, \quad B = \mu \begin{pmatrix} 0 & 1 & 0 & \cdots \\ 1 & 0 & 0 & \cdots \\ 0 & 0 & 0 & \cdots \\ \vdots & \vdots & \vdots & \ddots \end{pmatrix}$$

如果 B_1, B_2, B_3为对称阵且满足

$$N(B_iB_j - B_jB_i) = 2N(B_i)N(B_j), \quad 1 \leqslant i, j \leqslant 3$$

那么至少有一个为零。

李安民等细致研究上面的陈省身不等式，给出了更加精细的不等式和等式成立的条件，为方便起见，我们称之为“李安民类型不等式”。

引理 11.3 假设$A_1, \cdots, A_p$, $p \geqslant 2$是对称的$(n \times n)$矩阵，令

$$S_{\alpha\beta} = \mathrm{tr}(A_\alpha A_\beta), \quad S_{\alpha\alpha} = N(A_\alpha), \quad S = \sum_\alpha S_{\alpha\alpha}.$$

则有

$$\sum_{\alpha\neq\beta} N(A_\alpha A_\beta - A_\beta A_\alpha) + \sum_{\alpha\beta}(S_{\alpha\beta})^2 \leqslant \frac{3}{2}S^2.$$

等式成立当且仅当下面的条件之一成立：

(1) $A_1 = A_2 = \cdots = A_p = 0$;

(2) $A_1 \neq 0,\ A_2 \neq 0,\ A_3 = A_4 = \cdots A_p = 0,\ S_{11} = S_{22}$ 并且在(2)的条件之下，A_1, A_2可以同时正交化为如下的矩阵：

$$A_1 = \sqrt{\frac{S_{11}}{2}} \begin{pmatrix} 1 & 0 & 0 & \cdots \\ 0 & -1 & 0 & \cdots \\ 0 & 0 & 0 & \cdots \\ \vdots & \vdots & \vdots & \ddots \end{pmatrix}, \quad A_2 = \sqrt{\frac{S_{22}}{2}} \begin{pmatrix} 0 & 1 & 0 & \cdots \\ 1 & 0 & 0 & \cdots \\ 0 & 0 & 0 & \cdots \\ \vdots & \vdots & \vdots & \ddots \end{pmatrix}$$

下面的张量不等式首先是由Huisken在超曲面的情形发现的，在积分估计中有重大应用。

引理 11.4 [76] Huisken的估计：

- 当余维数为1时

$$|\nabla h|^2 \geqslant \frac{3n^2}{n+2}|\nabla H|^2 \geqslant n|\nabla H|^2,$$

并且$|\nabla h|^2 = n|\nabla H|^2$当且仅当$\nabla h = 0$.

- 当余维数大于等于2时

$$|\nabla h|^2 \geqslant \frac{3n^2}{n+2}|\nabla \vec{H}|^2 \geqslant n|\nabla \vec{H}|^2,$$

并且$|\nabla h|^2 = n|\nabla \vec{H}|^2$当且仅当$\nabla h = 0$.

证明 分解张量h_{ij}^{α}为

$$h_{ij,k}^{\alpha} = E_{ijk}^{\alpha} + F_{ijk}^{\alpha},$$

其中

$$E_{ijk}^{\alpha} = \frac{n}{n+2}(H_{,i}^{\alpha}\delta_{jk} + H_{,j}^{\alpha}\delta_{ik} + H_{,k}^{\alpha}\delta_{ij}),$$

$$F_{ij}^{\alpha} = h_{ij}^{\alpha} - E_{ij}^{\alpha}.$$

直接计算

$$|E|^2 = \frac{3n^2}{n+2}|\nabla \vec{H}|^2,$$

$$E \cdot F = 0.$$

那么利用三角不等式可得

$$|\nabla h|^2 \geqslant |E|^2 = \frac{3n^2}{n+2}|\nabla \vec{H}|^2 \geqslant n|\nabla \vec{H}|^2.$$

当 $\nabla h = 0$ 时，上面不等式中的各项全部变成零，显然

$$|\nabla h|^2 = n|\nabla \vec{H}|^2.$$

反过来，当$|\nabla h|^2 = n|\nabla\vec{H}|^2$时，上面不等式中的不等号全部变成等号，于是

$$F^\alpha_{ijk} = 0,$$

$$E^\alpha_{ijk} = 0,$$

$$h^\alpha_{ij,k} = 0.$$

即$\nabla h = 0$. 综上所述，如果

$$|\nabla h|^2 = n|\nabla\vec{H}|^2$$

当且仅当

$$\nabla h = 0.$$

□

Simons积分不等式的推导依赖对曲率模长的协变导数，为此我们在各种情况下详细计算了曲率模长的二阶协变导数。

引理 11.5 对于曲率模长S，其协变导数为：

- 在一般流形中且$p \geqslant 2$时

$$\begin{aligned} S_{,kl} = & \sum_{ij\alpha} -2h^\alpha_{ij}\bar{R}^\alpha_{ijk,l} + \sum_{ij\alpha} 2h^\alpha_{ij}\bar{R}^\alpha_{kli,j} + \sum_{ij\alpha} 2h^\alpha_{ij}h^\alpha_{kl,ij} + \sum_{ij\alpha} 2h^\alpha_{ij,k}h^\alpha_{ij,l} \\ & + 2\Big[\sum_{ijp\alpha} h^\alpha_{ij}h^\alpha_{pk}\bar{R}_{ipjl} + \sum_{ijp\alpha} h^\alpha_{ij}h^\alpha_{ip}\bar{R}_{kpjl} + \sum_{ij\alpha\beta} h^\alpha_{ij}h^\beta_{ik}\bar{R}_{\alpha\beta jl} \\ & + \sum_{ijp\alpha\beta}(h^\alpha_{ij}h^\beta_{il}h^\alpha_{kp}h^\beta_{pj} - h^\alpha_{ij}h^\beta_{ij}h^\alpha_{kp}h^\beta_{pl}) + \sum_{ijp\alpha\beta}(h^\alpha_{ij}h^\alpha_{ip}h^\beta_{pj}h^\beta_{kl} - h^\alpha_{ij}h^\alpha_{ip}h^\beta_{pl}h^\beta_{jk}) \\ & + \sum_{ijp\alpha\beta}(h^\alpha_{ij}h^\beta_{ik}h^\beta_{jp}h^\alpha_{pl} - h^\alpha_{ij}h^\beta_{ik}h^\alpha_{jp}h^\beta_{pl})\Big], \end{aligned}$$

$$\begin{aligned} \Delta S = & \sum_{ijk\alpha} -2h^\alpha_{ij}\bar{R}^\alpha_{ijk,k} + \sum_{ijk\alpha} 2h^\alpha_{ij}\bar{R}^\alpha_{kki,j} + \sum_{ij\alpha} 2nh^\alpha_{ij}H^\alpha_{,ij} + 2|Dh|^2 \\ & + 2(\sum_{ijpk\alpha} h^\alpha_{ij}h^\alpha_{pk}\bar{R}_{ipjk} + \sum_{ijpk\alpha} h^\alpha_{ij}h^\alpha_{ip}\bar{R}_{kpjk} + \sum_{ijk\alpha\beta} h^\alpha_{ij}h^\beta_{ik}\bar{R}_{\alpha\beta jk}) \\ & + + \sum_{\alpha\beta} 2nS_{\alpha\alpha\beta}H^\beta - 2\sum_{\alpha\beta}[N(A_\alpha A_\beta - A_\beta A_\alpha) + (S_{\alpha\beta})^2] \end{aligned}$$

$$= \sum_{ijk\alpha} -2h_{ij}^{\alpha}\bar{R}_{ijk,k}^{\alpha} + \sum_{ijk\alpha} 2h_{ij}^{\alpha}\bar{R}_{kki,j}^{\alpha} + \sum_{ij\alpha} 2nh_{ij}^{\alpha}H_{,ij}^{\alpha} + 2|Dh|^2$$

$$+ 2(\sum_{ijpk\alpha} h_{ij}^{\alpha}h_{pk}^{\alpha}\bar{R}_{ipjk} + \sum_{ijpk\alpha} h_{ij}^{\alpha}h_{ip}^{\alpha}\bar{R}_{kpjk} + \sum_{ijk\alpha\beta} h_{ij}^{\alpha}h_{ik}^{\beta}\bar{R}_{\alpha\beta jk})$$

$$+ \sum_{\alpha\beta} 2nS_{\alpha\alpha\beta}H^{\beta} - 2n^2H^4$$

$$- 2\sum_{\alpha\beta}[N(\hat{A}_{\alpha}\hat{A}_{\beta} - \hat{A}_{\beta}\hat{A}_{\alpha}) + (\hat{S}_{\alpha\beta})^2 + 2n\hat{S}_{\alpha\beta}H^{\alpha}H^{\beta}].$$

- 在一般流形中且$p = 1$时

$$S_{,kl} = \sum_{ij} 2h_{ij}\bar{R}_{(n+1)ijk,l} - \sum_{ij} 2h_{ij}\bar{R}_{(n+1)kli,j} + \sum_{ij} 2h_{ij}h_{kl,ij} + \sum_{ij} 2h_{ij,k}h_{ij,l}$$

$$+ 2\Big[\sum_{ijp} h_{ij}h_{pk}\bar{R}_{ipjl} + \sum_{ijp} h_{ij}h_{ip}\bar{R}_{kpjl} - S\sum_{p} h_{kp}h_{pl}$$

$$+ \sum_{ijp}(h_{ij}h_{il}h_{kp}h_{pj} + h_{ij}h_{ip}h_{pj}h_{kl} - h_{ij}h_{ip}h_{pl}h_{jk})\Big],$$

$$\Delta S = \sum_{ijk} 2h_{ij}\bar{R}_{(n+1)ijk,k} - \sum_{ijk} 2h_{ij}\bar{R}_{(n+1)kki,j} + \sum_{ij} 2nh_{ij}H_{,ij} + 2|Dh|^2$$

$$+ \sum_{ijkl} 2h_{ij}h_{kl}\bar{R}_{iljk} + \sum_{ijkl} 2h_{ij}h_{il}\bar{R}_{jkkl} - 2S^2 + 2nP_3H.$$

- 在空间形式中且$p \geqslant 2$时

$$S_{,kl} = \sum_{ij\alpha} 2h_{ij}^{\alpha}h_{kl,ij}^{\alpha} + \sum_{ij\alpha} 2h_{ij,k}^{\alpha}h_{ij,l}^{\alpha} + 2\Big[\sum_{\alpha} -cnH^{\alpha}h_{kl}^{\alpha} + c\delta_{kl}S$$

$$+ \sum_{ijp\alpha\beta}(h_{ij}^{\alpha}h_{il}^{\beta}h_{kp}^{\alpha}h_{pj}^{\beta} - h_{ij}^{\alpha}h_{ij}^{\beta}h_{kp}^{\alpha}h_{pl}^{\beta}) + \sum_{ijp\alpha\beta}(h_{ij}^{\alpha}h_{ip}^{\alpha}h_{pj}^{\beta}h_{kl}^{\beta} - h_{ij}^{\alpha}h_{ip}^{\alpha}h_{pl}^{\beta}h_{jk}^{\beta})$$

$$+ \sum_{ijp\alpha\beta}(h_{ij}^{\alpha}h_{ik}^{\beta}h_{jp}^{\beta}h_{pl}^{\alpha} - h_{ij}^{\alpha}h_{ik}^{\beta}h_{jp}^{\alpha}h_{pl}^{\beta})\Big],$$

$$\Delta S = \sum_{ij\alpha} 2nh_{ij}^{\alpha}H_{,ij}^{\alpha} + 2|Dh|^2 + 2ncS - 2n^2cH^2 + \sum_{\alpha\beta} 2nS_{\alpha\alpha\beta}H^{\beta}$$

$$- 2\sum_{\alpha\beta}[N(A_{\alpha}A_{\beta} - A_{\beta}A_{\alpha}) + (S_{\alpha\beta})^2]$$

$$= \sum_{ij\alpha} 2nh_{ij}^{\alpha}H_{,ij}^{\alpha} + 2|Dh|^2 + 2ncS - 2n^2cH^2 + \sum_{\alpha\beta} 2nS_{\alpha\alpha\beta}H^{\beta}$$

$$-2n^2H^4-2\sum_{\alpha\beta}[N(\hat{A}_\alpha\hat{A}_\beta-\hat{A}_\beta\hat{A}_\alpha)+(\hat{S}_{\alpha\beta})^2+2n\hat{S}_{\alpha\beta}H^\alpha H^\beta].$$

- 在空间形式中且$p=1$时

$$S_{,kl}=\sum_{ij}2h_{ij}h_{kl,ij}+\sum_{ij}2h_{ij,k}h_{ij,l}-2cnHh_{kl}+2c\delta_{kl}S$$
$$-2S\sum_{p}h_{kp}h_{pl}+\sum_{ijp}2(h_{ij}h_{il}h_{kp}h_{pj}+h_{ij}h_{ip}h_{pj}h_{kl}-h_{ij}h_{ip}h_{pl}h_{jk}),$$

$$\Delta S=\sum_{ij}2nh_{ij}H_{,ij}+2|Dh|^2-2n^2cH^2+2ncS-2S^2+2nHP_3.$$

引理 11.6 对于函数$G(S)$，经计算有

- 当原流形为一般流形，余维数大于等于2时

$$\begin{aligned}\Delta G(S)=&G''(S)|\nabla S|^2+G'(S)\Big[\sum_{ijk\alpha}-2h_{ij}^\alpha\bar{R}_{ijk,k}^\alpha+\sum_{ijk\alpha}2h_{ij}^\alpha\bar{R}_{kki,j}^\alpha\\&+\sum_{ij\alpha}2nh_{ij}^\alpha H_{,ij}^\alpha+2|Dh|^2+2(\sum_{ijpk\alpha}h_{ij}^\alpha h_{pk}^\alpha\bar{R}_{ipjk}+\sum_{ijpk\alpha}h_{ij}^\alpha h_{ip}^\alpha\bar{R}_{kpjk}\\&+\sum_{ijk\alpha\beta}h_{ij}^\alpha h_{ik}^\beta\bar{R}_{\alpha\beta jk})+\sum_{\alpha\beta}2nS_{\alpha\alpha\beta}H^\beta-2\sum_{\alpha\beta}[N(A_\alpha A_\beta-A_\beta A_\alpha)+(S_{\alpha\beta})^2]\Big]\\=&G''(S)|\nabla S|^2+G'(S)\Big[\sum_{ijk\alpha}-2h_{ij}^\alpha\bar{R}_{ijk,k}^\alpha+\sum_{ijk\alpha}2h_{ij}^\alpha\bar{R}_{kki,j}^\alpha\\&+\sum_{ij\alpha}2nh_{ij}^\alpha H_{,ij}^\alpha+2|Dh|^2+2(\sum_{ijpk\alpha}h_{ij}^\alpha h_{pk}^\alpha\bar{R}_{ipjk}+\sum_{ijpk\alpha}h_{ij}^\alpha h_{ip}^\alpha\bar{R}_{kpjk}\\&+\sum_{ijk\alpha\beta}h_{ij}^\alpha h_{ik}^\beta\bar{R}_{\alpha\beta jk})+\sum_{\alpha\beta}2nS_{\alpha\alpha\beta}H^\beta-2n^2H^4-2\sum_{\alpha\beta}(N(\hat{A}_\alpha\hat{A}_\beta-\hat{A}_\beta\hat{A}_\alpha)\\&+(\hat{S}_{\alpha\beta})^2+2n\hat{S}_{\alpha\beta}H^\alpha H^\beta)\Big].\end{aligned}$$

- 当原流形为一般流形，余维数等于1时

$$\begin{aligned}\Delta G(S)=&G''(S)|\nabla S|^2+G'(S)(\sum_{ijk}2h_{ij}\bar{R}_{(n+1)ijk,k}-\sum_{ijk}2h_{ij}\bar{R}_{(n+1)kki,j}\\&+\sum_{ij}2nh_{ij}H_{,ij}+2|Dh|^2+\sum_{ijkl}2h_{ij}h_{kl}\bar{R}_{iljk}+\sum_{ijkl}2h_{ij}h_{il}\bar{R}_{jkkl}\\&-2S^2+2nP_3H).\end{aligned}$$

- 当原流形为空间形式，余维数大于等于2时

$$\Delta G(S) = G''(S)|\nabla S|^2 + G'(S)\Big[\sum_{ij\alpha} 2nh^\alpha_{ij}H^\alpha_{,ij} + 2|Dh|^2 + 2ncS - 2n^2cH^2$$

$$+ \sum_{\alpha\beta} 2nS_{\alpha\alpha\beta}H^\beta - 2\sum_{\alpha\beta}[N(A_\alpha A_\beta - A_\beta A_\alpha) + (S_{\alpha\beta})^2]\Big]$$

$$= G''(S)|\nabla S|^2 + G'(S)\Big[\sum_{ij\alpha} 2nh^\alpha_{ij}H^\alpha_{,ij} + 2|Dh|^2 + 2ncS - 2n^2cH^2$$

$$+ \sum_{\alpha\beta} 2nS_{\alpha\alpha\beta}H^\beta - 2n^2H^4 - 2\sum_{\alpha\beta}(N(\hat{A}_\alpha\hat{A}_\beta - \hat{A}_\beta\hat{A}_\alpha)$$

$$+ (\hat{S}_{\alpha\beta})^2 + 2n\hat{S}_{\alpha\beta}H^\alpha H^\beta)\Big].$$

- 当原流形为空间形式，余维数等于1时

$$\Delta G(S) = G''(S)|\nabla S|^2 + G'(S)\Big(\sum_{ij} 2nh_{ij}H_{,ij}$$

$$+ 2|Dh|^2 - 2n^2cH^2 + 2ncS - 2S^2 + 2nHP_3\Big).$$

结合$GD_{(n,F)}$-子流形的一阶变分公式，我们可以耦合上面的计算为如下引理。

引理 11.7 对于函数$G(S)$，耦合$GD_{(n,F)}$-子流形的一阶变分公式，有：

- 当原流形为一般流形，余维数大于等于2时

$$\Delta G(S) = G''(S)|\nabla S|^2 + [\,(2nF'(S)h^\alpha_{ij})H^\alpha_{,ij} + 2nF'(S)S_{\alpha\beta\beta}H^\alpha$$

$$- 2nF'(S)h^\beta_{ij}\bar{R}^\beta_{ij\alpha}H^\alpha - n^2F(S)H^2\,]$$

$$+ 2n[G'(S) - F'(S)]h^\alpha_{ij}H^\alpha_{,ij} + 2n[G'(S) - F'(S)]S_{\alpha\beta\beta}H^\alpha$$

$$+ 2G'(S)|Dh|^2 + n^2F(S)H^2 + 2nF'(S)h^\beta_{ij}\bar{R}^\beta_{ij\alpha}H^\alpha$$

$$+ 2G'(S)(-h^\alpha_{ij}\bar{R}^\alpha_{ijk,k} + h^\alpha_{ij}\bar{R}^\alpha_{kki,j})$$

$$+ 2G'(S)(h^\alpha_{ij}h^\alpha_{pk}\bar{R}_{ipjk} + h^\alpha_{ij}h^\alpha_{ip}\bar{R}_{kpjk} + h^\alpha_{ij}h^\beta_{ik}\bar{R}_{\alpha\beta jk})$$

$$- 2G'(S)[N(A_\alpha A_\beta - A_\beta A_\alpha) + (S_{\alpha\beta})^2]$$

$$= G''(S)|\nabla S|^2 + [\,(2nF'(S)h^\alpha_{ij})H^\alpha_{,ij} + 2nF'(S)S_{\alpha\beta\beta}H^\alpha$$

$$- 2nF'(S)h_{ij}^{\beta}\bar{R}_{ij\alpha}^{\beta}H^{\alpha} - n^2F(S)H^2\ ]$$

$$+ 2n[(G'(S) - F'(S)]h_{ij}^{\alpha}H_{,ij}^{\alpha} + 2n[G'(S) - F'(S)]S_{\alpha\beta\beta}H^{\alpha}$$

$$+ 2G'(S)|Dh|^2 - 2n^2G'(S)H^4 + n^2F(S)H^2 + 2nF'(S)h_{ij}^{\beta}\bar{R}_{ij\alpha}^{\beta}H^{\alpha}$$

$$+ 2G'(S)(-h_{ij}^{\alpha}\bar{R}_{ijk,k}^{\alpha} + h_{ij}^{\alpha}\bar{R}_{kki,j}^{\alpha})$$

$$+ 2G'(S)(h_{ij}^{\alpha}h_{pk}^{\alpha}\bar{R}_{ipjk} + h_{ij}^{\alpha}h_{ip}^{\alpha}\bar{R}_{kpjk} + h_{ij}^{\alpha}h_{ik}^{\beta}\bar{R}_{\alpha\beta jk})$$

$$- 2G'(S)[N(\hat{A}_{\alpha}\hat{A}_{\beta} - \hat{A}_{\beta}\hat{A}_{\alpha}) + (\hat{S}_{\alpha\beta})^2 + 2n\hat{S}_{\alpha\beta}H^{\alpha}H^{\beta}].$$

- 当原流形为一般流形，余维数等于1时

$$\Delta G(S) - G''(S)|\nabla S|^2 + [\ (2nF'(S)h_{ij})H_{,ij} + 2nF'(S)P_3H$$

$$+ 2nF'(S)h_{ij}\bar{R}_{i(n+1)(n+1)j}H - n^2F(S)H^2\ ]$$

$$+ 2n[G'(S) - F'(S)]h_{ij}H_{,ij} + 2n[G'(S) - F'(S)]P_3H$$

$$+ 2G'(S)|Dh|^2 - 2G'(S)S^2 - 2nF'(S)h_{ij}\bar{R}_{i(n+1)(n+1)j}H$$

$$+ n^2F(S)H^2 + 2G'(S)(h_{ij}\bar{R}_{(n+1)ijk,k} - h_{ij}\bar{R}_{(n+1)kki,j})$$

$$+ 2G'(S)(h_{ij}h_{kl}\bar{R}_{iljk} + h_{ij}h_{il}\bar{R}_{jkkl}).$$

- 当原流形为空间形式，余维数大于等于2时

$$\Delta G(S) = G''(S)|\nabla S|^2 + [\ (2nF'(S)h_{ij}^{\alpha})H_{,ij}^{\alpha}$$

$$+ 2nF'(S)S_{\alpha\beta\beta}H^{\alpha} + 2n^2cF'(S)H^2 - n^2F(S)H^2\ ]$$

$$+ 2n[G'(S) - F'(S)]h_{ij}^{\alpha}H_{,ij}^{\alpha} - 2n^2c(G'(S) + F'(S))H^2$$

$$+ 2n[G'(S) - F'(S)]S_{\alpha\beta\beta}H^{\alpha}$$

$$+ 2G'(S)|Dh|^2 + 2ncG'(S)S + n^2F(S)H^2$$

$$- 2G'(S)[N(A_{\alpha}A_{\beta} - A_{\beta}A_{\alpha}) + (S_{\alpha\beta})^2]$$

$$= G''(S)|\nabla S|^2 + (\ (2nF'(S)h_{ij}^{\alpha})H_{,ij}^{\alpha}$$

$$+ 2nF'(S)S_{\alpha\beta\beta}H^{\alpha} + 2n^2cF'(S)H^2 - n^2F(S)H^2\ )$$

$$+2n[G'(S)-F'(S)]h_{ij}^{\alpha}H_{,ij}^{\alpha}-2n^2c(G'(S)+F'(S))H^2$$

$$+2n[G'(S)-F'(S)]S_{\alpha\beta\beta}H^{\alpha}$$

$$+2G'(S)|Dh|^2+2ncG'(S)S+n^2F(S)H^2-2n^2G'(S)H^4$$

$$-2G'(S)[N(\hat{A}_{\alpha}\hat{A}_{\beta}-\hat{A}_{\beta}\hat{A}_{\alpha})+(\hat{S}_{\alpha\beta})^2+2n\hat{S}_{\alpha\beta}H^{\alpha}H^{\beta}].$$

- 当原流形为空间形式，余维数等于1时

$$\begin{aligned}\Delta G(S)=&G''(S)|\nabla S|^2+[(2nF'(S)h_{ij})H_{,ij}+2nF'(S)P_3H\\&+2n^2cF'(S)H^2-n^2F(S)H^2]\\&+2n[G'(S)-F'(S)]h_{ij}H_{,ij}+[G'(S)-F'(S)]P_3H\\&-2n^2c(G'(S)+F'(S))H^2\\&+2G'(S)|Dh|^2+2ncG'(S)S-2G'(S)S^2+n^2F(S)H^2.\end{aligned}$$

特别地，如果函数$G(S)=F(S)$，则上面的耦合计算可以变为如下引理。

引理 11.8 对于函数$F(S)$，耦合$GD_{(n,F)}$-子流形的一阶变分公式，有：

- 当原流形为一般流形，余维数大于等于2时

$$\begin{aligned}\Delta F(S)=&F''(S)|\nabla S|^2+[(2nF'(S)h_{ij}^{\alpha})H_{,ij}^{\alpha}+2nF'(S)S_{\alpha\beta\beta}H^{\alpha}\\&-2nF'(S)h_{ij}^{\beta}\bar{R}_{ij\alpha}^{\beta}H^{\alpha}-n^2F(S)H^2]\\&+2F'(S)|Dh|^2+n^2F(S)H^2+2nF'(S)h_{ij}^{\beta}\bar{R}_{ij\alpha}^{\beta}H^{\alpha}\\&+2F'(S)(-h_{ij}^{\alpha}\bar{R}_{ijk,k}^{\alpha}+h_{ij}^{\alpha}\bar{R}_{kki,j}^{\alpha})\\&+2F'(S)(h_{ij}^{\alpha}h_{pk}^{\alpha}\bar{R}_{ipjk}+h_{ij}^{\alpha}h_{ip}^{\alpha}\bar{R}_{kpjk}+h_{ij}^{\alpha}h_{ik}^{\beta}\bar{R}_{\alpha\beta jk})\\&-2F'(S)[N(A_{\alpha}A_{\beta}-A_{\beta}A_{\alpha})+(S_{\alpha\beta})^2]\\=&F''(S)|\nabla S|^2+((2nF'(S)h_{ij}^{\alpha})H_{,ij}^{\alpha}+2nF'(S)S_{\alpha\beta\beta}H^{\alpha}\\&-2nF'(S)h_{ij}^{\beta}\bar{R}_{ij\alpha}^{\beta}H^{\alpha}-n^2F(S)H^2)\\&+2F'(S)|Dh|^2-2n^2F'(S)H^4+n^2F(S)H^2+2nF'(S)h_{ij}^{\beta}\bar{R}_{ij\alpha}^{\beta}H^{\alpha}\end{aligned}$$

$$+2F'(S)(-h^{\alpha}_{ij}\bar{R}^{\alpha}_{ijk,k}+h^{\alpha}_{ij}\bar{R}^{\alpha}_{kki,j})$$

$$+2F'(S)(h^{\alpha}_{ij}h^{\alpha}_{pk}\bar{R}_{ipjk}+h^{\alpha}_{ij}h^{\alpha}_{ip}\bar{R}_{kpjk}+h^{\alpha}_{ij}h^{\beta}_{ik}\bar{R}_{\alpha\beta jk})$$

$$-2F'(S)[N(\hat{A}_{\alpha}\hat{A}_{\beta}-\hat{A}_{\beta}\hat{A}_{\alpha})+(\hat{S}_{\alpha\beta})^2+2n\hat{S}_{\alpha\beta}H^{\alpha}H^{\beta}].$$

- 当原流形为一般流形，余维数等于1时

$$\begin{aligned}\Delta F(S)=&F''(S)|\nabla S|^2+[\,(2nF'(S)h_{ij})H_{,ij}+2nF'(S)P_3H\\&+2nF'(S)h_{ij}\bar{R}_{i(n+1)(n+1)j}H-n^2F(S)H^2\,]\\&+2F'(S)|Dh|^2-2F'(S)S^2-2nF'(S)h_{ij}\bar{R}_{i(n+1)(n+1)j}H\\&+n^2F(S)H^2+2F'(S)(h_{ij}\bar{R}_{(n+1)ijk,k}-h_{ij}\bar{R}_{(n+1)kki,j})\\&+2F'(S)(h_{ij}h_{kl}\bar{R}_{iljk}+h_{ij}h_{il}\bar{R}_{jkkl}).\end{aligned}$$

- 当原流形为空间形式，余维数大于等于2时

$$\begin{aligned}\Delta F(S)=&F''(S)|\nabla S|^2+(\,(2nF'(S)h^{\alpha}_{ij})H^{\alpha}_{,ij}\\&+2nF'(S)S_{\alpha\beta\beta}H^{\alpha}+2n^2cF'(S)H^2-n^2F(S)H^2\,)\\&-4n^2cF'(S)H^2+2F'(S)|Dh|^2+2ncF'(S)S+n^2F(S)H^2\\&-2F'(S)[N(A_{\alpha}A_{\beta}-A_{\beta}A_{\alpha})+(S_{\alpha\beta})^2]\\=&F''(S)|\nabla S|^2+(\,(2nF'(S)h^{\alpha}_{ij})H^{\alpha}_{,ij}+2nF'(S)S_{\alpha\beta\beta}H^{\alpha}\\&+2n^2cF'(S)H^2-n^2F(S)H^2\,)\\&-4n^2cF'(S)H^2+2F'(S)|Dh|^2+2ncF'(S)S+n^2F(S)H^2\\&-2n^2F'(S)H^4-2F'(S)(N(\hat{A}_{\alpha}\hat{A}_{\beta}-\hat{A}_{\beta}\hat{A}_{\alpha})\\&+(\hat{S}_{\alpha\beta})^2+2n\hat{S}_{\alpha\beta}H^{\alpha}H^{\beta}).\end{aligned}$$

- 当原流形为空间形式，余维数等于1时

$$\begin{aligned}\Delta F(S)=&F''(S)|\nabla S|^2+(\,(2nF'(S)h_{ij})H_{,ij}+2nF'(S)P_3H\\&+2n^2cF'(S)H^2-n^2F(S)H^2\,)\end{aligned}$$

$$- 4n^2cF'(S)H^2 + 2F'(S)|Dh|^2$$
$$+ 2ncF'(S)S - 2F'(S)S^2 + n^2F(S)H^2.$$

在后续部分将多次用到下面定义的矩阵：

$$A_1(S) \overset{\text{def}}{=} \frac{\sqrt{S}}{2}\begin{pmatrix} 0 & 1 & 0 & \cdots \\ 1 & 0 & 0 & \cdots \\ 0 & 0 & 0 & \cdots \\ \vdots & \vdots & \vdots & \ddots \end{pmatrix}, \tag{11.1}$$

$$A_2(S) \overset{\text{def}}{=} \frac{\sqrt{S}}{2}\begin{pmatrix} 1 & 0 & 0 & \cdots \\ 0 & -1 & 0 & \cdots \\ 0 & 0 & 0 & \cdots \\ \vdots & \vdots & \vdots & \ddots \end{pmatrix}. \tag{11.2}$$

引理 11.9 假设符号如上文所述，对于上面的引理中出现的某些项，有如下两个估计。

- 陈省身类型估计I（余维数大于等于2）

$$N(A_\alpha A_\beta - A_\beta A_\alpha) + (S_{\alpha\beta})^2 \leqslant \Big(2 - \frac{1}{p}\Big)S^2.$$

等号成立当且仅当下面一种情形成立。

(1) 所有的矩阵$A_\alpha = 0$，$\forall\alpha$.

(2) 余维数为2，矩阵$A_{n+1} \neq 0$，$A_{n+2} \neq 0$，$S_{(n+1)(n+1)} = S_{(n+2)(n+2)} = \frac{S}{2}$，$\vec{H} = 0$，并且 $A_{n+1} = A_1(S)$，$A_{n+2} = A_2(S)$.（见(11.1)和(11.2)两式。）

- 陈省身类型估计Ⅱ（余维数大于等于2）

$$2n\hat{S}_{\alpha\beta}H^\beta H^\alpha + N(\hat{A}_\alpha\hat{A}_\beta - \hat{A}_\beta\hat{A}_\alpha) + (\hat{S}_{\alpha\beta})^2 \leqslant 2n\rho H^2 + \Big(2 - \frac{1}{p}\Big)\rho^2.$$

等号成立当且仅当下面一种情形成立：

(1) 所有的矩阵$\hat{A}_\alpha = 0$，$\forall\alpha$.

(2) 余维数为2，矩阵$\hat{A}_{n+1} \neq 0$，$\hat{A}_{n+2} \neq 0$，$\hat{S}_{(n+1)(n+1)} = \hat{S}_{(n+2)(n+2)} = \frac{\rho}{2}$，$\vec{H} = 0$，并且$\hat{A}_{n+1} = A_1(\rho)$，$\hat{A}_{n+2} = A_2(\rho)$.（见(11.1)和(11.2)两式。）

- 李安民类型估计I（余维数大于等于2）

$$N(A_\alpha A_\beta - A_\beta A_\alpha) + (S_{\alpha\beta})^2 \leqslant \frac{3}{2}S^2.$$

等号成立当且仅当下面一种情形成立：
(1) 所有的矩阵$A_\alpha = 0,\ \forall\alpha$.
(2) 矩阵$A_{n+1} \neq 0,\ A_{n+2} \neq 0,\ S_{(n+1)(n+1)} = S_{(n+2)(n+2)} = \frac{S}{2}$，$A_{n+3} = \cdots = A_{n+p} = 0,\ \vec{H} = 0$，并且$A_{n+1} = A_1(S)$，$A_{n+2} = A_2(S)$.

- 李安民类型估计Ⅱ（余维数大于等于2）

$$2n\hat{S}_{\alpha\beta}H^\beta H^\alpha + N(\hat{A}_\alpha\hat{A}_\beta - \hat{A}_\beta\hat{A}_\alpha) + (\hat{S}_{\alpha\beta})^2 \leqslant 2n\rho H^2 + \frac{3}{2}\rho^2.$$

等号成立当且仅当下面一种情形成立：
(1) 所有的矩阵$\hat{A}_\alpha = 0, \forall\alpha$.
(2) 矩阵$\hat{A}_{n+1} \neq 0,\ \hat{A}_{n+2} \neq 0,\ \hat{S}_{(n+1)(n+1)} = \hat{S}_{(n+2)(n+2)} = \frac{\rho}{2}$，$\hat{A}_{n+3} = \cdots = \hat{A}_{n+p} = 0,\ \vec{H} = 0$，并且 $\hat{A}_{n+1} = A_1(\rho)$，$\hat{A}_{n+2} = A_2(\rho)$成立。

证明 首先证明陈省身估计。我们用符号K_1来表示需要估计的项：

$$K_1 = 2n\sum_{\alpha\beta}\hat{S}_{\alpha\beta}H^\alpha H^\beta + \sum_{\alpha\beta}(\hat{S}_{\alpha\beta})^2 + \sum_{\alpha\neq\beta}2\hat{S}_{\alpha\alpha}\tilde{S}_{\beta\beta}.$$

对角化$(\tilde{S}_{\alpha\beta})$ 使得 $\tilde{S}_{\alpha\beta} = 0,\quad \alpha \neq \beta$，则有

$$K_1 = 2nK_2 + K_3, \tag{11.3}$$

此处

$$K_2 = \sum_\alpha(\hat{S}_{\alpha\alpha})(H^\alpha)^2$$

和

$$K_3 = \sum_\alpha(\hat{S}_{\alpha\alpha})^2 + \sum_{\alpha\neq\beta}2\hat{S}_{\alpha\alpha}\hat{S}_{\beta\beta}.$$

可以推得

$$K_2 = \sum_\alpha(\hat{S}_{\alpha\alpha})(H^\alpha)^2 \leqslant \sum_\alpha(\hat{S}_{\alpha\alpha})\sum_\beta(H^\beta)^2 \leqslant \rho H^2$$

和

$$
\begin{aligned}
K_3 &= \sum_{\alpha}(\hat{S}_{\alpha\alpha})^2 + \sum_{\alpha\neq\beta} 2\hat{S}_{\alpha\alpha}\hat{S}_{\beta\beta} \\
&= \sum_{\alpha}(\hat{S}_{\alpha\alpha})^2 + \sum_{\alpha\neq\beta} \hat{S}_{\alpha\alpha}\hat{S}_{\beta\beta} + \sum_{\alpha\neq\beta} \hat{S}_{\alpha\alpha}\hat{S}_{\beta\beta} \\
&= \Big(\sum_{\alpha}\hat{S}_{\alpha\alpha}\Big)^2 + \sum_{\alpha=1}^{p}\hat{S}_{\alpha\alpha}\Big(\sum_{\beta}\hat{S}_{\beta\beta} - \hat{S}_{\alpha\alpha}\Big) \\
&= \hat{S}^2 + \hat{S}^2 - \frac{1}{p}\cdot p\cdot\sum_{\alpha=1}^{p}\hat{S}_{\alpha\alpha}^2 \\
&\leqslant 2\hat{S}^2 - \frac{1}{p}\Big[\Big(\sum_{\alpha}\hat{S}_{\alpha\alpha}\Big)^2\Big] = \Big(2-\frac{1}{p}\Big)\hat{S}^2 \\
&= \Big(2-\frac{1}{p}\Big)\rho^2.
\end{aligned}
$$

将K_2和K_3代入后可得

$$K_1 \leqslant 2n\rho H^2 + \Big(2-\frac{1}{p}\Big)\rho^2.$$

如果等号成立，那么意味着上面推导过程中的所有等号都成立，即

$$
\begin{aligned}
&\sum_{\alpha\neq\beta}\hat{S}_{\alpha\alpha}(H^{\beta})^2 = 0, \\
&N(\hat{A}_{\alpha}\hat{A}_{\beta} - \hat{A}_{\beta}\hat{A}_{\alpha}) = 2N(\hat{A}_{\alpha})N(\hat{A}_{\beta}), \\
&\hat{S}_{\alpha\alpha} = \hat{S}_{\beta\beta} = \frac{\rho}{p},\ \ \forall\alpha\neq\beta.
\end{aligned}
$$

如果某个矩阵$\hat{A}_{\alpha}=0$，那么其它所有的矩阵都为零，此时不等式变为等式。如果某个矩阵$\hat{A}_{\alpha}\neq 0$，那么所有的矩阵都不为零，此时根据陈省身不等式的后面的结论，如果余维数大于2，那么某个矩阵$\hat{A}_{\alpha}$必须为零，与假设矛盾，因此余维数一定为2，并且矩阵可以同时对角化为上面引理中的情形，在此种情形，平均曲率向量为零。由此，陈省身估计得证。对于李安民估计可用李安民不等式同理可证。 □

引理 11.10 结合上面的两个引理，有关于函数$F(S)$的二阶导数$\Delta F(S)$的估计。

- 当原流形为一般流形，余维数等于1时

$$\begin{aligned}\Delta F(S) =&F''(S)|\nabla S|^2 + \Big[(2nF'(S)h_{ij})H_{,ij} + 2nF'(S)P_3H \\ &+ 2nF'(S)h_{ij}\bar{R}_{i(n+1)(n+1)j}H - n^2F(S)H^2 \Big] \\ &+ 2F'(S)|Dh|^2 - 2F'(S)S^2 - 2nF'(S)h_{ij}\bar{R}_{i(n+1)(n+1)j}H \\ &+ n^2F(S)H^2 + 2F'(S)(h_{ij}\bar{R}_{(n+1)ijk,k} - h_{ij}\bar{R}_{(n+1)kki,j}) \\ &+ 2F'(S)(h_{ij}h_{kl}\bar{R}_{iljk} + h_{ij}h_{il}\bar{R}_{jkkl})\end{aligned}$$

- 当原流形为一般流形，余维数大于等于2时

$$\begin{aligned}\Delta F(S) =& F''(S)|\nabla S|^2 + \Big[(2nF'(S)h^\alpha_{ij})H^\alpha_{,ij} + 2nF'(S)S_{\alpha\beta\beta}H^\alpha \\ &- 2nF'(S)h^\beta_{ij}\bar{R}^\beta_{ij\alpha}H^\alpha - n^2F(S)H^2 \Big] \\ &+ 2F'(S)|Dh|^2 + n^2F(S)H^2 + 2nF'(S)h^\beta_{ij}\bar{R}^\beta_{ij\alpha}H^\alpha \\ &+ 2F'(S)(-h^\alpha_{ij}\bar{R}^\alpha_{ijk,k} + h^\alpha_{ij}\bar{R}^\alpha_{kki,j}) \\ &+ 2F'(S)(h^\alpha_{ij}h^\alpha_{pk}\bar{R}_{ipjk} + h^\alpha_{ij}h^\alpha_{ip}\bar{R}_{kpjk} + h^\alpha_{ij}h^\beta_{ik}\bar{R}_{\alpha\beta jk}) \\ &- 2F'(S)[N(A_\alpha A_\beta - A_\beta A_\alpha) + (S_{\alpha\beta})^2] \\ =&F''(S)|\nabla S|^2 + \Big((2nF'(S)h^\alpha_{ij})H^\alpha_{,ij} + 2nF'(S)S_{\alpha\beta\beta}H^\alpha \\ &- 2nF'(S)h^\beta_{ij}\bar{R}^\beta_{ij\alpha}H^\alpha - n^2F(S)H^2 \Big) \\ &+ 2F'(S)|Dh|^2 - 2n^2F'(S)H^4 + n^2F(S)H^2 \\ &+ 2nF'(S)h^\beta_{ij}\bar{R}^\beta_{ij\alpha}H^\alpha + 2F'(S)(-h^\alpha_{ij}\bar{R}^\alpha_{ijk,k} + h^\alpha_{ij}\bar{R}^\alpha_{kki,j}) \\ &+ 2F'(S)(h^\alpha_{ij}h^\alpha_{pk}\bar{R}_{ipjk} + h^\alpha_{ij}h^\alpha_{ip}\bar{R}_{kpjk} + h^\alpha_{ij}h^\beta_{ik}\bar{R}_{\alpha\beta jk}) \\ &- 2F'(S)[N(\hat{A}_\alpha\hat{A}_\beta - \hat{A}_\beta\hat{A}_\alpha) + (\hat{S}_{\alpha\beta})^2 + 2n\hat{S}_{\alpha\beta}H^\alpha H^\beta].\end{aligned}$$

- 当原流形为一般流形，余维数大于等于2，$F'(u) \geqslant 0$时，陈省身类型估计I为

$$\Delta F(S) \geqslant F''(S)|\nabla S|^2 + \Big[(2nF'(S)h^\alpha_{ij})H^\alpha_{,ij} + 2nF'(S)S_{\alpha\beta\beta}H^\alpha$$

$$
\begin{aligned}
&-2nF'(S)h_{ij}^{\beta}\bar{R}_{ij\alpha}^{\beta}H^{\alpha}-n^2F(S)H^2\Big]\\
&+2F'(S)|Dh|^2+n^2F(S)H^2+2nF'(S)h_{ij}^{\beta}\bar{R}_{ij\alpha}^{\beta}H^{\alpha}\\
&+2F'(S)(-h_{ij}^{\alpha}\bar{R}_{ijk,k}^{\alpha}+h_{ij}^{\alpha}\bar{R}_{kki,j}^{\alpha})\\
&+2F'(S)(h_{ij}^{\alpha}h_{pk}^{\alpha}\bar{R}_{ipjk}+h_{ij}^{\alpha}h_{ip}^{\alpha}\bar{R}_{kpjk}+h_{ij}^{\alpha}h_{ik}^{\beta}\bar{R}_{\alpha\beta jk})\\
&-2F'(S)\Big(2-\frac{1}{p}\Big)S^2.
\end{aligned}
$$

当$S\equiv S_0>0$且$F'(S_0)>0$时，等式成立当且仅当：余维数为2，矩阵$A_{n+1}\neq 0$，$A_{n+2}\neq 0$，$S_{(n+1)(n+1)}=S_{(n+2)(n+2)}=\frac{S_0}{2}$，$\vec{H}=0$，并且$A_{n+1}=A_1(S_0)$，$A_{n+2}=A_2(S_0)$.

• 当原流形为一般流形，余维数大于等于2，$F'(u)\geqslant 0$时，陈省身类型估计Ⅱ为

$$
\begin{aligned}
\Delta F(S)\geqslant&F''(S)|\nabla S|^2+\Big[(2nF'(S)h_{ij}^{\alpha})H_{,ij}^{\alpha}+2nF'(S)S_{\alpha\beta\beta}H^{\alpha}\\
&-2nF'(S)h_{ij}^{\beta}\bar{R}_{ij\alpha}^{\beta}H^{\alpha}-n^2F(S)H^2\Big]\\
&+2F'(S)|Dh|^2-2n^2F'(S)H^4+n^2F(S)H^2+2nF'(S)h_{ij}^{\beta}\bar{R}_{ij\alpha}^{\beta}H^{\alpha}\\
&+2F'(S)(-h_{ij}^{\alpha}\bar{R}_{ijk,k}^{\alpha}+h_{ij}^{\alpha}\bar{R}_{kki,j}^{\alpha})\\
&+2F'(S)(h_{ij}^{\alpha}h_{pk}^{\alpha}\bar{R}_{ipjk}+h_{ij}^{\alpha}h_{ip}^{\alpha}\bar{R}_{kpjk}+h_{ij}^{\alpha}h_{ik}^{\beta}\bar{R}_{\alpha\beta jk})\\
&-2F'(S)[2n\rho H^2+\Big(2-\frac{1}{p}\Big)\rho^2].
\end{aligned}
$$

当$S\equiv S_0>0$且$F'(S_0)>0$时，等式成立当且仅当： 余维数为2，矩阵$A_{n+1}\neq 0$，$A_{n+2}\neq 0$，$S_{(n+1)(n+1)}=S_{(n+2)(n+2)}=\frac{S_0}{2}$，$\vec{H}=0$，并且$A_{n+1}=A_1(S_0)$，$A_{n+2}=A_2(S_0)$.

• 当原流形为一般流形，余维数大于等于2，$F'(u)\leqslant 0$时，陈省身类型估计I为

$$
\begin{aligned}
\Delta F(S)\leqslant&F''(S)|\nabla S|^2+\Big[(2nF'(S)h_{ij}^{\alpha})H_{,ij}^{\alpha}+2nF'(S)S_{\alpha\beta\beta}H^{\alpha}\\
&-2nF'(S)h_{ij}^{\beta}\bar{R}_{ij\alpha}^{\beta}H^{\alpha}-n^2F(S)H^2\Big]
\end{aligned}
$$

$$
\begin{aligned}
&+2F'(S)|Dh|^2+n^2F(S)H^2+2nF'(S)h_{ij}^{\beta}\bar{R}_{ij\alpha}^{\beta}H^{\alpha}\\
&+2F'(S)(-h_{ij}^{\alpha}\bar{R}_{ijk,k}^{\alpha}+h_{ij}^{\alpha}\bar{R}_{kki,j}^{\alpha})\\
&+2F'(S)(h_{ij}^{\alpha}h_{pk}^{\alpha}\bar{R}_{ipjk}+h_{ij}^{\alpha}h_{ip}^{\alpha}\bar{R}_{kpjk}+h_{ij}^{\alpha}h_{ik}^{\beta}\bar{R}_{\alpha\beta jk})\\
&-2F'(S)\Big(2-\frac{1}{p}\Big)S^2.
\end{aligned}
$$

当$S\equiv S_0>0$且$F'(S_0)<0$时，等式成立当且仅当：余维数为2，矩阵$A_{n+1}\neq 0$, $A_{n+2}\neq 0$, $S_{(n+1)(n+1)}=S_{(n+2)(n+2)}=\frac{S_0}{2}$, $\vec{H}=0$，并且$A_{n+1}=A_1(S_0)$, $A_{n+2}=A_2(S_0)$.

- 当原流形为一般流形，余维数大于等于2，$F'(u)\leqslant 0$时，陈省身类型估计Ⅱ为

$$
\begin{aligned}
\Delta F(S)\leqslant &F''(S)|\nabla S|^2+\Big[(2nF'(S)h_{ij}^{\alpha})H_{,ij}^{\alpha}+2nF'(S)S_{\alpha\beta\beta}H^{\alpha}\\
&-2nF'(S)h_{ij}^{\beta}\bar{R}_{ij\alpha}^{\beta}H^{\alpha}-n^2F(S)H^2\Big]\\
&+2F'(S)|Dh|^2-2n^2F'(S)H^4+n^2F(S)H^2+2nF'(S)h_{ij}^{\beta}\bar{R}_{ij\alpha}^{\beta}H^{\alpha}\\
&+2F'(S)(-h_{ij}^{\alpha}\bar{R}_{ijk,k}^{\alpha}+h_{ij}^{\alpha}\bar{R}_{kki,j}^{\alpha})\\
&+2F'(S)(h_{ij}^{\alpha}h_{pk}^{\alpha}\bar{R}_{ipjk}+h_{ij}^{\alpha}h_{ip}^{\alpha}\bar{R}_{kpjk}+h_{ij}^{\alpha}h_{ik}^{\beta}\bar{R}_{\alpha\beta jk})\\
&-2F'(S)\Big[2n\rho H^2+\Big(2-\frac{1}{p}\Big)\rho^2\Big].
\end{aligned}
$$

当$S\equiv S_0>0$且$F'(S_0)<0$时，等式成立当且仅当：余维数为2，矩阵$A_{n+1}\neq 0$, $A_{n+2}\neq 0$, $S_{(n+1)(n+1)}=S_{(n+2)(n+2)}=\frac{S_0}{2}$, $\vec{H}=0$，并且$A_{n+1}=A_1(S_0)$, $A_{n+2}=A_2(S_0)$.

- 当原流形为一般流形，余维数大于等于2，$F'(u)\geqslant 0$时，李安民类型估计I为

$$
\begin{aligned}
\Delta F(S)\geqslant &F''(S)|\nabla S|^2+\Big[(2nF'(S)h_{ij}^{\alpha})H_{,ij}^{\alpha}+2nF'(S)S_{\alpha\beta\beta}H^{\alpha}\\
&-2nF'(S)h_{ij}^{\beta}\bar{R}_{ij\alpha}^{\beta}H^{\alpha}-n^2F(S)H^2\Big]\\
&+2F'(S)|Dh|^2+n^2F(S)H^2+2nF'(S)h_{ij}^{\beta}\bar{R}_{ij\alpha}^{\beta}H^{\alpha}
\end{aligned}
$$

$$+2F'(S)(-h_{ij}^{\alpha}\bar{R}_{ijk,k}^{\alpha}+h_{ij}^{\alpha}\bar{R}_{kki,j}^{\alpha})$$

$$+2F'(S)(h_{ij}^{\alpha}h_{pk}^{\alpha}\bar{R}_{ipjk}+h_{ij}^{\alpha}h_{ip}^{\alpha}\bar{R}_{kpjk}+h_{ij}^{\alpha}h_{ik}^{\beta}\bar{R}_{\alpha\beta jk}).\qquad -3F'(S)S^2$$

当$S\equiv S_0>0$且$F'(S_0)>0$时，等式成立当且仅当：矩阵$A_{n+1}\neq 0$, $A_{n+2}\neq 0$, $S_{(n+1)(n+1)}=S_{(n+2)(n+2)}=\frac{S_0}{2}$, $A_{n+3}=\cdots=A_{n+p}=0$, $\vec{H}=0$，并且$A_{n+1}=A_1(S_0)$, $A_{n+2}=A_2(S_0)$.

• 当原流形为一般流形，余维数大于等于2，$F'(u)\geqslant 0$时，李安民类型估计Ⅱ为

$$\begin{aligned}\Delta F(S)\geqslant & F''(S)|\nabla S|^2+\Big[(2nF'(S)h_{ij}^{\alpha})H_{,ij}^{\alpha}+2nF'(S)S_{\alpha\beta\beta}H^{\alpha}\\ &-2nF'(S)h_{ij}^{\beta}\bar{R}_{ij\alpha}^{\beta}H^{\alpha}-n^2F(S)H^2\Big]\\ &+2F'(S)|Dh|^2-2n^2F'(S)H^4+n^2F(S)H^2+2nF'(S)h_{ij}^{\beta}\bar{R}_{ij\alpha}^{\beta}H^{\alpha}\\ &+2F'(S)(-h_{ij}^{\alpha}\bar{R}_{ijk,k}^{\alpha}+h_{ij}^{\alpha}\bar{R}_{kki,j}^{\alpha})\\ &+2F'(S)(h_{ij}^{\alpha}h_{pk}^{\alpha}\bar{R}_{ipjk}+h_{ij}^{\alpha}h_{ip}^{\alpha}\bar{R}_{kpjk}+h_{ij}^{\alpha}h_{ik}^{\beta}\bar{R}_{\alpha\beta jk})\\ &-2F'(S)(2n\rho H^2+\frac{3}{2}\rho^2).\end{aligned}$$

当$S\equiv S_0>0$且$F'(S_0)>0$时，等式成立当且仅当：矩阵$A_{n+1}\neq 0$, $A_{n+2}\neq 0$, $S_{(n+1)(n+1)}=S_{(n+2)(n+2)}=\frac{S_0}{2}$, $A_{n+3}=\cdots=A_{n+p}=0$, $\vec{H}=0$，并且$A_{n+1}=A_1(S_0)$, $A_{n+2}=A_2(S_0)$.

• 当原流形为一般流形，余维数大于等于2，$F'(u)\leqslant 0$时，李安民类型估计I为

$$\begin{aligned}\Delta F(S)\leqslant & F''(S)|\nabla S|^2+\Big[(2nF'(S)h_{ij}^{\alpha})H_{,ij}^{\alpha}+2nF'(S)S_{\alpha\beta\beta}H^{\alpha}\\ &-2nF'(S)h_{ij}^{\beta}\bar{R}_{ij\alpha}^{\beta}H^{\alpha}-n^2F(S)H^2\Big]\\ &+2F'(S)|Dh|^2+n^2F(S)H^2+2nF'(S)h_{ij}^{\beta}\bar{R}_{ij\alpha}^{\beta}H^{\alpha}\\ &+2F'(S)(-h_{ij}^{\alpha}\bar{R}_{ijk,k}^{\alpha}+h_{ij}^{\alpha}\bar{R}_{kki,j}^{\alpha})\\ &+2F'(S)(h_{ij}^{\alpha}h_{pk}^{\alpha}\bar{R}_{ipjk}+h_{ij}^{\alpha}h_{ip}^{\alpha}\bar{R}_{kpjk}+h_{ij}^{\alpha}h_{ik}^{\beta}\bar{R}_{\alpha\beta jk})-3F'(S)S^2.\end{aligned}$$

当$S\equiv S_0>0$且$F'(S_0)<0$时，等式成立当且仅当：矩阵$A_{n+1}\neq$

$0,\ A_{n+2}\neq 0,\ S_{(n+1)(n+1)}=S_{(n+2)(n+2)}=\frac{S_0}{2},\ A_{n+3}=\cdots=A_{n+p}=0,\ \vec{H}=0$，并且 $A_{n+1}=A_1(S_0),\ A_{n+2}=A_2(S_0)$.

• 当原流形为一般流形，余维数大于等于2，$F'(u)\leqslant 0$时，李安民类型估计Ⅱ为

$$\begin{aligned}\Delta F(S)\leqslant &F''(S)|\nabla S|^2+\Big[(2nF'(S)h_{ij}^{\alpha})H_{,ij}^{\alpha}+2nF'(S)S_{\alpha\beta\beta}H^{\alpha}\\&-2nF'(S)h_{ij}^{\beta}\bar{R}_{ij\alpha}^{\beta}H^{\alpha}-n^2F(S)H^2\Big]\\&+2F'(S)|Dh|^2-2n^2F'(S)H^4+n^2F(S)H^2+2nF'(S)h_{ij}^{\beta}\bar{R}_{ij\alpha}^{\beta}H^{\alpha}\\&+2F'(S)(-h_{ij}^{\alpha}\bar{R}_{ijk,k}^{\alpha}+h_{ij}^{\alpha}\bar{R}_{kki,j}^{\alpha})\\&+2F'(S)(h_{ij}^{\alpha}h_{pk}^{\alpha}\bar{R}_{ipjk}+h_{ij}^{\alpha}h_{ip}^{\alpha}\bar{R}_{kpjk}+h_{ij}^{\alpha}h_{ik}^{\beta}\bar{R}_{\alpha\beta jk})\\&-2F'(S)(2n\rho H^2+\frac{3}{2}\rho^2).\end{aligned}$$

当$S\equiv S_0>0$且$F'(S_0)<0$时，等式成立当且仅当：矩阵$A_{n+1}\neq 0,\ A_{n+2}\neq 0,\ S_{(n+1)(n+1)}=S_{(n+2)(n+2)}=\frac{S_0}{2},\ A_{n+3}=\cdots=A_{n+p}=0,\ \vec{H}=0$，并且 $A_{n+1}=A_1(S_0),\ A_{n+2}=A_2(S_0)$.

• 当原流形为空间形式，余维数等于1时

$$\begin{aligned}\Delta F(S)=&F''(S)|\nabla S|^2+\Big[(2nF'(S)h_{ij})H_{,ij}+2nF'(S)P_3H\\&+2n^2cF'(S)H^2-n^2F(S)H^2\Big]\\&-4n^2cF'(S)H^2+2F'(S)|Dh|^2\\&+2ncF'(S)S-2F'(S)S^2+n^2F(S)H^2.\end{aligned}$$

• 当原流形为空间形式，余维数大于等于2时

$$\begin{aligned}\Delta F(S)=&F''(S)|\nabla S|^2+\Big[(2nF'(S)h_{ij}^{\alpha})H_{,ij}^{\alpha}\\&+2nF'(S)S_{\alpha\beta\beta}H^{\alpha}+2n^2cF'(S)H^2-n^2F(S)H^2\Big]\\&-4n^2cF'(S)H^2+2F'(S)|Dh|^2+2ncF'(S)S+n^2F(S)H^2\\&-2F'(S)[N(A_{\alpha}A_{\beta}-A_{\beta}A_{\alpha})+(S_{\alpha\beta})^2]\end{aligned}$$

$$=F''(S)|\nabla S|^2+\Big[(2nF'(S)h_{ij}^{\alpha})H_{,ij}^{\alpha}$$

$$+2nF'(S)S_{\alpha\beta\beta}H^{\alpha}+2n^2cF'(S)H^2-n^2F(S)H^2\Big]$$

$$-4n^2cF'(S)H^2+2F'(S)|Dh|^2+2ncF'(S)S+n^2F(S)H^2$$

$$-2n^2F'(S)H^4-2F'(S)[N(\hat{A}_{\alpha}\hat{A}_{\beta}-\hat{A}_{\beta}\hat{A}_{\alpha})+(\hat{S}_{\alpha\beta})^2+2n\hat{S}_{\alpha\beta}H^{\alpha}H^{\beta}].$$

• 当原流形为空间形式，余维数大于等于2，$F'(u)\geqslant 0$时，陈省身类型估计I为

$$\Delta F(S)\geqslant F''(S)|\nabla S|^2+\Big[(2nF'(S)h_{ij}^{\alpha})H_{,ij}^{\alpha}$$

$$+2nF'(S)S_{\alpha\beta\beta}H^{\alpha}+2n^2cF'(S)H^2-n^2F(S)H^2\Big]$$

$$-4n^2cF'(S)H^2+2F'(S)|Dh|^2+2ncF'(S)S+n^2F(S)H^2$$

$$-2\Big(2-\frac{1}{p}\Big)F'(S)S^2.$$

当$S\equiv S_0>0$且$F'(S_0)>0$时，等式成立当且仅当：余维数为2，矩阵$A_{n+1}\neq 0$, $A_{n+2}\neq 0$, $S_{(n+1)(n+1)}=S_{(n+2)(n+2)}=\frac{S_0}{2}$, $\vec{H}=0$，并且$A_{n+1}=A_1(S_0)$, $A_{n+2}=A_2(S_0)$.

• 当原流形为空间形式，余维数大于等于2，$F'(u)\geqslant 0$时，陈省身类型估计Ⅱ为

$$\Delta F(S)\geqslant F''(S)|\nabla S|^2+\Big[(2nF'(S)h_{ij}^{\alpha})H_{,ij}^{\alpha}$$

$$+2nF'(S)S_{\alpha\beta\beta}H^{\alpha}+2n^2cF'(S)H^2-n^2F(S)H^2\Big]$$

$$-4n^2cF'(S)H^2+2F'(S)|Dh|^2+2ncF'(S)S+n^2F(S)H^2-2n^2F'(S)H^4$$

$$-2F'(S)\Big[2n\rho H^2+\Big(2-\frac{1}{p}\Big)\rho^2\Big].$$

当$S\equiv S_0>0$且$F'(S_0)>0$时，等式成立当且仅当：余维数为2，矩阵$A_{n+1}\neq 0$, $A_{n+2}\neq 0$, $S_{(n+1)(n+1)}=S_{(n+2)(n+2)}=\frac{S_0}{2}$, $\vec{H}=0$，并且$A_{n+1}=A_1(S_0)$, $A_{n+2}=A_2(S_0)$.

• 当原流形为空间形式，余维数大于等于2，$F'(u)\leqslant 0$时，陈省身

类型估计I为

$$\begin{aligned}\Delta F(S)\leqslant &F''(S)|\nabla S|^2+\Big[(2nF'(S)h_{ij}^{\alpha})H_{,ij}^{\alpha}\\&+2nF'(S)S_{\alpha\beta\beta}H^{\alpha}+2n^2cF'(S)H^2-n^2F(S)H^2\Big]\\&-4n^2cF'(S)H^2+2F'(S)|Dh|^2+2ncF'(S)S+n^2F(S)H^2\\&-2\Big(2-\frac{1}{p}\Big)F'(S)S^2.\end{aligned}$$

当$S\equiv S_0>0$且$F'(S_0)<0$时，等式成立当且仅当：余维数为2，矩阵$A_{n+1}\neq 0$, $A_{n+2}\neq 0$, $S_{(n+1)(n+1)}=S_{(n+2)(n+2)}=\frac{S_0}{2}$, $\vec{H}=0$，并且$A_{n+1}=A_1(S_0)$, $A_{n+2}=A_2(S_0)$.

• 当原流形为空间形式，余维数大于等于2，$F'(u)\leqslant 0$时，陈省身类型估计Ⅱ为

$$\begin{aligned}\Delta F(S)\leqslant &F''(S)|\nabla S|^2+\Big[(2nF'(S)h_{ij}^{\alpha})H_{,ij}^{\alpha}\\&+2nF'(S)S_{\alpha\beta\beta}H^{\alpha}+2n^2cF'(S)H^2-n^2F(S)H^2\Big]\\&-4n^2cF'(S)H^2+2F'(S)|Dh|^2+2ncF'(S)S+n^2F(S)H^2\\&-2n^2F'(S)H^4-2F'(S)[2n\rho H^2+\Big(2-\frac{1}{p}\Big)\rho^2].\end{aligned}$$

当$S\equiv S_0>0$且$F'(S_0)<0$时，等式成立当且仅当：余维数为2，矩阵$A_{n+1}\neq 0$, $A_{n+2}\neq 0$, $S_{(n+1)(n+1)}=S_{(n+2)(n+2)}=\frac{S_0}{2}$, $\vec{H}=0$，并且$A_{n+1}=A_1(S_0)$, $A_{n+2}=A_2(S_0)$.

• 当原流形为空间形式，余维数大于等于2，$F'(u)\geqslant 0$时，李安民类型估计I为

$$\begin{aligned}\Delta F(S)=&F''(S)|\nabla S|^2+\Big[(2nF'(S)h_{ij}^{\alpha})H_{,ij}^{\alpha}\\&+2nF'(S)S_{\alpha\beta\beta}H^{\alpha}+2n^2cF'(S)H^2-n^2F(S)H^2\Big]\\&-4n^2cF'(S)H^2+2F'(S)|Dh|^2+2ncF'(S)S\\&+n^2F(S)H^2-3F'(S)S^2).\end{aligned}$$

当$S\equiv S_0>0$且$F'(S_0)>0$时，等式成立当且仅当：矩阵$A_{n+1}\neq 0$, $A_{n+2}\neq 0$, $S_{(n+1)(n+1)}=S_{(n+2)(n+2)}=\frac{S_0}{2}$, $A_{n+3}=\cdots=A_{n+p}=0$, $\vec{H}=0$，并且$A_{n+1}=A_1(S_0)$, $A_{n+2}=A_2(S_0)$.

- 当原流形为空间形式，余维数大于等于2，$F'(u)\geqslant 0$时，李安民类型估计Ⅱ为

$$\begin{aligned}\Delta F(S)\leqslant & F''(S)|\nabla S|^2+\Big[(2nF'(S)h_{ij}^{\alpha})H_{,ij}^{\alpha}\\&+2nF'(S)S_{\alpha\beta\beta}H^{\alpha}+2n^2cF'(S)H^2-n^2F(S)H^2\Big]\\&-4n^2cF'(S)H^2+2F'(S)|Dh|^2+2ncF'(S)S+n^2F(S)H^2\\&-2n^2F'(S)H^4-2F'(S)(2n\rho H^2+\frac{3}{2}\rho^2).\end{aligned}$$

当$S\equiv S_0>0$且$F'(S_0)>0$时，等式成立当且仅当：矩阵$A_{n+1}\neq 0$, $A_{n+2}\neq 0$, $S_{(n+1)(n+1)}=S_{(n+2)(n+2)}=\frac{S_0}{2}$, $A_{n+3}=\cdots=A_{n+p}=0$, $\vec{H}=0$，并且$A_{n+1}=A_1(S_0)$, $A_{n+2}=A_2(S_0)$.

- 当原流形为空间形式，余维数大于等于2，$F'(u)\leqslant 0$时，李安民类型估计I为

$$\begin{aligned}\Delta F(S)\leqslant & F''(S)|\nabla S|^2+\Big[(2nF'(S)h_{ij}^{\alpha})H_{,ij}^{\alpha}\\&+2nF'(S)S_{\alpha\beta\beta}H^{\alpha}+2n^2cF'(S)H^2-n^2F(S)H^2\Big]\\&-4n^2cF'(S)H^2+2F'(S)|Dh|^2+2ncF'(S)S\\&+n^2F(S)H^2-3F'(S)S^2.\end{aligned}$$

当$S\equiv S_0>0$且$F'(S_0)<0$时，等式成立当且仅当：矩阵$A_{n+1}\neq 0$, $A_{n+2}\neq 0$, $S_{(n+1)(n+1)}=S_{(n+2)(n+2)}=\frac{S_0}{2}$, $A_{n+3}=\cdots=A_{n+p}=0$, $\vec{H}=0$，并且$A_{n+1}=A_1(S_0)$, $A_{n+2}=A_2(S_0)$.

- 当原流形为空间形式，余维数大于等于2，$F'(u)\leqslant 0$时，李安民类型估计Ⅱ为

$$\begin{aligned}\Delta F(S)\leqslant & F''(S)|\nabla S|^2+\Big[(2nF'(S)h_{ij}^{\alpha})H_{,ij}^{\alpha}\\&+2nF'(S)S_{\alpha\beta\beta}H^{\alpha}+2n^2cF'(S)H^2-n^2F(S)H^2\Big]\end{aligned}$$

$$-4n^2cF'(S)H^2+2F'(S)|Dh|^2+2ncF'(S)S+n^2F(S)H^2$$
$$-2n^2F'(S)H^4-2F'(S)(2n\rho H^2+\frac{3}{2}\rho^2).$$

当$S\equiv S_0>0$且$F'(S_0)<0$时，等式成立当且仅当：矩阵$A_{n+1}\neq 0$, $A_{n+2}\neq 0$, $S_{(n+1)(n+1)}=S_{(n+2)(n+2)}=\frac{S_0}{2}$, $A_{n+3}=\cdots=A_{n+p}=0$, $\vec{H}=0$，并且$A_{n+1}=A_1(S_0)$, $A_{n+2}=A_2(S_0)$.

11.2　抽象函数型子流形的Simons型积分不等式

对于上节引理中的表达式，我们在流形之上进行积分运算，利用分部积分公式和$GD_{(n,F)}$-子流形的Euler-Lagrange方程，可得一系列的定理。

定理 11.1　假设$x:M^n\to N^{n+1}$为一般流形中的$GD_{(n,F)}$超曲面，则有等式

$$\int_M F''(S)|\nabla S|^2+2F'(S)|Dh|^2-2F'(S)S^2-2nF'(S)h_{ij}\bar{R}_{i(n+1)(n+1)j}H$$
$$+n^2F(S)H^2+2F'(S)(h_{ij}\bar{R}_{(n+1)ijk,k}-h_{ij}\bar{R}_{(n+1)kki,j})$$
$$+2F'(S)(h_{ij}h_{kl}\bar{R}_{iljk}+h_{ij}h_{il}\bar{R}_{jkkl})\mathrm{d}v=0. \tag{11.4}$$

◇

定理 11.2　假设$x:M^n\to N^{n+p},p\geqslant 2$为一般流形中的$GD_{(n,F)}$子流形，则有等式

$$\int_M F''(S)|\nabla S|^2+2F'(S)|Dh|^2+n^2F(S)H^2$$
$$+2nF'(S)h_{ij}^{\beta}\bar{R}_{ij\alpha}^{\beta}H^{\alpha}+2F'(S)(-h_{ij}^{\alpha}\bar{R}_{ijk,k}^{\alpha}+h_{ij}^{\alpha}\bar{R}_{kki,j}^{\alpha})$$
$$+2F'(S)(h_{ij}^{\alpha}h_{pk}^{\alpha}\bar{R}_{ipjk}+h_{ij}^{\alpha}h_{ip}^{\alpha}\bar{R}_{kpjk}+h_{ij}^{\alpha}h_{ik}^{\beta}\bar{R}_{\alpha\beta jk})$$
$$-2F'(S)[N(A_\alpha A_\beta-A_\beta A_\alpha)+(S_{\alpha\beta})^2]\mathrm{d}v$$
$$=\int_M F''(S)|\nabla S|^2+2F'(S)|Dh|^2-2n^2F'(S)H^4+n^2F(S)H^2$$
$$+2nF'(S)h_{ij}^{\beta}\bar{R}_{ij\alpha}^{\beta}H^{\alpha}+2F'(S)(-h_{ij}^{\alpha}\bar{R}_{ijk,k}^{\alpha}+h_{ij}^{\alpha}\bar{R}_{kki,j}^{\alpha})$$

$$+2F'(S)(h_{ij}^{\alpha}h_{pk}^{\alpha}\bar{R}_{ipjk}+h_{ij}^{\alpha}h_{ip}^{\alpha}\bar{R}_{kpjk}+h_{ij}^{\alpha}h_{ik}^{\beta}\bar{R}_{\alpha\beta jk})$$

$$-2F'(S)[N(\hat{A}_{\alpha}\hat{A}_{\beta}-\hat{A}_{\beta}\hat{A}_{\alpha})+(\hat{S}_{\alpha\beta})^2+2n\hat{S}_{\alpha\beta}H^{\alpha}H^{\beta}]\mathrm{d}v=0. \tag{11.5}$$

◇

定理 11.3 假设$x:M^n\to N^{n+p},p\geqslant 2$为一般流形中的$GD_{(n,F)}$子流形，则有

• 当原流形为一般流形，余维数大于等于2，$F'(u)\geqslant 0$时，陈省身类型估计I为

$$\int_M F''(S)|\nabla S|^2+2F'(S)|Dh|^2+n^2F(S)H^2$$

$$+2nF'(S)h_{ij}^{\beta}\bar{R}_{ij\alpha}^{\beta}H^{\alpha}+2F'(S)(-h_{ij}^{\alpha}\bar{R}_{ijk,k}^{\alpha}+h_{ij}^{\alpha}\bar{R}_{kki,j}^{\alpha})$$

$$+2F'(S)(h_{ij}^{\alpha}h_{pk}^{\alpha}\bar{R}_{ipjk}+h_{ij}^{\alpha}h_{ip}^{\alpha}\bar{R}_{kpjk}+h_{ij}^{\alpha}h_{ik}^{\beta}\bar{R}_{\alpha\beta jk})$$

$$-2F'(S)\Big(2-\frac{1}{p}\Big)S^2\mathrm{d}v\leqslant 0. \tag{11.6}$$

当$S\equiv S_0>0$且$F'(S_0)>0$时，等式成立当且仅当：余维数为2，矩阵$A_{n+1}\neq 0$, $A_{n+2}\neq 0$, $S_{(n+1)(n+1)}=S_{(n+2)(n+2)}=\frac{S_0}{2}$, $\vec{H}=0$，并且$A_{n+1}=A_1(S_0)$, $A_{n+2}=A_2(S_0)$.

• 当原流形为一般流形，余维数大于等于2，$F'(u)\geqslant 0$时，陈省身类型估计Ⅱ为

$$\int_M F''(S)|\nabla S|^2+2F'(S)|Dh|^2-2n^2F'(S)H^4+n^2F(S)H^2$$

$$+2nF'(S)h_{ij}^{\beta}\bar{R}_{ij\alpha}^{\beta}H^{\alpha}+2F'(S)(-h_{ij}^{\alpha}\bar{R}_{ijk,k}^{\alpha}+h_{ij}^{\alpha}\bar{R}_{kki,j}^{\alpha})$$

$$+2F'(S)(h_{ij}^{\alpha}h_{pk}^{\alpha}\bar{R}_{ipjk}+h_{ij}^{\alpha}h_{ip}^{\alpha}\bar{R}_{kpjk}+h_{ij}^{\alpha}h_{ik}^{\beta}\bar{R}_{\alpha\beta jk})$$

$$-2F'(S)[2n\rho H^2+\Big(2-\frac{1}{p}\Big)\rho^2]\mathrm{d}v\leqslant 0. \tag{11.7}$$

当$S\equiv S_0>0$且$F'(S_0)>0$时，等式成立当且仅当：余维数为2，矩阵$A_{n+1}\neq 0$, $A_{n+2}\neq 0$, $S_{(n+1)(n+1)}=S_{(n+2)(n+2)}=\frac{S_0}{2}$, $\vec{H}=0$，并且$A_{n+1}=A_1(S_0)$, $A_{n+2}=A_2(S_0)$.

• 当原流形为一般流形，余维数大于等于2，$F'(u)\leqslant 0$时，陈省身

类型估计I为

$$\int_M F''(S)|\nabla S|^2 + 2F'(S)|Dh|^2 + n^2F(S)H^2$$

$$+ 2nF'(S)h_{ij}^{\beta}\bar{R}_{ij\alpha}^{\beta}H^{\alpha} + 2F'(S)(-h_{ij}^{\alpha}\bar{R}_{ijk,k}^{\alpha} + h_{ij}^{\alpha}\bar{R}_{kki,j}^{\alpha})$$

$$+ 2F'(S)(h_{ij}^{\alpha}h_{pk}^{\alpha}\bar{R}_{ipjk} + h_{ij}^{\alpha}h_{ip}^{\alpha}\bar{R}_{kpjk} + h_{ij}^{\alpha}h_{ik}^{\beta}\bar{R}_{\alpha\beta jk})$$

$$- 2F'(S)\Big(2 - \frac{1}{p}\Big)S^2\mathrm{d}v \geqslant 0. \tag{11.8}$$

当$S \equiv S_0 > 0$且$F'(S_0) < 0$时，等式成立当且仅当：余维数为2，矩阵$A_{n+1} \neq 0$, $A_{n+2} \neq 0$, $S_{(n+1)(n+1)} = S_{(n+2)(n+2)} = \frac{S_0}{2}$, $\vec{H} = 0$，并且 $A_{n+1} = A_1(S_0)$, $A_{n+2} - A_2(S_0)$.

• 当原流形为一般流形，余维数大于等于2，$F'(u) \leqslant 0$时，陈省身类型估计Ⅱ为

$$\int_M F''(S)|\nabla S|^2 + 2F'(S)|Dh|^2 - 2n^2F'(S)H^4 + n^2F(S)H^2$$

$$+ 2nF'(S)h_{ij}^{\beta}\bar{R}_{ij\alpha}^{\beta}H^{\alpha} + 2F'(S)(-h_{ij}^{\alpha}\bar{R}_{ijk,k}^{\alpha} + h_{ij}^{\alpha}\bar{R}_{kki,j}^{\alpha})$$

$$+ 2F'(S)(h_{ij}^{\alpha}h_{pk}^{\alpha}\bar{R}_{ipjk} + h_{ij}^{\alpha}h_{ip}^{\alpha}\bar{R}_{kpjk} + h_{ij}^{\alpha}h_{ik}^{\beta}\bar{R}_{\alpha\beta jk})$$

$$- 2F'(S)[2n\rho H^2 + \Big(2 - \frac{1}{p}\Big)\rho^2]\mathrm{d}v \geqslant 0. \tag{11.9}$$

当$S \equiv S_0 > 0$且$F'(S_0) < 0$时，等式成立当且仅当：余维数为2，矩阵$A_{n+1} \neq 0$, $A_{n+2} \neq 0$, $S_{(n+1)(n+1)} = S_{(n+2)(n+2)} = \frac{S_0}{2}$, $\vec{H} = 0$，并且 $A_{n+1} = A_1(S_0)$, $A_{n+2} = A_2(S_0)$.

• 当原流形为一般流形，余维数大于等于2，$F'(u) \geqslant 0$时，李安民类型估计I为

$$\int_M F''(S)|\nabla S|^2 + 2F'(S)|Dh|^2 + n^2F(S)H^2$$

$$+ 2nF'(S)h_{ij}^{\beta}\bar{R}_{ij\alpha}^{\beta}H^{\alpha} + 2F'(S)(-h_{ij}^{\alpha}\bar{R}_{ijk,k}^{\alpha} + h_{ij}^{\alpha}\bar{R}_{kki,j}^{\alpha})$$

$$+ 2F'(S)(h_{ij}^{\alpha}h_{pk}^{\alpha}\bar{R}_{ipjk} + h_{ij}^{\alpha}h_{ip}^{\alpha}\bar{R}_{kpjk} + h_{ij}^{\alpha}h_{ik}^{\beta}\bar{R}_{\alpha\beta jk})$$

$$- 3F'(S)S^2\mathrm{d}v \leqslant 0. \tag{11.10}$$

当$S \equiv S_0 > 0$且$F'(S_0) > 0$时，等式成立当且仅当：矩阵$A_{n+1} \neq 0$, $A_{n+2} \neq 0$, $S_{(n+1)(n+1)} = S_{(n+2)(n+2)} = \frac{S_0}{2}$, $A_{n+3} = \cdots = A_{n+p} = 0$, $\vec{H} = 0$，并且 $A_{n+1} = A_1(S_0)$, $A_{n+2} = A_2(S_0)$.

• 当原流形为一般流形，余维数大于等于2，$F'(u) \geqslant 0$时，李安民类型估计Ⅱ为

$$\begin{aligned}\int_M & F''(S)|\nabla S|^2 + 2F'(S)|Dh|^2 - 2n^2F'(S)H^4 + n^2F(S)H^2 \\ & + 2nF'(S)h_{ij}^{\beta}\bar{R}_{ij\alpha}^{\beta}H^{\alpha} + 2F'(S)(-h_{ij}^{\alpha}\bar{R}_{ijk,k}^{\alpha} + h_{ij}^{\alpha}\bar{R}_{kki,j}^{\alpha}) \\ & + 2F'(S)(h_{ij}^{\alpha}h_{pk}^{\alpha}\bar{R}_{ipjk} + h_{ij}^{\alpha}h_{ip}^{\alpha}\bar{R}_{kpjk} + h_{ij}^{\alpha}h_{ik}^{\beta}\bar{R}_{\alpha\beta jk}) \\ & - 2F'(S)(2n\rho H^2 + \frac{3}{2}\rho^2)\mathrm{d}v \leqslant 0. \end{aligned} \tag{11.11}$$

当$S \equiv S_0 > 0$且$F'(S_0) > 0$时，等式成立当且仅当：矩阵$A_{n+1} \neq 0$, $A_{n+2} \neq 0$, $S_{(n+1)(n+1)} = S_{(n+2)(n+2)} = \frac{S_0}{2}$, $A_{n+3} = \cdots = A_{n+p} = 0$, $\vec{H} = 0$，并且 $A_{n+1} = A_1(S_0)$, $A_{n+2} = A_2(S_0)$.

• 当原流形为一般流形，余维数大于等于2，$F'(u) \leqslant 0$时，李安民类型估计I为

$$\begin{aligned}\int_M & F''(S)|\nabla S|^2 + 2F'(S)|Dh|^2 + n^2F(S)H^2 \\ & + 2nF'(S)h_{ij}^{\beta}\bar{R}_{ij\alpha}^{\beta}H^{\alpha} + 2F'(S)(-h_{ij}^{\alpha}\bar{R}_{ijk,k}^{\alpha} + h_{ij}^{\alpha}\bar{R}_{kki,j}^{\alpha}) \\ & + 2F'(S)(h_{ij}^{\alpha}h_{pk}^{\alpha}\bar{R}_{ipjk} + h_{ij}^{\alpha}h_{ip}^{\alpha}\bar{R}_{kpjk} + h_{ij}^{\alpha}h_{ik}^{\beta}\bar{R}_{\alpha\beta jk}) \\ & - 3F'(S)S^2\mathrm{d}v \geqslant 0. \end{aligned} \tag{11.12}$$

当$S \equiv S_0 > 0$且$F'(S_0) < 0$时，等式成立当且仅当：矩阵$A_{n+1} \neq 0$, $A_{n+2} \neq 0$, $S_{(n+1)(n+1)} = S_{(n+2)(n+2)} = \frac{S_0}{2}$, $A_{n+3} = \cdots = A_{n+p} = 0$, $\vec{H} = 0$，并且 $A_{n+1} = A_1(S_0)$, $A_{n+2} = A_2(S_0)$.

• 当原流形为一般流形，余维数大于等于2，$F'(u) \leqslant 0$时，李安民类型估计Ⅱ为

$$\int_M F''(S)|\nabla S|^2 + 2F'(S)|Dh|^2 - 2n^2F'(S)H^4 + n^2F(S)H^2$$

$$+ 2nF'(S)h_{ij}^{\beta}\bar{R}_{ij\alpha}^{\beta}H^{\alpha} + 2F'(S)(-h_{ij}^{\alpha}\bar{R}_{ijk,k}^{\alpha} + h_{ij}^{\alpha}\bar{R}_{kki,j}^{\alpha})$$

$$+ 2F'(S)(h_{ij}^{\alpha}h_{pk}^{\alpha}\bar{R}_{ipjk} + h_{ij}^{\alpha}h_{ip}^{\alpha}\bar{R}_{kpjk} + h_{ij}^{\alpha}h_{ik}^{\beta}\bar{R}_{\alpha\beta jk})$$

$$- 2F'(S)(2n\rho H^2 + \frac{3}{2}\rho^2)\mathrm{d}v \geqslant 0. \qquad (11.13)$$

当$S \equiv S_0 > 0$且$F'(S_0) < 0$时，等式成立当且仅当：矩阵$A_{n+1} \neq 0$, $A_{n+2} \neq 0$, $S_{(n+1)(n+1)} = S_{(n+2)(n+2)} = \frac{S_0}{2}$, $A_{n+3} = \cdots = A_{n+p} = 0$, $\vec{H} = 0$，并且 $A_{n+1} = A_1(S_0)$, $A_{n+2} = A_2(S_0)$.

◇

定理 11.4 假设$x: M^n \to R^{n+1}$为空间形式中的$GD_{(n,F)}$超曲面，则有等式

$$\int_M F''(S)|\nabla S|^2 - 4n^2cF'(S)H^2 + 2F'(S)|Dh|^2$$

$$+ 2ncF'(S)S - 2F'(S)S^2 + n^2F(S)H^2\mathrm{d}v = 0. \qquad (11.14)$$

◇

定理 11.5 假设$x: M^n \to R^{n+p}, p \geqslant 2$为空间形式中的$GD_{(n,F)}$子流形，则有等式

$$\int_M F''(S)|\nabla S|^2 - 4n^2cF'(S)H^2 + 2F'(S)|Dh|^2 + 2ncF'(S)S$$

$$+ n^2F(S)H^2 - 2F'(S)[N(A_\alpha A_\beta - A_\beta A_\alpha) + (S_{\alpha\beta})^2]\mathrm{d}v$$

$$= \int_M F''(S)|\nabla S|^2 - 4n^2cF'(S)H^2 + 2F'(S)|Dh|^2$$

$$+ 2ncF'(S)S + n^2F(S)H^2 - 2n^2F'(S)H^4$$

$$- 2F'(S)[N(\hat{A}_\alpha\hat{A}_\beta - \hat{A}_\beta\hat{A}_\alpha) + (\hat{S}_{\alpha\beta})^2 + 2n\hat{S}_{\alpha\beta}H^\alpha H^\beta]\mathrm{d}v = 0. \qquad (11.15)$$

◇

定理 11.6 假设$x: M^n \to R^{n+p}, p \geqslant 2$为空间形式中的$GD_{(n,F)}$子流形，则有

- 当原流形为空间形式，余维数大于等于2，$F'(u) \geqslant 0$时，陈省身

类型估计I为

$$\int_M F''(S)|\nabla S|^2 - 4n^2cF'(S)H^2 + 2F'(S)|Dh|^2$$

$$+ 2ncF'(S)S + n^2F(S)H^2 - 2\left(2-\frac{1}{p}\right)F'(S)S^2\mathrm{d}v \leqslant 0. \tag{11.16}$$

当$S \equiv S_0 > 0$且$F'(S_0) > 0$时，等式成立当且仅当：余维数为2，矩阵$A_{n+1} \neq 0$, $A_{n+2} \neq 0$, $S_{(n+1)(n+1)} = S_{(n+2)(n+2)} = \frac{S_0}{2}$, $\vec{H} = 0$，并且 $An+1 = A_1(S_0)$, $A_{n+2} = A_2(S_0)$.

- 当原流形为空间形式，余维数大于等于2，$F'(u) \geqslant 0$时，陈省身类型估计Ⅱ为

$$\int_M F''(S)|\nabla S|^2 - 4n^2cF'(S)H^2 + 2F'(S)|Dh|^2$$

$$+ 2ncF'(S)S + n^2F(S)H^2 - 2n^2F'(S)H^4$$

$$- 2F'(S)[2n\rho H^2 + \left(2-\frac{1}{p}\right)\rho^2]\mathrm{d}v \leqslant 0. \tag{11.17}$$

当$S \equiv S_0 > 0$且$F'(S_0) > 0$时，等式成立当且仅当：余维数为2，矩阵$A_{n+1} \neq 0$, $A_{n+2} \neq 0$, $S_{(n+1)(n+1)} = S_{(n+2)(n+2)} = \frac{S_0}{2}$, $\vec{H} = 0$，并且 $An+1 = A_1(S_0)$, $A_{n+2} = A_2(S_0)$.

- 当原流形为空间形式，余维数大于等于2，$F'(u) \leqslant 0$时，陈省身类型估计I为

$$\int_M F''(S)|\nabla S|^2 - 4n^2cF'(S)H^2 + 2F'(S)|Dh|^2$$

$$+ 2ncF'(S)S + n^2F(S)H^2 - 2\left(2-\frac{1}{p}\right)F'(S)S^2\mathrm{d}v \geqslant 0. \tag{11.18}$$

当$S \equiv S_0 > 0$且$F'(S_0) < 0$时，等式成立当且仅当：余维数为2，矩阵$A_{n+1} \neq 0$, $A_{n+2} \neq 0$, $S_{(n+1)(n+1)} = S_{(n+2)(n+2)} = \frac{S_0}{2}$, $\vec{H} = 0$，并且 $A_{n+1} = A_1(S_0)$, $A_{n+2} = A_2(S_0)$.

- 当原流形为空间形式，余维数大于等于2，$F'(u) \leqslant 0$时，陈省身

类型估计Ⅱ为

$$\int_M F''(S)|\nabla S|^2 - 4n^2cF'(S)H^2 + 2F'(S)|Dh|^2$$

$$+ 2ncF'(S)S + n^2F(S)H^2 - 2n^2F'(S)H^4$$

$$- 2F'(S)[2n\rho H^2 + \left(2 - \frac{1}{p}\right)\rho^2]\mathrm{d}v \geqslant 0. \tag{11.19}$$

当$S \equiv S_0 > 0$且$F'(S_0) < 0$时，等式成立当且仅当：余维数为2，矩阵$A_{n+1} \neq 0$, $A_{n+2} \neq 0$, $S_{(n+1)(n+1)} = S_{(n+2)(n+2)} = \frac{S_0}{2}$, $\vec{H} = 0$，并且 $A_{n+1} = A_1(S_0)$, $A_{n+2} = A_2(S_0)$.

• 当原流形为空间形式，余维数大于等于2，$F'(u) \geqslant 0$时，李安民类型估计I为

$$\int_M F''(S)|\nabla S|^2 - 4n^2cF'(S)H^2 + 2F'(S)|Dh|^2$$

$$+ 2ncF'(S)S + n^2F(S)H^2 - 3F'(S)S^2)\mathrm{d}v \geqslant 0. \tag{11.20}$$

当$S \equiv S_0 > 0$且$F'(S_0) > 0$时，等式成立当且仅当：矩阵$A_{n+1} \neq 0$, $A_{n+2} \neq 0$, $S_{(n+1)(n+1)} = S_{(n+2)(n+2)} = \frac{S_0}{2}$, $A_{n+3} = \cdots = A_{n+p} = 0$, $\vec{H} = 0$，并且 $A_{n+1} = A_1(S_0)$, $A_{n+2} = A_2(S_0)$.

• 当原流形为空间形式，余维数大于等于2，$F'(u) \geqslant 0$时，李安民类型估计Ⅱ为

$$\int_M F''(S)|\nabla S|^2 - 4n^2cF'(S)H^2 + 2F'(S)|Dh|^2$$

$$+ 2ncF'(S)S + n^2F(S)H^2 - 2n^2F'(S)H^4$$

$$- 2F'(S)(2n\rho H^2 + \frac{3}{2}\rho^2)\mathrm{d}v \geqslant 0. \tag{11.21}$$

当$S \equiv S_0 > 0$且$F'(S_0) > 0$时，等式成立当且仅当：矩阵$A_{n+1} \neq 0$, $A_{n+2} \neq 0$, $S_{(n+1)(n+1)} = S_{(n+2)(n+2)} = \frac{S_0}{2}$, $A_{n+3} = \cdots = A_{n+p} = 0$, $\vec{H} = 0$，并且 $A_{n+1} = A_1(S_0)$, $A_{n+2} = A_2(S_0)$.

• 当原流形为空间形式，余维数大于等于2，$F'(u) \leqslant 0$时，李安民

类型估计I为

$$\int_M F''(S)|\nabla S|^2 - 4n^2cF'(S)H^2 + 2F'(S)|Dh|^2$$

$$+ 2ncF'(S)S + n^2F(S)H^2 - 3F'(S)S^2\mathrm{d}v \geqslant 0. \tag{11.22}$$

当$S \equiv S_0 > 0$且$F'(S_0) < 0$时，等式成立当且仅当：矩阵$A_{n+1} \neq 0$, $A_{n+2} \neq 0$, $S_{(n+1)(n+1)} = S_{(n+2)(n+2)} = \frac{S_0}{2}$, $A_{n+3} = \cdots = A_{n+p} = 0$, $\vec{H} = 0$，并且 $A_{n+1} = A_1(S_0)$, $A_{n+2} = A_2(S_0)$.

- 当原流形为空间形式，余维数大于等于2，$F'(u) \leqslant 0$时，李安民类型估计II为

$$\int_M F''(S)|\nabla S|^2 - 4n^2cF'(S)H^2 + 2F'(S)|Dh|^2$$

$$+ 2ncF'(S)S + n^2F(S)H^2 - 2n^2F'(S)H^4$$

$$- 2F'(S)(2n\rho H^2 + \frac{3}{2}\rho^2)\mathrm{d}v \geqslant 0. \tag{11.23}$$

当$S \equiv S_0 > 0$且$F'(S_0) < 0$时，等式成立当且仅当：矩阵$A_{n+1} \neq 0$, $A_{n+2} \neq 0$, $S_{(n+1)(n+1)} = S_{(n+2)(n+2)} = \frac{S_0}{2}$, $A_{n+3} = \cdots = A_{n+p} = 0$, $\vec{H} = 0$，并且 $A_{n+1} = A_1(S_0)$, $A_{n+2} = A_2(S_0)$.

◇

11.3 幂函数型子流形的Simons型积分不等式

对于$GD_{(n,r)}$子流形，利用$GD_{(n,F)}$子流形的Simons不等式估计可以得到下面的定理。

定理 11.7 假设$x: M^n \to N^{n+1}$为一般流形中的$GD_{(n,r)}$超曲面且$(M,r) \in T_{1,1} \bigcup T_{2,2}$，则有等式

$$\int_M r(r-1)S^{r-2}|\nabla S|^2 + 2rS^{r-1}|Dh|^2 - 2rS^{r-1}S^2$$

$$- 2nrS^{r-1}h_{ij}\bar{R}_{i(n+1)(n+1)j}H + n^2S^rH^2$$

$$+ 2rS^{r-1}(h_{ij}\bar{R}_{(n+1)ijk,k} - h_{ij}\bar{R}_{(n+1)kki,j})$$

$$+ 2rS^{r-1}(h_{ij}h_{kl}\bar{R}_{iljk} + h_{ij}h_{il}\bar{R}_{jkkl})\mathrm{d}v = 0. \tag{11.24}$$

◇

定理 11.8 假设$x: M^n \to N^{n+p}, p \geqslant 2$为一般流形中的$GD_{(n,r)}$子流形，且$(M,r) \in T_{1,1} \bigcup T_{2,2}$，则有等式

$$\begin{aligned}
&\int_M r(r-1)S^{r-2}|\nabla S|^2 + 2rS^{r-1}|Dh|^2 + n^2S^rH^2 \\
&+ 2nrS^{r-1}h^{\beta}_{ij}\bar{R}^{\beta}_{ij\alpha}H^{\alpha} + 2rS^{r-1}(-h^{\alpha}_{ij}\bar{R}^{\alpha}_{ijk,k} + h^{\alpha}_{ij}\bar{R}^{\alpha}_{kki,j}) \\
&+ 2rS^{r-1}(h^{\alpha}_{ij}h^{\alpha}_{pk}\bar{R}_{ipjk} + h^{\alpha}_{ij}h^{\alpha}_{ip}\bar{R}_{kpjk} + h^{\alpha}_{ij}h^{\beta}_{ik}\bar{R}_{\alpha\beta jk}) \\
&- 2rS^{r-1}[N(A_{\alpha}A_{\beta} - A_{\beta}A_{\alpha}) + (S_{\alpha\beta})^2]\mathrm{d}v \\
=&\int_M Fr(r-1)S^{r-2}|\nabla S|^2 + 2rS^{r-1}|Dh|^2 - 2n^2rS^{r-1}H^4 + n^2S^rH^2 \\
&+ 2nrS^{r-1}h^{\beta}_{ij}\bar{R}^{\beta}_{ij\alpha}H^{\alpha} + 2rS^{r-1}(-h^{\alpha}_{ij}\bar{R}^{\alpha}_{ijk,k} + h^{\alpha}_{ij}\bar{R}^{\alpha}_{kki,j}) \\
&+ 2rS^{r-1}(h^{\alpha}_{ij}h^{\alpha}_{pk}\bar{R}_{ipjk} + h^{\alpha}_{ij}h^{\alpha}_{ip}\bar{R}_{kpjk} + h^{\alpha}_{ij}h^{\beta}_{ik}\bar{R}_{\alpha\beta jk}) \\
&- 2rS^{r-1}[N(\hat{A}_{\alpha}\hat{A}_{\beta} - \hat{A}_{\beta}\hat{A}_{\alpha}) + (\hat{S}_{\alpha\beta})^2 + 2n\hat{S}_{\alpha\beta}H^{\alpha}H^{\beta}]\mathrm{d}v = 0.
\end{aligned} \tag{11.25}$$

◇

定理 11.9 假设$x: M^n \to N^{n+p}, p \geqslant 2$为一般流形中的$GD_{(n,r)}$子流形，且$(M,r) \in T_{1,1} \bigcup T_{2,2}$，则有

- 当原流形为一般流形，余维数大于等于2，且$(M,r) \in T_{1,1}, r \geqslant 0$或$(M,r) \in T_{2,2}$时，陈省身类型估计I为

$$\begin{aligned}
&\int_M r(r-1)S^{r-2}|\nabla S|^2 + 2rS^{r-1}|Dh|^2 + n^2S^rH^2 \\
&+ 2nrS^{r-1}h^{\beta}_{ij}\bar{R}^{\beta}_{ij\alpha}H^{\alpha} + 2rS^{r-1}(-h^{\alpha}_{ij}\bar{R}^{\alpha}_{ijk,k} + h^{\alpha}_{ij}\bar{R}^{\alpha}_{kki,j}) \\
&+ 2rS^{r-1}(h^{\alpha}_{ij}h^{\alpha}_{pk}\bar{R}_{ipjk} + h^{\alpha}_{ij}h^{\alpha}_{ip}\bar{R}_{kpjk} + h^{\alpha}_{ij}h^{\beta}_{ik}\bar{R}_{\alpha\beta jk}) \\
&- 2rS^{r-1}\Big(2 - \frac{1}{p}\Big)S^2\mathrm{d}v \leqslant 0.
\end{aligned} \tag{11.26}$$

当$S \equiv S_0 > 0$且$(M,r) \in T_{1,1}, r > 0$或$(M,r) \in T_{2,2}$时，等式成立当且仅

当：余维数为2，矩阵$A_{n+1}\neq 0$, $A_{n+2}\neq 0$, $S_{(n+1)(n+1)}=S_{(n+2)(n+2)}=\frac{S_0}{2}$, $\vec{H}=0$，并且 $A_{n+1}=A_1(S_0)$, $A_{n+2}=A_2(S_0)$.

• 当原流形为一般流形，余维数大于等于2，且$(M,r)\in T_{1,1}, r\geqslant 0$或$(M,r)\in T_{2,2}$时，陈省身类型估计Ⅱ为

$$\begin{aligned}&\int_M r(r-1)S^{r-2}|\nabla S|^2+2rS^{r-1}|Dh|^2-2n^2rS^{r-1}H^4+n^2S^rH^2\\&+2nrS^{r-1}h^\beta_{ij}\bar{R}^\beta_{ij\alpha}H^\alpha+2rS^{r-1}(-h^\alpha_{ij}\bar{R}^\alpha_{ijk,k}+h^\alpha_{ij}\bar{R}^\alpha_{kki,j})\\&+2rS^{r-1}(h^\alpha_{ij}h^\alpha_{pk}\bar{R}_{ipjk}+h^\alpha_{ij}h^\alpha_{ip}\bar{R}_{kpjk}+h^\alpha_{ij}h^\beta_{ik}\bar{R}_{\alpha\beta jk})\\&-2rS^{r-1}[2n\rho H^2+\Big(2-\frac{1}{p}\Big)\rho^2]\mathrm{d}v\leqslant 0.\end{aligned}\tag{11.27}$$

当$S\equiv S_0>0$且$(M,r)\in T_{1,1}, r>0$或$(M,r)\in T_{2,2}$时，等式成立当且仅当：余维数为2，矩阵$A_{n+1}\neq 0$, $A_{n+2}\neq 0$, $S_{(n+1)(n+1)}=S_{(n+2)(n+2)}=\frac{S_0}{2}$, $\vec{H}=0$，并且 $A_{n+1}=A_1(S_0)$, $A_{n+2}=A_2(S_0)$.

• 当原流形为一般流形，余维数大于等于2，且$(M,r)\in T_{1,1}, r\leqslant 0$时，陈省身类型估计I为

$$\begin{aligned}&\int_M r(r-1)S^{r-2}|\nabla S|^2+2rS^{r-1}|Dh|^2+n^2S^rH^2\\&+2nrS^{r-1}h^\beta_{ij}\bar{R}^\beta_{ij\alpha}H^\alpha+2rS^{r-1}(-h^\alpha_{ij}\bar{R}^\alpha_{ijk,k}+h^\alpha_{ij}\bar{R}^\alpha_{kki,j})\\&+2rS^{r-1}(h^\alpha_{ij}h^\alpha_{pk}\bar{R}_{ipjk}+h^\alpha_{ij}h^\alpha_{ip}\bar{R}_{kpjk}+h^\alpha_{ij}h^\beta_{ik}\bar{R}_{\alpha\beta jk})\\&-2rS^{r-1}\Big(2-\frac{1}{p}\Big)S^2\mathrm{d}v\geqslant 0.\end{aligned}\tag{11.28}$$

当$S\equiv S_0>0$且$(M,r)\in T_{1,1}, r<0$时，等式成立当且仅当：余维数为2，矩阵$A_{n+1}\neq 0$, $A_{n+2}\neq 0$, $S_{(n+1)(n+1)}=S_{(n+2)(n+2)}=\frac{S_0}{2}$, $\vec{H}=0$，并且$A_{n+1}=A_1(S_0)$, $A_{n+2}=A_2(S_0)$.

• 当原流形为一般流形，余维数大于等于2，且$(M,r)\in T_{1,1}, r\leqslant 0$时，陈省身类型估计Ⅱ为

$$\int_M r(r-1)S^{r-2}|\nabla S|^2+2rS^{r-1}|Dh|^2-2n^2rS^{r-1}H^4+n^2S^rH^2$$

$$+ 2nrS^{r-1}h_{ij}^{\beta}\bar{R}_{ij\alpha}^{\beta}H^{\alpha} + 2rS^{r-1}(-h_{ij}^{\alpha}\bar{R}_{ijk,k}^{\alpha} + h_{ij}^{\alpha}\bar{R}_{kki,j}^{\alpha})$$

$$+ 2rS^{r-1}(h_{ij}^{\alpha}h_{pk}^{\alpha}\bar{R}_{ipjk} + h_{ij}^{\alpha}h_{ip}^{\alpha}\bar{R}_{kpjk} + h_{ij}^{\alpha}h_{ik}^{\beta}\bar{R}_{\alpha\beta jk})$$

$$- 2rS^{r-1}[2n\rho H^2 + \left(2 - \frac{1}{p}\right)\rho^2]\mathrm{d}v \geqslant 0. \tag{11.29}$$

当$S \equiv S_0 > 0$且$(M, r) \in T_{1,1}, r < 0$时，等式成立当且仅当：余维数为2，矩阵$A_{n+1} \neq 0$，$A_{n+2} \neq 0$，$S_{(n+1)(n+1)} = S_{(n+2)(n+2)} = \frac{S_0}{2}$，$\vec{H} = 0$，并且$A_{n+1} = A_1(S_0)$，$A_{n+2} = A_2(S_0)$.

- 当原流形为一般流形，余维数大于等于2，且$(M, r) \in T_{1,1}, r \geqslant 0$或$(M, r) \in T_{2,2}$时，李安民类型估计I为

$$\int_M r(r-1)S^{r-2}|\nabla S|^2 + 2rS^{r-1}|Dh|^2 + n^2S^rH^2$$

$$+ 2nrS^{r-1}h_{ij}^{\beta}\bar{R}_{ij\alpha}^{\beta}H^{\alpha} + 2rS^{r-1}(-h_{ij}^{\alpha}\bar{R}_{ijk,k}^{\alpha} + h_{ij}^{\alpha}\bar{R}_{kki,j}^{\alpha})$$

$$+ 2rS^{r-1}(h_{ij}^{\alpha}h_{pk}^{\alpha}\bar{R}_{ipjk} + h_{ij}^{\alpha}h_{ip}^{\alpha}\bar{R}_{kpjk} + h_{ij}^{\alpha}h_{ik}^{\beta}\bar{R}_{\alpha\beta jk})$$

$$- 3rS^{r-1}S^2\mathrm{d}v \leqslant 0. \tag{11.30}$$

当$S \equiv S_0 > 0$且$(M, r) \in T_{1,1}, r > 0$或$(M, r) \in T_{2,2}$时，等式成立当且仅当：矩阵$A_{n+1} \neq 0$，$A_{n+2} \neq 0$，$S_{(n+1)(n+1)} = S_{(n+2)(n+2)} = \frac{S_0}{2}$，$A_{n+3} = \cdots = A_{n+p} = 0$，$\vec{H} = 0$，并且 $A_{n+1} = A_1(S_0)$，$A_{n+2} = A_2(S_0)$.

- 当原流形为一般流形，余维数大于等于2，且$(M, r) \in T_{1,1}, r \geqslant 0$或$(M, r) \in T_{2,2}$时，李安民类型估计II为

$$\int_M r(r-1)S^{r-2}|\nabla S|^2 + 2rS^{r-1}|Dh|^2 - 2n^2rS^{r-1}H^4 + n^2S^rH^2$$

$$+ 2nrS^{r-1}h_{ij}^{\beta}\bar{R}_{ij\alpha}^{\beta}H^{\alpha} + 2rS^{r-1}(-h_{ij}^{\alpha}\bar{R}_{ijk,k}^{\alpha} + h_{ij}^{\alpha}\bar{R}_{kki,j}^{\alpha})$$

$$+ 2rS^{r-1}(h_{ij}^{\alpha}h_{pk}^{\alpha}\bar{R}_{ipjk} + h_{ij}^{\alpha}h_{ip}^{\alpha}\bar{R}_{kpjk} + h_{ij}^{\alpha}h_{ik}^{\beta}\bar{R}_{\alpha\beta jk})$$

$$- 2rS^{r-1}(2n\rho H^2 + \frac{3}{2}\rho^2)\mathrm{d}v \leqslant 0. \tag{11.31}$$

当$S \equiv S_0 > 0$且$(M, r) \in T_{1,1}, r > 0$或$(M, r) \in T_{2,2}$时，等式成立当且仅当：矩阵$A_{n+1} \neq 0$，$A_{n+2} \neq 0$，$S_{(n+1)(n+1)} = S_{(n+2)(n+2)} = \frac{S_0}{2}$，$A_{n+3} = \cdots =$

$A_{n+p}=0$, $\vec{H}=0$，并且 $A_{n+1}=A_1(S_0)$, $A_{n+2}=A_2(S_0)$.

• 当原流形为一般流形，余维数大于等于2，且$(M,r)\in T_{1,1}, r\leqslant 0$时，李安民类型估计I为

$$\begin{aligned}\int_M & r(r-1)S^{r-2}|\nabla S|^2+2rS^{r-1}|Dh|^2+n^2S^rH^2\\&+2nrS^{r-1}h_{ij}^{\beta}\bar{R}_{ij\alpha}^{\beta}H^{\alpha}+2F'(S)(-h_{ij}^{\alpha}\bar{R}_{ijk,k}^{\alpha}+h_{ij}^{\alpha}\bar{R}_{kki,j}^{\alpha})\\&+2rS^{r-1}(h_{ij}^{\alpha}h_{pk}^{\alpha}\bar{R}_{ipjk}+h_{ij}^{\alpha}h_{ip}^{\alpha}\bar{R}_{kpjk}+h_{ij}^{\alpha}h_{ik}^{\beta}\bar{R}_{\alpha\beta jk})\\&-3rS^{r-1}S^2\mathrm{d}v\geqslant 0.\end{aligned}\tag{11.32}$$

当$S\equiv S_0>0$且$(M,r)\in T_{1,1}, r<0$时，等式成立当且仅当：矩阵$A_{n+1}\neq 0$, $A_{n+2}\neq 0$, $S_{(n+1)(n+1)}=S_{(n+2)(n+2)}=\frac{S_0}{2}$, $A_{n+3}=\cdots=A_{n+p}=0$, $\vec{H}=0$，并且 $A_{n+1}=A_1(S_0)$, $A_{n+2}=A_2(S_0)$.

• 当原流形为一般流形，余维数大于等于2，且$(M,r)\in T_{1,1}, r\leqslant 0$时，李安民类型估计II为

$$\begin{aligned}\int_M & r(r-1)S^{r-2}|\nabla S|^2+2rS^{r-1}|Dh|^2-2n^2rS^{r-1}H^4+n^2S^rH^2\\&+2nrS^{r-1}h_{ij}^{\beta}\bar{R}_{ij\alpha}^{\beta}H^{\alpha}+2rS^{r-1}(-h_{ij}^{\alpha}\bar{R}_{ijk,k}^{\alpha}+h_{ij}^{\alpha}\bar{R}_{kki,j}^{\alpha})\\&+2rS^{r-1}(h_{ij}^{\alpha}h_{pk}^{\alpha}\bar{R}_{ipjk}+h_{ij}^{\alpha}h_{ip}^{\alpha}\bar{R}_{kpjk}+h_{ij}^{\alpha}h_{ik}^{\beta}\bar{R}_{\alpha\beta jk})\\&-2rS^{r-1}(2n\rho H^2+\frac{3}{2}\rho^2)\mathrm{d}v\geqslant 0.\end{aligned}\tag{11.33}$$

当$S\equiv S_0>0$且$(M,r)\in T_{1,1}, r<0$时，等式成立当且仅当：矩阵$A_{n+1}\neq 0$, $A_{n+2}\neq 0$, $S_{(n+1)(n+1)}=S_{(n+2)(n+2)}=\frac{S_0}{2}$, $A_{n+3}=\cdots=A_{n+p}=0$, $\vec{H}=0$，并且 $A_{n+1}=A_1(S_0)$, $A_{n+2}=A_2(S_0)$.

◇

定理 11.10 假设$x:M^n\to R^{n+1}$为空间形式中的$GD_{(n,r)}$超曲面且$(M,r)\in T_{1,1}\bigcup T_{2,2}$，则有等式

$$\begin{aligned}\int_M & r(r-1)S^{r-2}|\nabla S|^2-4n^2crS^{r-1}H^2+2rS^{r-1}|Dh|^2\\&+2ncrS^{r-1}S-2rS^{r-1}S^2+n^2S^rH^2\mathrm{d}v=0.\end{aligned}\tag{11.34}$$

◇

定理 11.11 假设$x: M^n \to R^{n+p}, p \geqslant 2$为空间形式中的$GD_{(n,r)}$子流形且$(M,r) \in T_{1,1} \bigcup T_{2,2}$，则有等式

$$
\begin{aligned}
&\int_M r(r-1)S^{r-2}|\nabla S|^2 - 4n^2crS^{r-1}H^2 + 2rS^{r-1}|Dh|^2 \\
&\quad + 2ncrS^{r-1}S + n^2S^rH^2 - 2rS^{r-1}[N(A_\alpha A_\beta - A_\beta A_\alpha) + (S_{\alpha\beta})^2]\mathrm{d}v \\
&= \int_M r(r-1)S^{r-2}|\nabla S|^2 - 4n^2crS^{r-1}H^2 + 2rS^{r-1}|Dh|^2 \\
&\quad + 2ncrS^{r-1}S + n^2S^rH^2 - 2n^2rS^{r-1}H^4 \\
&\quad - 2rS^{r-1}[N(\hat{A}_\alpha\hat{A}_\beta - \hat{A}_\beta\hat{A}_\alpha) + (\hat{S}_{\alpha\beta})^2 + 2n\hat{S}_{\alpha\beta}H^\alpha H^\beta]\mathrm{d}v = 0.
\end{aligned} \tag{11.35}
$$

◇

定理 11.12 假设$x: M^n \to R^{n+p}, p \geqslant 2$为空间形式中的$GD_{(n,r)}$子流形且$(M,r) \in T_{1,1} \bigcup T_{2,2}$，则有

- 当原流形为空间形式，余维数大于等于2，且$(M,r) \in T_{1,1}, r \geqslant 0$或$(M,r) \in T_{2,2}$时，陈省身类型估计I为

$$
\begin{aligned}
&\int_M r(r-1)S^{r-2}|\nabla S|^2 - 4n^2crS^{r-1}H^2 + 2rS^{r-1}|Dh|^2 \\
&\quad + 2ncrS^{r-1}S + n^2S^rH^2 - 2\Big(2-\frac{1}{p}\Big)rS^{r-1}S^2\mathrm{d}v \leqslant 0.
\end{aligned} \tag{11.36}
$$

当$S \equiv S_0 > 0$且$(M,r) \in T_{1,1}, r > 0$或$(M,r) \in T_{2,2}$时，等式成立当且仅当：余维数为2，矩阵$A_{n+1} \neq 0$, $A_{n+2} \neq 0$, $S_{(n+1)(n+1)} = S_{(n+2)(n+2)} = \frac{S_0}{2}$, $\vec{H} = 0$，并且$A_{n+1} = A_1(S_0)$, $A_{n+2} = A_2(S_0)$.

- 当原流形为空间形式，余维数大于等于2，且$(M,r) \in T_{1,1}, r \geqslant 0$或$(M,r) \in T_{2,2}$时，陈省身类型估计Ⅱ为

$$
\begin{aligned}
&\int_M r(r-1)S^{r-2}|\nabla S|^2 - 4n^2crS^{r-1}H^2 + 2rS^{r-1}|Dh|^2 \\
&\quad + 2ncrS^{r-1}S + n^2S^rH^2 - 2n^2rS^{r-1}H^4 \\
&\quad - 2rS^{r-1}\Big[2n\rho H^2 + \Big(2-\frac{1}{p}\Big)\rho^2\Big]\mathrm{d}v \leqslant 0.
\end{aligned} \tag{11.37}
$$

当$S\equiv S_0>0$且$(M,r)\in T_{1,1}, r>0$或$(M,r)\in T_{2,2}$时，等式成立当且仅当：余维数为2，矩阵$A_{n+1}\neq 0$, $A_{n+2}\neq 0$, $S_{(n+1)(n+1)}=S_{(n+2)(n+2)}=\frac{S_0}{2}$, $\vec{H}=0$，并且 $A_{n+1}=A_1(S_0)$, $A_{n+2}=A_2(S_0)$.

• 当原流形为空间形式，余维数大于等于2，且$(M,r)\in T_{1,1}, r\leqslant 0$时，陈省身类型估计I为

$$\int_M r(r-1)S^{r-2}|\nabla S|^2-4n^2crS^{r-1}H^2+2rS^{r-1}|Dh|^2$$
$$+2ncrS^{r-1}S+n^2S^rH^2-2\Big(2-\frac{1}{p}\Big)rS^{r-1}S^2\mathrm{d}v\geqslant 0. \tag{11.38}$$

当$S\equiv S_0>0$且$(M,r)\in T_{1,1}, r<0$时，等式成立当且仅当：余维数为2，矩阵$A_{n+1}\neq 0$, $A_{n+2}\neq 0$, $S_{(n+1)(n+1)}=S_{(n+2)(n+2)}=\frac{S_0}{2}$, $\vec{H}=0$，并且$A_{n+1}=A_1(S_0)$, $A_{n+2}=A_2(S_0)$.

• 当原流形为空间形式，余维数大于等于2，且$(M,r)\in T_{1,1}, r\leqslant 0$时，陈省身类型估计Ⅱ为

$$\int_M r(r-1)S^{r-2}|\nabla S|^2-4n^2crS^{r-1}H^2+2rS^{r-1}|Dh|^2$$
$$+2ncrS^{r-1}S+n^2S^rH^2-2n^2rS^{r-1}H^4$$
$$-2rS^{r-1}[2n\rho H^2+\Big(2-\frac{1}{p}\Big)\rho^2]\mathrm{d}v\geqslant 0. \tag{11.39}$$

当$S\equiv S_0>0$且$(M,r)\in T_{1,1}, r<0$时，等式成立当且仅当：余维数为2，矩阵$A_{n+1}\neq 0$, $A_{n+2}\neq 0$, $S_{(n+1)(n+1)}=S_{(n+2)(n+2)}=\frac{S_0}{2}$, $\vec{H}=0$，并且$A_{n+1}=A_1(S_0)$, $A_{n+2}=A_2(S_0)$.

• 当原流形为空间形式，余维数大于等于2，且$(M,r)\in T_{1,1}, r\geqslant 0$或$(M,r)\in T_{2,2}$时，李安民类型估计I为

$$\int_M r(r-1)S^{r-2}|\nabla S|^2-4n^2crS^{r-1}H^2+2rS^{r-1}|Dh|^2$$
$$+2ncrS^{r-1}S+n^2S^rH^2-3rS^{r-1}S^2)\mathrm{d}v=0. \tag{11.40}$$

当$S\equiv S_0>0$且$(M,r)\in T_{1,1}, r>0$或$(M,r)\in T_{2,2}$时，等式成立当且仅当：矩阵$A_{n+1}\neq 0$, $A_{n+2}\neq 0$, $S_{(n+1)(n+1)}=S_{(n+2)(n+2)}=\frac{S_0}{2}$, $A_{n+3}=\cdots=$

$A_{n+p}=0,\ \vec{H}=0$，并且 $A_{n+1}=A_1(S_0),\ A_{n+2}=A_2(S_0)$.

• 当原流形为空间形式，余维数大于等于2，且$(M,r)\in T_{1,1}, r\geqslant 0$或$(M,r)\in T_{2,2}$时，李安民类型估计Ⅱ为

$$\int_M r(r-1)S^{r-2}|\nabla S|^2-4n^2crS^{r-1}H^2+2rS^{r-1}|Dh|^2$$
$$+2ncrS^{r-1}S+n^2S^rH^2-2n^2rS^{r-1}H^4$$
$$-2rS^{r-1}(2n\rho H^2+\frac{3}{2}\rho^2)\mathrm{d}v\geqslant 0. \tag{11.41}$$

当$S\equiv S_0>0$且$(M,r)\in T_{1,1}, r>0$或$(M,r)\in T_{2,2}$时，等式成立当且仅当：矩阵$A_{n+1}\neq 0,\ A_{n+2}\neq 0,\ S_{(n+1)(n+1)}=S_{(n+2)(n+2)}=\frac{S_0}{2},\ A_{n+3}=\cdots=A_{n+p}=0,\ \vec{H}=0$，并且 $A_{n+1}=A_1(S_0),\ A_{n+2}=A_2(S_0)$.

• 当原流形为空间形式，余维数大于等于2，且$(M,r)\in T_{1,1}, r\leqslant 0$时，李安民类型估计I为

$$\int_M r(r-1)S^{r-2}|\nabla S|^2-4n^2crS^{r-1}H^2+2rS^{r-1}|Dh|^2$$
$$+2ncrS^{r-1}S+n^2S^rH^2-3rS^{r-1}S^2\mathrm{d}v\geqslant 0. \tag{11.42}$$

当$S\equiv S_0>0$且$(M,r)\in T_{1,1}, r<0$时，等式成立当且仅当：矩阵$A_{n+1}\neq 0,\ A_{n+2}\neq 0,\ S_{(n+1)(n+1)}=S_{(n+2)(n+2)}=\frac{S_0}{2},\ A_{n+3}=\cdots=A_{n+p}=0,\ \vec{H}=0$，并且 $A_{n+1}=A_1(S_0),\ A_{n+2}=A_2(S_0)$.

• 当原流形为空间形式，余维数大于等于2，且$(M,r)\in T_{1,1}, r\leqslant 0$时，李安民类型估计Ⅱ为

$$\int_M r(r-1)S^{r-2}|\nabla S|^2-4n^2crS^{r-1}H^2+2rS^{r-1}|Dh|^2$$
$$+2ncrS^{r-1}S+n^2S^rH^2-2n^2rS^{r-1}H^4$$
$$-2rS^{r-1}(2n\rho H^2+\frac{3}{2}\rho^2)\mathrm{d}v\geqslant 0. \tag{11.43}$$

当$S\equiv S_0>0$且$(M,r)\in T_{1,1}, r<0$时，等式成立当且仅当：矩阵$A_{n+1}\neq 0,\ A_{n+2}\neq 0,\ S_{(n+1)(n+1)}=S_{(n+2)(n+2)}=\frac{S_0}{2},\ A_{n+3}=\cdots=A_{n+p}=0,\ \vec{H}=0$，并且 $A_{n+1}=A_1(S_0),\ A_{n+2}=A_2(S_0)$.

◇

11.4 指数函数型子流形的Simons型积分不等式

对于$GD_{(n,E)}$子流形，利用$GD_{(n,F)}$的公式可以得到Simons类型积分不等式。

定理 11.13 假设$x: M^n \to N^{n+1}$为一般流形中的$GD_{(n,E)}$超曲面，则有等式

$$\begin{aligned}\int_M & \mathrm{e}^S|\nabla S|^2 + 2\mathrm{e}^S|Dh|^2 - 2\mathrm{e}^S S^2 - 2n\mathrm{e}^S h_{ij}\bar{R}_{i(n+1)(n+1)j}H \\ & + n^2\mathrm{e}^S H^2 + 2\mathrm{e}^S(h_{ij}\bar{R}_{(n+1)ijk,k} - h_{ij}\bar{R}_{(n+1)kki,j}) \\ & + 2\mathrm{e}^S(h_{ij}h_{kl}\bar{R}_{iljk} + h_{ij}h_{il}\bar{R}_{jkkl})\mathrm{d}v = 0. \end{aligned} \tag{11.44}$$

◇

定理 11.14 假设$x: M^n \to N^{n+p}, p \geqslant 2$为一般流形中的$GD_{(n,E)}$子流形，则有等式

$$\begin{aligned}\int_M & \mathrm{e}^S|\nabla S|^2 + 2\mathrm{e}^S|Dh|^2 + n^2\mathrm{e}^S H^2 \\ & + 2n\mathrm{e}^S h^\beta_{ij}\bar{R}^\beta_{ij\alpha}H^\alpha + 2\mathrm{e}^S(-h^\alpha_{ij}\bar{R}^\alpha_{ijk,k} + h^\alpha_{ij}\bar{R}^\alpha_{kki,j}) \\ & + 2\mathrm{e}^S(h^\alpha_{ij}h^\alpha_{pk}\bar{R}_{ipjk} + h^\alpha_{ij}h^\alpha_{ip}\bar{R}_{kpjk} + h^\alpha_{ij}h^\beta_{ik}\bar{R}_{\alpha\beta jk}) \\ & - 2\mathrm{e}^S[N(A_\alpha A_\beta - A_\beta A_\alpha) + (S_{\alpha\beta})^2]\mathrm{d}v \\ = \int_M & \mathrm{e}^S|\nabla S|^2 + 2\mathrm{e}^S|Dh|^2 - 2n^2\mathrm{e}^S H^4 + n^2\mathrm{e}^S H^2 \\ & + 2n\mathrm{e}^S h^\beta_{ij}\bar{R}^\beta_{ij\alpha}H^\alpha + 2\mathrm{e}^S(-h^\alpha_{ij}\bar{R}^\alpha_{ijk,k} + h^\alpha_{ij}\bar{R}^\alpha_{kki,j}) \\ & + 2\mathrm{e}^S(h^\alpha_{ij}h^\alpha_{pk}\bar{R}_{ipjk} + h^\alpha_{ij}h^\alpha_{ip}\bar{R}_{kpjk} + h^\alpha_{ij}h^\beta_{ik}\bar{R}_{\alpha\beta jk}) \\ & - 2\mathrm{e}^S[N(\hat{A}_\alpha\hat{A}_\beta - \hat{A}_\beta\hat{A}_\alpha) + (\hat{S}_{\alpha\beta})^2 + 2n\hat{S}_{\alpha\beta}H^\alpha H^\beta]\mathrm{d}v = 0. \end{aligned} \tag{11.45}$$

◇

定理 11.15 假设$x: M^n \to N^{n+p}, p \geqslant 2$为一般流形中的$GD_{(n,E)}$子流形，则有

- 原流形为一般流形，余维数大于等于2时，陈省身类型估计I为

$$\int_M e^S|\nabla S|^2 + 2e^S|Dh|^2 + n^2e^S H^2$$

$$+ 2ne^S h_{ij}^{\beta}\bar{R}_{ij\alpha}^{\beta}H^{\alpha} + 2e^S(-h_{ij}^{\alpha}\bar{R}_{ijk,k}^{\alpha} + h_{ij}^{\alpha}\bar{R}_{kki,j}^{\alpha})$$

$$+ 2e^S(h_{ij}^{\alpha}h_{pk}^{\alpha}\bar{R}_{ipjk} + h_{ij}^{\alpha}h_{ip}^{\alpha}\bar{R}_{kpjk} + h_{ij}^{\alpha}h_{ik}^{\beta}\bar{R}_{\alpha\beta jk})$$

$$- 2e^S\Big(2 - \frac{1}{p}\Big)S^2 dv \leqslant 0. \tag{11.46}$$

当$S \equiv S_0 > 0$时，等式成立当且仅当：余维数为2，矩阵$A_{n+1} \neq 0, A_{n+2} \neq 0, S_{(n+1)(n+1)} = S_{(n+2)(n+2)} = \frac{S_0}{2}, \vec{H} = 0$，并且$A_{n+1} = A_1(S_0), A_{n+2} = A_2(S_0)$.

- 原流形为一般流形，余维数大于等于2时，陈省身类型估计Ⅱ为

$$\int_M e^S|\nabla S|^2 + 2e^S|Dh|^2 - 2n^2e^S H^4 + n^2e^S H^2$$

$$+ 2ne^S h_{ij}^{\beta}\bar{R}_{ij\alpha}^{\beta}H^{\alpha} + 2e^S(-h_{ij}^{\alpha}\bar{R}_{ijk,k}^{\alpha} + h_{ij}^{\alpha}\bar{R}_{kki,j}^{\alpha})$$

$$+ 2e^S(h_{ij}^{\alpha}h_{pk}^{\alpha}\bar{R}_{ipjk} + h_{ij}^{\alpha}h_{ip}^{\alpha}\bar{R}_{kpjk} + h_{ij}^{\alpha}h_{ik}^{\beta}\bar{R}_{\alpha\beta jk})$$

$$- 2e^S[2n\rho H^2 + \Big(2 - \frac{1}{p}\Big)\rho^2]dv \leqslant 0. \tag{11.47}$$

当$S \equiv S_0 > 0$时，等式成立当且仅当：余维数为2，矩阵$A_{n+1} \neq 0, A_{n+2} \neq 0, S_{(n+1)(n+1)} = S_{(n+2)(n+2)} = \frac{S_0}{2}, \vec{H} = 0$，并且$A_{n+1} = A_1(S_0), A_{n+2} = A_2(S_0)$.

- 原流形为一般流形，余维数大于等于2时，李安民类型估计I为

$$\int_M e^S|\nabla S|^2 + 2e^S|Dh|^2 + n^2e^S H^2$$

$$+ 2ne^S h_{ij}^{\beta}\bar{R}_{ij\alpha}^{\beta}H^{\alpha} + 2e^S(-h_{ij}^{\alpha}\bar{R}_{ijk,k}^{\alpha} + h_{ij}^{\alpha}\bar{R}_{kki,j}^{\alpha})$$

$$+ 2e^S(h_{ij}^{\alpha}h_{pk}^{\alpha}\bar{R}_{ipjk} + h_{ij}^{\alpha}h_{ip}^{\alpha}\bar{R}_{kpjk} + h_{ij}^{\alpha}h_{ik}^{\beta}\bar{R}_{\alpha\beta jk})$$

$$- 3e^S S^2 dv \leqslant 0. \tag{11.48}$$

当$S \equiv S_0 > 0$时，等式成立当且仅当：矩阵$A_{n+1} \neq 0$, $A_{n+2} \neq 0$, $S_{(n+1)(n+1)} = S_{(n+2)(n+2)} = \frac{S_0}{2}$, $A_{n+3} = \cdots = A_{n+p} = 0$, $\vec{H} = 0$，并且$A_{n+1} = A_1(S_0)$, $A_{n+2} = A_2(S_0)$.

- 原流形为一般流形，余维数大于等于2时，李安民类型估计Ⅱ为

$$\begin{aligned}&\int_M e^S|\nabla S|^2 + 2e^S|Dh|^2 - 2n^2e^S H^4 + n^2e^S H^2\\&+ 2ne^S h_{ij}^{\beta}\bar{R}_{ij\alpha}^{\beta}H^{\alpha} + 2e^S(-h_{ij}^{\alpha}\bar{R}_{ijk,k}^{\alpha} + h_{ij}^{\alpha}\bar{R}_{kki,j}^{\alpha})\\&+ 2e^S(h_{ij}^{\alpha}h_{pk}^{\alpha}\bar{R}_{ipjk} + h_{ij}^{\alpha}h_{ip}^{\alpha}\bar{R}_{kpjk} + h_{ij}^{\alpha}h_{ik}^{\beta}\bar{R}_{\alpha\beta jk})\\&- 2e^S(2n\rho H^2 + \frac{3}{2}\rho^2)dv \leqslant 0.\end{aligned} \tag{11.49}$$

当$S \equiv S_0 > 0$时，等式成立当且仅当：矩阵$A_{n+1} \neq 0$, $A_{n+2} \neq 0$, $S_{(n+1)(n+1)} = S_{(n+2)(n+2)} = \frac{S_0}{2}$, $A_{n+3} = \cdots = A_{n+p} = 0$, $\vec{H} = 0$，并且$A_{n+1} = A_1(S_0)$, $A_{n+2} = A_2(S_0)$.

◇

定理 11.16 假设$x : M^n \to R^{n+1}$为空间形式中的$GD_{(n,E)}$超曲面，则有等式

$$\begin{aligned}&\int_M e^S|\nabla S|^2 - 4n^2ce^S H^2 + 2e^S|Dh|^2\\&+ 2nce^S S - 2e^S S^2 + n^2e^S H^2 dv = 0.\end{aligned} \tag{11.50}$$

◇

定理 11.17 假设$x : M^n \to R^{n+p}, p \geqslant 2$为空间形式中的$GD_{(n,E)}$子流形，则有等式

$$\begin{aligned}&\int_M e^S|\nabla S|^2 - 4n^2ce^S H^2 + 2e^S|Dh|^2 + 2nce^S S\\&+ n^2e^S H^2 - 2e^S[N(A_\alpha A_\beta - A_\beta A_\alpha) + (S_{\alpha\beta})^2]dv\\=&\int_M e^S|\nabla S|^2 - 4n^2ce^S H^2 + 2e^S|Dh|^2\\&+ 2nce^S S + n^2e^S H^2 - 2n^2e^S H^4\end{aligned}$$

$$-2e^S[N(\hat{A}_\alpha\hat{A}_\beta-\hat{A}_\beta\hat{A}_\alpha)+(\hat{S}_{\alpha\beta})^2+2n\hat{S}_{\alpha\beta}H^\alpha H^\beta]dv=0. \tag{11.51}$$

◇

定理 11.18 假设$x: M^n \to R^{n+p}, p \geqslant 2$为空间形式中的$GD_{(n,E)}$子流形，则有

- 原流形为空间形式，余维数大于等于2时，陈省身类型估计I为

$$\int_M e^S|\nabla S|^2-4n^2ce^SH^2+2e^S|Dh|^2$$

$$+2nce^SS+n^2e^SH^2-2\Big(2-\frac{1}{p}\Big)e^SS^2dv\leqslant 0. \tag{11.52}$$

当$S=S_0>0$时，等式成立当且仅当：余维数为2，矩阵$A_{n+1}\neq 0, A_{n+2}\neq 0, S_{(n+1)(n+1)}=S_{(n+2)(n+2)}=\frac{S_0}{2}, \vec{H}=0$，并且$A_{n+1}=A_1(S_0), A_{n+2}=A_2(S_0)$.

- 原流形为空间形式，余维数大于等于2时，陈省身类型估计Ⅱ为

$$\int_M e^S|\nabla S|^2-4n^2ce^SH^2+2e^S|Dh|^2$$

$$+2nce^SS+n^2e^SH^2-2n^2e^SH^4$$

$$-2e^S[2n\rho H^2+\Big(2-\frac{1}{p}\Big)\rho^2]dv\leqslant 0. \tag{11.53}$$

当$S\equiv S_0>0$时，等式成立当且仅当：余维数为2，矩阵$A_{n+1}\neq 0, A_{n+2}\neq 0, S_{(n+1)(n+1)}=S_{(n+2)(n+2)}=\frac{S_0}{2}, \vec{H}=0$，并且$A_{n+1}=A_1(S_0), A_{n+2}=A_2(S_0)$.

- 原流形为空间形式，余维数大于等于2时,，李安民类型估计I为

$$\int_M e^S|\nabla S|^2-4n^2ce^SH^2+2e^S|Dh|^2$$

$$+2nce^SS+n^2e^SH^2-3e^SS^2)dv=0. \tag{11.54}$$

当$S\equiv S_0>0$时，等式成立当且仅当：矩阵$A_{n+1}\neq 0, A_{n+2}\neq 0, S_{(n+1)(n+1)}=S_{(n+2)(n+2)}=\frac{S_0}{2}, A_{n+3}=\cdots=A_{n+p}=0, \vec{H}=0$，并且$A_{n+1}=A_1(S_0), A_{n+2}=A_2(S_0)$.

• 原流形为空间形式，余维数大于等于2时，李安民类型估计Ⅱ为

$$\int_M e^S|\nabla S|^2 - 4n^2ce^S H^2 + 2e^S|Dh|^2$$
$$+ 2nce^S S + n^2e^S H^2 - 2n^2e^S H^4$$
$$- 2e^S(2n\rho H^2 + \frac{3}{2}\rho^2)dv \geqslant 0. \tag{11.55}$$

当$S \equiv S_0 > 0$时，等式成立当且仅当：矩阵$A_{n+1} \neq 0$, $A_{n+2} \neq 0$, $S_{(n+1)(n+1)} = S_{(n+2)(n+2)} = \frac{S_0}{2}$, $A_{n+3} = \cdots = A_{n+p} = 0$, $\vec{H} = 0$，并且$A_{n+1} = A_1(S_0)$, $A_{n+2} = A_2(S_0)$.

◇

11.5 对数函数型子流形的Simons型积分不等式

对于$W_{(n,\ln)}$子流形，利用11.2节的公式，我们可以得到下面特殊的Simons类型积分不等式。

定理 11.19 假设$x : M^n \to N^{n+1}$为一般流形中的没有测地点的$GD_{(n,\ln)}$超曲面，则有等式

$$\int_M \frac{-1}{S^2}|\nabla S|^2 + \frac{2}{S}|Dh|^2 - 2S$$
$$- \frac{2n}{S}h_{ij}\bar{R}_{i(n+1)(n+1)j}H + n^2\ln(S)H^2$$
$$+ \frac{2}{S}(h_{ij}\bar{R}_{(n+1)ijk,k} - h_{ij}\bar{R}_{(n+1)kki,j})$$
$$+ 2\frac{1}{S}(h_{ij}h_{kl}\bar{R}_{iljk} + h_{ij}h_{il}\bar{R}_{jkkl})dv = 0. \tag{11.56}$$

◇

定理 11.20 假设$x : M^n \to N^{n+p}, p \geqslant 2$为一般流形中的没有测地点

的$GD_{(n,\ln)}$子流形，则有等式

$$\begin{aligned}
&\int_M -\frac{1}{S^2}|\nabla S|^2+\frac{2}{S}|Dh|^2+n^2\ln(S)H^2\\
&+\frac{2n}{S}h_{ij}^{\beta}\bar{R}_{ij\alpha}^{\beta}H^{\alpha}+2F'(S)(-h_{ij}^{\alpha}\bar{R}_{ijk,k}^{\alpha}+h_{ij}^{\alpha}\bar{R}_{kki,j}^{\alpha})\\
&+\frac{2}{S}(h_{ij}^{\alpha}h_{pk}^{\alpha}\bar{R}_{ipjk}+h_{ij}^{\alpha}h_{ip}^{\alpha}\bar{R}_{kpjk}+h_{ij}^{\alpha}h_{ik}^{\beta}\bar{R}_{\alpha\beta jk})\\
&-\frac{2}{S}[N(A_{\alpha}A_{\beta}-A_{\beta}A_{\alpha})+(S_{\alpha\beta})^2]\mathrm{d}v\\
=&\int_M -\frac{1}{S^2}|\nabla S|^2+\frac{2}{S}|Dh|^2-\frac{2n^2}{S}H^4+n^2\ln(S)H^2\\
&+\frac{2n}{S}h_{ij}^{\beta}\bar{R}_{ij\alpha}^{\beta}H^{\alpha}+2\frac{1}{S}(-h_{ij}^{\alpha}\bar{R}_{ijk,k}^{\alpha}+h_{ij}^{\alpha}\bar{R}_{kki,j}^{\alpha})\\
&+\frac{2}{S}(h_{ij}^{\alpha}h_{pk}^{\alpha}\bar{R}_{ipjk}+h_{ij}^{\alpha}h_{ip}^{\alpha}\bar{R}_{kpjk}+h_{ij}^{\alpha}h_{ik}^{\beta}\bar{R}_{\alpha\beta jk})\\
&-\frac{2}{S}[N(\hat{A}_{\alpha}\hat{A}_{\beta}-\hat{A}_{\beta}\hat{A}_{\alpha})+(\hat{S}_{\alpha\beta})^2+2n\hat{S}_{\alpha\beta}H^{\alpha}H^{\beta}]\mathrm{d}v=0.
\end{aligned}\tag{11.57}$$

◇

定理 11.21　假设$x: M^n\to N^{n+p}, p\geqslant 2$为一般流形中的没有测地点的$GD_{(n,F)}$子流形，则有

- 原流形为一般流形，余维数大于等于2时，陈省身类型估计I为

$$\begin{aligned}
&\int_M -\frac{1}{S^2}|\nabla S|^2+\frac{2}{S}|Dh|^2+n^2\ln(S)H^2\\
&+\frac{2n}{S}h_{ij}^{\beta}\bar{R}_{ij\alpha}^{\beta}H^{\alpha}+2\frac{1}{S}(-h_{ij}^{\alpha}\bar{R}_{ijk,k}^{\alpha}+h_{ij}^{\alpha}\bar{R}_{kki,j}^{\alpha})\\
&+\frac{2}{S}(h_{ij}^{\alpha}h_{pk}^{\alpha}\bar{R}_{ipjk}+h_{ij}^{\alpha}h_{ip}^{\alpha}\bar{R}_{kpjk}+h_{ij}^{\alpha}h_{ik}^{\beta}\bar{R}_{\alpha\beta jk})\\
&-\frac{2}{S}\Big(2-\frac{1}{p}\Big)S^2\mathrm{d}v\leqslant 0.
\end{aligned}\tag{11.58}$$

当$S\equiv S_0>0$时，等式成立当且仅当：余维数为2，矩阵$A_{n+1}\neq 0, A_{n+2}\neq 0, S_{(n+1)(n+1)}=S_{(n+2)(n+2)}=\frac{S_0}{2}, \vec{H}=0$，并且$A_{n+1}=A_1(S_0), A_{n+2}=A_2(S_0)$.

• 原流形为一般流形，余维数大于等于2时，陈省身类型估计Ⅱ为

$$\int_M -\frac{1}{S^2}|\nabla S|^2+\frac{2}{S}|Dh|^2-\frac{2n^2}{S}H^4+n^2\ln(S)H^2$$
$$+\frac{2n}{S}h_{ij}^{\beta}\bar{R}_{ij\alpha}^{\beta}H^{\alpha}+2\frac{1}{S}(-h_{ij}^{\alpha}\bar{R}_{ijk,k}^{\alpha}+h_{ij}^{\alpha}\bar{R}_{kki,j}^{\alpha})$$
$$+\frac{2}{S}(h_{ij}^{\alpha}h_{pk}^{\alpha}\bar{R}_{ipjk}+h_{ij}^{\alpha}h_{ip}^{\alpha}\bar{R}_{kpjk}+h_{ij}^{\alpha}h_{ik}^{\beta}\bar{R}_{\alpha\beta jk})$$
$$-\frac{2}{S}[2n\rho H^2+\Big(2-\frac{1}{p}\Big)\rho^2]\mathrm{d}v\leqslant 0. \tag{11.59}$$

当$S\equiv S_0>0$时，等式成立当且仅当：余维数为2，矩阵$A_{n+1}\neq 0$, $A_{n+2}\neq 0$, $S_{(n+1)(n+1)}=S_{(n+2)(n+2)}=\frac{S_0}{2}$, $\vec{H}=0$，并且$A_{n+1}=A_1(S_0)$, $A_{n+2}=A_2(S_0)$.

• 原流形为一般流形，余维数大于等于2时，李安民类型估计I为

$$\int_M -\frac{1}{S^2}|\nabla S|^2+\frac{2}{S}|Dh|^2+n^2\ln(S)H^2$$
$$+\frac{2n}{S}h_{ij}^{\beta}\bar{R}_{ij\alpha}^{\beta}H^{\alpha}+2\frac{1}{S}(-h_{ij}^{\alpha}\bar{R}_{ijk,k}^{\alpha}+h_{ij}^{\alpha}\bar{R}_{kki,j}^{\alpha})$$
$$+\frac{2}{S}(h_{ij}^{\alpha}h_{pk}^{\alpha}\bar{R}_{ipjk}+h_{ij}^{\alpha}h_{ip}^{\alpha}\bar{R}_{kpjk}+h_{ij}^{\alpha}h_{ik}^{\beta}\bar{R}_{\alpha\beta jk})$$
$$-3S\,\mathrm{d}v\leqslant 0. \tag{11.60}$$

当$S\equiv S_0>0$时，等式成立当且仅当：矩阵$A_{n+1}\neq 0$, $A_{n+2}\neq 0$, $S_{(n+1)(n+1)}=S_{(n+2)(n+2)}=\frac{S_0}{2}$, $A_{n+3}=\cdots=A_{n+p}=0$, $\vec{H}=0$，并且$A_{n+1}=A_1(S_0)$, $A_{n+2}=A_2(S_0)$.

• 原流形为一般流形，余维数大于等于2时，李安民类型估计Ⅱ为

$$\int_M -\frac{1}{S^2}|\nabla S|^2+\frac{2}{S}|Dh|^2-\frac{2n^2}{S}H^4+n^2\ln(S)H^2$$
$$+\frac{2n}{S}h_{ij}^{\beta}\bar{R}_{ij\alpha}^{\beta}H^{\alpha}+2\frac{1}{S}(-h_{ij}^{\alpha}\bar{R}_{ijk,k}^{\alpha}+h_{ij}^{\alpha}\bar{R}_{kki,j}^{\alpha})$$
$$+\frac{2}{S}(h_{ij}^{\alpha}h_{pk}^{\alpha}\bar{R}_{ipjk}+h_{ij}^{\alpha}h_{ip}^{\alpha}\bar{R}_{kpjk}+h_{ij}^{\alpha}h_{ik}^{\beta}\bar{R}_{\alpha\beta jk})$$

$$-\frac{2}{S}(2n\rho H^2+\frac{3}{2}\rho^2)\mathrm{d}v\leqslant 0. \tag{11.61}$$

当$S\equiv S_0>0$时，等式成立当且仅当：矩阵$A_{n+1}\neq 0$, $A_{n+2}\neq 0$, $S_{(n+1)(n+1)}=S_{(n+2)(n+2)}=\frac{S_0}{2}$, $A_{n+3}=\cdots=A_{n+p}=0$, $\vec{H}=0$，并且 $A_{n+1}=A_1(S_0)$, $A_{n+2}=A_2(S_0)$.

◇

定理 11.22 假设$x:M^n\to R^{n+1}$为空间形式中的没有测地点的$GD_{(n,F)}$超曲面，则有等式

$$\int_M -\frac{1}{S^2}|\nabla S|^2-\frac{4n^2c}{S}H^2+\frac{2}{S}|Dh|^2$$
$$+2nc-2S+n^2\ln(S)H^2\mathrm{d}v=0. \tag{11.62}$$

◇

定理 11.23 假设$x:M^n\to R^{n+p},p\geqslant 2$为空间形式中的没有测地点的$GD_{(n,F)}$子流形，则有等式

$$\int_M -\frac{1}{S^2}|\nabla S|^2-\frac{4n^2c}{S}H^2+\frac{2}{S}|Dh|^2+2nc+n^2\ln(S)H^2$$
$$-\frac{2}{S}[N(A_\alpha A_\beta-A_\beta A_\alpha)+(S_{\alpha\beta})^2]\mathrm{d}v$$
$$=\int_M \frac{-1}{S^2}|\nabla S|^2-\frac{4n^2c}{S}H^2+\frac{2}{S}|Dh|^2$$
$$+2nc+n^2\ln(S)H^2-\frac{2n^2}{S}H^4$$
$$-\frac{2}{S}[N(\hat{A}_\alpha\hat{A}_\beta-\hat{A}_\beta\hat{A}_\alpha)+(\hat{S}_{\alpha\beta})^2+2n\hat{S}_{\alpha\beta}H^\alpha H^\beta]\mathrm{d}v=0. \tag{11.63}$$

◇

定理 11.24 假设$x:M^n\to R^{n+p},p\geqslant 2$为空间形式中没有测地点的$GD_{(n,F)}$子流形，则有

- 原流形为空间形式，余维数大于等于2时，陈省身类型估计I为

$$\int_M -\frac{1}{S^2}|\nabla S|^2-\frac{4n^2c}{S}H^2+\frac{2}{S}|Dh|^2$$

$$+ 2nc + n^2 \ln(S)H^2 - 2\Big(2 - \frac{1}{p}\Big)S\,\mathrm{d}v \leqslant 0. \tag{11.64}$$

当$S \equiv S_0 > 0$时，等式成立当且仅当：余维数为2，矩阵$A_{n+1} \neq 0$, $A_{n+2} \neq 0$, $S_{(n+1)(n+1)} = S_{(n+2)(n+2)} = \frac{S_0}{2}$, $\vec{H} = 0$，并且$A_{n+1} = A_1(S_0)$, $A_{n+2} = A_2(S_0)$.

• 原流形为空间形式，余维数大于等于2时，陈省身类型估计Ⅱ为

$$\int_M -\frac{1}{S^2}|\nabla S|^2 - \frac{4n^2c}{S}H^2 + \frac{2}{S}|Dh|^2$$

$$+ 2nc + n^2 \ln(S)H^2 - \frac{2n^2}{S}H^4$$

$$-\frac{2}{S}\Big[2n\rho H^2 + \Big(2 - \frac{1}{p}\Big)\rho^2\Big]\mathrm{d}v \leqslant 0. \tag{11.65}$$

当$S \equiv S_0 > 0$时，等式成立当且仅当：余维数为2，矩阵$A_{n+1} \neq 0$, $A_{n+2} \neq 0$, $S_{(n+1)(n+1)} = S_{(n+2)(n+2)} = \frac{S_0}{2}$, $\vec{H} = 0$，并且$A_{n+1} = A_1(S_0)$, $A_{n+2} = A_2(S_0)$.

• 原流形为空间形式，余维数大于等于2时，李安民类型估计I为

$$\int_M -\frac{1}{S^2}|\nabla S|^2 - \frac{4n^2c}{S}H^2 + \frac{2}{S}|Dh|^2$$

$$+ 2nc + n^2 \ln(S)H^2 - 3S\,\mathrm{d}v = 0. \tag{11.66}$$

当$S \equiv S_0 > 0$时，等式成立当且仅当：矩阵$A_{n+1} \neq 0$, $A_{n+2} \neq 0$, $S_{(n+1)(n+1)} = S_{(n+2)(n+2)} = \frac{S_0}{2}$, $A_{n+3} = \cdots = A_{n+p} = 0$, $\vec{H} = 0$，并且$A_{n+1} = A_1(S_0)$, $A_{n+2} = A_2(S_0)$.

• 原流形为空间形式，余维数大于等于2时，李安民类型估计Ⅱ为

$$\int_M -\frac{1}{S^2}|\nabla S|^2 - \frac{4n^2c}{S}H^2 + \frac{2}{S}|Dh|^2$$

$$+ 2nc + n^2 \ln(S)H^2 - \frac{2n^2}{S}H^4$$

$$-\frac{2}{S}\Big(2n\rho H^2 + \frac{3}{2}\rho^2\Big)\mathrm{d}v \geqslant 0. \tag{11.67}$$

当$S \equiv S_0 > 0$时，等式成立当且仅当：矩阵$A_{n+1} \neq 0$, $A_{n+2} \neq$

0, $S_{(n+1)(n+1)} = S_{(n+2)(n+2)} = \frac{S_0}{2}$, $A_{n+3} = \cdots = A_{n+p} = 0$, $\vec{H} = 0$，并且 $A_{n+1} = A_1(S_0)$, $A_{n+2} = A_2(S_0)$.

◇

第 12 章　单位球面中的间隙现象

本章将依据上一章的Simons类积分不等式讨论单位球面中$GD_{(n,F)}$子流形的间隙现象。

12.1　抽象函数型子流形的间隙现象

对于$GD_{(n,F)}$子流形，利用Simons公式，我们可以讨论间隙现象。

定理 12.1　假设$x: M^n \to S^{n+1}(1)$为单位球面中的$GD_{(n,F)}$超曲面，则有

$$\int_M F''(S)|\nabla S|^2 + 2F'(S)|Dh|^2 + (F(S) - 4F'(S))n^2H^2 - 2F'(S)S(S-n)\mathrm{d}v = 0. \tag{12.1}$$

特别地，根据函数F及其导数的符号的不同，等式(12.1)可以表示为如下不同形式：

（1）当$F' \geqslant 0, F - 4F' \geqslant 0, F'' \geqslant 0$时，有

$$\int_M 2F'(S)S(S-n)\mathrm{d}v = \int_M F''(S)|\nabla S|^2 + 2F'(S)|Dh|^2 + (F(S) - 4F'(S))n^2H^2\mathrm{d}v. \tag{12.2}$$

（2）当$F' \geqslant 0, F - 4F' \geqslant 0, F'' \leqslant 0$时，有

$$\int_M 2F'(S)S(S-n) - F''(S)|\nabla S|^2 = \int_M 2F'(S)|Dh|^2 + (F(S) - 4F'(S))n^2H^2\mathrm{d}v. \tag{12.3}$$

(3) 当$F' \geqslant 0, F-4F' \leqslant 0, F'' \geqslant 0$时，有

$$\int_M 2F'(S)S(S-n)-(F(S)-4F'(S))n^2H^2\mathrm{d}v$$

$$=\int_M F''(S)|\nabla S|^2+2F'(S)|Dh|^2\mathrm{d}v. \tag{12.4}$$

(4) 当$F' \geqslant 0, F-4F' \leqslant 0, F'' \leqslant 0$时，有

$$\int_M 2F'(S)S(S-n)-F''(S)|\nabla S|^2-(F(S)-4F'(S))n^2H^2\mathrm{d}v$$

$$=\int_M +2F'(S)|Dh|^2\mathrm{d}v. \tag{12.5}$$

(5) 当$F' \leqslant 0, F-4F' \geqslant 0, F'' \geqslant 0$时，有

$$\int_M -2F'(S)S(S-n)+F''(S)|\nabla S|^2+(F(S)-4F'(S))n^2H^2\mathrm{d}v$$

$$=\int_M -2F'(S)|Dh|^2\mathrm{d}v. \tag{12.6}$$

(6) 当$F' \leqslant 0, F-4F' \geqslant 0, F'' \leqslant 0$时，有

$$\int_M -2F'(S)S(S-n)+(F(S)-4F'(S))n^2H^2\mathrm{d}v$$

$$=\int_M -F''(S)|\nabla S|^2-2F'(S)|Dh|^2\mathrm{d}v. \tag{12.7}$$

(7) 当$F' \leqslant 0, F-4F' \leqslant 0, F'' \geqslant 0$时，有

$$\int_M -2F'(S)S(S-n)\mathrm{d}v+F''(S)|\nabla S|^2\mathrm{d}v$$

$$=\int_M -(F(S)-4F'(S))n^2H^2-2F'(S)|Dh|^2\mathrm{d}v. \tag{12.8}$$

(8) 当$F' \leqslant 0, F-4F' \leqslant 0, F'' \leqslant 0$时，有

$$\int_M -2F'(S)S(S-n)\mathrm{d}v$$

$$=\int_M -F''(S)|\nabla S|^2-(F(S)-4F'(S))n^2H^2-2F'(S)|Dh|^2\mathrm{d}v. \tag{12.9}$$

（9）当$S=0$时，等式显然成立；当$S=n$时，等式为

$$\int_M 2F'(n)|Dh|^2+(F(n)-4F'(n))n^2H^2\mathrm{d}v=0. \tag{12.10}$$

◇

定理 12.2 (间隙定理) 假设$x:M^n\to S^{n+1}(1)$为单位球面中的$GD_{(n,F)}$超曲面，在区间$[0,n]$上满足$F'>0,\ F-4F'>0,\ F''>0$且$0\leqslant S\leqslant n$时，则有$S=0$或者$S=n$. 前者为全测地超曲面，后者为特殊的Clifford Torus $C_{(\frac{n}{2},\frac{n}{2})}$. ◇

注释 12.1 根据Simons积分等式，我们可以发展很多的间隙定理。上面的定理是以(12.2)式为例发展得到的，实际上根据其余的式子附加一些条件同样可以发展间隙定理，在此略去。

定理 12.3 假设$x:M^n\to S^{n+p}(1),p\geqslant 2$为单位球面中的$GD_{(n,F)}$子流形，$F'(u)\geqslant 0$时，陈省身类型估计I为

$$\int_M F''(S)|\nabla S|^2+2F'(S)|Dh|^2+(F(S)-4F'(S))n^2H^2$$

$$-2\Big(2-\frac{1}{p}\Big)F'(S)S(S-\frac{n}{2-p^{-1}})\mathrm{d}v\leqslant 0. \tag{12.11}$$

当$S\equiv S_0>0$且$F'(S_0)>0$时，等式成立当且仅当：余维数为2，矩阵$A_{n+1}\neq 0,\ A_{n+2}\neq 0,\ S_{(n+1)(n+1)}=S_{(n+2)(n+2)}=\frac{S_0}{2},\ \vec{H}=0$，并且$A_{n+1}=A_1(S_0),\ A_{n+2}=A_2(S_0)$.

特别地，根据函数F及其导数的符号的不同，不等式(12.11)可以表示为如下不同形式：

（1）当$F'\geqslant 0,F-4F'\geqslant 0,F''\geqslant 0$时，有

$$\int_M 2\Big(2-\frac{1}{p}\Big)F'(S)S(S-\frac{n}{2-p^{-1}})\mathrm{d}v$$

$$\geqslant\int_M F''(S)|\nabla S|^2+2F'(S)|Dh|^2+(F(S)-4F'(S))n^2H^2\mathrm{d}v. \tag{12.12}$$

（2）当$F'\geqslant 0,F-4F'\geqslant 0,F''\leqslant 0$时，有

$$\int_M 2\Big(2-\frac{1}{p}\Big)F'(S)S(S-\frac{n}{2-p^{-1}})-F''(S)|\nabla S|^2\mathrm{d}v$$

$$\geqslant \int_M 2F'(S)|Dh|^2 + (F(S) - 4F'(S))n^2H^2 \mathrm{d}v. \tag{12.13}$$

(3) 当$F' \geqslant 0, F - 4F' \leqslant 0, F'' \geqslant 0$时，有

$$\int_M 2\left(2 - \frac{1}{p}\right)F'(S)S(S - \frac{n}{2 - p^{-1}}) - (F(S) - 4F'(S))n^2H^2 \mathrm{d}v$$

$$\geqslant \int_M F''(S)|\nabla S|^2 + 2F'(S)|Dh|^2 \mathrm{d}v. \tag{12.14}$$

(4) 当$F' \geqslant 0, F - 4F' \leqslant 0, F'' \leqslant 0$时，有

$$\int_M 2\left(2 - \frac{1}{p}\right)F'(S)S(S - \frac{n}{2 - p^{-1}}) - F''(S)|\nabla S|^2$$

$$- (F(S) - 4F'(S))n^2H^2 \mathrm{d}v$$

$$\geqslant \int_M +2F'(S)|Dh|^2 \mathrm{d}v. \tag{12.15}$$

(5) 当$S = 0$时，不等式变等式；当$S = \frac{n}{2-p^{-1}}$时，不等式为

$$\int_M 2F'(\frac{n}{2 - p^{-1}})|Dh|^2 + (F(\frac{n}{2 - p^{-1}})$$

$$- 4F'(\frac{n}{2 - p^{-1}}))n^2H^2 \mathrm{d}v \leqslant 0. \tag{12.16}$$

◇

定理 12.4 (间隙定理) 假设$x : M^n \to S^{n+p}(1), p \geqslant 2$为单位球面中的$GD_{(n,F)}$子流形，在区间$[0, \frac{n}{2-p^{-1}}]$上满足$F' > 0, F - 4F' > 0, F'' > 0$且$0 \leqslant S \leqslant \frac{n}{2-p^{-1}}$，则有$S = 0$或者$S = \frac{n}{2-p^{-1}}$. 前者为全测地子流形，后者为Veronese曲面。 ◇

注释 12.2 根据Simons积分等式，我们可以发展很多的间隙定理。上面的定理是以不等式(12.12) 为例发展得到的，实际上根据其余的式子附加一些条件同样可以发展间隙定理，在此略去。

定理 12.5 假设$x : M^n \to S^{n+p}(1), p \geqslant 2$为单位球面中的$GD_{(n,F)}$子流形，$F'(u) \geqslant 0$时，陈省身类型估计Ⅱ为

$$\int_M F''(S)|\nabla S|^2 + 2F'(S)|Dh|^2 + (F(S)$$

$$- 4F'(S))n^2H^2 - 2\Big(2 - \frac{1}{p}\Big)F'(S)S(S - \frac{n}{2 - p^{-1}})$$

$$+ 2n(1 - \frac{1}{p})F'(S)H^2(2S - nH^2)\mathrm{d}v \leqslant 0. \tag{12.17}$$

当$S \equiv S_0 > 0$且$F'(S_0) > 0$时，等式成立当且仅当：余维数为2，矩阵$A_{n+1} \neq 0$, $A_{n+2} \neq 0$, $S_{(n+1)(n+1)} = S_{(n+2)(n+2)} = \frac{S_0}{2}$, $\vec{H} = 0$，并且$A_{n+1} = A_1(S_0)$, $A_{n+2} = A_2(S_0)$.

特别地，根据函数F及其导数的符号的不同，不等式(12.17)可以表示为如下不同形式：

(1) 当$F' \geqslant 0, F - 4F' \geqslant 0, F'' \geqslant 0$时，有

$$\int_M 2\Big(2 - \frac{1}{p}\Big)F'(S)S(S - \frac{n}{2 - p^{-1}})\mathrm{d}v$$

$$\geqslant \int_M F''(S)|\nabla S|^2 + 2F'(S)|Dh|^2 + (F(S) - 4F'(S))n^2H^2$$

$$+ 2n(1 - \frac{1}{p})F'(S)H^2(2S - nH^2)\mathrm{d}v. \tag{12.18}$$

(2) 当$F' \geqslant 0, F - 4F' \geqslant 0, F'' \leqslant 0$时，有

$$\int_M 2\Big(2 - \frac{1}{p}\Big)F'(S)S(S - \frac{n}{2 - p^{-1}}) - F''(S)|\nabla S|^2\mathrm{d}v$$

$$\geqslant \int_M 2F'(S)|Dh|^2 + (F(S) - 4F'(S))n^2H^2$$

$$+ 2n(1 - \frac{1}{p})F'(S)H^2(2S - nH^2)\mathrm{d}v. \tag{12.19}$$

(3) 当$F' \geqslant 0, F - 4F' \leqslant 0, F'' \geqslant 0$时，有

$$\int_M 2\Big(2 - \frac{1}{p}\Big)F'(S)S(S - \frac{n}{2 - p^{-1}}) - (F(S) - 4F'(S))n^2H^2\mathrm{d}v$$

$$\geqslant \int_M F''(S)|\nabla S|^2 + 2F'(S)|Dh|^2$$

$$+ 2n(1 - \frac{1}{p})F'(S)H^2(2S - nH^2)\mathrm{d}v. \tag{12.20}$$

(4) 当$F' \geqslant 0, F-4F' \leqslant 0, F'' \leqslant 0$时，有

$$\int_M 2\Big(2-\frac{1}{p}\Big)F'(S)S(S-\frac{n}{2-p^{-1}})-F''(S)|\nabla S|^2$$

$$-(F(S)-4F'(S))n^2H^2\mathrm{d}v$$

$$\geqslant \int_M 2F'(S)|Dh|^2+2n(1-\frac{1}{p})F'(S)H^2(2S-nH^2)\mathrm{d}v. \tag{12.21}$$

(5) 当$S=0$时，不等式变等式；当$S=\frac{n}{2-p^{-1}}$时，不等式为

$$\int_M 2F'(\frac{n}{2-p^{-1}})|Dh|^2+(F(\frac{n}{2-p^{-1}})-4F'(\frac{n}{2-p^{-1}}))n^2H^2\mathrm{d}v$$

$$+2n(1-\frac{1}{p})F'(\frac{n}{2-p^{-1}})H^2(2\frac{n}{2-p^{-1}}-nH^2)\mathrm{d}v \leqslant 0. \tag{12.22}$$

◇

定理 12.6 (间隙定理) 假设$x: M^n \to S^{n+p}(1), p \geqslant 2$为单位球面中的$GD_{(n,F)}$子流形，在区间$[0,\frac{n}{2-p^{-1}}]$上满足$F'>0, F-4F'>0, F''>0$且$0 \leqslant S \leqslant \frac{n}{2-p^{-1}}$，则有$S=0$或者$S=\frac{n}{2-p^{-1}}$. 前者为全测地子流形，后者为Veronese曲面。 ◇

注释 12.3 根据Simons积分等式，我们可以发展很多的间隙定理，上面的定理是以(12.18)式为例发展得到的，实际上根据其余的式子附加一些条件同样可以发展间隙定理，在此略去。

定理 12.7 假设$x: M^n \to S^{n+p}(1), p \geqslant 2$为单位球面中的$GD_{(n,F)}$子流形，$F'(u) \leqslant 0$时，陈省身类型估计I为

$$\int_M F''(S)|\nabla S|^2+2F'(S)|Dh|^2+(F(S)-4F'(S))n^2H^2$$

$$-2\Big(2-\frac{1}{p}\Big)F'(S)S(S-\frac{n}{2-p^{-1}})\mathrm{d}v \geqslant 0. \tag{12.23}$$

当$S \equiv S_0>0$且$F'(S_0)<0$时，等式成立当且仅当：余维数为2，矩阵$A_{n+1} \neq 0$, $A_{n+2} \neq 0$, $S_{(n+1)(n+1)}=S_{(n+2)(n+2)}=\frac{S_0}{2}$, $\vec{H}=0$，并且$A_{n+1}=A_1(S_0)$, $A_{n+2}=A_2(S_0)$.

特别地，根据函数F及其导数的符号的不同，不等式(12.23)可以表示为如下不同形式：

（1）当$F'\leqslant 0, F-4F'\geqslant 0, F''\geqslant 0$时，有

$$\int_M -2\Big(2-\frac{1}{p}\Big)F'(S)S(S-\frac{n}{2-p^{-1}})$$

$$+F''(S)|\nabla S|^2+(F(S)-4F'(S))n^2H^2\mathrm{d}v$$

$$\geqslant\int_M -2F'(S)|Dh|^2\mathrm{d}v. \tag{12.24}$$

（2）当$F'\leqslant 0, F-4F'\geqslant 0, F''\leqslant 0$时，有

$$\int_M -2\Big(2-\frac{1}{p}\Big)F'(S)S(S-\frac{n}{2-p^{-1}})+(F(S)-4F'(S))n^2H^2\mathrm{d}v$$

$$\geqslant\int_M -F''(S)|\nabla S|^2-2F'(S)|Dh|^2\mathrm{d}v. \tag{12.25}$$

（3）当$F'\leqslant 0, F-4F'\leqslant 0, F''\geqslant 0$时，有

$$\int_M -2\Big(2-\frac{1}{p}\Big)F'(S)S(S-\frac{n}{2-p^{-1}})+F''(S)|\nabla S|^2\mathrm{d}v$$

$$\geqslant\int_M -2F'(S)|Dh|^2-(F(S)-4F'(S))n^2H^2\mathrm{d}v. \tag{12.26}$$

（4）当$F'\leqslant 0, F-4F'\leqslant 0, F''\leqslant 0$时，有

$$\int_M -2\Big(2-\frac{1}{p}\Big)F'(S)S(S-\frac{n}{2-p^{-1}})\mathrm{d}v$$

$$\geqslant\int_M -F''(S)|\nabla S|^2-2F'(S)|Dh|^2$$

$$-(F(S)-4F'(S))n^2H^2\mathrm{d}v. \tag{12.27}$$

（5）当$S=0$时，不等式变等式；当$S=\frac{n}{2-p^{-1}}$时，不等式为

$$0\leqslant\int_M 2F'(\frac{n}{2-p^{-1}})|Dh|^2$$

$$+(F(\frac{n}{2-p^{-1}})-4F'(\frac{n}{2-p^{-1}}))n^2H^2\mathrm{d}v. \tag{12.28}$$

◇

定理 12.8 (间隙定理)　假设$x: M^n\to S^{n+p}(1), p\geqslant 2$为单位球面中的$GD_{(n,F)}$子流形，在区间$[0,\frac{n}{2-p^{-1}}]$上满足$F'<0$，$F-4F'<0$，$F''<$

0且$0 \leqslant S \leqslant \frac{n}{2-p^{-1}}$，则有$S = 0$或者$S = \frac{n}{2-p^{-1}}$. 前者为全测地子流形，后者为Veronese曲面。 ◇

注释 12.4 根据Simons积分等式，我们可以发展很多的间隙定理，上面的定理是以(12.24)式为例发展得到的，实际上根据其余的式子附加一些条件同样可以发展间隙定理，在此略去。

定理 12.9 假设$x: M^n \to S^{n+p}(1), p \geqslant 2$为单位球面中的$GD_{(n,F)}$子流形，$F'(u) \leqslant 0$时，陈省身类型估计Ⅱ为

$$\begin{aligned}&\int_M F''(S)|\nabla S|^2 + 2F'(S)|Dh|^2 + (F(S) - 4F'(S))n^2H^2\\&\quad - 2F'(S)\Big(2 - \frac{1}{p}\Big)S\Big(S - \frac{n}{2-p^{-1}}\Big)\\&\quad + 2n\Big(1 - \frac{1}{p}\Big)F'(S)H^2(2S - nH^2)\mathrm{d}v \geqslant 0.\end{aligned} \tag{12.29}$$

当$S \equiv S_0 > 0$且$F'(S_0) < 0$时，等式成立当且仅当：余维数为2，矩阵$A_{n+1} \neq 0$, $A_{n+2} \neq 0$, $S_{(n+1)(n+1)} = S_{(n+2)(n+2)} = \frac{S_0}{2}$, $\vec{H} = 0$，并且$A_{n+1} = A_1(S_0)$, $A_{n+2} = A_2(S_0)$.

特别地，根据函数F及其导数的符号的不同，不等式(12.29)可以表示为如下不同形式：

(1) 当$F' \leqslant 0, F - 4F' \geqslant 0, F'' \geqslant 0$时，有

$$\begin{aligned}&\int_M -2F'(S)\Big(2 - \frac{1}{p}\Big)S\Big(S - \frac{n}{2-p^{-1}}\Big)\\&\quad + F''(S)|\nabla S|^2 + (F(S) - 4F'(S))n^2H^2\mathrm{d}v\\&\geqslant \int_M -2F'(S)|Dh|^2 - 2n\Big(1 - \frac{1}{p}\Big)F'(S)H^2(2S - nH^2)\mathrm{d}v.\end{aligned} \tag{12.30}$$

(2) 当$F' \leqslant 0, F - 4F' \geqslant 0, F'' \leqslant 0$时，有

$$\begin{aligned}&\int_M -2F'(S)\Big(2 - \frac{1}{p}\Big)S\Big(S - \frac{n}{2-p^{-1}}\Big) + (F(S) - 4F'(S))n^2H^2\mathrm{d}v\\&\geqslant \int_M -F''(S)|\nabla S|^2 - 2F'(S)|Dh|^2\end{aligned}$$

$$-2n(1-\frac{1}{p})F'(S)H^2(2S-nH^2)\mathrm{d}v. \tag{12.31}$$

(3) 当$F'\leqslant 0, F-4F'\leqslant 0, F''\geqslant 0$时，有

$$\int_M -2F'(S)\Big(2-\frac{1}{p}\Big)S(S-\frac{n}{2-p^{-1}})+F''(S)|\nabla S|^2\mathrm{d}v$$
$$\geqslant\int_M -(F(S)-4F'(S))n^2H^2-2F'(S)|Dh|^2$$
$$-2n(1-\frac{1}{p})F'(S)H^2(2S-nH^2)\mathrm{d}v. \tag{12.32}$$

(4) 当$F'\leqslant 0, F-4F'\leqslant 0, F''\leqslant 0$时，有

$$\int_M -2F'(S)\Big(2-\frac{1}{p}\Big)S(S-\frac{n}{2-p^{-1}})\mathrm{d}v$$
$$\geqslant\int_M -F''(S)|\nabla S|^2-(F(S)-4F'(S))n^2H^2-2F'(S)|Dh|^2$$
$$-2n(1-\frac{1}{p})F'(S)H^2(2S-nH^2)\mathrm{d}v. \tag{12.33}$$

(5) 当$S=0$时，不等式变等式；当$S=\frac{n}{2-p^{-1}}$时，不等式为

$$\int_M 2F'(\frac{n}{2-p^{-1}})|Dh|^2+(F(\frac{n}{2-p^{-1}})-4F'(\frac{n}{2-p^{-1}}))n^2H^2$$
$$+2n(1-\frac{1}{p})F'(\frac{n}{2-p^{-1}})H^2(2\frac{n}{2-p^{-1}}-nH^2)\mathrm{d}v\geqslant 0. \tag{12.34}$$

◇

定理 12.10 (间隙定理) 假设$x: M^n\to S^{n+p}(1), p\geqslant 2$为单位球面中的$GD_{(n,F)}$子流形，在区间$[0,\frac{n}{2-p^{-1}}]$上满足$F'<0$, $F-4F'<0$, $F''<0$且$0\leqslant S\leqslant\frac{n}{2-p^{-1}}$，则有$S=0$或者$S=\frac{n}{2-p^{-1}}$. 前者为全测地子流形，后者为Veronese曲面。 ◇

注释 12.5 根据Simons积分等式，我们可以发展很多的间隙定理，上面的定理是以(12.30)式为例发展得到的，实际上根据其余的式子附加一些条件同样可以发展间隙定理，在此略去。

定理 12.11 假设$x: M^n\to S^{n+p}(1), p\geqslant 2$为单位球面中的$GD_{(n,F)}$子流形，

$F'(u)\geqslant 0$时，李安民类型估计I为

$$\int_M F''(S)|\nabla S|^2+2F'(S)|Dh|^2+(F(S)-4F'(S))n^2H^2$$

$$-3F'(S)S(S-\frac{2n}{3})\mathrm{d}v\leqslant 0. \tag{12.35}$$

当$S\equiv S_0>0$且$F'(S_0)>0$时，等式成立当且仅当：矩阵$A_{n+1}\neq 0$, $A_{n+2}\neq 0$, $S_{(n+1)(n+1)}=S_{(n+2)(n+2)}=\frac{S_0}{2}$, $A_{n+3}=\cdots=A_{n+p}=0$, $\vec{H}=0$，并且$A_{n+1}=A_1(S_0)$, $A_{n+2}=A_2(S_0)$.

特别地，根据函数F及其导数的符号的不同，不等式(12.35)可以表示为如下不同形式：

(1) 当$F'\geqslant 0, F-4F'\geqslant 0, F''\geqslant 0$时，有

$$\int_M 3F'(S)S(S-\frac{2n}{3})\mathrm{d}v$$

$$\geqslant\int_M F''(S)|\nabla S|^2+2F'(S)|Dh|^2+(F(S)-4F'(S))n^2H^2\mathrm{d}v. \tag{12.36}$$

(2) 当$F'\geqslant 0, F-4F'\geqslant 0, F''\leqslant 0$时，有

$$\int_M 3F'(S)S(S-\frac{2n}{3})-F''(S)|\nabla S|^2\mathrm{d}v$$

$$\geqslant\int_M 2F'(S)|Dh|^2+(F(S)-4F'(S))n^2H^2\mathrm{d}v. \tag{12.37}$$

(3) 当$F'\geqslant 0, F-4F'\leqslant 0, F''\geqslant 0$时，有

$$\int_M 3F'(S)S(S-\frac{2n}{3})-(F(S)-4F'(S))n^2H^2\mathrm{d}v$$

$$\geqslant\int_M F''(S)|\nabla S|^2+2F'(S)|Dh|^2\mathrm{d}v. \tag{12.38}$$

(4) 当$F'\geqslant 0, F-4F'\leqslant 0, F''\leqslant 0$时，有

$$\int_M 3F'(S)S(S-\frac{2n}{3})-F''(S)|\nabla S|^2-(F(S)-4F'(S))n^2H^2\mathrm{d}v$$

$$\geqslant\int_M 2F'(S)|Dh|^2\mathrm{d}v. \tag{12.39}$$

(5) 当$S=0$时，不等式变等式；当$S=\frac{2n}{3}$时，不等式为

$$\int_M 2F'(\frac{2n}{3})|Dh|^2+(F(\frac{2n}{3})-4F'(\frac{2n}{3}))n^2H^2\mathrm{d}v\leqslant 0. \tag{12.40}$$

◇

定理 12.12 (间隙定理) 假设$x: M^n\to S^{n+p}(1), p\geqslant 2$为单位球面中的$GD_{(n,F)}$子流形，在区间$[0,\frac{2n}{3}]$上满足$F'>0$, $F-4F'>0$, $F''>0$且$0\leqslant S\leqslant\frac{2n}{3}$，则有$S=0$或者$S=\frac{2n}{3}$. 前者为全测地子流形，后者为Veronese曲面。 ◇

注释 12.6 根据Simons积分等式，我们可以发展很多的间隙定理，上面的定理是以(12.36)式为例发展得到的，实际上根据其余的式子附加一些条件同样可以发展间隙定理，在此略去。

定理 12.13 假设$x: M^n\to S^{n+p}(1), p\geqslant 2$为单位球面中的$GD_{(n,F)}$子流形，$F'(u)\geqslant 0$时，李安民类型估计Ⅱ为

$$\int_M F''(S)|\nabla S|^2+(F(S)-4F'(S))n^2H^2+2F'(S)|Dh|^2$$
$$-3F'(S)S(S-\frac{2n}{3})+nF'(S)H^2(2S-nH^2)\mathrm{d}v\geqslant 0. \tag{12.41}$$

当$S\equiv S_0>0$且$F'(S_0)>0$时，等式成立当且仅当：矩阵$A_{n+1}\neq 0$, $A_{n+2}\neq 0$, $S_{(n+1)(n+1)}=S_{(n+2)(n+2)}=\frac{S_0}{2}$, $A_{n+3}=\cdots=A_{n+p}=0$, $\vec{H}=0$，并且$A_{n+1}=A_1(S_0)$, $A_{n+2}=A_2(S_0)$.

特别地，根据函数F及其导数的符号的不同，不等式(12.41)可以表示为如下不同形式：

(1) 当$F'\geqslant 0, F-4F'\geqslant 0, F''\geqslant 0$时，有

$$\int_M 3F'(S)S(S-\frac{2n}{3})\mathrm{d}v$$
$$\geqslant\int_M F''(S)|\nabla S|^2+(F(S)-4F'(S))n^2H^2$$
$$+2F'(S)|Dh|^2+nF'(S)H^2(2S-nH^2)\mathrm{d}v. \tag{12.42}$$

(2) 当$F'\geqslant 0, F-4F'\geqslant 0, F''\leqslant 0$时，有

$$\int_M 3F'(S)S(S-\frac{2n}{3})-F''(S)|\nabla S|^2\mathrm{d}v$$

$$\geqslant\int_M (F(S)-4F'(S))n^2H^2+2F'(S)|Dh|^2$$

$$+nF'(S)H^2(2S-nH^2)\mathrm{d}v. \tag{12.43}$$

(3) 当$F'\geqslant 0, F-4F'\leqslant 0, F''\geqslant 0$时，有

$$\int_M 3F'(S)S(S-\frac{2n}{3})-(F(S)-4F'(S))n^2H^2\mathrm{d}v$$

$$\geqslant\int_M F''(S)|\nabla S|^2+2F'(S)|Dh|^2+nF'(S)H^2(2S-nH^2)\mathrm{d}v. \tag{12.44}$$

(4) 当$F'\geqslant 0, F-4F'\leqslant 0, F''\leqslant 0$时，有

$$\int_M 3F'(S)S(S-\frac{2n}{3})-F''(S)|\nabla S|^2-(F(S)-4F'(S))n^2H^2\mathrm{d}v$$

$$\geqslant\int_M 2F'(S)|Dh|^2+nF'(S)H^2(2S-nH^2)\mathrm{d}v. \tag{12.45}$$

(5) 当$S=0$时，不等式变等式；当$S=\frac{2n}{3}$时，不等式为

$$\int_M (F(\frac{2n}{3})-4F'(\frac{2n}{3}))n^2H^2$$

$$+2F'(\frac{2n}{3})|Dh|^2+nF'(\frac{2n}{3})H^2(2\frac{2n}{3}-nH^2)\mathrm{d}v\geqslant 0. \tag{12.46}$$

◇

定理 12.14 (间隙定理) 假设$x: M^n\to S^{n+p}(1)$, $p\geqslant 2$为单位球面中的$GD_{(n,F)}$子流形，在区间$[0,\frac{2n}{3}]$上满足$F'>0, F-4F'>0, F''>0$且$0\leqslant S\leqslant\frac{2n}{3}$，则有$S=0$或者$S=\frac{2n}{3}$. 前者为全测地子流形，后者为Veronese曲面。 ◇

注释 12.7 根据Simons积分等式，我们可以发展很多的间隙定理，上面的定理是以(12.42)式为例发展得到的，实际上根据其余的式子附加一些条件同样可以发展间隙定理，在此略去。

定理 12.15 假设$x: M^n\to S^{n+p}(1), p\geqslant 2$为单位球面中的$GD_{(n,F)}$子流形，

$F'(u) \leqslant 0$时，李安民类型估计I为

$$\int_M F''(S)|\nabla S|^2 + 2F'(S)|Dh|^2 + (F(S) - 4F'(S))n^2H^2 - 3F'(S)S(S - \frac{2n}{3})\mathrm{d}v \geqslant 0. \tag{12.47}$$

当$S \equiv S_0 > 0$且$F'(S_0) < 0$时，等式成立当且仅当：矩阵$A_{n+1} \neq 0$, $A_{n+2} \neq 0$, $S_{(n+1)(n+1)} = S_{(n+2)(n+2)} = \frac{S_0}{2}$, $A_{n+3} = \cdots = A_{n+p} = 0$, $\vec{H} = 0$，并且$A_{n+1} = A_1(S_0)$, $A_{n+2} = A_2(S_0)$.

特别地，根据函数F及其导数的符号的不同，不等式(12.47)可以表示为如下不同形式：

（1）当$F' \leqslant 0, F - 4F' \geqslant 0, F'' \geqslant 0$时，有

$$\int_M -3F'(S)S(S - \frac{2n}{3}) + F''(S)|\nabla S|^2 + (F(S) - 4F'(S))n^2H^2\mathrm{d}v \geqslant \int_M -2F'(S)|Dh|^2\mathrm{d}v. \tag{12.48}$$

（2）当$F' \leqslant 0, F - 4F' \geqslant 0, F'' \leqslant 0$时，有

$$\int_M -3F'(S)S(S - \frac{2n}{3}) + (F(S) - 4F'(S))n^2H^2\mathrm{d}v \geqslant \int_M -F''(S)|\nabla S|^2 - 2F'(S)|Dh|^2\mathrm{d}v. \tag{12.49}$$

（3）当$F' \leqslant 0, F - 4F' \leqslant 0, F'' \geqslant 0$时，有

$$\int_M -3F'(S)S(S - \frac{2n}{3}) + F''(S)|\nabla S|^2\mathrm{d}v \geqslant \int_M -2F'(S)|Dh|^2 - (F(S) - 4F'(S))n^2H^2\mathrm{d}v. \tag{12.50}$$

（4）当$F' \leqslant 0, F - 4F' \leqslant 0, F'' \leqslant 0$时，有

$$\int_M -3F'(S)S(S - \frac{2n}{3})\mathrm{d}v \geqslant \int_M -F''(S)|\nabla S|^2 - 2F'(S)|Dh|^2 - (F(S) - 4F'(S))n^2H^2\mathrm{d}v. \tag{12.51}$$

(5) 当$S=0$时，不等式变等式；当$S=\frac{2n}{3}$时，不等式为

$$\int_M 2F'(\frac{2n}{3})|Dh|^2+(F(\frac{2n}{3})-4F'(\frac{2n}{3}))n^2H^2\mathrm{d}v\geqslant 0. \tag{12.52}$$

◇

定理 12.16 (间隙定理) 假设$x: M^n\to S^{n+p}(1), p\geqslant 2$为单位球面中的$GD_{(n,F)}$子流形，在区间$[0,\frac{2n}{3}]$上满足$F'<0$, $F-4F'<0$, $F''<0$且$0\leqslant S\leqslant\frac{2n}{3}$，则有 $S=0$ 或者 $S=\frac{2n}{3}$. 前者为全测地子流形，后者为Veronese曲面。 ◇

注释 12.8 根据Simons积分等式，我们可以发展很多的间隙定理，上面的定理是以(12.48)式为例发展得到的，实际上根据其余的式子附加一些条件同样可以发展间隙定理，在此略去。

定理 12.17 假设$x: M^n\to S^{n+p}(1), p\geqslant 2$为单位球面中的$GD_{(n,F)}$子流形，$F'(u)\leqslant 0$时，李安民类型估计Ⅱ为

$$\int_M F''(S)|\nabla S|^2+(F(S)-4F'(S))n^2H^2+2F'(S)|Dh|^2$$
$$-3F'(S)S(S-\frac{2n}{3})+nF'(S)H^2(2S-nH^2)\mathrm{d}v\geqslant 0. \tag{12.53}$$

当$S\equiv S_0>0$且$F'(S_0)<0$时，等式成立当且仅当：矩阵$A_{n+1}\neq 0$, $A_{n+2}\neq 0$, $S_{(n+1)(n+1)}=S_{(n+2)(n+2)}=\frac{S_0}{2}$, $A_{n+3}=\cdots=A_{n+p}=0$, $\vec{H}=0$，并且$A_{n+1}=A_1(S_0)$, $A_{n+2}=A_2(S_0)$.

特别地，根据函数F及其导数的符号的不同，不等式(12.53)可以表示为如下不同形式：

(1) 当$F'\leqslant 0, F-4F'\geqslant 0, F''\geqslant 0$时，有

$$\int_M -3F'(S)S(S-\frac{2n}{3})+F''(S)|\nabla S|^2+(F(S)-4F'(S))n^2H^2\mathrm{d}v$$
$$\geqslant\int_M -2F'(S)|Dh|^2-nF'(S)H^2(2S-nH^2)\mathrm{d}v. \tag{12.54}$$

(2) 当$F'\leqslant 0, F-4F'\geqslant 0, F''\leqslant 0$时，有

$$\int_M -3F'(S)S(S-\frac{2n}{3})+(F(S)-4F'(S))n^2H^2\mathrm{d}v$$

$$\geqslant \int_M -F''(S)|\nabla S|^2 - 2F'(S)|Dh|^2 - nF'(S)H^2(2S - nH^2)\mathrm{d}v. \qquad (12.55)$$

(3) 当$F' \leqslant 0, F - 4F' \leqslant 0, F'' \geqslant 0$时，有

$$\begin{aligned}&\int_M -3F'(S)S(S-\frac{2n}{3}) + F''(S)|\nabla S|^2\mathrm{d}v\\ \geqslant &\int_M -(F(S)-4F'(S))n^2H^2 - 2F'(S)|Dh|^2\\ &- nF'(S)H^2(2S-nH^2)\mathrm{d}v. \qquad (12.56)\end{aligned}$$

(4) 当$F' \leqslant 0, F - 4F' \leqslant 0, F'' \leqslant 0$时，有

$$\begin{aligned}&\int_M -3F'(S)S(S-\frac{2n}{3})\mathrm{d}v\\ \geqslant &\int_M -F''(S)|\nabla S|^2 - (F(S)-4F'(S))n^2H^2\\ &- 2F'(S)|Dh|^2 - nF'(S)H^2(2S-nH^2)\mathrm{d}v. \qquad (12.57)\end{aligned}$$

(5) 当$S = 0$时，不等式变等式；当$S = \frac{2n}{3}$时，不等式为

$$\begin{aligned}&\int_M (F(\frac{2n}{3}) - 4F'(\frac{2n}{3}))n^2H^2 + 2F'(\frac{2n}{3})|Dh|^2\\ &+ nF'(\frac{2n}{3})H^2(2\frac{2n}{3} - nH^2)\mathrm{d}v \geqslant 0. \qquad (12.58)\end{aligned}$$

◇

定理 12.18 (间隙定理) 假设$x: M^n \to S^{n+p}(1), p \geqslant 2$为单位球面中的$GD_{(n,F)}$子流形，在区间$[0, \frac{2n}{3}]$上满足$F' < 0,\ F - 4F' < 0,\ F'' < 0$且$0 \leqslant S \leqslant \frac{2n}{3}$，则有$S = 0$或者$S = \frac{2n}{3}$. 前者为全测地子流形，后者为Veronese曲面。 ◇

注释 12.9 根据Simons积分等式，我们可以发展很多的间隙定理，上面的定理是以(12.54)式为例发展得到的，实际上根据其余的式子附加一些条件同样可以发展间隙定理，在此略去。

12.2 幂函数型子流形的间隙现象

对于$GD_{(n,r)}$子流形，利用Simons公式可以讨论间隙现象。

定义 12.1 定义如下间隙函数：

$$g_{(n,1,r,+)}(t)=\frac{1}{2}\left[\ n+\frac{n^2}{2r}t+\sqrt{\left(n+\frac{n^2}{2r}t\right)^2-8n^2t}\ \right],\ \ r\neq 0,\ \ t\geqslant 0;$$

$$g_{(n,1,r,-)}(t)=\frac{1}{2}\left[\ n+\frac{n^2}{2r}t-\sqrt{\left(n+\frac{n^2}{2r}t\right)^2-8n^2t}\ \right],\ \ r\neq 0,\ \ t\geqslant 0;$$

$$g_{(n,p,r,ch,I,+)}(t)=\frac{1}{2}\left[\ \frac{n}{2-p^{-1}}+\frac{n^2t}{2r\left(2-p^{-1}\right)}+\sqrt{\left(\frac{n}{2-p^{-1}}+\frac{n^2t}{2r\left(2-p^{-1}\right)}\right)^2-\frac{8n^2t}{2-p^{-1}}}\ \right],$$

$$r\neq 0,\ \ t\geqslant 0,\ \ p\geqslant 2;$$

$$g_{(n,p,r,ch,I,-)}(t)=\frac{1}{2}\left[\ \frac{n}{2-p^{-1}}+\frac{n^2t}{2r\left(2-p^{-1}\right)}-\sqrt{\left(\frac{n}{2-p^{-1}}+\frac{n^2t}{2r\left(2-p^{-1}\right)}\right)^2-\frac{8n^2t}{2-p^{-1}}}\ \right],$$

$$r\neq 0,\ \ t\geqslant 0,\ \ p\geqslant 2;$$

$$g_{(n,p,r,ch,II,+)}(t)=\frac{1}{2}\left[\ \frac{n}{2-p^{-1}}+\frac{n^2t+4nrt(1-p^{-1})}{2r\left(2-p^{-1}\right)}+\sqrt{\left(\frac{n}{2-p^{-1}}+\frac{n^2t+4nrt(1-p^{-1})}{2r\left(2-p^{-1}\right)}\right)^2-\frac{4n^2(1-p^{-1})t^2+8n^2t}{2-p^{-1}}}\ \right],$$

$$r\neq 0,\ \ t\geqslant 0,\ \ p\geqslant 2;$$

$$g_{(n,p,r,ch,II,+)}(t)=\frac{1}{2}\left[\ \frac{n}{2-p^{-1}}+\frac{n^2t+4nrt(1-p^{-1})}{2r\left(2-p^{-1}\right)}-\sqrt{\left(\frac{n}{2-p^{-1}}+\frac{n^2t+4nrt(1-p^{-1})}{2r\left(2-p^{-1}\right)}\right)^2-\frac{4n^2(1-p^{-1})t^2+8n^2t}{2-p^{-1}}}\ \right],$$

$$r\neq 0,\ \ t\geqslant 0,\ \ p\geqslant 2;$$

$$g_{(n,p,r,li,I,+)}(t)=\frac{1}{2}\left[\ \frac{2n}{3}+\frac{n^2}{3r}t+\sqrt{\left(\frac{2n}{3}+\frac{n^2}{3r}t\right)^2-\frac{16n^2}{3}t}\ \right],$$

$$r\neq 0,\ \ t\geqslant 0,\ \ p\geqslant 2;$$

$$g_{(n,p,r,li,I,+)}(t)=\frac{1}{2}\left[\ \frac{2n}{3}+\frac{n^2}{3r}t-\sqrt{\left(\frac{2n}{3}+\frac{n^2}{3r}t\right)^2-\frac{16n^2}{3}t}\ \right],$$

$$r\neq 0,\ \ t\geqslant 0,\ \ p\geqslant 2;$$

$$g_{(n,p,r,ch,II,+)}(t)=\frac{1}{2}\left[\ \frac{2n}{3}+\frac{n^2+2nr}{3r}t+\sqrt{\left(\frac{2n}{3}+\frac{n^2+2nr}{3r}t\right)^2-\frac{4n^2t^2+16n^2t}{3}}\ \right],$$

$$r\neq 0,\ \ t\geqslant 0,\ \ p\geqslant 2;$$

$$g_{(n,p,r,ch,II,+)}(t)=\frac{1}{2}\left[\ \frac{2n}{3}+\frac{n^2+2nr}{3r}t-\sqrt{\left(\frac{2n}{3}+\frac{n^2+2nr}{3r}t\right)^2-\frac{4n^2t^2+16n^2t}{3}}\ \right],$$

$$r \neq 0,\ \ t \geqslant 0,\ \ p \geqslant 2.$$

定理 12.19 假设$x: M^n \to S^{n+1}(1)$为单位球面中的$GD_{(n,r)}$超曲面且$(M,r) \in T_{1,1} \bigcup T_{2,2}, r \neq 0$，则有

$$\int_M 2rS^{r-1}(S - g_{(n,1,r,+)}(H^2))(S - g_{(n,1,r,-)}(H^2))\mathrm{d}v$$
$$= \int_M r(r-1)S^{r-2}|\nabla S|^2 + 2rS^{r-1}|Dh|^2 \tag{12.59}$$

◇

定理 12.20 (间隙定理) 假设$x: M^n \to S^{n+1}(1)$为单位球面中的极小的$GD_{(n,r)}$超曲面且$(M,r) \in T_{1,1} \bigcup T_{2,2}, r \geqslant 1$，如果$0 \leqslant S \leqslant n$，则有$S = 0$或者$S = n$。对于前者是全测地超曲面，对于后者是特殊的Clifford Torus $C_{(\frac{n}{2},\frac{n}{2})}$. ◇

注释 12.10 通过对间隙函数$g_{(n,1,r,+)}$更加精细的讨论，我们可以得到更精密的间隙定理。

定理 12.21 假设$x: M^n \to S^{n+p}(1), p \geqslant 2$为单位球面中的$GD_{(n,r)}$子流形且$(M,r) \in T_{1,1}, r > 0$或$(M,r) \in T_{2,2}$时，陈省身类型估计I为

$$\int_M 2r\Big(2 - \frac{1}{p}\Big)S^{r-1}(S - g_{(n,p,r,ch,I,+)}(H^2))(S - g_{(n,p,r,ch,I,-)}(H^2))\mathrm{d}v$$
$$\geqslant \int_M r(r-1)S^{r-2}|\nabla S|^2 + 2rS^{r-1}|Dh|^2\mathrm{d}v. \tag{12.60}$$

当$S \equiv S_0 > 0$且$(M,r) \in T_{1,1}, r > 0$或$(M,r) \in T_{2,2}$时，等式成立当且仅当：余维数为2，矩阵$A_{n+1} \neq 0, A_{n+2} \neq 0, S_{(n+1)(n+1)} = S_{(n+2)(n+2)} = \frac{S_0}{2}, \vec{H} = 0$，并且$A_{n+1} = A_1(S_0), A_{n+2} = A_2(S_0)$. ◇

定理 12.22 假设$x: M^n \to S^{n+p}(1), p \geqslant 2$为单位球面中的$GD_{(n,r)}$子流形且$(M,r) \in T_{1,1}, r > 0$或$(M,r) \in T_{2,2}$时，陈省身类型估计Ⅱ为

$$\int_M 2r\Big(2 - \frac{1}{p}\Big)S^{r-1}(S - g_{(n,p,r,ch,II,+)}(H^2))(S - g_{(n,p,r,ch,II,-)}(H^2))\mathrm{d}v$$
$$\geqslant \int_M r(r-1)S^{r-2}|\nabla S|^2 + 2rS^{r-1}|Dh|^2\mathrm{d}v. \tag{12.61}$$

当$S \equiv S_0 > 0$且$(M,r) \in T_{1,1}, r > 0$或$(M,r) \in T_{2,2}$时，等式成立当且仅

当：余维数为2，矩阵$A_{n+1} \neq 0$, $A_{n+2} \neq 0$, $S_{(n+1)(n+1)} = S_{(n+2)(n+2)} = \frac{S_0}{2}$, $\vec{H} = 0$，并且 $A_{n+1} = A_1(S_0)$, $A_{n+2} = A_2(S_0)$. ◇

定理 12.23 (间隙定理) 假设$x: M^n \to S^{n+p}(1), p \geqslant 2$为单位球面中的极小的$GD_{(n,r)}$子流形且$(M, r) \in T_{1,1}$, $r \geqslant 1$或$(M, r) \in T_{2,2}$时，如果$0 \leqslant S \frac{n}{2-p^{-1}}$，则有$S = 0$或者$S = \frac{n}{2-p^{-1}}$。对于前者是全测地子流形，对于后者是Veronese曲面。 ◇

定理 12.24 假设$x: M^n \to S^{n+p}(1), p \geqslant 2$为单位球面中的$GD_{(n,r)}$子流形且$(M, r) \in T_{1,1}, r < 0$时，陈省身类型估计I为

$$\int_M -2r\left(2 - \frac{1}{p}\right)S^{r-1}(S - g_{(n,p,r,ch,I,+)}(H^2))(S - g_{(n,p,r,ch,I,-)}(H^2))\mathrm{d}v$$
$$\geqslant \int_M -r(r-1)S^{r-2}|\nabla S|^2 - 2rS^{r-1}|Dh|^2\mathrm{d}v. \tag{12.62}$$

当$S \equiv S_0 > 0$且$(M, r) \in T_{1,1}, r < 0$时，等式成立当且仅当：余维数为2，矩阵$A_{n+1} \neq 0$, $A_{n+2} \neq 0$, $S_{(n+1)(n+1)} = S_{(n+2)(n+2)} = \frac{S_0}{2}$, $\vec{H} = 0$，并且$A_{n+1} = A_1(S_0)$, $A_{n+2} = A_2(S_0)$. ◇

定理 12.25 假设$x: M^n \to S^{n+p}(1), p \geqslant 2$为单位球面中的$GD_{(n,r)}$子流形且$(M, r) \in T_{1,1}, r < 0$时，陈省身类型估计Ⅱ为

$$\int_M -2r\left(2 - \frac{1}{p}\right)S^{r-1}(S - g_{(n,p,r,ch,I,+)}(H^2))(S - g_{(n,p,r,ch,I,-)}(H^2))\mathrm{d}v$$
$$\geqslant \int_M -r(r-1)S^{r-2}|\nabla S|^2 - 2rS^{r-1}|Dh|^2\mathrm{d}v. \tag{12.63}$$

当$S \equiv S_0 > 0$且$(M, r) \in T_{1,1}, r < 0$时，等式成立当且仅当：余维数为2，矩阵$A_{n+1} \neq 0$, $A_{n+2} \neq 0$, $S_{(n+1)(n+1)} = S_{(n+2)(n+2)} = \frac{S_0}{2}$, $\vec{H} = 0$，并且$A_{n+1} = A_1(S_0)$, $A_{n+2} = A_2(S_0)$. ◇

定理 12.26 假设$x: M^n \to S^{n+p}(1), p \geqslant 2$为单位球面中的$GD_{(n,r)}$子流形且$(M, r) \in T_{1,1}, r > 0$或$(M, r) \in T_{2,2}$时，李安民类型估计I为

$$\int_M 3rS^{r-1}(S - g_{(n,p,r,li,I,+)}(H^2))(S - g_{(n,p,r,li,I,-)}(H^2))\mathrm{d}v$$
$$\geqslant \int_M r(r-1)S^{r-2}|\nabla S|^2 + 2rS^{r-1}|Dh|^2\mathrm{d}v. \tag{12.64}$$

当$S\equiv S_0>0$且$(M,r)\in T_{1,1},r>0$或$(M,r)\in T_{2,2}$时，等式成立当且仅当：矩阵$A_{n+1}\neq 0$, $A_{n+2}\neq 0$, $S_{(n+1)(n+1)}=S_{(n+2)(n+2)}=\frac{S_0}{2}$, $A_{n+3}=\cdots=A_{n+p}=0$, $\vec{H}=0$，并且$A_{n+1}=A_1(S_0)$, $A_{n+2}=A_2(S_0)$. ◇

定理 12.27 假设$x:M^n\to S^{n+p}(1),p\geqslant 2$为单位球面中的$GD_{(n,r)}$子流形且$(M,r)\in T_{1,1},r>0$或$(M,r)\in T_{2,2}$时，李安民类型估计Ⅱ为

$$\int_M 3rS^{r-1}(S-g_{(n,p,r,li,II,+)}(H^2))(S-g_{(n,p,r,li,II,-)}(H^2))\mathrm{d}v$$
$$\geqslant\int_M r(r-1)S^{r-2}|\nabla S|^2+2rS^{r-1}|Dh|^2\mathrm{d}v. \tag{12.65}$$

当$S\equiv S_0>0$且$(M,r)\in T_{1,1},r>0$或$(M,r)\in T_{2,2}$时，等式成立当且仅当：矩阵$A_{n+1}\neq 0$, $A_{n+2}\neq 0$, $S_{(n+1)(n+1)}=S_{(n+2)(n+2)}=\frac{S_0}{2}$, $A_{n+3}=\cdots=A_{n+p}=0$, $\vec{H}=0$，并且$A_{n+1}=A_1(S_0)$, $A_{n+2}=A_2(S_0)$. ◇

定理 12.28 (间隙定理) 假设$x:M^n\to S^{n+p}(1),p\geqslant 2$为单位球面中的极小的$GD_{(n,r)}$子流形且$(M,r)\in T_{1,1}$, $r\geqslant 1$或$(M,r)\in T_{2,2}$时，如果$0\leqslant S\frac{2n}{3}$，则有$S=0$或者$S=\frac{2n}{3}$。对于前者是全测地子流形，对于后者是Veronese曲面。 ◇

定理 12.29 假设$x:M^n\to S^{n+p}(1),p\geqslant 2$为单位球面中的$GD_{(n,r)}$子流形且$(M,r)\in T_{1,1},r<0$时，李安民类型估计I为

$$\int_M -3rS^{r-1}(S-g_{(n,p,r,li,I,+)}(H^2))(S-g_{(n,p,r,li,I,-)}(H^2))\mathrm{d}v$$
$$\geqslant\int_M -r(r-1)S^{r-2}|\nabla S|^2-2rS^{r-1}|Dh|^2\mathrm{d}v. \tag{12.66}$$

当$S\equiv S_0>0$且$(M,r)\in T_{1,1},r<0$时，等式成立当且仅当：矩阵$A_{n+1}\neq 0$, $A_{n+2}\neq 0$, $S_{(n+1)(n+1)}=S_{(n+2)(n+2)}=\frac{S_0}{2}$, $A_{n+3}=\cdots=A_{n+p}=0$, $\vec{H}=0$，并且$A_{n+1}=A_1(S_0)$, $A_{n+2}=A_2(S_0)$. ◇

定理 12.30 假设$x:M^n\to S^{n+p}(1),p\geqslant 2$为单位球面中的$GD_{(n,r)}$子流形且$(M,r)\in T_{1,1},r<0$时，李安民类型估计Ⅱ为

$$\int_M -3rS^{r-1}(S-g_{(n,p,r,li,II,+)}(H^2))(S-g_{(n,p,r,li,II,-)}(H^2))\mathrm{d}v$$
$$\geqslant\int_M -r(r-1)S^{r-2}|\nabla S|^2-2rS^{r-1}|Dh|^2\mathrm{d}v. \tag{12.67}$$

当$S \equiv S_0 > 0$且$(M, r) \in T_{1,1}, r < 0$时，等式成立当且仅当：矩阵$A_{n+1} \neq 0$, $A_{n+2} \neq 0$, $S_{(n+1)(n+1)} = S_{(n+2)(n+2)} = \frac{S_0}{2}$, $A_{n+3} = \cdots = A_{n+p} = 0$, $\vec{H} = 0$，并且 $A_{n+1} = A_1(S_0)$, $A_{n+2} = A_2(S_0)$. ◇

12.3 指数函数型子流形的间隙现象

对于$GD_{(n,E)}$子流形，利用Simons公式可以讨论间隙现象。

定义 12.2 定义如下间隙函数：

$$g_{(n,1,E,+)}(t) = \frac{1}{2}(n + \sqrt{n^2 - 6n^2t}),$$

$$g_{(n,1,E,-)}(t) = \frac{1}{2}(n - \sqrt{n^2 - 6n^2t}),$$

$$g_{(n,p,E,ch,I,+)}(t) = \frac{1}{2}\left[\frac{n}{2 - p^{-1}} + \sqrt{\left(\frac{n}{2 - p^{-1}}\right)^2 - \frac{6n^2t}{2 - p^{-1}}} \right], \ t \geqslant 0, \ p \geqslant 2;$$

$$g_{(n,p,E,ch,I,-)}(t) = \frac{1}{2}\left[\frac{n}{2 - p^{-1}} - \sqrt{\left(\frac{n}{2 - p^{-1}}\right)^2 - \frac{6n^2t}{2 - p^{-1}}} \right], \ t \geqslant 0, \ p \geqslant 2;$$

$$g_{(n,p,E,ch,II,+)}(t) = \frac{1}{2}\left[\frac{n}{2 - p^{-1}} + \frac{2n(1 - \frac{1}{p})}{2 - p^{-1}}t + \sqrt{\left(\frac{n}{2 - p^{-1}} + \frac{2n(1 - \frac{1}{p})}{2 - p^{-1}}t\right)^2 - \frac{4n^2(1 - \frac{1}{p})t^2 + 6n^2t}{2 - p^{-1}}} \right],$$

$$t \geqslant 0, \ p \geqslant 2;$$

$$g_{(n,p,E,ch,II,-)}(t) = \frac{1}{2}\left[\frac{n}{2 - p^{-1}} + \frac{2n(1 - \frac{1}{p})}{2 - p^{-1}}t - \sqrt{\left(\frac{n}{2 - p^{-1}} + \frac{2n(1 - \frac{1}{p})}{2 - p^{-1}}t\right)^2 - \frac{4n^2(1 - \frac{1}{p})t^2 + 6n^2t}{2 - p^{-1}}} \right],$$

$$t \geqslant 0, \ p \geqslant 2;$$

$$g_{(n,p,E,li,I,+)}(t) = \frac{1}{2}\left[\frac{2n}{3} + \sqrt{\left(\frac{2n}{3}\right)^2 - 4n^2t} \right], \ t \geqslant 0, \ p \geqslant 2;$$

$$g_{(n,p,E,li,I,-)}(t) = \frac{1}{2}\left[\frac{2n}{3} - \sqrt{\left(\frac{2n}{3}\right)^2 - 4n^2t} \right], \ t \geqslant 0, \ p \geqslant 2;$$

$$g_{(n,p,E,li,II,+)}(t) = \frac{1}{2}\left[\frac{2n}{3} + \frac{2n}{3}t + \sqrt{\left(\frac{2n}{3} + \frac{2n}{3}t\right)^2 - \frac{4n^2t^2 + 12n^2t}{3}} \right], \ t \geqslant 0, \ p \geqslant 2;$$

$$g_{(n,p,E,li,II,-)}(t) = \frac{1}{2}\left[\frac{2n}{3} + \frac{2n}{3}t - \sqrt{\left(\frac{2n}{3} + \frac{2n}{3}t\right)^2 - \frac{4n^2t^2 + 12n^2t}{3}} \right], \ t \geqslant 0, \ p \geqslant 2.$$

定理 12.31 假设$x: M^n \to S^{n+1}(1)$为单位球面中的$GD_{(n,E)}$超曲面，则有

$$\int_M 2e^S(S - g_{(n,1,E,+)}(H^2))(S - g_{(n,1,E,-)}(H^2))dv$$
$$= \int_M e^S\Big(|\nabla S|^2 + 2|Dh|^2\Big)dv. \tag{12.68}$$

◇

定理 12.32 (间隙定理) 假设$x : M^n \to S^{n+1}(1)$为单位球面中的极小$GD_{(n,E)}$超曲面，如果$0 \leqslant S \leqslant n$，则有$S = 0$或者$S = n$。前者为全测地超曲面，后者为特殊的Clifford Torus $C_{(\frac{n}{2},\frac{n}{2})}$. ◇

定理 12.33 假设$x : M^n \to S^{n+p}(1), p \geqslant 2$为单位球面中的$GD_{(n,E)}$子流形，陈省身类型估计I为

$$\int_M 2\Big(2 - \frac{1}{p}\Big)e^S(S - g_{(n,p,E,ch,I,+)}(H^2))(S - g_{(n,p,E,ch,I,-)}(H^2))dv$$
$$\geqslant \int_M e^S|\nabla S|^2 + 2e^S|Dh|^2dv \tag{12.69}$$

当$S \equiv S_0 > 0$时，等式成立当且仅当：余维数为2，矩阵$A_{n+1} \neq 0, A_{n+2} \neq 0, S_{(n+1)(n+1)} = S_{(n+2)(n+2)} = \frac{S_0}{2}, \vec{H} = 0$，并且$A_{n+1} = A_1(S_0), A_{n+2} = A_2(S_0)$. ◇

定理 12.34 假设$x : M^n \to S^{n+p}(1), p \geqslant 2$为单位球面中的$GD_{(n,E)}$子流形，陈省身类型估计Ⅱ为

$$\int_M 2\Big(2 - \frac{1}{p}\Big)e^S(S - g_{(n,p,E,ch,II,+)}(H^2))(S - g_{(n,p,E,ch,II,-)}(H^2))dv$$
$$\geqslant \int_M e^S|\nabla S|^2 + 2e^S|Dh|^2dv \tag{12.70}$$

当$S \equiv S_0 > 0$时，等式成立当且仅当：余维数为2，矩阵$A_{n+1} \neq 0, A_{n+2} \neq 0, S_{(n+1)(n+1)} = S_{(n+2)(n+2)} = \frac{S_0}{2}, \vec{H} = 0$，并且$A_{n+1} = A_1(S_0), A_{n+2} = A_2(S_0)$. ◇

定理 12.35 (间隙定理) 假设$x : M^n \to S^{n+p}(1)$, $p \geqslant 2$为单位球面中的极小$GD_{(n,E)}$子流形，如果$0 \leqslant S \leqslant \frac{n}{2-p^{-1}}$，则有$S = 0$或者$S = \frac{n}{2-p^{-1}}$。前者为全测地超曲面，后者为Veronese 曲面。 ◇

定理 12.36 假设$x: M^n \to S^{n+p}(1), p \geqslant 2$为单位球面中的$GD_{(n,E)}$子流形，李安民类型估计I为

$$\int_M 3e^S(S - g_{(n,p,E,li,I,+)}(H^2))(S - g_{(n,p,E,li,I,-)}(H^2))dv$$
$$\geqslant \int_M e^S|\nabla S|^2 + 2e^S|Dh|^2 dv \qquad (12.71)$$

当$S \equiv S_0 > 0$时，等式成立当且仅当：矩阵$A_{n+1} \neq 0$, $A_{n+2} \neq 0$, $S_{(n+1)(n+1)} = S_{(n+2)(n+2)} = \frac{S_0}{2}$, $A_{n+3} = \cdots = A_{n+p} = 0$, $\vec{H} = 0$，并且$A_{n+1} = A_1(S_0)$, $A_{n+2} = A_2(S_0)$. ◇

定理 12.37 假设$x: M^n \to S^{n+p}(1), p \geqslant 2$为单位球面中的$GD_{(n,E)}$子流形，李安民类型估计Ⅱ为

$$\int_M 3e^S(S - g_{(n,p,E,li,II,+)}(H^2))(S - g_{(n,p,E,li,II,-)}(H^2))dv$$
$$\geqslant \int_M e^S|\nabla S|^2 + 2e^S|Dh|^2 dv \qquad (12.72)$$

当$S \equiv S_0 > 0$时，等式成立当且仅当：矩阵$A_{n+1} \neq 0$, $A_{n+2} \neq 0$, $S_{(n+1)(n+1)} = S_{(n+2)(n+2)} = \frac{S_0}{2}$, $A_{n+3} = \cdots = A_{n+p} = 0$, $\vec{H} = 0$，并且$A_{n+1} = A_1(S_0)$, $A_{n+2} = A_2(S_0)$. ◇

定理 12.38 (间隙定理) 假设$x: M^n \to S^{n+p}(1)$, $p \geqslant 2$为单位球面中的极小$GD_{(n,E)}$子流形，如果$0 \leqslant S \leqslant \frac{2n}{3}$，则有$S = 0$或者$S = \frac{2n}{3}$。前者为全测地超曲面，后者为Veronese 曲面。 ◇

注释 12.11 前面的间隙定理附加了极小的条件，实际上根据间隙函数$g_{(n,p,E,ch,I,+)}$等的性质，可以得到更精细的间隙定理。

12.4 对数函数性型子流形的间隙现象

对于$GD_{(n,\ln)}$子流形，利用Simons公式可以讨论间隙现象。

定理 12.39 假设$x: M^n \to S^{n+1}(1)$为单位球面中的没有测地点的$GD_{(n,\ln)}$超

曲面，则有

$$\int_M -\frac{1}{S^2}|\nabla S|^2 - \frac{4n^2}{S}H^2 + \frac{2}{S}|Dh|^2$$

$$+ 2n - 2S + n^2 \ln(S)H^2 \mathrm{d}v = 0. \tag{12.73}$$

◇

定理 12.40 (间隙定理) 假设$x: M^n \to S^{n+1}(1)$为单位球面中的没有测地点的极小的$GD_{(n,\ln)}$超曲面，如果$0 \leqslant S \leqslant n$，则有$S = 0$或者$S = n$。对于前者是全测地超曲面，对于后者是特殊的Clifford Torus $C_{(\frac{n}{2},\frac{n}{2})}$. ◇

定理 12.41 假设$x: M^n \to S^{n+p}(1), p \geqslant 2$为单位球面中没有测地点的$GD_{(n,\ln)}$子流形，陈省身类型估计I为

$$\int_M \frac{-1}{S^2}|\nabla S|^2 - \frac{4n^2}{S}H^2 + \frac{2}{S}|Dh|^2$$

$$+ 2n + n^2 \ln(S)H^2 - 2\Big(2 - \frac{1}{p}\Big)S\,\mathrm{d}v \leqslant 0. \tag{12.74}$$

当$S \equiv S_0 > 0$时，等式成立当且仅当：余维数为2，矩阵$A_{n+1} \neq 0, A_{n+2} \neq 0, S_{(n+1)(n+1)} = S_{(n+2)(n+2)} = \frac{S_0}{2}, \vec{H} = 0$，并且$A_{n+1} = A_1(S_0), A_{n+2} = A_2(S_0)$. ◇

定理 12.42 假设$x: M^n \to S^{n+p}(1), p \geqslant 2$为单位球面中没有测地点的$GD_{(n,\ln)}$子流形，陈省身类型估计Ⅱ为

$$\int_M -\frac{1}{S^2}|\nabla S|^2 - \frac{4n^2}{S}H^2 + \frac{2}{S}|Dh|^2$$

$$+ 2n + n^2 \ln(S)H^2 - \frac{2n^2}{S}H^4$$

$$-\frac{2}{S}\Big(\Big(2 - \frac{1}{p}\Big)S^2 - 2n\Big(1 - \frac{1}{p}\Big)SH^2 - \frac{n^2}{p}H^4\Big)\mathrm{d}v \leqslant 0. \tag{12.75}$$

当$S \equiv S_0 > 0$时，等式成立当且仅当：余维数为2，矩阵$A_{n+1} \neq 0, A_{n+2} \neq 0, S_{(n+1)(n+1)} = S_{(n+2)(n+2)} = \frac{S_0}{2}, \vec{H} = 0$，并且$A_{n+1} = A_1(S_0), A_{n+2} = A_2(S_0)$. ◇

定理 12.43 假设$x: M^n \to S^{n+p}(1), p \geqslant 2$为单位球面中的没有测地点的

极小的$GD_{(n,\ln)}$子流形，如果$0 \leqslant S \leqslant \frac{n}{2-p^{-1}}$，则有$S = 0$或者$S = \frac{n}{2-p^{-1}}$。对于前者是全测地子流形，对于后者是Veronese曲面。 ◇

定理 12.44 假设$x : M^n \to S^{n+p}(1), p \geqslant 2$为单位球面中没有测地点的$GD_{(n,\ln)}$子流形，李安民类型估计I为

$$\int_M -\frac{1}{S^2}|\nabla S|^2 - \frac{4n^2}{S}H^2 + \frac{2}{S}|Dh|^2 + 2n + n^2\ln(S)H^2 - 3S\,\mathrm{d}v = 0. \tag{12.76}$$

当$S \equiv S_0 > 0$时，等式成立当且仅当：矩阵$A_{n+1} \neq 0$, $A_{n+2} \neq 0$, $S_{(n+1)(n+1)} = S_{(n+2)(n+2)} = \frac{S_0}{2}$, $A_{n+3} = \cdots = A_{n+p} = 0$, $\vec{H} = 0$，并且$A_{n+1} = A_1(S_0)$, $A_{n+2} = A_2(S_0)$. ◇

定理 12.45 假设$x : M^n \to S^{n+p}(1), p \geqslant 2$为单位球面中没有测地点的$GD_{(n,\ln)}$子流形，李安民类型估计Ⅱ为

$$\int_M -\frac{1}{S^2}|\nabla S|^2 - \frac{4n^2}{S}H^2 + \frac{2}{S}|Dh|^2 + 2n + n^2\ln(S)H^2 - \frac{2n^2}{S}H^4 - \frac{2}{S}(\frac{3}{2}S^2 - nSH^2 - \frac{n^2}{2}H^4)\mathrm{d}v \geqslant 0. \tag{12.77}$$

当$S \equiv S_0 > 0$时，等式成立当且仅当：矩阵$A_{n+1} \neq 0$, $A_{n+2} \neq 0$, $S_{(n+1)(n+1)} = S_{(n+2)(n+2)} = \frac{S_0}{2}$, $A_{n+3} = \cdots = A_{n+p} = 0$, $\vec{H} = 0$，并且$A_{n+1} = A_1(S_0)$, $A_{n+2} = A_2(S_0)$. ◇

定理 12.46 (间隙定理) 假设$x : M^n \to S^{n+p}(1), p \geqslant 2$为单位球面中的没有测地点的极小的$GD_{(n,\ln)}$子流形，如果$0 \leqslant S \leqslant \frac{2n}{3}$，则有$S = 0$或者$S = \frac{2n}{3}$。对于前者是全测地子流形，对于后者是Veronese曲面。 ◇

注释 12.12 仔细讨论$GD_{(n,\ln)}$子流形的Simons不等式，可以得到更加精密的间隙定理。

12.5 间隙现象的证明

在本节，我们给出间隙现象的证明。

为了进一步讨论上面的Simons不等式的端点对应的超曲面和子流形，我们需要Chern-do Carmo-Kobayashi在他们的著名论文中[3]提出的两个重要结论，其中一个为引理，另一个被称为主定理。为了表述方便，我们采用一些记号。对于一个超曲面，记

$$h_{ij} = h_{ij}^{n+1}.$$

我们选择局部正交标架，使得

$$h_{ij} = 0, \ \ \forall\, i \neq j,$$

并且假设

$$h_i = h_{ii}.$$

引理 12.1 (参见文献[2,3]的Lemma 3) 假设$x : M^n \to S^{n+1}(1)$ 是单位球面中的紧致无边超曲面并且满足$\nabla h \equiv 0$，那么有两种情形。

(1) $h_1 = \cdots = h_n = \lambda = \text{constant}$，并且$M$或者是全脐$(\lambda > 0)$超曲面，或者是全测地$(\lambda = 0)$超曲面，必居其一；

(2) $h_1 = \cdots h_m = \lambda = \text{constant} > 0, h_{m+1} = \cdots = h_n = -\frac{1}{\lambda}$, $1 \leqslant m \leqslant n-1$，并且$M$是两个子流形的黎曼乘积$M_1 \times M_2$，此处$M_1 = S^m\left(\frac{1}{\sqrt{1+\lambda^2}}\right)$, $M_2 = S^{n-m}(\frac{\lambda}{\sqrt{1+\lambda^2}})$. 不是一般性，我们可以假设 $\lambda > 0$ 并且$1 \leqslant m \leqslant \frac{n}{2}$.

引理 12.2 (参见文献[2,3]的Main Theorem) Clifford torus $C_{m,n-m}$ 和Veronese曲面是单位球面$S^{n+p}(1)$ 中的唯一的满足$S = \frac{n}{2-p^{-1}}$ 的极小子流形($H = 0$)。

本章得到很多间隙定理，其证明的思路完全一样。下面的间隙定理是定理12.2，我们只需证明它即可，其余的间隙定理同理可证。

定理 12.47 (间隙定理) 假设$x : M^n \to S^{n+1}(1)$为单位球面中的$GD_{(n,F)}$超曲面，在区间$[0, n]$ 上满足$F' > 0$, $F - 4F' > 0$, $F'' > 0$且$0 \leqslant S \leqslant n$时，则有$S = 0$ 或者$S = n$. 前者为全测地超曲面，后者为特殊的Clifford Torus $C_{(\frac{n}{2},\frac{n}{2})}$. ◇

证明　我们知道，当$F' \geqslant 0,\ F-4F' \geqslant 0,\ F'' \geqslant 0$时，有

$$LHS = \int_M 2F'(S)S(S-n)\mathrm{d}v$$

$$= \int_M F''(S)|\nabla S|^2 + 2F'(S)|Dh|^2 + (F(S)-4F'(S))n^2H^2\mathrm{d}v = RHS.$$

因此，当$0 \leqslant S \leqslant n$时，有

$$LHS \leqslant 0,\quad RHS \geqslant 0$$

又因为

$$LHS = RHS$$

所以

$$LHS = 0,\quad RHS = 0$$

由此推出

$$S = 0 \text{或者} S = n,\ Dh = 0,\ H = 0$$

对于前者为全测地超曲面，对于后者由上面的两个引理知为Clifford Torus，根据第9章的例子，可知为特殊的$C_{(\frac{n}{2},\frac{n}{2})}$. □

注释 12.13　实际上，对于高余维情形的间隙定理，由陈省身估计和李安民估计立即可得。

参考文献

[1] Simons J. Minimal varieties in Riemannian manifolds[J]. Ann. Math. 2nd Ser., 1968, 88(1), 62-105.

[2] Chern S S. Minimal submanifolds in a Riemannian manifold[J]. University of Kansas, Lawrence, 1968.

[3] Chern S S, do Carmo M, Kobayashi S. Minimal submanifolds of a sphere with second fundamental form of constant length//Functional Analysis and Related Fields[M]. Brower F ed., Springer-Verlag, Berlin,1970: 59-75.

[4] Hu Z J, Li H Z. Willmore submanifolds in Riemannian manifolds//Proceedings of the Workshop, Contem. Geom. and Related Topics[C]. World Scientific, May 2005:251-275.

[5] Reilly C R. Variational peoperties of functions of the mean curvatures for hypersurfaces in space forms[J]. J.D.G., 1973(8): 465-477.

[6] Pedit F J, Willmore T J. Conformal geometry[R]. Atti Sem. Mat. Fis. Univ. Modena XXXVI, 1988: 237-245.

[7] Willmore T J. Notes on embedded surfaces[R]. Ann. Stiint. Univ. Al. I. Cuza Iasi Sect. I a Mat. (N.S.),1963(11): 493 – 496.

[8] Willmore T J. Total curvature in Riemannian geometry[M]. Ellis Horwood Ltd., 1982.

[9] Willmore T J. Riemannian geometry[M]. Oxford Science Pub, Clarendon Press, Oxford, 1993.

[10] Chen B Y. Some conformal invariants of submanifolds and their applications[J]. Boll. Un. Math. Ital. ,1974(10): 380-385.

[11] Wang C P. Moebius geometry of submanifolds in S^n[J]. Manuscr. Math.,1998, 96: 517 – 534 .

[12] Li H Z, Wang C P. Surfaces with vanishing Moebius form in Sn. Acta Math[J]. Sinica (Engl. Series), 2003, 19: 671-678.

[13] Nie C X, Li T Z, He Y J, et al. Conformal isoparametric hypersurfaces with two distinct conformal principal curvatures in conformalspace[J]. Science in China Ser. A, 2010, 53(4): 953-965.

[14] Nie C X, Ma X, Wang C P. Conformal CMC-surfaces in Lorentzian space forms [J]. Chin. Ann. Math. (Ser. B), 2007, 28(3): 299-310.

[15] Nie C X, Wu C X. Space-like Hypersurfaces with Parallel Conformal Second Fundamental Forms in the Conformal Space (in Chinese) [J]. Acta Math.Sinica, 2008, 51(4): 685 – 692.

[16] Nie C X, Wu C X. Classification of type I time-like hyperspaces with parallel conformal second fundamental forms in the conformal space(in Chinese)Acta[J]. Math. Sinica, 2011, 54(1): 685 – 692.

[17] Wang C P. Surfaces in Moebius geometry[J].. Nagoya Math. J., 1992,125: 53-72.

[18] Wang P. On the Willmore functional of 2-tori in some product Riemannian manifolds[R]. Arxiv 1111.1114.

[19] Wang P. Generalized polar transforms of spacelike isothermic surfaces[J]. Arxiv 1111.1115.

[20] Ma X. Isothermic and S-Willmore surfaces as solutions to a Problem of Blascke[J]. Results in Math., 2005,48: 301-309.

[21] Ma X. Adjoint transforms of Willmore surfaces in S^n[J]. Manuscripta Math., 2006, 123:163-179.

[22] Ma X, Wang P. Spacelike Willmore surfaces in 4-dimensional Lorentzian space forms [J]. Sci. in China: Ser. A Math., 2008,51(9).

[23] Ma X, Wang P. Polar transform of Spacelike isothermic surfaces in 4-dimensional Lorentzian space forms [J]. Results in Math., 2008,52: 347-358.

[24] Pinkall U. Inequalities of Willmore type for submanifolds[J]. Math. Z., 1986,193:241 - 246.

[25] Li H Z. Willmore hypersurfaces in a sphere [J]. Asian J. of Math., 2001 (5): 365-378.

[26] Li H Z. Willmore surfaces in a sphere[J]. Ann. Global Anal. Geom., 2002, 21: 203-213.

[27] Li H Z. Willmore submanifolds in a sphere, Math[J]. Research Letters, 2002(9): 771-790.

[28] Cheng S Y, Yau S. T. Hypersurface with constant scalar curvature[J]. Math. Ann. ,1977, 225:195-204.

[29] Li H Z, Simon U. Quantization of curvature for compact surfaces in a sphere [J]. Math. Z, 2003, 245:201-216.

[30] Li H Z, Vrancken L. Newexamples of Willmore surfaces in S^n[J]. Ann. Global Anal. Geom.,2003,23:205 - 225.

[31] Hu Z J, Li H Z. Willmore Lagrangian spheres in the complex Euclidean space C^n[J]. Ann. Global Anal. Geom.,2004,25:73-98.

[32] Tang Z Z, Yan W J. New examples of Willmore submanifolds in the unit sphere via isoparamatric functions [R]. Arxiv 1110.3557.

[33] Qian C, Tang Z Z, Yan W J. New examples of Willmore submanifolds in the unit sphere via isoparamatric functions II [R]. Arxiv 1204.2917.

[34] Li H Z, Wei G X. Compact embedded rotation hypersurfaces of S^{n+1}[J]. Bull. Braz. Math. Soc.,2007, 38:81-99.

[35] We G, Cheng Q M, Li H. Embedded hypersurfaces with constant mth mean curvature in a unit sphere[J]. Commun. Contemp. Math., 2010,12: 997-1013.

[36] Palmer B. The conformal Gauss map and the stability of Willmore surfaces[J]. Ann. Global Anal. Geom., 1991,9(3):305-317.

[37] Palmer B. Second variational formulas for Willmore surfaces//The problcm of Platcau[M]. World Sci. Publishing, Rivcr Edgc, NJ, 1992:221-228.

[38] Guo Z, Li H Z, Wang C P. The second variation of formula for Willmore submanifolds in S^n[J]. Results in Math. ,2001, 40:205-225.

[39] Cai M. L^p Willmore functionals [J]. Proc. Amer. Math. Soc., 1999, 127: 569-575.

[40] Guo Z, Li H Z. A variational problem for submanifolds in a sphere [J]. Monatsh. Math., 2007, 152: 295-302.

[41] Wu L. A class of variation problems of submanifolds in space forms[J]. Houston Journal Math., 2009:147-162.

[42] Cao L F, Li H Z. *r*-minimal submanifolds in space forms[J]. Ann. Global Anal. Geom., 2007, 32:311-341.

[43] Guo Z. Generalized Willmore functionals and related variational problems[J]. Diff. Geom. Appl., 2007,25:543 - 551.

[44] Zhou J Z. On the Willmore deficit of convex surfaces[J]. Lectures in Applied Mathematics of the Amer Math Soc, 1994, 30: 279-287.

[45] Zhou J Z. The Willmore functional and the containment problem in R4[J]. Science in China Series A: Mathematics, 2007, 50(3): 325 - 333.

[46] Zhou J Z. On Willmore functional for submanifolds[J]. Canad Math Bull, 2007, 50(3): 474 - 480.

[47] Zhou J Z, Jiang D, Li M,et al. On Ros' Theorem for Hypersurface[J]. Acta Math Sinica, 2009, 52(6):1075 - 1084.

[48] Wu L,Li H Z. An inequality between Willmore functional and Weyl functional for submanifolds in space forms[J]. Monatsh Math, 2009, 158:403 - 411.

[49] Li H Z, Wei G X. Classification of Lagrangian Willmore submanifolds of the nearly Kaehler 6-sphere $S^6(1)$ with constant scalar curvature[J]. Glasgow Math. J., 2006,48: 53-64.

[50] Luo Y. Legendrian stationary surfaces and Legendrian Willmore surfaces in $S^5(1)$ [R]. Arxiv 1211.4227.

[51] Kobayashi O. A Willmore type problem for $S^2@S^2$[J]. Lect. Notes Math. ,1987,1255: 67-72.

[52] Castro I, Urbano F. Willmore surfaces of R^4 and the Whitney sphere[J]. Ann. Global Anal. Geom.,2001, 19:153 - 175.

[53] Ejiri N. Willmore surfaces with a duality in $S^n(1)$ [J]. Proc. London Math. Soc. III, 1988, 57:383 - 416.

[54] Minicozzi W P. The Willmore functional on Lagrangian tori: its relation to area and existence of smooth minimizers [J]. J. Amer. Math. Soc. ,1995(8): 761 - 791.

[55] Montiel S. Willmore two-spheres in the four-sphere[J]. Trans. Amer. Math. Soc., 2000,352:469-4486.

[56] Musso E. Willmore surfaces in the four-sphere [J]. Ann. Global Anal. Geom.,1990,13: 21-41.

[57] Montiel S, Urbano F. A Willmore functional for compact surfaces in the complex projective space[J]. J. Reine Angew. Math.,2002, 546:139-154.

[58] Ros A. The Willmore conjecture in the real projective space[J]. Math. Research Letters,1999(6): 487 – 493.

[59] Arroyo J, Barros M, Garay O J. Willmore-Chen tubes on homogeneous spaces in warped product spaces[J]. Pacific. J. Math., 1999,88(2): 201-207.

[60] Barros M. Free elasticae and Willmore tori in warped product spaces[J]. Glasgow Math.J., 1988,40:263-270.

[61] Barros M. Willmore tori in non-standard three spheres[J]. Math. Proc. Camb. Phil. Soc., 1997,121: 321-324.

[62] Bryant R L. A duality theorem for Willmore surfaces[J]. J. Differ. Geom. ,1984,20: 23-53.

[63] Kusner R. Comparison surfaces for the Willmore problem[J]. Pacific J. Math., 1989,138:317-345.

[64] Li P, Yau S T. A new conformal invariant and its application to Willmore conjecture and the first eigenvalue of compact surface[J]. Invent. Math.,1982,69: 269-291.

[65] Rigoli M. The conformal Gauss map of submanifolds of the Moebius space[J]. Ann. Global Anal. Geom.,1987(5):203-213.

[66] Rigoli M, Salavessa I M C. Willmore submanifolds of the Moebius space and a Bernstein-type theorem[J]. Manuscripta Math.,1993, 81:203-222.

[67] Topping P. Towards the Willmore conjecture [J]. Calc. Var. Partial Differential Equations, 2000(11):361-393.

[68] Berdinsky D A, Taimanov I. Surfaces of revolution in the Heisenberg group and the spectral generalization of the Willmore functional [J]. Siberian Math. J.,2007, 48(3):395-407.

[69] Masnou S, Nardi G. Gradient Young measures, varifolds, and a generalized Willmore functional[R]. ARXiv 1112.2091.

[70] Simon L. Existence of surfaces minimizing the Willmore energy [J]. Comm. Analysis Geometry, 1993,1(2): 281-326.

[71] Kuwert E, Bauer M. Existence of minimizing Willmore surfaces of prescribed genus [J]. Int. Math. Res. Not., 2003(10): 553-576.

[72] Kuwert E, Schaetzle R. Removability of isolated singularities of Willmore surfaces [J]. Annals of Math.,2004, 160(1):315-357.

[73] Kuwert E, Schaetzle R. Branch points for Willmore surfaces [J]. Duke Math. J., 2007, 138:179-201.

[74] Kuwert E, Lorenz J. On the Stability of the CMC Clifford Tori as Constrained Willmore Surfaces [R]. Arxiv 1206.4483.

[75] Marques F C, Neves A. Min-Max Theory and the Willmore Conjecture[R]. Arxiv 1202.6036.

[76] Huisken G. Flow by mean curvature of convex surfaces in to shperes[J]. J.D.G, 1984, 20:237-266.

[77] 刘进, Jian H Y. F-Willmore submanifold in space forms[J]. Front. Math. China ,2011, 6(5): 871-886.

[78] 刘进, Jian H Y. The hyper-surfaces with two linear dependent mean curvature functions in space forms[J]. Sci China Math, 2011, 54(12): 2635-2650.

[79] 刘进,简怀玉.空间形式中具有两个线性相关平均曲率函数的超曲面[J]. 中国科学: 数学, 2011, 41(7):651-668.

[80] 刘进.子流形平均曲率向量场的线性相关性[J]. 数学学报, 2013, 56(5).

[81] 刘进. *F*-Willmore曲面的间隙现象[J]. 数学年刊, 2013(12)(已经接收）.

[82] 刘进. 子流形变分理论[M].长沙：国防科技大学出版社, 2013.

[83] 刘进. Willmore泛函的变分法研究[M].长沙:国防科技大学出版社, 2013.

[84] 陈省身,陈维桓. 微分几何讲义[M]. 2版. 北京:北京大学出版社, 2001.

[85] 丘成桐,孙理察. 微分几何讲义[M]. 北京:高等教育出版社, 2004.